致密油藏储层地震预测技术

张云银　魏欣伟　刘显太
宋　亮　谭明友　曲志鹏　著
刘立彬　李凌云　于景强

中国海洋大学出版社

·青岛·

图书在版编目（CIP）数据

致密油藏储层地震预测技术/ 张云银等著. --青岛：
中国海洋大学出版社，2020.11
ISBN 978-7-5670-2676-6

Ⅰ．①致… Ⅱ．①张… Ⅲ．①油藏—砂岩储集层—地
震勘探—研究 Ⅳ．①P618.130.8

中国版本图书馆 CIP 数据核字（2020）第 240337 号

出版发行	中国海洋大学出版社
社　　　址	青岛市香港东路 23 号
邮政编码	266071
出 版 者	杨立敏
网　　　址	http://pub.ouc.edu.cn
电子信箱	dengzhike@sohu.com
订购电话	0532-82032573（传真）
责任编辑	邓志科
电　　　话	0532-85901040
印　　　制	青岛国彩印刷股份有限公司
版　　　次	2020 年 11 月第 1 版
印　　　次	2020 年 11 月第 1 次印刷
成品尺寸	185 mm×260 mm
印　　　张	20.5
字　　　数	486 千
印　　　数	1～1000
定　　　价	128.00 元

发现印装质量问题，请致电 0532-58700168，由印刷厂负责调换。

前　　言

胜利油田致密油藏类型多样、资源丰富，探明和控制石油储量及远景资源量均具有较大规模。未动用的储量规模达数亿吨，由于致密储层成因复杂、埋藏深，非均质性强，需要不断深化研究。有效储层的地震精细刻画是致密油藏经济高效开发的基础之一，为助力致密油藏的有效开发必须建立配套储层精细地震预测技术，以满足致密油藏开发部署对储层特征精细认识的需求。

本书紧紧围绕砂砾岩、滩坝砂、浊积岩三类致密油藏，论述了致密储层预测评价的针对性技术。初步解决了砂砾岩速度变化复杂，需要提高成像精度；滩坝砂岩地震分辨率低，有效储层识别难；浊积岩需要提高分辨率以及去除灰质影响等储层预测技术问题。

研究区以济阳坳陷胜利探区东部油区为例，详细阐述了典型致密储层地震预测方法。全书共分五章：第一章为致密油藏储层地震地质特征，介绍主要致密储层的类型、基本地质特征和储层岩石物理特征；第二章为致密油藏储层地震处理关键技术，主要介绍致密砂砾岩的深度域成像技术、致密薄互储层的多级拓频技术和非均质储层各向异性地震处理技术；第三章为致密砂砾岩储层地震预测技术，重点以渤南洼陷带沙四上砂砾岩体为例，讨论了基于层控和相控的致密储层甜点预测技术；第四章为致密滩坝储层地震预测技术，将大数据处理和挖掘思想引入测井、地震属性提取以及井震匹配中，将井数据作为训练集和测试集，采用频繁模式树算法进行地震属性优化，并对优化后的地震属性集合进行深度学习，实现井震非线性映射的滩坝致密砂岩储层参数预测，解决薄互层滩坝砂岩预测难的问题。第五章为致密浊积岩储层地震预测技术，主要介绍灰质背景下浊积岩的岩石物理建模方法、基于敏感岩性因子的叠前反演方法和多参数融合砂体预测方法。第六章为致密储层裂缝地震定量描述技术，主要介绍了基于叠前 AVOAz 反演的裂缝参数的定量描述，叠前叠后属性智能优选及融合的裂缝储层表征方法。

本书所涉及的研究工作主要依托国家科技重大专项"渤海湾盆地济阳坳陷致密油开发示范工程"（2017ZX05072）下设任务"致密油藏储层地震预测方法及地应力研究"的相关内容，论述成果是项目组成员集体智慧的结晶。参加本项研究工作的主要有中国石油化工股份有限公司胜利油田分公司物探研究院的张云银、谭明友、曲志鹏、张营革、刘立彬、高秋菊、芮拥军、于景强、张建芝、孔省吾、刘培体、李继光、李凌云、刁瑞、巴素玉、魏欣伟、宋亮、刘立平、商伟、李晓晨、曹丽萍、王静轩、林晓华、田坤、沈正春、朱定蓉、董明、刘建伟、孙淑艳等，以及中国石油化工股份有限公司高级专家刘显太教授级高工，中国石油大学（华东）的李振春、张军华等老师，中国石油大学（北京）曹思远等老师，中国地质大学（武汉）的顾汉明等老师，长江大学李谋杰等老师。在任务研究和书稿编写过程中，得到了中国石油化工股份有限公司胜利油田分公司油气开发管理中心、科技管理部、物探研究院等相关单位支持，在此一并表示衷心感谢！

　　作者水平有限，书稿中存在许多不足之处，敬请广大读者批评指正。

作者

2020 年 6 月

目　　录

第1章

致密油藏储层地震地质特征 >>>

1.1　致密储层类型及基本地质特征

致密砂岩油藏是指渗透率极低,不经过水力压裂,或者不采用水平井、多分支井等大型改造措施,不能产出工业油流的砂岩油藏,如美国 Bakken 页岩夹层中发育的致密砂岩油藏。目前,中国致密砂岩油勘探开发如火如荼,贾承造等预测中国致密砂岩油地质资源量为 $70 \times 10^8 \sim 90 \times 10^8$ t,且已在鄂尔多斯盆地、松辽盆地、四川盆地和渤海湾盆地发现致密砂岩油。近年来,在济阳坳陷古近系发现了丰富的致密砂岩油资源,目前已上报致密砂岩油三级储量数亿吨。

济阳坳陷古近系各凹陷均发育断超式箕状断陷湖盆,在储层成因类型上,发育致密砂砾岩、致密滩坝砂岩和致密浊积砂岩三大类(图 1-1-1)。由于断陷湖盆在物源供给、沉积背景、沉积类型、成岩演化的多样性,造成致密砂岩储层具有不同的地质特点。

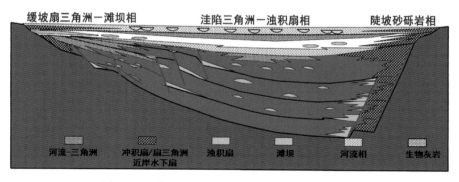

缓坡扇三角洲-滩坝相　　　　洼陷三角洲-浊积扇相　　　　陡坡砂砾岩相

河流、三角洲　　冲积扇/扇三角洲　　浊积扇　　滩坝　　河流相　　生物灰岩
　　　　　　　　近岸水下扇

图 1-1-1　济阳坳陷不同类型致密油藏沉积模式图

1.1.1　致密砂砾岩

济阳坳陷中深层砂砾岩油藏是胜利油田东部探区的重要储量阵地,具有多层系含油、多类型成藏的特征,勘探潜力大。

济阳坳陷砂砾岩主要发育盆缘陡坡带,陡坡带紧邻控凹断层,主要断陷期受断层强烈活动影响,发育巨厚的以砾岩、砂砾岩和不等粒砂岩为主的粗碎屑重力流沉积物。致密砂岩储层发育在各砂砾岩体的扇中、扇缘亚相,以不等粒砂岩、粗砂岩和中砂岩为主,扇缘发育少量细砂岩,砂岩普遍含砾,石英含量低(平均为 30.8%),长石和岩屑含量高(分别平均为 26.7%、42.5%)。济阳坳陷古近系致密砂砾岩主要储集空间为次生溶蚀孔隙和裂缝,在部分渗透率较高的样品中可见残余原生孔隙。

济阳坳陷砂砾岩孔隙度为 3%～20.9%，均值为 10.9%，渗透率为 0.01～9.53 mD，均值为 1.94 mD，最大孔喉半径（R_0）为 0.05～9.78 μm，均值为 2.14 μm，孔喉半径均值（R_d）为 0.02～2.97 μm，平均为 0.49 μm；孔喉半径中值（R_{50}）为 0.01～2.05 μm，均值为 0.18 μm，最大进汞饱和度（H_{gmax}）均值仅为 58.4%（表 1-1-1-1）。总体来看，致密砂砾岩具有孔喉分布不均、大孔喉和小孔喉均发育的特点。

表 1-1-1-1　济阳坳陷古近系致密砂砾岩砂岩储层物性与孔喉特征（高阳，2019）

地区	样品数	孔隙度/%		渗透率/mD		$R_0/\mu m$	$R_d/\mu m$	$R_{50}/\mu m$	$H_{gmax}/\%$
		区间	均质	区间	均质				
车镇北带	5	5.1～10.2	8.4	0.01～0.09	0.04	0.05～0.68	0.04～0.19	0.06～0.07	15.3～69.6
东营北带西段	33	3.0～12.1	7.2	0.05～8.05	1.16	0.49～5.95	0.12～1.94	0.01～0.91	28.4～95.4
东营北带西段	24	3.5～17.9	11.7	0.09～9.53	3.53	0.18～9.78	0.02～2.97	0.01～2.05	10.4～77.9
东营北带中段	40	5.3～20.5	12.2	0.05～9.32	2.91	0.05～7.41	0.03～1.66	0.03～0.83	9.5～90.8
渤南洼陷	48	4.8～20.9	11.8	0.05～4.50	1.82	0.05～4.84	0.03～1.27	0.04～0.35	18.3～78.2

渤南洼陷沙四上亚段沉积期主要是一个水退—水进的过程。早期古气候干旱，盆地规模较小，沉积物近源堆积，到沙四上亚段晚期沉积环境过渡到为半干旱、半闭塞环境。此时主要是盐湖相沉积，表现为盆地边缘部位发育灰岩，同时深水洼陷部位发育膏岩，靠近凸起物源区堆积砂砾岩体。水体加深，扇体规模进一步减小，直至消失。随着逐渐加强的构造运动，原有沉积的完整的地层被分割成一个个小断块，大规模的储集砂体也遭受切割成为孤立的、面积小延伸范围小的砂体，使得储层内部结构、储层空间展布规律进一步复杂化，整个储层非均质性加强。

渤南洼陷沙四上亚段主要发育灰色砾岩、灰黑色砂岩、灰色粗砂岩细砂岩，深灰色泥岩和层状灰白色膏岩等（图1-1-1-1），岩石颜色以灰黑色、浅灰色为主，说明主要发育湖相

Y171井3523m　　Y172井3994.1m　　Y171井3523.5m　　XBS1井3488.14m
平行层理　　　　块状层理　　　　波状层理　　　　生物钻孔

Y172井3494.1m　　Y172井3994m　　Y171井3484.8m　　XBS1井3489.94m
灰色砾岩　　　　灰色细砂岩　　　灰黑色砂岩　　　层状灰白色膏岩夹深灰色泥岩

图 1-1-1-1　渤南洼陷致密砂砾岩相岩性和构造沉积特征

沉积环境。沉积构造发育扇三角洲前缘分流河道、水下扇沟道的平行层理、波状层理以及分流河道的块状构造,部分井内见发育在滨浅湖、扇三角洲前缘河道间的生物成因构造(图1-1-1-1)。牵引流和重力流共同发育,湖浪来回冲刷作用的牵引流跳跃组分的次两段式常见,PQ-QR所占比例较大显示跳跃组分占绝对优势(图1-1-1-2)。

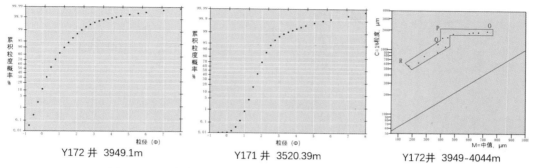

Y172 井 3949.1m   Y171 井 3520.39m   Y172井 3949-4044m

图 1-1-1-2   渤南洼陷沙四上亚段储层粒度概率曲线及 C-M 图

1.1.2　致密滩坝砂岩

滩坝是断陷湖盆中一种非常重要的油气储集体,由于砂体规模、发育程度不及河流、三角洲等沉积体系,因此湖相滩坝沉积体系的研究程度相对较低,但随着勘探程度的不断提高,滩坝砂体已逐渐成为我国东部陆相断陷盆地油气勘探的重要领域,日益受到重视。"十一五"以来,胜利油田在东部探区滩坝砂岩油藏勘探中取得了丰硕的成果,在东营南坡、车镇、沾化、惠民等地区均发现了规模区块,取得了巨大的经济效益。

滩坝沉积体系平面上主要发育于沉积物源丰富、古地形差异较小、波浪作用持续稳定的场所。物源、古地貌、湖平面升降、湖泊水动力条件控制了滩坝砂岩的发育与分布,而沉积前的古地貌对滩坝沉积和发育影响最大。滩坝砂岩常发育于陆相断陷盆地缓坡带,在缓坡带的三种类型(宽缓型、窄陡型、双元型)中,又以宽缓型斜坡带最为发育。滩砂体和坝砂体是两种不同的沉积砂体类型。其中滩砂体分为滩脊微相、滩席微相,多以正旋回层序为特征,反映了水体深度由浅变深的过程;坝砂体分为坝主体微相、坝(内外)侧缘微相,多以反旋回或者复合粒序为特征,反映了水体深度由深变浅或者由深变浅再变深的过程。由于滨浅湖水动力条件、沉积地貌等差异,两种沉积砂体存在滩坝共生、有滩无坝、有坝无滩三种组合类型。

滩坝砂体岩性主要是细砂岩、粉砂岩和泥质粉砂岩,夹薄层浅灰色、灰绿色泥岩(图1-1-2-1),偶见底冲刷作用形成的泥砾。坝砂厚度一般大于 2 m,单层厚度大但层数少;滩砂厚度多在 1~2 m,单层厚度薄但层数多。滩坝砂体分布面积广,一般与岸线平行分布,也可以斜交岸线或与岸相连。

滩坝砂体中矿物颗粒的分选系数均值 1.5,反映分选性好。颗粒圆度较好,以次棱角-次圆状为主,表明滩坝砂体在形成过程中受到了相对较强的水动力条件。主要发育悬浮次总体和跳跃次总体,粒度概率曲线多为三段式,部分为两段式(图1-1-2-2)。

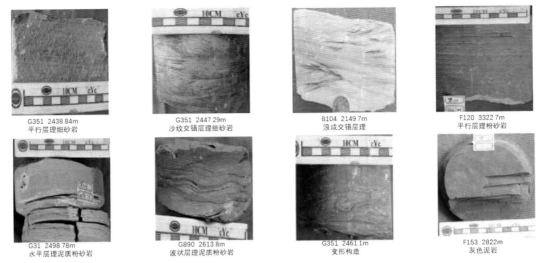

图 1-1-2-1　东营凹陷滩坝砂岩岩性和构造沉积特征(贾艳聪,2015)

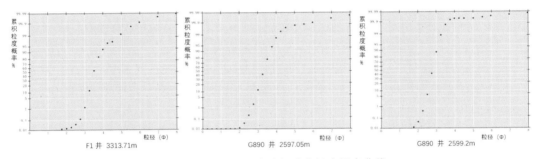

图 1-1-2-2　东营凹陷滩坝砂岩粒度概率曲线

济阳坳陷致密滩坝砂岩粒度较细,以粉、细砂岩为主,石英含量平均为 44.3%,长石含量平均为 34.1%,岩屑含量平均为 21.6%。与致密浊积砂岩相比,致密滩坝砂岩的石英含量高、岩屑含量略低,反映出致密滩坝砂岩成分成熟度高。其砂岩类型单一,以岩屑长石砂岩为主(图 1-1-2-3a)。岩屑以变质岩岩屑为主,含量平均为 15.3%,占总岩屑含量的72.5%(图 1-1-2-3b)。致密滩坝砂岩储集空间以残余粒间孔为主,各种溶蚀孔为辅。石英自生加大和碳酸盐岩胶结是其储层致密化的主要原因。次生孔隙包括颗粒溶蚀和胶结物溶蚀两种类型,对储层孔隙均具有一定的改善作用。颗粒以次棱角状为主,颗粒间以颗粒支撑为主。胶结类型为接触-孔隙式和孔隙式为主,偶见连晶胶结。

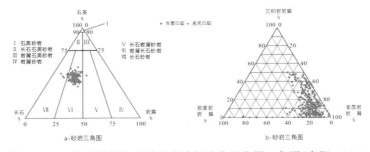

图 1-1-2-3　济阳坳陷古今系致密滩坝砂岩及岩屑三角图(高阳,2019)

致密滩坝砂岩的孔隙度为 $3.6\%\sim25.1\%$,均值为 13.2%;渗透率为 $0.01\sim10$ mD,均值为 1.83 mD;R_0 值为 $0.04\sim7.75$ μm;R_d 值为 $0.02\sim3.36$ μm;R_{50} 值为 $0.01\sim1.44$ μm;$H_{g\,max}$ 为 $12.5\%\sim88.6\%$(表 1-1-2-1)。

表 1-1-2-1 济阳坳陷古近系致密滩坝砂岩储层物性与孔喉特征(高阳,2019)

地区	样品数	孔隙度/%		渗透率/mD		$R_0/\mu m$	$R_d/\mu m$	$R_{50}/\mu m$	$H_{g\,max}/\%$
		区间	均质	区间	均质				
大芦湖	72	5.0~18.2	11.9	0.01~9.45	1.72	0.15~4.70	0.05~1.27	0.03~0.75	21.4~86.4
王家岗	28	7.0~25.1	15.5	0.06~9.33	1.93	0.15~3.68	0.06~1.64	0.03~1.39	24.3~87.7
利津	27	3.6~24.5	16.3	0.01~9.90	2.15	0.14~7.75	0.05~3.36	0.03~1.44	24.0~81.5
田家	11	6.1~12.8	8.7	0.04~0.27	0.16	0.15~1.44	0.05~1.64	0.03~1.37	25.1~82.8
青南	23	5.3~22.3	13.3	0.02~10.00	2.50	0.04~3.71	0.02~1.36	0.01~0.86	12.5~88.6

其中东营凹陷 Gao89 块勘探区域即发育典型的滩坝砂岩储层。Gao89 块属于低品位产能建设区块,区域构造位于金家-正理庄-樊家鼻状构造带东部,主力含油层系为沙四上亚段一、二砂组,油藏埋深为 3 050 m,含油面积为 16.5 km²,属于低孔特低渗油藏,自然产能低,均需压裂改造方可投入生产。

1.1.3 致密浊积岩

浊积岩油藏济阳坳陷分布范围广:东营凹陷、沾化凹陷均有规模发育,是增储的主要油藏类型之一。其中,在东营凹陷三角洲主体发育规模大,随着勘探程度的提高,明显易识别的浊积岩大部分已被发现。目前,勘探开发的主要对象为灰质背景下的浊积岩,如胜北地区、董集洼陷周缘、民丰洼陷、牛庄洼陷西部等认识和勘探程度相对较低的地区。这些浊积岩发育具有灰质背景、岩性复杂、厚度薄、识别及描述困难大的特点,一直未能引起足够重视。但是近年来,随着勘探开发实践证明,灰质背景下发育的浊积岩也能获得高产,如坨 717、坨 715、坨 181 等井。其中,坨 181 钻遇储层 4.6 m/3 层,试油日产 62.6 t,坨 717 井钻遇储层 8.8 m/3 层,试油日产 23 t,目前累油 11 579 t,说明了灰质背景下浊积岩仍具有巨大的勘探潜力。浊积岩油藏作为一种成熟的勘探类型,仍然具有巨大的勘探空间,将是下一步重要的增储阵地。

沙三下沉积时期属于东营湖盆扩张的鼎盛期。此期气候潮湿,湖盆范围扩大,水体加深,山高坡陡,北部物源充足,沿北部陡坡带发育了以重力流为主的各种水下沉积的砂体堆积。此期扇体的规模相对较大,沿凸起边缘呈裙带状分布。同时,由于构造运动及块断运动的加剧,扇体的前缘砂体滑塌,加上水流的影响,在深湖区形成各类深水浊积扇、滑塌浊积扇等水下沉积物。这些扇体埋藏于沙三时期的湖相暗色泥岩之中,与烃源岩直接接触,成藏条件十分有利。另外,从东南而来的东营三角洲由于距离较远,仅在胜坨南部地区形成了局部的远源浊积扇体。这一系列的扇体直接深入到生油泥岩中,成藏条件十分有利。

沙三中沉积时期湖盆继续扩大,湖水继续上涨,凸起面积相对缩小,北部物源减少,但构造运动及断裂活动仍很强烈,沿陡坡带主要发育小规模的水下扇、浊积扇及扇三角洲等。同时,东营三角洲开始影响本区,由于水动力条件强,三角洲推进速度快、沉积速率高、前缘砂厚度大、坡度陡,在湖水面升降和自身重力作用下,导致三角洲前缘砂体多次滑塌,形成浊流顺坡而下。砂体呈透镜体堆积在前缘斜坡的中下方,或被带到三角洲前方,在底积层中充填坑凹,形成了较大规模的近东西向展布的浊积体发育区。这些砂体夹在沙三中、下巨厚的暗色泥岩中,自生自储,成藏条件良好。

沙三段浊积岩油藏形成条件复杂,根据其不同的特点可以分成多种类型。

（1）储层成因分类

依据砂体的成因可分为滑塌浊积岩和深水浊积扇两类。

① 滑塌浊积岩主要发育于沙三中亚段地层中,是三角洲前缘砂体在推进过程中由于受重力、地震、构造运动等作用,发生断裂、滑塌形成的。这些浊积岩分布面积和单层厚度都相对较小,以透镜状为主,深埋于沙三段的暗色泥岩中,成藏条件良好,是沙二段的主要储层类型。

② 深水浊积扇形成于湖盆扩张期,是由于洼陷区的持续下陷,使得沉积中心和沉降中心迁移,沉积在盆地边缘的浅水沉积物再次搬运而形成的。这类扇体的分布规模相对较大,埋深也较大,靠近湖盆的底部,成藏条件较好。该类油藏目前在东营凹陷的牛庄洼陷和营 11 井区都有发现。

（2）发育位置分类

依据砂体发育的位置可分为斜坡型、断层下降盘型和洼陷型。

① 斜坡型。该类砂体主要分布在洼陷的斜坡处,其分布面积相对较大,易形成上倾尖灭砂体圈闭。由于泥岩的沉积厚度相对较小,差异压实所形成的排替压力与孔隙压力的差异较小,以至砂体的油气充满系数不高。

② 断层下降盘型。该类砂体主要分布在同生断层的下降盘,其单层厚度小、面积小、规模小,但砂体的个数较多。由于差异压实作用较强,砂体的油气充满系数较高,且含油砂体的内部压力较高。

③ 洼陷型。该类型是在洼陷中沉积而成的浊积岩体,分布广泛。砂体形态与斜坡型相似,但砂体的单层厚度相对较大。由于洼陷内的泥岩沉积较厚,差异压实作用更加显著,使得洼陷内的砂体更容易形成高压岩性油藏。

（3）砂体形态分类

依据砂体的形态可分为透镜体状、楔状和席状。

① 透镜体状的浊积砂岩主要分布于地形比较平缓的地区。这类砂体分布面积较小,横向变化较快,砂体周围被泥岩所覆盖,成藏条件良好。

② 楔状的砂体主要分布在同生断层下降盘,顺着地层倾向呈楔状分布。

③ 席状砂体主要分布在沉积较稳定、水动力较弱的地区,这类砂体分布面积较大,砂体的单层厚度不大,一旦钻遇,大都高产。

这类岩性油藏成藏模式的主要特点是在洼陷带内向斜构造本身或附近即是烃源岩发育的有效生烃区,而储集体一般是浊积成因的砂体,形成的岩性圈闭一般为孤立分布在烃源岩中被烃源岩包裹的典型的原生砂岩透镜体油藏。在成岩作用过程中,砂岩体与烃源岩一起压实成岩,在砂泥岩接触带内,大小孔隙之间存在毛细管力的差异。在差异毛细管力和油气生成引起的膨胀力及烃浓度差引起的扩散力的作用下,油气克服流体黏滞阻力和吸附阻力,首先从较大孔隙进入透镜体中。油气在烃源岩中排运的路径是由粗细不均的孔隙和喉道或异常压实作用下的泥岩微裂缝组成。透镜体油藏形成后,四周的泥岩即为有效的盖层,盖层的封闭能力非常好,油气一旦在圈闭内聚集成藏,就不易遭后期的改造破坏,形成自生自储自盖的成藏组合系统。

致密浊积岩孔隙度 $4.7\%\sim29.4\%$;渗透率 $0.05\sim10.00$ mD,均值为 1.8 mD; R_0 值为 $0.04\sim3.59$ μm, R_d 值为 $0.02\sim3.63$ μm; R_{50} 值为 $0.01\sim0.68$ μm; $H_{g\,max}$ 值为 $4.4\%\sim88.9\%$(表 1-1-3-1)。

表 1-1-3-1　济阳坳陷古近系致密浊积砂岩储层物性与孔喉特征(高阳,2019)

地区	样品数	孔隙度/%		渗透率/mD		$R_0/\mu m$	$R_d/\mu m$	$R_{50}/\mu m$	$H_{g\,max}/\%$
		区间	均质	区间	均质				
东营凹陷	102	6.4~29.4	17.1	0.08~10.00	2.65	0.04~31.59	0.03~3.63	0.01~0.68	4.4~85.1
渤南洼陷	33	4.7~27.1	13.7	0.11~9.82	1.78	0.04~25.38	0.02~1.16	0.04~0.58	9.4~85.6
临南洼陷	42	10.0~17.1	13.5	0.05~5.72	1.28	0.36~5.26	0.10~1.10	0.03~0.50	41.8~88.9

1.2　致密储层岩石物理特征

岩石物理研究在地震数据与岩性和油藏特点、参数之间起到桥梁作用。因此,加强岩石物理的基础性研究,建立岩性-地震关系,总结区域岩石物理规律特征,对岩性预测、储层预测是十分重要的。岩石物理学研究是探讨地震参数(振幅、频率、相位等)的地质意义,也就是在最小研究单元上找出对岩性反应敏感的地震参数。

1.2.1　致密砂砾岩体岩石物理特征

沙四上亚段 1、2 砂组发育高速的膏岩层,地震表现为强反射,制约了主要目的层(3、4 砂组)的储层地震精细刻画。砂岩为相对高阻抗特征,但与泥岩存在相互叠置(图 1-2-1-1)。

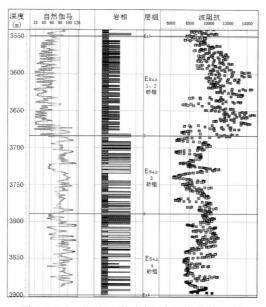

图 1-2-1-1　义 176 井岩性-波阻抗曲线特征

通过对沙四上亚段高速的膏岩层和砂砾岩岩石物理分析,分别进行了波阻抗与 GR、纵横波速度比,泊松比和泊松阻抗 REI30°的交汇分析。通过对比可以发现,纵横波速度比对叠置的砂泥岩有较好的区分度,AVO(Amplitude Versus Offset)的 G 属性主要反映纵

横波速度比的信息,可以采用 AVO 的 G 属性进行岩性预测(图 1-2-1-2)

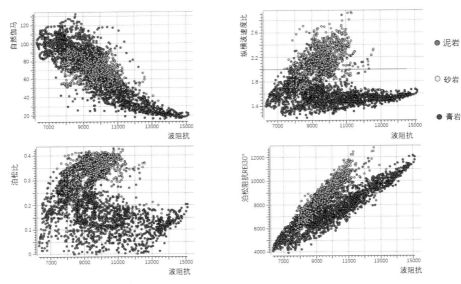

图 1-2-1-2   Y176 井岩性因子岩石物理交汇分析图

考虑到实际资料的信噪比情况,对物性因子进行了岩石物理敏感性参数分析,分别进行了波阻抗与 REI18°、REI30° 的交汇分析(图 1-2-1-3)。通过研究可以发现,大角度相对于中角度 REI 弹性阻抗在有利相带内能更好地指示物性。

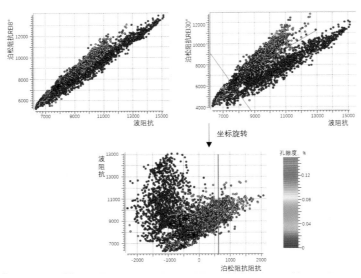

图 1-2-1-3   Y176 井物性因子岩石物理交汇分析图

1.2.2   致密滩坝砂岩岩石物理特征

从测井资料来看,滩坝砂岩段钻遇的岩性以泥岩和砂岩为主,含少量的灰岩。地质统计学反演应用的前提是储层与围岩之间存在着较大的速度或波阻抗差异(图 1-2-2-1)。沙四上滩坝砂岩的岩性-速度交汇图与直方图显示,砂岩与泥岩之间虽然存在着一定的速度重叠区间,但是其主体存在着较大的区分度,因而能够满足地质统计学反演的要求。

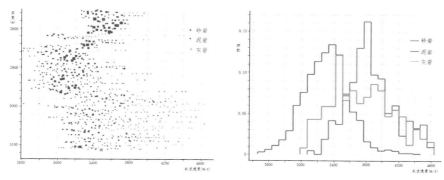

图 1-2-2-1 沙四上滩坝砂岩岩性-速度交汇图与直方图

1.2.3 致密浊积岩岩石物理特征

根据岩性纵波速度和密度交汇分析(图 1-2-3-1),泥岩整体纵波速度比砂岩略低,密度比砂岩略低,难以区分;灰质砂岩整体纵波速度比砂岩略低,密度比砂岩略低,难以区分;灰质泥岩整体纵波速度比砂岩略低,密度比砂岩略低,难以区分;砂质泥岩整体纵波速度与砂岩相当,密度比砂岩略低,难以区分;泥质砂岩整体纵波速度比砂岩低,密度比砂岩低;白云岩低纵波速度、低密度、低阻抗,因此传统的叠后波阻抗反演很难区分岩性。

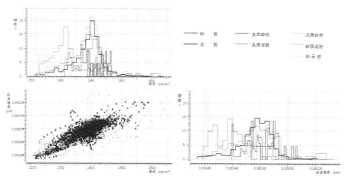

图 1-2-3-1 纵波速度、密度岩性直方图及交会图

在横波阻抗中砂岩表现为较高横波阻抗,较低泊松比;泥岩和灰质砂岩、灰质泥岩表现为较低横波阻抗,较高泊松比(图 1-2-3-2)。

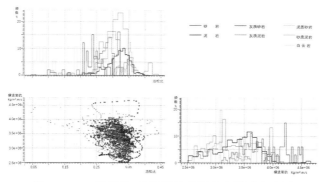

图 1-2-3-2 泊松比、横波阻抗岩性直方图及交会图

砂岩表现为较高剪切模量,较低纵横波速度比;泥岩和灰质岩表现为较低剪切模量,

较高纵横波速度比(图 1-2-3-3)。

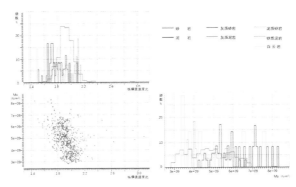

图 1-2-3-3　纵横波速度比、Mu 岩性直方图及交会图

　　以上分析表明浊积岩尤其是灰质泥岩背景下发育的浊积岩储层剪切模量、泊松比、纵横波速度比及横波速度相对较为敏感。浊积砂岩通常表现为较高剪切模量和横波速度，较低的泊松比和纵横波速度比。

第2章

致密油藏储层地震处理关键技术 >>>

2.1　致密砂砾岩的深度域成像技术

　　胜利油田东营北带,分布有大量的砂砾岩地质体,其与沙河街组烃源岩侧向对接,成藏条件有利,是"十二五"以来胜利油田勘探的主要对象。但砂砾岩体速度变化快、导致其形态不准、内幕杂乱,制约了陡坡带砂砾岩致密油的勘探开发。

　　早在 20 世纪 70 年代中期,就已经提出了叠前偏移成像的概念。从理论上来讲,这是解决复杂构造成像的唯一正确方法。经过多年的发展,叠前深度偏移技术已经大规模进入生产,特别是在以墨西哥湾为代表的盐丘地区,取得了巨大成功。胜利油田也在 20 世纪 90 年代开始了深度域成像的研究,先后开发应用了三大主流处理系统的叠前深度偏移,自主研发了"神通成像系统"平台,研发了克希霍夫叠前深度偏移、共方位角波动方程叠前深度偏移以及 RTM 等技术,在胜利油田东西部探区取得较好的效果。

　　常规的层状渐变介质(水平沉积)常用的层析建模与各向同性深度偏移,基本上可以满足深度域成像的需求,但在陡坡带砂砾岩体的深度域成像中,由于速度横向变化快、资料信噪比低、各向异性严重等问题,深度域成像效果一直不理想。

　　项目组依托国家重大专项"渤海湾盆地济阳坳陷致密油开发示范工程",以东营凹陷陡坡带砂砾岩为靶区,深入分析了区带地质与地震资料特点,提出了"井约束反向追踪速度反演+各向异性叠前深度偏移"的技术思路,开发了地质信息约束速度反演技术、基于网格的层析反演建模技术及各向异性偏移成像技术等关键技术,有效提高了地震对致密储层的识别精度,为砂砾岩体储层精细描述奠定基础。

2.1.1　井约束反向射线追踪层析反演

　　地震层析反演是通过观测到的地震运动学信息走时、反射路径或者动力学信息、振幅、波形等的分析,建立模型参数与观测数据之间的泛函关系,反演地下模型参数信息的一种方法,是目前应用最广的大尺度速度模型建立方法。

　　为解决胜利陡坡带深部砂砾岩体、潜对速度场精度需求、速度分析与建模中大数据量、方法对深层地震资料、复杂构造和复杂岩性的适应性,本书提出了基于射线理论下对旅行时的表述,通过高精度的反向射线追踪技术,构建了表述参数介质与观测旅行之间的线性关系的敏感核函数,从而构建反演方程求解得到速度更新量,实现胜利探区典型地质条件下的速度建模。

反向照明射线追踪

针对层析反演中射线追踪,采用了一种准确并且高效的最小旅行时射线追踪方法-常速度梯度法(Langan,1985)进行射线追踪,它是程函方程法的变体。

1) 反向射线追踪的公式推导

根据矩形网格速度表征方式和反向射线追踪的要求,首先要将速度模型剖分成大小均匀的矩形网格,然后给定每个网格单元的中心速度、横向速度变化梯度、垂向速度变化梯度三个参数。在反向射线追踪公式的推导中,以射线路径长度作为自变量,射线位置、射线方向和射线旅行时都是射线路径长度的函数。

波动方程的高频近似,即程函方程可以表示如下:

$$\left(\frac{\partial T}{\partial x}\right)^2 + \left(\frac{\partial T}{\partial y}\right)^2 + \left(\frac{\partial T}{\partial z}\right)^2 = \frac{1}{c^2} \tag{2-1-1}$$

由(2-1-1)式出发,在 1964 年,Wolf 和 Born 推导了以下著名的射线方程:

$$\frac{\mathrm{d}}{\mathrm{d}s}\left[\frac{1}{c(r)}\frac{\mathrm{d}r}{\mathrm{d}s}\right] = \nabla_r\left[\frac{1}{c(r)}\right] \tag{2-1-2}$$

式中,r 表示射线追踪位置的空间位置坐标矢量;s 表示射线弧长,是射线追踪位置、射线方向和射线旅行时的变量;$c(r)$ 表示进行射线追踪的速度模型的速度。沿着射线路径的射线总长度可以用下面的积分表达式表示:

$$l = \int_0^s \| n(r') \| \, \mathrm{d}s' \tag{2-1-3}$$

其中

$$n(r) = \frac{\mathrm{d}r}{\mathrm{d}s} \tag{2-1-4}$$

由方程(2-1-3)可以推导沿着射线路径的总旅行时为:

$$t(s) = \int_0^s \frac{\| n(r') \|}{c(r')} \, \mathrm{d}s' \tag{2-1-5}$$

对方程式(2-1-2)中的射线弧长变量积分两次,可以得到射线的位置方程:

$$r(s) = r_0 + \hat{n}_0 \int_0^s \frac{c(r')}{c(r_0)} \, \mathrm{d}s' + \int_0^s c(r') \int_0^s \nabla_{r'}\left[\frac{1}{c(r'')}\right] \mathrm{d}s'' \mathrm{d}s' \tag{2-1-6}$$

式中,r_0 是射线在入射点位置的初始坐标位置,$\hat{n}_0$ 是射线在入射点位置的初始入射方向,$c(r_0)$ 是射线在入射点位置的初始速度。(2-1-6)式精确描述了射线在速度模型中的追踪轨迹。

由矩形网格的速度表征方式和 Langan 法射线追踪可知,速度模型可以表示为:

$$c(r) = c_* + \lambda \cdot r \tag{2-1-7}$$

这里的 c_* 是速度梯度场中的射线追踪起始点速度;λ 为速度梯度 $\nabla_r[c(r)]$,包括横向速度变化梯度、垂向速度变化梯度。求(2-1-7)式速度值的倒数得:

$$\frac{1}{c(r)} = \frac{1}{c_* + \lambda \cdot r} \tag{2-1-8}$$

借助于泰勒级数(Taylor)展开,将(2-1-8)式展开成 λ 的二阶项的形式:

$$\frac{1}{c_* + \lambda \cdot r} = \frac{1}{c_*}\left[1 - \left(\frac{\lambda \cdot r}{c_*}\right) + \left(\frac{\lambda \cdot r}{c_*}\right)^2\right] + O(\lambda^3) \tag{2-1-9}$$

这里，

$$\left| \frac{\lambda \cdot r}{c_*} \right| < 1 \tag{2-1-10}$$

求差商 $\nabla_r \left[\dfrac{1}{c(r)} \right]$ 得，

$$\nabla_r \left[\frac{1}{c(r)} \right] = \frac{1}{c_*} \left[-\frac{\lambda}{c_*} + \frac{2\lambda}{c_*} \left(\frac{\lambda \cdot r}{c_*} \right) \right] + O(\lambda^3) \tag{2-1-11}$$

其中 $O(\lambda^3)$ 表示速度梯度三阶及三阶以上的高阶项。

将（2-1-9）和（2-1-11）式代入（2-1-6）式积分得射线位置的函数：

$$r(s) = r_0 + \hat{n}_0 s \left[1 + \frac{s}{2c_*} (\lambda \cdot \hat{n}_0) \left(1 - \frac{\lambda \cdot r_0}{c_*} \right) \right] \\ - \frac{\lambda s^2}{2c_*} \left(1 - \frac{\lambda \cdot r_0}{c_*} \right) - \frac{\hat{n}_0}{6c_*^2} s^3 [\lambda^2 - (\lambda \cdot \hat{n}_0)^2] + O(\lambda^3) \tag{2-1-12}$$

若射线入射点的速度为 c_0，（2-1-12）式可以重新写成：

$$r(s) = r_0 + \hat{n}_0 s \left[1 + \frac{s}{2c_0} (\lambda \cdot \hat{n}_0) \right] \\ - \frac{\lambda s^2}{2c_0} - \frac{\hat{n}_0}{6c_0^2} s^3 [\lambda^2 - (\lambda \cdot \hat{n}_0)^2] + O(\lambda^3) \tag{2-1-13}$$

上式对 s 微分求取射线追踪的方向函数：

$$n(s) = \hat{n}_0 \left[1 + \frac{s}{c_0} (\lambda \cdot \hat{n}_0) \right] - \frac{\lambda s}{c_0} - \frac{\hat{n}_0}{2c_0^2} s^2 [\lambda^2 - (\lambda \cdot \hat{n}_0)^2] + O(\lambda^3) \tag{2-1-14}$$

由式（2-1-5）、式（2-1-9）、式（2-1-13）可以得到沿着射线路径的总旅行时函数：

$$t(s) = \frac{s}{c_0} \left\{ 1 + \frac{s^2}{6c_0^2} [\lambda^2 + (\lambda \cdot \hat{n}_0)^2] - (\lambda \cdot n_0) \frac{s}{2c_0} \right\} + O(\lambda^3) \tag{2-1-15}$$

至此，已经推导出反向射线追踪过程中射线位置、射线方向、射线旅行时关于速度梯度的二阶近似的解析表达式，如式（2-1-13）、式（2-1-14）、式（2-1-15）所示。这三个函数都是弧长的函数，这三个公式是反向射线追踪的基本公式，代表了反向射线追踪步长的三要素。

同理，可以推导出反向射线追踪过程中射线位置、射线方向、射线旅行时关于梯度的一阶近似的解析表达式。在矩形网格速度表征时剖分的矩形网格 x，y 方向的大小分别为 a，b，并且都很小，速度梯度 λ 也很小，满足下式：

$$\frac{\| \lambda \| (a + b)}{c_0} << 1 \tag{2-1-16}$$

则上述射线位置、射线方向、射线旅行时关于速度梯度的二阶近似的解析表达式可以简化成 λ 的一阶项的解析表达式，如下面三个公式所示：

$$r(s) = r_0 + \hat{n}_0 s \left[1 + \frac{s}{2c_0} (\lambda \cdot \hat{n}_0) \right] - \frac{\lambda s^2}{2c_0} + O(\lambda^2) \tag{2-1-17}$$

$$n(s) = \hat{n}_0 \left[1 + \frac{s}{c_0} (\lambda \cdot \hat{n}_0) \right] - \frac{\lambda s}{c_0} + O(\lambda^2) \tag{2-1-18}$$

$$t(s) = \frac{s}{c_0} \left\{ 1 - (\lambda \cdot \hat{n}_0) \frac{s}{2c_0} \right\} + O(\lambda^2) \tag{2-1-19}$$

上述式（2-1-17）、式（2-1-18）、式（2-1-19）即为射线位置、射线方向、射线旅行时关于速度梯度的一阶项的解析表达式。

通过式(2-1-19)可以求得旅行时 $t(s)$，来进行克希霍夫叠前深度偏移，$t(s)$ 的正确求取，能得到正确的偏移结果，从而确定进行照明分析的目的层。

2）射线追踪的算法

射线追踪过程可以由射线位置 $r(s)$、射线方向 $n(s)$ 和射线旅行时 $t(s)$ 三个函数来描述，这三个函数的变量都是弧长。本书的速度模型是按矩形网格的速度表征方式表示的，射线追踪在速度模型中的追踪是按矩形网格来追踪的，由前一矩形网格射线入射到当前矩形网格的初始入射点位置、初始入射方向和初始入射点速度，计算当前矩形网格内射线追踪的算法如下：

① 计算当前矩形网格的速度梯度，包括横向和垂向两个方向的梯度：

$$\vec{\lambda} = \lambda_x \vec{i} + \lambda_y \vec{j} \tag{2-1-20}$$

其中

$$\lambda_x = \frac{v_{i+1,j} - v_{i-1,j}}{2\mathrm{d}x}$$
$$\lambda_y = \frac{v_{i,j+1} - v_{i,j-1}}{2\mathrm{d}y} \tag{2-1-21}$$

式中，$\vec{i}$ 和 $\vec{j}$ 是单位向量，$\mathrm{d}x$，$\mathrm{d}y$ 表示矩形网格的大小。

② 由射线在当前矩形网格入口处的初始入射方向判断射线可能在当前矩形网格的哪个边上出射。

③ 因为上一步的判断结果相当于给出了出射位置的一个分量（要么是横坐标已知，要么是纵坐标已知），因此可以通过求解方程(2-1-13)计算当前矩形网格内的射线弧长，将上一步的所有判断方向都计算一次，这样可以得到所有出射方向假设下的弧长。最小的弧长即为所求的射线长度，对应的出射方向即为真实的射线出射方向。

④ 由上一步得到的当前矩形网格内的射线长度 s，代入式(2-1-13)、式(2-1-14)、式(2-1-15)即可得到射线追踪的位置、方向和旅行时。

该方法具有很高的计算效率，是由于以下两点：第一，该方法本身采用的是求解解析式的算法；第二，计算时单元剖分为矩形且分别平行于对应的坐标轴，所以使得射线在单元出口处位置坐标的计算变得十分简单。

3）模型验证

为了验证本研究反向照明射线追踪的准确性，本书设计了几个速度模型。图 2-1-1 为胜利典型地质模型的反向射线追踪路径。其中，图 2-1-1(a)为胜利典型地质情况设置的速度模型。图 2-1-1(b)为基于波动方程走时层析计算得到的反向敏感核函数。图 2-1-1(c)为基于正向照明的射线追踪路径。从中可以看出，基于正向照明的射线路径无法根据原始资料进行接收点位置匹配。也就是说，射线的初始方向和出射位置都是不可控的。这就是利用实际初至进行旅行时残差求取带来了相当大的误差。图 2-1-1(d)为本书提出的反向照明射线追踪路径。从中可以看出，射线对复杂的地下介质提供了更好的照明度；同时，射线的出射方向可知可控，出射点的位置可以通过一定的方法与实际资料进行匹配。

相比之下，反向射线追踪技术有着更好的照明分布，提供的旅行时和灵敏度矩阵也更加真实可靠。

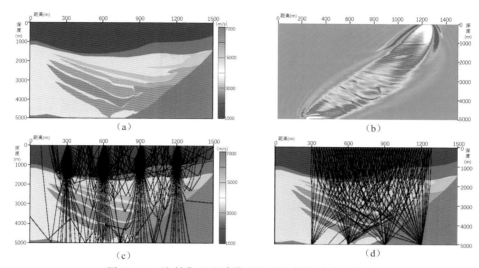

图 2-1-1　胜利典型地质模型的反向射线追踪示意图

（1）井约束走时层析反演

对于尺度较大的地质目标体，可通过基于射线理论的走时层析速度反演方法进行反演，得到基本准确的、包含大量低频信息的速度场。对于小尺度地质体，一直是速度反演的难点。因此，高精度的层析速度反演方法已经成为很多研究者关注的热点，相继出现了一些介于射线理论与波动方程之间的层析速度反演方法，如菲涅尔体层析、射线层析、高斯束层析等。这些方法更好地模拟了地震波实际传播情况，但对偏离真实速度模型较远的初始速度模型进行层析反演时，需要进行多次迭代才能达到需要的精度；且这些方法近几年还在发展当中，远不如基于射线的走时层析在工业界的应用广泛。

测井数据通常被认为是较准确、可靠的先验信息，可以采用正确的方法把测井信息加工成地质信息。尤其是与地层慢度对应的声波时差测井曲线，可以用来作为先验约束信息加入到速度建模过程中。然而，目前常规的井约束层析速度反演只在层析反演方程组求解的过程中利用井数据信息，更新得到的速度场虽然能很好地刻画出速度场的大幅构造，但对小尺度地质体的描述还未达到高精度的要求。该方法针对以上所提方法的优缺点，提出了一种新的基于井数据约束的高精度层析速度建模方法，不仅将井数据信息与走时层析速度反演过程相结合，并且在此基础上利用井数据信息对层析反演更新得到的速度场，进行精细化建模，在提高层析反演精度的同时，保留了走时层析的优点。

基于井数据约束的高精度层析速度建模方法，可按照井数据约束速度反演和井数据约束偏移深度两级优化的策略进行。第一级优化：将经过预处理后的测井速度作为约束项加入到层析反演方程组中，测井处的网格速度不更新，在一定程度上减少层析反演解的误差，提高反演效率。第二级优化：利用测井数据信息，根据第一级优化得到的层析反演速度场和相应的偏移结果进行速度建模，对断块、薄互层、微幅构造等小尺度地质体精细刻画，修正偏移深度及局部速度，获得最终高精度的速度场；对该速度场进行叠前深度偏移，进而得到质量更好的偏移剖面，达到地震数据处理的高精度需求。

（2）井数据约束速度反演

常规射线类走时层析利用旅行时残差沿着射线路径进行反投影更新地下速度场。速度更新后公式为

$$\int_l \Delta s\, \mathrm{d}\mathbf{r} = \mathrm{d}t \tag{2-1-22}$$

离散形式为

$$\sum_{j=1}^{N} lij\, \Delta s_j = \Delta t_i \tag{2-1-23}$$

式中，i 表示第 i 条射线，j 表示速度模型的第 j 个网格，l_{ij} 表示第 i 条射线在第 j 个网格内的射线路径，Δs_j 表示第 j 个网格的慢度更新量，Δt_i 表示第 i 条射线的走时扰动。离散网格内的射线路径形成射线层析的敏感核函数，它表明只有射线路径经过的网格其速度扰动才会引起走时扰动。

为了提高反演精度，利用常规井数据约束层析速度反演方法，即利用声波时差测井数据对反演方程组进行约束，井位置处的慢度在速度更新过程中保持不变，

$$\begin{pmatrix} L \\ \mu\Gamma \end{pmatrix} = \begin{bmatrix} l_{1,1} & l_{1,2} & l_{1,3} & \cdots & \cdots & \cdots & l_{1,m\times n} \\ l_{2,1} & l_{2,2} & l_{2,3} & \cdots & \cdots & \cdots & l_{2,m\times n} \\ \vdots & & & & \vdots & & \vdots \\ l_{nray,1} & l_{nray,2} & l_{nray,3} & \cdots & \cdots & \cdots & l_{nray,m\times n} \\ -1\cdot\mu & 1\cdot\mu & & & & & \\ & -1\cdot\mu & 1\cdot\mu & & \vdots & & \\ & & & & & -1\cdot\mu & 1\cdot\mu \\ & & & & & -1\cdot\mu & 1\cdot\mu \\ -1\cdot\mu & & & 1\cdot\mu & & & \\ & & & & -1\cdot\mu & 1\cdot\mu & \\ & & -1\cdot\mu & & 1\cdot\mu & & \ddots \\ & & & 1\cdot\mu & & & 1\cdot\mu \end{bmatrix} \begin{bmatrix} \Delta s_1 \\ \Delta s_2 \\ \vdots \\ \vdots \\ \vdots \\ \vdots \\ \vdots \\ \Delta s_{m\times n} \end{bmatrix} = \begin{bmatrix} \Delta t_1 \\ \Delta t_2 \\ \vdots \\ \Delta t_{nray} \\ 0 \\ \vdots \\ 0 \\ \vdots \\ 0 \\ \vdots \\ 0 \end{bmatrix} \tag{2-1-24}$$

式(2-1-24)中，井所在位置处的慢度更新量为 0，即井所在处的 $\Delta si = 0$，$(i=1,\cdots,mn)$，$\Delta tj = 0$，$(j=1,\cdots,nray)$。该方程组采用 LSQR 算法求解，为了提高层析反演的稳定性，加入一阶导数型正则化。同时，如式(2-1-24)所示，利用声波时差测井资料对反演过程进行控制和约束，在一定程度上提高了反演效率和精度。

（3）井数据约束走时层析实现流程

整个过程概括为两级约束，具体流程如图 2-1-2 所示。

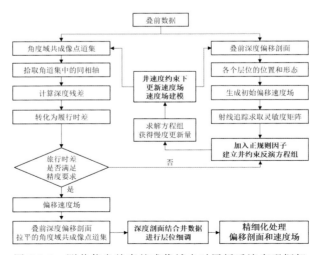

图 2-1-2   测井信息约束的成像域走时层析反演实现框架

1）第一级约束

第一步，将初始速度与测井速度相结合建立初始速度场；

第二步，射线追踪求取网格内射线路径（建立灵敏度矩阵 L）；

第三步，如果成像道集存在剩余曲率，从成像道集中拾取深度剩余量 Δz 求取 Δt；

第四步，建立反演方程，求取速度更新量。在井数据的位置处，将测井速度范围内的速度更新量标记为零，不进行更新。

2）第二级约束

第五步，深度剖面进行层位校正，实现目的层局部细调。

① 测井速度平滑后与初始层速度场相结合作为初始偏移速度场。

将声波测井速度进行降频平滑处理，将测井速度采样率与地震数据深度采样率进行匹配。以某实际资料为例，声波测井采样率为 0.125 m，地震数据深度偏移层速度场采样率为 10 m，对声波测井数据进行平滑插值，将其采样率减小到 10 m。并与初始层速度（时间域速度分析结果通过 DIX 公式转化到深度域）插值建场，见图 2-1-3。

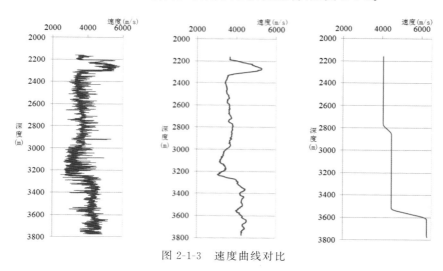

图 2-1-3　速度曲线对比

② 将测井速度平滑后作为约束项（正则化项）加入到反演方程中，从成像道集拉平程度判别速度的准确性，正则化项的加入可以使速度更新、更快地逼近真实速度，减少迭代次数，提高计算效率，如图 2-1-4 所示。

③ 通过偏移剖面进行层位校正，实现速度场局部细调，最终得到最佳偏移剖面和偏移速度场，如图 2-1-5 所示。

对于薄互层构造，与未加井数据相比，加入井数据后提高了速度反演的精度，角度道集的拉平程度更好。基于角度道集的层析速度反演方法依靠角度道集同相轴剩余曲率进行速度更新，由于射线方法的高频近似，井速度约束能力有限，薄互层很难更新。但是依靠测井速度，对细层进行约束，提高了建模的精度；同时井速度提高了反演的效率。

2.1.2　宽方位局部角度域叠前深度偏移

受地质条件及地震资料品质影响，传统深度偏移方法砂砾岩体成像包络反射不清，反射特征不明显，难以进行精细刻画，剖面精度过低，需要进行理论更为先进的偏移方法开发和测试。地下局部角度域叠前深度偏移是一项可以为地下复杂构造提供高精度的地震成像的方法技术，可以生产全方位的反射角及全方位的倾角道集，在此基础之上进一步处理如倾角及散射叠加成像,可以在保幅、保真的前提下有效提高致密砂砾岩发育区资料的信噪比并改善断裂系统成像。

2.1.2.1 高精度深度域速度建模技术

应用区-盐家工区主要位于东营北部陡坡带,构造上位于陈家庄凸起与民丰洼陷的过渡带,构造为东西走向,洼陷内断层砂体十分发育,可形成各种圈闭及油气藏,油藏类型以砂砾岩岩性油藏和背斜构造油藏为主。

盐家地区构造比较复杂,对中、深层的沙三、沙四段的砂砾岩成像,砂砾岩体包络及内幕细节具有较高的成像要求。为完成精细内幕成像,速度模型建立及成像方法均是关键。

基于精细建模思路,速度模型建立主要分三步走:首先,浅层速度精细建模,采用层析反演出的浅层速度模型结合微测井浅表层速度完成;其次,针对砂砾岩开展速度建模攻关处理,在模型约束的基础上,完成剩余延迟拾取,进行层析反演速度建模;最后,针对特殊岩性内幕,要精细速度刻画,确保速度的准确性,在层控下完成高密度网格层析速度反演(图 2-1-4)。

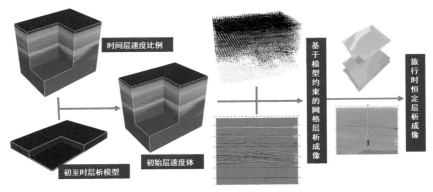

图 2-1-4 速度模型建立思路框架图

(1) 浅层速度模型建立

工区内总体地势较为平坦,地表高程变化不大,但由于野外采集环境相对复杂,加上浅层地震覆盖次数低,很难迭代出准确速度。为提高浅表层速度精度,浅层速度模型采用层析静校正反演出的浅表层速度模型(图 2-1-5),融合后浅层局部结果如图 2-1-6 所示。

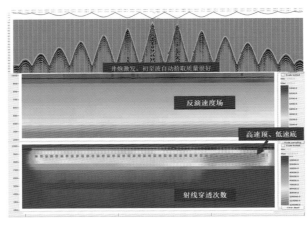

图 2-1-5 层析反演浅层速度模型

图 2-1-6 浅层速度融合前(左)后(右)局部对比

（2）中深层速度模型优化

要得到精确的深度域结果,就要综合利用各种技术方法不断调整、优化层速度模型,使之与地下地质情况吻合。深度域层速度修正是通过提供一个参考偏移距求取剩余延迟,来代表层速度不准的量度。层速度模型优化处理采用基于实体构造模型的层析成像方法和基于层控约束的高密度网格层析成像相结合,逐步迭代完成深度域速度反演,最终获得高精度的速度模型。

1）基于实体模型的层析反演技术

实体模型的层析反演技术是基于解释层位进行沿层速度更新的方法。该方法核心是针对剩余深度延迟能量谱进行沿实体模型的剩余延迟拾取,根据剩余延迟进行沿层层析迭代,逐步逼近准确速度的过程。该方法特点是效率高、速度快,尤其针对复杂构造中的大套地层速度收敛效果较好。

该区资料太古界基岩面以上地层信噪比较高,采用模型约束的网格层析成像技术是最优化选择。基于实体模型的层析反演方法首先进行目标线初始深度偏移,计算剩余延迟谱,剩余延迟拾取,网格化产生的剩余延迟,进而建立速度更新点数据库,在实体模型控制下进行层析反演并更新层速度。

盐家区块构造横向变化剧烈,为有效把握好横向整体趋势,速度分析密度为 500 m×500 m,以保证足够的采样精度使得速度在横向趋势上与构造吻合。基于上述的速度更新密度,进行垂向的剩余速度拾取（图 2-1-7）。

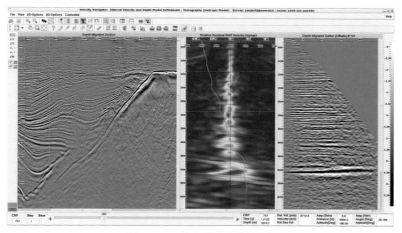

图 2-1-7 垂向剩余延迟拾取

通过速度分析生成的剩余延迟剖面（图 2-1-8）,后续通过基于模型的层析反演将此剩余速度更新到初始的速度上,完成本次的速度迭代。

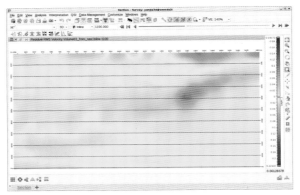

图 2-1-8　剩余延迟剖面

　　另外，实体模型方法中，由于速度的更新是基于沿构造趋势的，横向上的网格密度会直接影响速度反演的精度。本次反演中，结合资料的构造特点，建立层位数据库，可以在一定构造趋势约束的前提下，确保速度在横向上的刻画精度（图 2-1-9）。采用层位及地震数据的共同约束，作为层析反演的数据源信息。

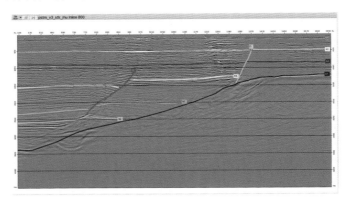

图 2-1-9　解释层位 ln800

　　基于实体模型的层析成像技术，主要考虑大套层位的平均层速度，对层间的层速度具有平均效应，适用于速度反演的前期阶段。其目的是要在宏观整体上首先把握好速度与构造的趋势，细节方面可以依靠后续迭代完成。从反演前后速度分析（图 2-1-10）看，速度整体趋势与构造吻合度较高，基本反映了速度的横向趋势变化。而在层间速度的精度上，细节变化不多，需进行网格层析进一步迭代反演，提高模型精度。

　　2）基于网格层析的速度建模技术

　　网格层析成像技术是实体模型层析成像技术的有力补充，致力于把每个深度偏移 CRP（Common Reflection Point）道集的每个较强同相轴拉平，不论同相轴是处于层位位置，还是处在两层之间。

　　层析成像方程与沿着指定射线的旅行时误差线性相关，从反射点到地表，根据不同的反射角和方位角进行射线追踪；从没拉平的偏移 CRP 道集和层析成像目标进行旅行时误差估计，利用最小平方原理，找到一个最优的更新参数，使全局的旅行时误差最小；在下一次叠前深度偏移中，能让偏移结果与地质模型更加接近，偏移的 CRP 道集同相轴更平。完全由数据驱动的网格层析成像是全局优化方法，网格层析速度更新点示意如图 2-1-11 所示。

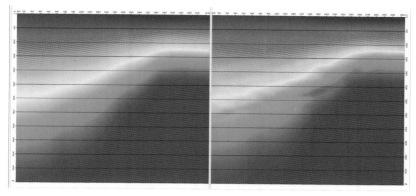

图 2-1-10 初始速度(左)及基于构造模型反演后速度(右)

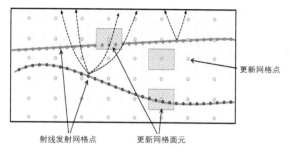

图 2-1-11 网格层析成像示意图

网格层析成像首先需要进行目标线叠前深度偏移,获取偏移剖面和偏移道集,利用偏移剖面进行地层连续性、方位角和倾角的求取,如图 2-1-12 所示。

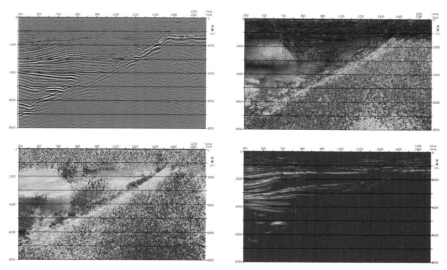

图 2-1-12 地震剖面(左上)、地层倾角(右上)、方位角(左下)、连续性(右下)

区别于基于实体模型的库,网格层析库更加精细、全面,不仅可以引入解释层位进行框架约束,层间细节上也可以根据连续性的门槛控制,从而可以控制剩余时差拾取的精细程度,同时也满足层析迭代对速度细节的要求。

产生网格层析数据库后,需要利用初始深度域速度偏移的道集进行剩余延迟自动拾取,剩余延迟拾取的准确与否直接关系到速度模型迭代的效果,因此,在该阶段需要特别细致地进行 RMO 曲线的 QC 工作(图 2-1-13)。

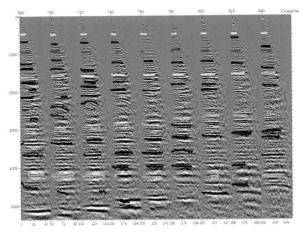

图 2-1-13　剩余时差质控

在完成数据库的异常编辑之后,建立基于网格的层析成像矩阵,最后将建立的矩阵进行解析,得到更新后的深度域速度模型。网格层析成像矩阵通过不同的地质约束能够进行多次转换,以此独立地应用于每个地质层位中。可以选择浅层不作更新、或对于特殊地质层位采用常数更新,同时在层中却可采用沿层约束和垂向变化进行更新。沿着背景层进行平滑能得到更加接近地质构造的速度模型。反演过程中利用层析敏感度因子进行反演尺度把控,利用平滑因子进行横向趋势的调整,利用网格密度大小进行速度精度的控制。

经过多次偏移迭代后,剩余速度谱能量更为聚焦、清晰,相对于初始的垂向速度谱,能量团更为集中(图 2-1-14),速度得到正确收敛,模型分层处剩余延迟时逐步收敛(图 2-1-15、图 2-1-16)。

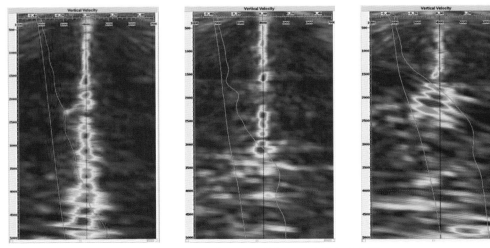

图 2-1-14　迭代后垂向剩余延迟及剩余速度谱

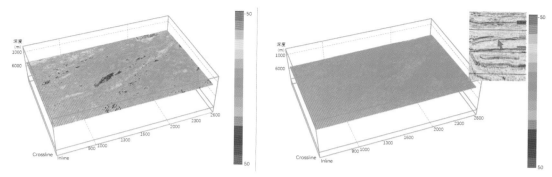

图 2-1-15　T_1 迭代前（左）后（右）剩余延迟沿层质量控制

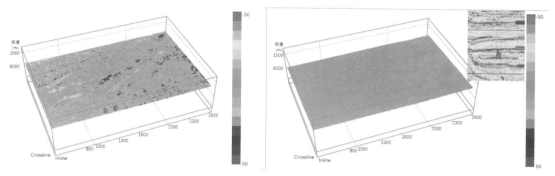

图 2-1-16　Tg 面迭代前（左）后（右）剩余延迟沿层质量控制

图 2-1-17 为层析前后速度变化。从图中可以看到，网格层析反演在合理的构造框架约束下，速度细节得到了较好的体现。

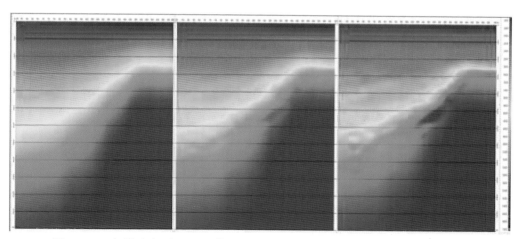

图 2-1-17　初始速度（左）、基于模型层析后速度（中）及基于网格层析后速度（右）

3）中深层高精度模型建立

经过三轮迭代层析反演，最终得到了较为理想的深度域偏移速度（图 2-1-18）。从宏观整体上分析，该速度与构造吻合较好，横向上基本反映了速度的整体沿构造方向变化；在细节上，尤其在基岩面附近，也显示了特殊地质体如砂砾岩的岩性变化。其中，图 2-1-19

为速度剖面与地震剖面叠合主线方向显示,图 2-1-20 为联络线方向叠合显示。

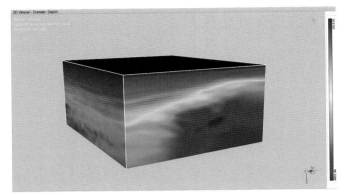

图 2-1-18　最终速度场

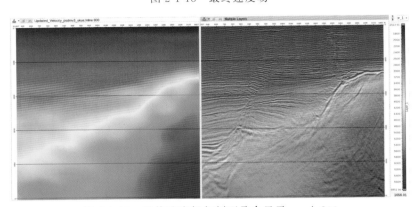

图 2-1-19　最终速度场与剖面叠合显示——ln800

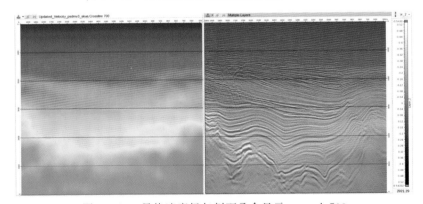

图 2-1-20　最终速度场与剖面叠合显示—— xln700

2.1.2.2　局部角度域叠前深度成像技术

（1）技术应用背景

叠前偏移除了用于复杂构造成像与速度模型构建之外，还为地震资料的 AVO/AVA 分析、储层预测与描述等提供数据。然而，就储层成像与含油气性检测而言，传统叠前偏移理论方法与应用策略缺少针对性。

首先，分方位叠前偏移处理不适应复杂地质情况。方位分析与分方位叠前时间偏移结合,逐一对限制方位叠前道集实施的偏移处理,实际上假设按地面炮检距方位角分选的波场数据子集在传播过程中是相互独立的。当研究区介质速度横向非均匀性较弱且构造比较平缓时,这一假设基础上的处理是合适的;否则,限制方位叠前偏移处理只能得到不完整或不真实的成像结果,进而影响剩余时差、振幅乃至波形方位变化特征的可靠性。

其次,常规炮检距域叠前偏移方法不能有效地揭示地下"原位"的与方向相关的波场响应特征。原因就在于地面炮检距及其方位角与成像点处波场传播方向存在非唯一对应关系。从散射的观点来看,炮检距域成像无法准确区分波场局部方向的差异,会引起成像振幅在入射角度域的混叠。针对储层的方位各向异性分析将地下波场的入射(或散射)方位同地面炮检距方位混为一谈,由此得到的方位属性分析结果必然残留上覆介质的烙印,并不完全反映目的层"原位"的地质特征。

对复杂地质体精细描述、储层成像而言,需要针对整个观测记录而不是其中某些数据子集进行叠前偏移处理,同时也期望遵循地震波局部方向输出高质量的共成像点道集。

基于宽方位角地震资料处理的方法能够直接在地下角度域中以连续的方式,利用所有的地震数据记录做成像分解,产生两个互补的全方位角度道集系统:方向道集和反射角道集。

方向道集能够从总的散射能量中分离镜像反射能量。镜像能量的加权能提高反射体的连续性,提供关于局部反射体的方向(倾角/方位角)和连续性的准确信息。通过加权散射能量,能够加强超出地震分辨率的几何特征(例如微小断层和裂缝),提供细微构造的成像清晰度,提高成果剖面的分辨率。

反射角道集提供了完全意义上的、全方位的真振幅道集,通过对其进行剩余动校正反演和振幅随方位角变化(AVAZ)的反演和分析,可以获得常规处理成像技术无法提供的关于地层的各项异性特性和应力分布情况、地层裂缝发育方向以及裂缝发育密度。

(2)原理与方法

1)三维地震波的局部方向特征

叠前偏移可视为从不同入射方向来的"源"波与不同方向出射的"接收"波在成像点的耦合(聚焦成像)。在高频渐近意义下,成像点处入射和散射波前面分别具有各自的格林函数属性,如旅行时、几何扩散因子、旅行时梯度或慢度矢量等。如图 2-1-21 所示,在三维情况下,入射慢度矢量 $\overline{ps}$ 和散射慢度矢量 $\overline{pr}$ 共同描述了散射点 m 处波的传播方向特征。入射与散射慢度矢量之和 $\overline{pm}$ 称为照明矢量。根据地震勘探的需要,可用两类、四个角度共同定义局部传播方向。第一类是描述入射与散射(包括绕射和反射)方向特征的两个角度,即入射角 γ(散射张角 θ 的一半)和散射方位角(即局部入射与散射慢度所在平面的方位角)。AVA 分析/反演就是考察和利用振幅随这两个角度的变化。第二类是描述局部照明方向的两个角度,即照明矢量的倾角与方位角 φ。这四个角度参数可在射线理论框架下通过旅行时的空间梯度计算得到,也可在波动理论框架下借助波场局部方向分解隐式获得。

在理想的地面地震观测条件下(如全方位覆盖、炮检距-深度比足够大),照明矢量会扫描半个单位球面,因此 θ 和 φ 可视为球坐标系中的两个角度参数。与反射界面垂直的照明矢量对应最重要的共中心点反射或 Snell 定律描述的反射,与反射界面斜交的照明矢量对应那些反映横向反射率变化的绕射或散射。因此,充分利用不同照明方向的波场能量有助于提高成像分辨率和保真度。

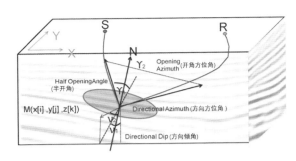

图 2-1-21　散射点处地震波的局部方向特征

2）方位保真局部角度域成像原理

地面观测地震记录各个时刻振幅所对应的偏移脉冲响应按空间位置叠加起来就得到地下构造图像。事实上，三维脉冲响应曲面上任意一点都与可能的特定射线路径相对应，且在各点都由前文提到的四个角度参数共同描述相应的局部方向信息。照明矢量与脉冲响应曲面在成像点处的法向一致，故也称为偏移慢度矢量或偏移倾角矢量。完全叠加的成像数据体相当于不同传播方向波场成像值的某种平均。在叠前偏移算法框架下将三维观测地震数据归位聚焦到这四个角度参数定义的成像空间，就实现了所谓的方位保真局部角度域成像。

当观测系统不规则或上覆介质速度结构十分复杂时，照明矢量通常不能均匀扫描每个照明角度面元。常规覆盖次数分析和校正只适合照明倾角为零的共中心点反射波，更科学的方法应当考虑到其他照明方向。局部角度域成像给面向目标的覆盖次数或照明分析以及相应的振幅校正创造了有利条件。结合恰当的覆盖次数归一化或照明补偿的方位保真局部角度域成像技术，可提供地下"原位的"随方向变化的动力学信息。通常，地面炮检距方位、局部入射方位和局部照明方位之间是存在差异的，因此，在三维叠前偏移过程中区分不同类型方位角，并生成相应方位的成像数据体和角度域共成像点道集，会揭示出不一样的能更全面反映地质结构与储层性质的信息。

对三维地震数据，按上述理论得到的局部角度域共成像点道集 LAD（x，y，z，入射角及对应的方位角、开角及对应的方位角）是七维数据体，其计算、储存与读写对目前的计算机条件是一项挑战，现阶段它适合局部目标的精细成像（图 2-1-22）。

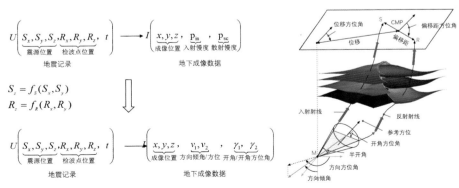

图 2-1-22　局部角度域成像的方法与原理

基于偏移的优势和对数据振幅的合理处理，生成的共反射角道集在反映地下成像点真实方位角信息的同时,能够更加真实地反映振幅的各向异性特征。利用此道集可以进一步进行处理,如开展 AVAZ 反演,以获得相对常规反演更高的属性体精度(反射角道集理论模型如图 2-1-23 所示)。

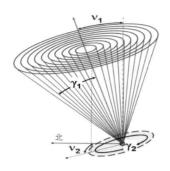

图 2-1-23　反射角道集理论模型

全方位共反射角道集是对成像点 M 的内法线倾角和方位角进行积分,见公式 2-1-31。

$$I_r(M,r_1,r_2)=\frac{1}{A_\nu}\int_{A_\nu}U(M,\nu_1,\nu_2,\gamma_1,\gamma_2)\mathrm{d}A_\nu\approx\frac{1}{N_\nu}\sum_{i=1}^{N_\nu}U_i(M,\nu_1,\nu_2,\gamma_1,\gamma_2)\quad(2\text{-}1\text{-}31)$$

其中,ν_1、ν_2 是成像点 M 的内法线倾角和方位角,即地层倾角和方位角,γ_1,γ_2 是射线对的开角和方位角。$n_{\nu,i}$ 指方向角球面的面元数,N_ν 指方向角球面的面元 i 的点击次数。

$$A_\nu=4\pi\ \sin^2(\nu_1^{\max}/2),\mathrm{d}A_\nu=\sin\ \nu_1\mathrm{d}\nu_1\mathrm{d}\nu_2\quad(2\text{-}1\text{-}32)$$

研究区资料反射角道集如图 2-1-24 所示,右图为反射角道集三维显示方式,切片对应的是该点处不同方位角的振幅变化情况。从三维显示图中可以看到,全方位共反射角道集不仅能够很好地反映某个层位在不同方位角的振幅变化信息,同时还可以反映不同层位间振幅随着方位角的变化是不同的。因此,利用振幅在不同方位角上的能量变化这一特点,可以为解释人员提供裂缝预测的依据,即 VVAZ 和 AVAZ 裂缝预测等工作。

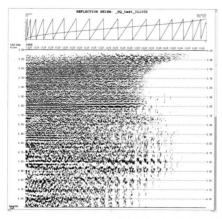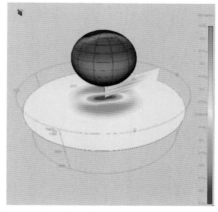

图 2-1-24　全方位反射角道集(左)及三维显示(右)

实际处理中,太古界地层以上,道集信噪比较高,同相轴连续性好;而在太古界附近及以下砂砾岩区域,信噪比较低,但由于道集包含了全方位及开角信息,覆盖次数高,对其进行加权叠加可以使成像在一定程度上有所改善。与常规的克希霍夫叠前深度偏移相比,在太古界的基岩面成像上明显有一定程度改善(图 2-1-25)。

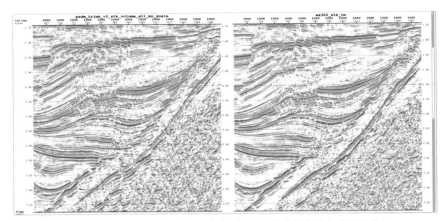

图 2-1-25　常规克希霍夫深度偏移(左)及反射角叠加剖面(右)

另外利用共反射角道集还可以根据解释需要进行任意分方位角的叠加(图 2-1-26),相对比分方位偏移或者 OVT 偏移,它能够反映地下反射点真实方位角信息的分方位数据体。从对反射角道集的分方位叠加测试来看,在 0°~45°方位叠加剖面中,3 500~4 000 m 地层及更深部的地层信噪比、连续性都较高,地层与基岩面的接触关系也相对清楚明确,而 45°~90°的叠加剖面大基岩面及浅层砂砾岩包络面较清楚,成像相对好一些,尤其是在 1 500~2 000 m 基岩面附近。因此,反射角道集的分方位信息对最终成像效果也有较大的作用。

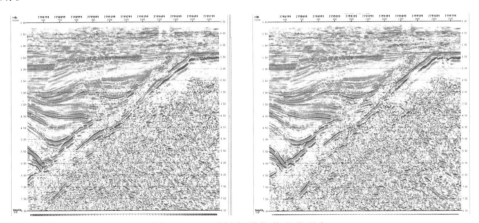

图 2-1-26　反射角道集分方位叠加

0°~45°方位叠加(左),45°~90°方位叠加(右)

偏移得到的全方位共反射角角道集可以进行全方位各向异性网格层析成像,利用的信息是全方位角道集的剩余延迟,能够求取准确的速度体及各向异性体。全方位共反射角角道集可以直接进行全方位 AVAZ 反演,由于是全方位的角道集,因此其反演得属性体精度较常规反演更高。

根据图 2-1-22 成像原理,倾角道集的成像原理是对成像点 M 的开角和方位角进行积分,理论模型如图 2-1-27 所示。

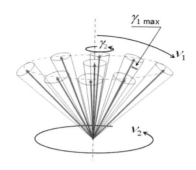

图 2-1-27 倾角道集理论模型

积分公式如式 2-1-32：

$$I_\nu(M,\nu_1,\nu_2)=\frac{1}{A_\gamma}\int_{A_\gamma}U(M,\nu_1,\nu_2,\gamma_1,\gamma_2)\mathrm{d}A_\gamma\approx\frac{1}{N_\gamma}\sum_{i=1}^{N_\gamma}U_i(M,\nu_1,\nu_2,\gamma_1,\gamma_2) \quad (2\text{-}1\text{-}32)$$

式中，ν_1、ν_2 是成像点 M 的内法线倾角和方位角，即地层倾角和方位角，γ_1，γ_2 是射线对的开角和方位角。N_γ 指反射角球面的面元数，$n_{\gamma,i}$ 指反射角球面面元 i 的点击次数。

$$A_\gamma=4\pi\sin^2(\gamma_1^{\max}/2),\mathrm{d}A_\gamma=\sin\gamma_1\mathrm{d}\gamma_1\mathrm{d}\gamma_2 \quad (2\text{-}1\text{-}33)$$

式 2-1-33 指反射角球形帽。

按照射线理论，射线以一定的角度入射后，会按照一定方向反射，其入射和反射方向的中心轴为反射点地层法线方向；而当反射面退化为一个与波场同一数量级的点状地质体（如碳酸盐溶洞）时，其反射表现为向各个方向发散的绕射波（图 2-1-28）。全方位倾角道集能完成镜像和散射成像处理，镜像加权可以提高反射信号信噪比，散射加权可以有效突出断面成像。

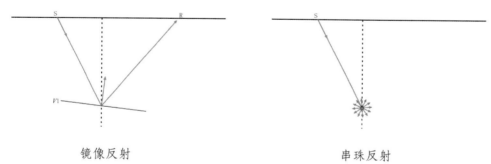

镜像反射   串珠反射

图 2-1-28 面和点状地质体射线反射示意图

根据上述地震波传播原理，对于地下连续界面上的反射点，在倾角道集上会表现为"碗状"结构；对于地下独立绕射点，在倾角道集上显示为近似的一条直线；而对于断层所对应的棱镜波，在倾角道集上就会在固定的方位角上产生有规律分布的能量（图 2-1-29）。

结合物理学上的定义，可以把地震波场所产生的能量进行分类。一般意义上，把连续界面上反射点所产生的能量叫做反射能量，也可以叫作镜像能量，而把剩下的所有能量定义为散射能量。而散射能量所反映的就是断裂等地质异常信息。因此如果能够把这些信息分离出来进行分析和应用，这对于特殊地质体的成像具有重要意义。

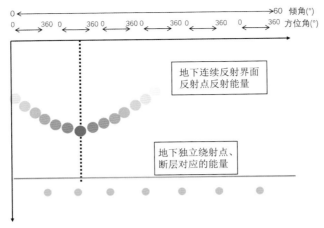

图 2-1-29　全方位倾角道集

　　盐家三维倾角道集及其三维显示(图 2-1-30)。对倾角道集中的散射能量进行镜像反射能量的分离(图 2-1-31),再进一步对其加权叠加后,可以很好地提高反射体信噪比和连续性。此外,镜像能量还可以提供关于局部反射体的倾角(倾角/方位角)和连续性的准确信息。

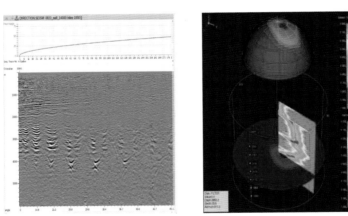

图 2-1-30　盐家三维倾角道集(左)及其三维显示(右)

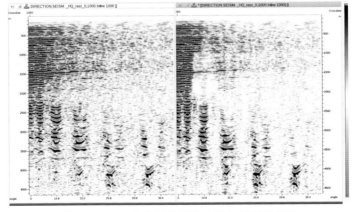

图 2-1-31　全方位倾角道集中提取的镜像能量

另一方面,针对倾角道集可以进行散射叠加成像(图 2-1-32),得到的成像体可以提供更加清晰的断裂成像,对寻找一些微小断裂有很大帮助。通过加权散射能量,能够加强超出地震分辨率的几何特征,例如微小断层甚至裂缝。

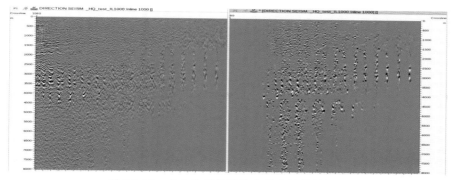

图 2-1-32　全方位倾角道集中提取的散射能量

综合上述,全方位共倾角道集含有全方位的地层倾角信息,能够反映出地层的真实倾角,依靠此倾角信息可以用来镜像叠加,提高地震资料成像的信噪比及精度,对连续地层如基岩面等有明显的改善作用。另一方面,该倾角道集也可以进行散射成像,通过散射滤波获得散射数据体,该散射数据体能够突出地下异常体信息的能量,进一步对其进行加权叠加,即可更加清晰地进行断裂成像。

2.1.3　东营凹陷陡坡带砂砾岩体速度建模及成像应用

研究区主要位于东营北部陡坡带东段,构造上处于坨胜永断裂带和中央隆起带东部(图 2-1-33),地下地质构造复杂,断裂系统发育,普遍发育多套各类型的砂砾岩扇体,储层类型多样,含油层系丰富。

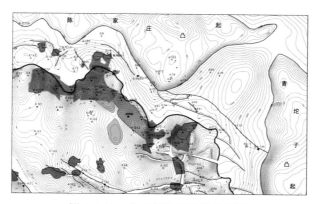

图 2-1-33　永安镇地区构造位置图

通过井约束反向追踪层析速度反演建立的速度-深度模型,与传统的层析反演技术相比,速度模型精度有了显著的提高,如图 2-1-34 所示。在 Fs6 井点处,井约束反向追踪建模准确地反映了在 2 000 m 处进入大套泥岩的速度反转以及进入砂砾岩后的高速特征,相比常规建模,准确率大大提高。

通过对 Y222 井区开展深度域成像处理,砂砾岩的内幕期次、顶底形态、接触关系更加清楚,井震最大误差 0.7%,为储层预测和连通体刻画奠定了资料基础(图 2-1-35)。

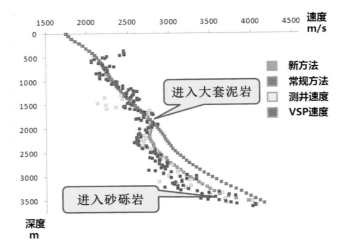

图 2-1-34　常规建模与井约束建模井点处速度对比

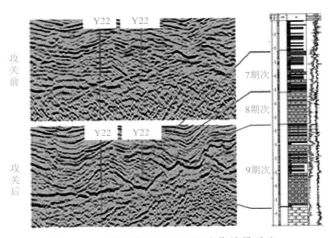

图 2-1-35　新(下)老(上)方法成像效果对比

通过对工区内多口钻井的层位对比,叠前深度偏资料各套标准层深度误差基本不超过 2%,低于目前的工业误差标准(图 2-1-36)。

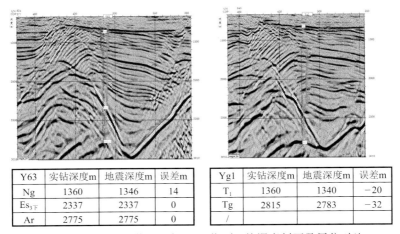

Y63	实钻深度m	地震深度m	误差m
Ng	1360	1346	14
Es$_{3下}$	2337	2337	0
Ar	2775	2775	0

Yg1	实钻深度m	地震深度m	误差m
T$_1$	1360	1340	−20
Tg	2815	2783	−32
/			

图 2-1-36　过 Y63 井(左)与 Yg1 井(右)的深度剖面及层位对比

从东营北带深度偏移的时间域和深度域地震剖面来看,砂砾岩体尤其是中深层砂砾岩体的地层产状发生了明显的改变,时间域上的南倾在深度域上表现为北倾。这种变化被工区内的倾角测井资料所验证,证明深度域可以真实反映复杂地质体的构造空间展布。

位于永安地区的丰深 6 在沙四下 3 800～4 141 m 井段发育了大套的近岸水下扇体。过 Fs6 的时间域南北向地震剖面显示砂砾岩体发育段地层倾向以南倾为主,倾角自上而下依次变小;而深度域地震剖面显示地层产状却是北倾,倾角较缓,且角度自上而下逐渐变大。结合倾角测井资料对井旁构造进行分析,倾向主要为北北东向,部分为北北西向,倾角范围在 8°～38°,有随着深度的增加变大的趋势,这和深度域剖面展现出来的结果是一致的。由此可见,深度域地震剖面显示的地层产状是真实可靠的。为此,结合工区内的倾角测井资料分析了 Y936、Y930、Y559 等共计 12 口井的地层产状反转和倾角变化较大的问题,深度域资料符合程度较高。可以看出,深度域由于在速度模型建立过程中采用了层析反演的方法,多次迭代,形成的偏移速度场更加符合地质情况。因此,深度偏移在解决砂砾岩体纵横向速度变化较大难以准确成像方面具有很好的优势,砂砾岩体成像更加客观,符合地质规律,为接下来研究提供了可靠的第一手基础资料(图 2-1-37)。

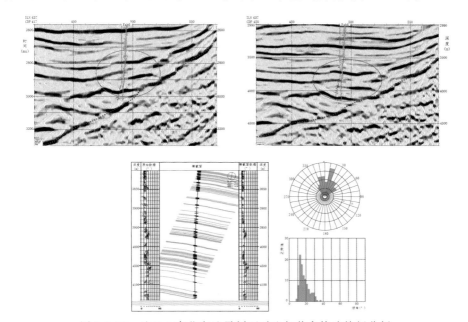

图 2-1-37　过 Fs6 南北向地震剖面对比与井旁构造特征分析

局部角度域叠前深度成像技术在盐家地区应用后,相对于老叠前时间偏移成果及新处理的常规克希霍夫积分深度偏移成果,无论在基岩面成像,还是砂砾体包络面、砂砾岩与基岩面的接触关系方面都有较大程度的成像改善(图 2-1-38～图 2-1-43)。

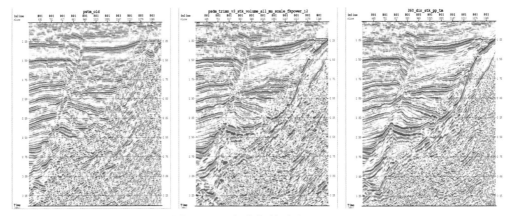

图 2-1-38　新老资料对比(ln801)

左:老成果(pstm);中:常规克希霍夫(psdm);右:局部角度域(psdm)

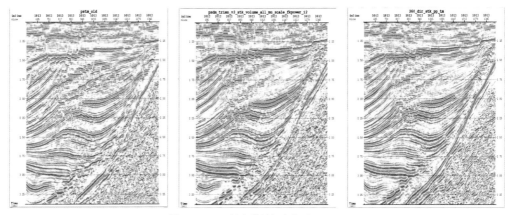

图 2-1-39　新老资料对比(ln1013)

左:老成果(pstm);中:常规克希霍夫(psdm);右:局部角度域(psdm)

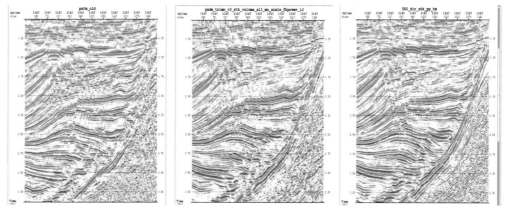

图 2-1-40　新老资料对比(ln1167)

左:老成果(pstm);中:常规克希霍夫(psdm);右:局部角度域(psdm)

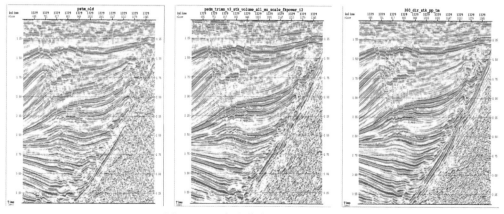

图 2-1-41　新老资料对比(ln1329)

左：老成果(pstm)；中：常规克希霍夫(psdm)；右：局部角度域(psdm)

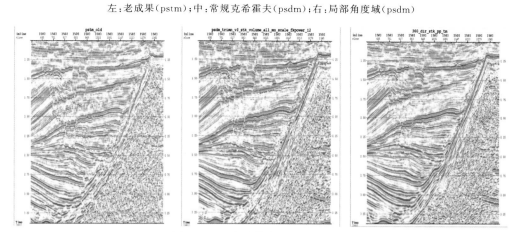

图 2-1-42　新老资料对比(ln1503)

左：老成果(pstm)；中：常规克希霍夫(psdm)；右：局部角度域(psdm)

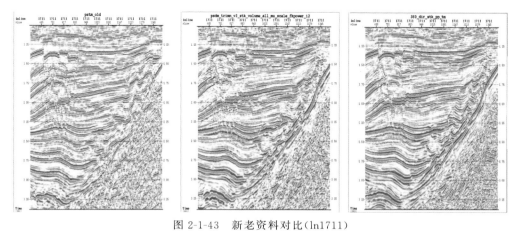

图 2-1-43　新老资料对比(ln1711)

左：老成果(pstm)；中：常规克希霍夫(psdm)；右：局部角度域(psdm)

2.2　致密薄互储层的多级拓频技术

济阳坳陷滩坝砂与浊积岩油藏是胜利油田致密油藏的主要类型,具有"层薄、层多"的特点,地震资料分辨率无法满足识别薄储层的需求,识别难度大,成了制约油藏开发的主要原因。

针对济阳坳陷滩坝砂和浊积岩岩性油藏识别难题,首次提出了"多信息约束,全过程拓频"的新思路,创新了盲源反褶积和井控提频技术,配套形成了叠前、叠后多级频带拓展配套技术系列,资料频带得到大幅拓宽。与传统做法相比,有效地缓解了信噪比和分辨率之间的固有矛盾,获得了可信的高频成分。

2.2.1　地表一致性反褶积

(1) 地表一致性反褶积基本原理

地表一致性反褶积的目的在于消除由于近地表条件的变化对地震子波波形的影响。在地表有起伏、表层结构多变的地区,当震源和接收点位置变化时,激发条件、接收条件等都发生了变化,对地震记录造成不同的影响。地表一致性反褶积不仅能有效地压缩子波,且能克服激发、接收及偏移距等因素变化对地震记录的影响,从而提高了资料的一致性。

每一种反褶积都是建立在一定假设条件下的地震褶积模型之上的,如脉冲反褶积的假设条件是反射系数序列为白噪声,由此得出的反褶积模型,即:

$$X(t) = \xi(t) \cdot \omega(t) + n(t) \tag{2-2-1}$$

反褶积的效果取决于采用的褶积模型与实际地震记录的符合程度。

地表一致性反褶积基于以下假设:

① 时间一致性假设:地表因素对地震记录的影响是不变的。

② 地表一致性假设:同一炮各道具有相同的炮点检波点影响。

③ 反射点一致性假设:一个共深度面元道集内,所有道包含相同的反射面元信息。

④ 各道进行了常规处理:静校正、球面扩散等振幅补偿和去除干扰波处理。

⑤ 假设大地滤波是一个线性最小相位系统。

在地表地震地质条件变化较大的地区,情况往往不总是符合反射系数是白噪声的假设,因而影响反褶积的效果,即在压缩地震子波提高分辨率的同时使高频噪声水平得以提升,从而降低了信噪比。

为了提高反褶积处理质量,使反褶积模型与实际地震记录更好地吻合,经过研究,人们提出了四分量地表一致性反褶积方法,它将地震记录表达为:

$$P_{ij}(t) = S_i(t) \cdot R_j(t) \cdot \xi_k(t) \cdot H_p(t) \tag{2-2-2}$$

式中,P_{ij} 为 i 炮激发,j 接收点接收得到的记录道,$\xi_k(t)$ 为 CMP 点处反射来的信号,反射信号随偏移距改变而变化,$H_p(t)$ 是偏移距对地震记录的影响的。式(2-2-2)右面四项为地表一致性反褶积的四分量。其中,震源分量 $S_i(t)$ 集中了震源特征及震源附近的近地表结构对地震信号的影响,接收点分量 $R_j(t)$ 集中了接收器脉冲响应及其附近表层结构对子波的影响,炮检距分量 $H_p(t)$ 集中了地滚波和平均反射产生的影响,CMP 分量 $\xi_k(t)$ 为有用反射信息。

依据上述方程进行的反褶积方法称为地表一致性反褶积。其目的就在于去除地震子波的影响,以恢复反射振幅,提高资料分辨率。

$$W_{ij}(t) = S_i(t) \cdot R_j(t) \cdot H_p(t) \tag{2-2-3}$$

式(2-2-3)作为反褶积模型,更接近实际地震记录。它允许地震子波是零相位或是最小相位。

（2）地表一致性反褶积的实现步骤

1）反褶积算子估算

反褶积算子在用户定义的计算时窗中进行估算。

估算方法：对 $P_{ij}(\omega) = S_i(\omega) \cdot R_j(\omega) \cdot \xi_k(\omega) \cdot H_p(\omega)$ 两边取对数，于是有

$$\ln P_{ij}(\omega) = \ln S_i(\omega) + \ln R_j(\omega) + \ln \xi_k(\omega) + \ln H_p(\omega)$$

给定每个输入道的对数振幅谱 $\ln P_{ij}(\omega)$，用 Gauss-Seidel 迭代算法求得所有与震源位置 S、检波点位置 R 和偏移距有关的对数振幅谱 $\ln S_i(\omega)$、$\ln R_j(\omega)$、$\ln H_p(\omega)$，进而得到反褶积算子，每个反褶积算子的功率谱 $D(\omega)$ 为：

$$D(\omega) = \frac{1}{S_i(\omega)R_j(\omega)H_p(\omega)} \tag{2-2-4}$$

2）对地震道进行反褶积运算

对每个地震道的每个计算时窗，计算一个维纳-列文森算子（Wienner-Levinson），然后用式（2-2-5）对地震道进行反褶积运算：

$$x'(t) = x(t) \cdot f(t) \tag{2-2-5}$$

地表一致性反褶积可以分为地表一致性脉冲反褶积和地表一致性预测反褶积两种。

与常规预测反褶积的区别在于先消除炮点、检波点、中心点和炮检距等地表条件对子波的影响，然后求反褶积算子，而不是直接求取反褶积算子应用于地震道。

（3）应用实例

通过不同预测步长测试结果对比（图 2-2-1、图 2-2-2），认为 12 ms 步长目的层的分辨率效果得到明显提高，避免了高频噪音和假频，保留了目的层地震特征，资料分辨率和信噪比能够得到较好的兼顾，处理效果最好。通过地表一致性反褶积，目的层子波得到压缩（图 2-2-3），频率提高，叠加剖面沙三段优势频带拓宽了 16 Hz（图 2-2-4）。

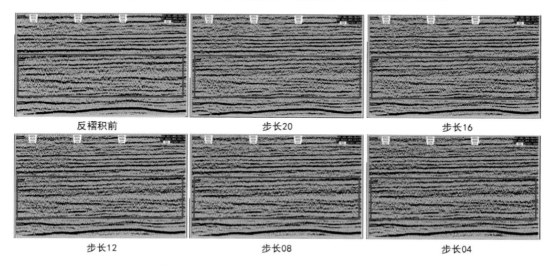

图 2-2-1　地表一致性反褶积预测步长测试剖面

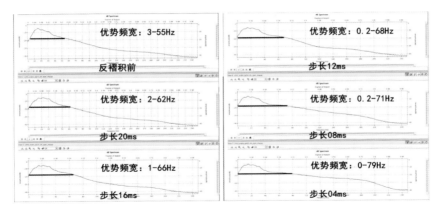

图 2-2-2　地表一致性反褶积预测步长测试频谱分析

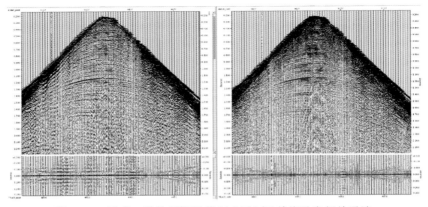

图 2-2-3　地表一致性反褶积前(左)后(右)单炮及自相关子波

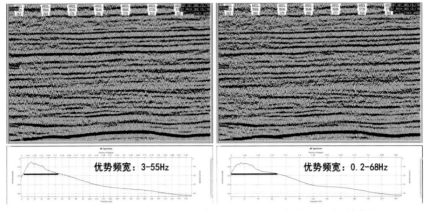

图 2-2-4　地表一致性反褶积前(左)后(右)叠加剖面及频谱分析

2.2.2　叠前反 Q 滤波

反 Q 滤波是地震资料处理的常规处理步骤。由于地层的吸收作用,地震波经地层传播后,能量被衰减损耗,频率变低。特别是在深层,其分辨率大大下降。因此,为恢复地震波原来的能量,处理时必须做吸收补偿,即 Q 补偿。或者从滤波的角度讲,就是反 Q 滤波。另外,Q 因子本身也是一种很好的吸收属性,它还可以在油藏描述中得到应用。

为了保障反褶积效果的稳定性,当前研究工作主要包括两个方面:一是致力于研究反褶积数学模型本身,改进求解方法,松弛其假设条件;二是研究改善反褶积前的数据特性,使之更好地适应反褶积模型的要求,反 Q 滤波同时具有上述两个方面的作用,但更重要的是第二方面利用希尔伯特变换得到反 Q 滤波算子,可在频率、振幅、相位等方面对信号进行补偿,而且是可以时变的。

（1）品质因子定义

品质因子是表征波在介质中传播时能量损失大小的一个物理量。品质因子的定义:波传播一个周期,平均存储能量和损失能量之比和一常数的乘积,即

$$Q = \frac{2\pi E}{\Delta E} \tag{2-2-6}$$

当采用以上定义时,Q 和应力与应变的相角 γ 有关:

$$Q = \frac{1}{\tan \pi \gamma} \tag{2-2-7}$$

如果用复模量 M 定义,则有:

$$Q = \frac{\text{Re}[M]}{\text{Im}[M]} \tag{2-2-8}$$

（2）基本黏弹性介质模型

利用波尔茨蔓叠加原理,黏滞声波方程可以写成:

$$\frac{\partial^2 P(\omega,x,y,z)}{\partial x^2} + \frac{\partial^2 P(\omega,x,y,z)}{\partial y^2} + \frac{\partial^2 P(\omega,x,y,z)}{\partial z^2} + \frac{\omega^2}{M(\omega,x,y,z)/\rho} P(\omega,x,y,z) = 0$$

$$\tag{2-2-9}$$

式中,ρ 是密度,$M(\omega,x,y,z)$ 是模量,和弹性波的区别在于模量是复数且与频率有关。从解的一般形式看,在实际应用研究领域,确定波数、速度和品质因子的关系式是解决问题的关键。为此,人们提出了各种各样的 f-Q 模型,归纳起来如下。

1）Kjartansson 常数 Q 模型

在频带范围有限的情况下,Q 与频率 f 的关系可以忽略,Q 被认为是一常数,这就是著名的 Kjartansson 常数 Q 模型。Q 与频率无关,意味着每个周期内能量的损耗与振荡的时间长短无关。

其速度和品质因子的理论关系式为:

$$v(\omega) = v_0 \left| \frac{\omega}{\omega_0} \right|^{\frac{1}{\pi Q}} \tag{2-2-10}$$

其中

$$v_0 = \sqrt{\frac{M_0}{\rho}} \Big/ \cos\left(\frac{\pi \gamma}{2}\right) \tag{2-2-11}$$

$$\alpha(x,z,\omega) = \tan\left(\frac{\pi \gamma}{2}\right) \frac{\omega}{v_0} \left(\frac{\omega}{\omega_0}\right)^{\gamma} \tag{2-2-12}$$

$$K_c = \frac{\omega - i\alpha v}{v} \tag{2-2-13}$$

其中,α 是吸收系数的另一种形式,ω_0 为参考频率,V_0 为对应参考频率的速度。

以上就是 Kjartansson 常数 Q 模型的基本公式。公式表明,当 $\omega > \omega_0$ 时,速度随品质因子的增加而减小;当 $\omega = \omega_0$ 时,速度不随 Q 变化;当 $\omega < \omega_0$ 时,速度随品质因子的增加而增加。如图 2-2-5 所示。由于 Q 和频率是无关的,速度和频率曲线如图 2-2-6 所示。从图

中可以得出，相速度与频率成正比，频率增加，速度略有增加。

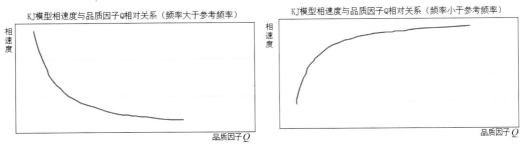

图 2-2-5　Kjartansson 常数 Q 模型速度和品质因子的相对关系

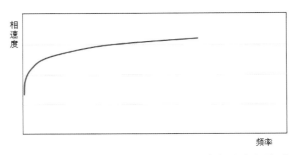

图 2-2-6　Kjartansson 常数 Q 模型频率与速度相关系

2）Lomnitz、Liu 近于常数的 Q 模型

某些实验已经证明，品质因子在一定范围内保持常数。因此，将全部具有相同松弛模量 M_0 但有不同中心频率的许多标准粘弹性模型直接叠加，构成近于常数的数学模型。该模型中 Q 在一定范围内是常数。

其速度和品质因子关系式为：

$$\frac{v(\omega_1)}{v(\omega_2)} \approx 1 + \frac{1}{\pi Q}\ln\left(\frac{\omega_1}{\omega 2}\right) \tag{2-2-14}$$

3）Q 与频率有关的模型

① 开尔芬（Kelvin）黏弹性单元体：一个弹性元件和一粘性元件并联就是开尔芬粘弹性单元体（图 2-2-7）。其速度和品质因子关系式为：

$$U(t,x) = e^{-ax} e^{i\omega(t-x/v)} \tag{2-2-15}$$

② 麦克斯韦（Maxwell）模型：一个弹性元件和一粘性元件的串联就是麦克斯韦（Maxwell）粘弹性单元体（图 2-2-8）。麦克斯韦（Maxwell）粘弹性单元体的模可以表达为：

$$M(\omega) = M_0 \frac{i\omega/\omega_0}{1 + i\omega/\omega_0} \tag{2-2-16}$$

$$Q = \frac{\omega}{\omega_0}$$

同理，可推导速度与 Q 的关系。

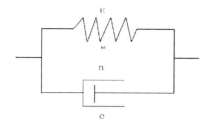

图 2-2-7 开尔芬(Kelvin)黏弹性单元体　　　　图 2-2-8 麦克斯韦尔(Maxwell)黏弹性单元体

③ 三元件弹性模型如图 2-2-9 所示。

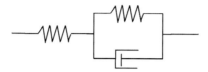

图 2-2-9 三元件的标准线性粘弹性体

其模量和品质因子关系为：

$$m = M_\infty \frac{1 + (\omega/\omega_0)^2}{M_\infty/M_0 + (\omega/\omega_0)^2} \tag{2-2-17}$$

$$Q^{-1} = \frac{\Delta M}{\overline{M}} \frac{\omega/\omega_0}{1 + (\omega/\omega_0)^2} \tag{2-2-18}$$

由标准线形模型频率与品质因子关系图(图 2-2-10)，可以得到以下认识：当 $\omega < \omega_0$ 时，Q 与频率成反比，这时候它和开尔芬(Kelvin)单元体相似；当 $\omega > \omega_0$ 时，Q 与频率成正比，它与麦克斯韦尔(Maxwell)单元体相似；当 $\omega = \omega_0$ 时，Q 达到最小。

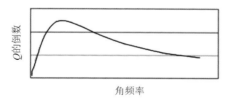

图 2-2-10 标准线形体模型频率与品质因子关系

因此，对与频率有关的粘弹性体，只需要确定其参考频率，就可以用该模型描述。如描述开尔芬(Kelvin)单元体时，参考频率取足够大；描述麦克斯韦尔(Maxwell)单元体时，参考频率取足够小。故该模型称为标准黏弹性模型。

下面讨论标准黏弹性模型的相速度与品质因子及频率关系，由于 $\upsilon = \sqrt{\dfrac{M}{\rho}}$，则有

$$v(\omega) = \left[\frac{M_\infty}{\rho} \frac{1 + (\omega/\omega_0)^2}{M_\infty/M_0 + (\omega/\omega_0)^2} \right]^{1/2} \tag{2-2-19}$$

利用上式得到速度与频率的关系、速度与 Q 的关系曲线。从图 2-2-11 可以看到，速度随频率的增加而增加，但它不会超过一极限速度，也不会低于一起点速度，速度随品质因子增加而增加。

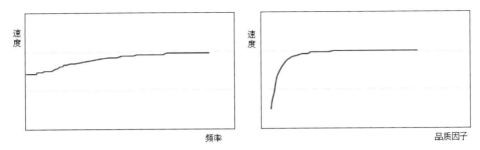

图 2-2-11　标准线性模型频率与速度关系,品质因子与速度关系示意图

（3）黏弹性介质数学物理模型与地震波正演模拟

品质因子与频率有无相关性,决定了粘弹性模型的选定。参考前人的研究方法及苏里格庙地区的系列研究工作表明,在地震勘探的频带范围内,品质因子和频率基本无关。图 2-2-12 是用单炮记录获得的品质因子与频率关系。从图中可以看到,在频率为 10～120 Hz 段,频率和品质因子几乎没有关系。但是当频率超过 120 Hz 以后,品质因子和频率有关,品质因子随频率的增加而增加。图 2-2-13 引自 *An improved method of determining near-surface Q*(Yih Jeng,1999)。当频率小于 200 Hz 时,品质因子基本上是一常数。

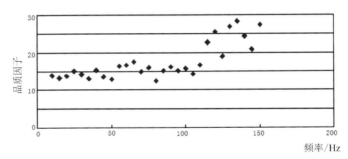

图 2-2-12　品质因子与频率关系

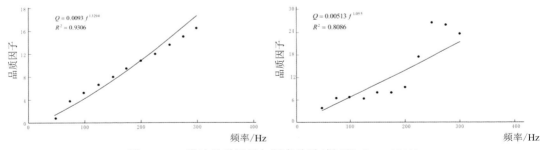

图 2-2-13　纵波品质因子与频率关系(据 Yih Jeng,1999)

实际地震勘探中,地震反射信号的频率一般小于 100 Hz,所以有理由得出结论,在地震勘探的频带范围内,品质因子和频率基本无关。

1）低、降速带数学物理模型

由于已经得出了在地震勘探的频带范围内品质因子和频率无关的结论,下面从 Kjartansson 常数 Q 模型和 Lomnitz 近于常数 Q 模型的基本特征出发,确定低、降速带数学物理模型。

Kjartansson 常数 Q 模型中速度和品质因子关系表示为:

$$v(\omega) = v_0 \left| \frac{\omega_0}{\omega} \right|^{\pi Q} \tag{2-2-20}$$

在地震勘探的频带范围内，$\frac{\omega_0}{\omega} \approx C_1$，故可改写为：

$$v(\omega) = v_0 C_1^{\pi Q} \tag{2-2-21}$$

Lomnitz 关于常数 Q 模型中速度和品质因子关系表示为：

$$\frac{v(\omega)}{v(\omega_0)} \approx 1 + \frac{1}{\pi Q} \ln\left(\frac{\omega}{\omega_0}\right) \tag{2-2-22}$$

同理，$\ln\left(\frac{\omega}{\omega_0}\right) \approx C_2$，则可改写为：

$$v(\omega) = v(\omega_0)\left(1 + \frac{C_2}{\pi Q}\right) \tag{2-2-23}$$

图 2-2-14、图 2-2-15 显示了两个模型的速度和品质因子关系，比较研究区实际测定的品质因子与速度的关系（图 2-2-16）认为，研究区低降速带比较符合 Kjartansson 模型。

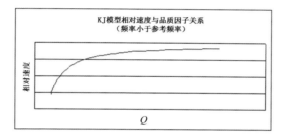

图 2-2-14　Kjartansson 模型速度和品质因子关系

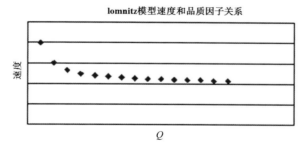

图 2-2-15　Lomnitz 模型速度和品质因子关系

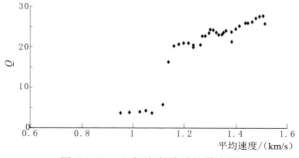

图 2-2-16　Q 与速度关系的散点图

2）黏声介质中地震波传播的正演模拟

频率-空间域粘滞声波方程可表示为：

$$\frac{\partial P^2(r,\omega)}{\partial r^2}+k^2 P(r,\omega)=0 \qquad (2-2-24)$$

其正演方程为：

$$P(r+\Delta r,\omega)=P(r,\omega)\exp\left[\left(\left|\frac{\omega}{\omega_0}\right|^{-\gamma}\frac{\omega\Delta r}{v(\omega_0)2Q}\right),i\left(\left|\frac{\omega}{\omega_0}\right|^{-\gamma}\frac{-\omega\Delta r}{v(\omega_0)}\right)\right] \qquad (2-2-25)$$

对衰减理论曲线分析，如图 2-2-17（a）所示，主频 30 Hz 的波（速度常量 850 m/s）经过不同 Q 不同厚度的地层后的振幅变化情况可见，理论上 $Q=10$ 以下的地层，传播 20 m。

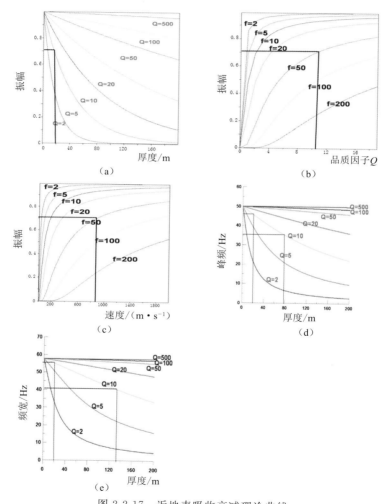

图 2-2-17　近地表吸收衰减理论曲线

图 2-2-17（b），经过 20 m（速度常量 850 m/s）不同 Q 的地层后，不同频率成分的振幅变化情况，$Q=10$ 以下的地层，50 Hz 以上的频率成分吸收衰减严重。图 2-2-17（c），经过 20 m（Q 值 10）不同速度的地层后，不同频率成分的振幅变化情况，850 m/s 以下的地层，50 Hz 以上的频率成分吸收衰减严重。图 2-2-17（c），经过不同 Q 的地层后，50 Hz Ricker 子波峰频随传播距离的变化情况，$Q=10$ 的地层，78 m。图 2-2-17（d），经过不同 Q 的地层

后,带宽为 58 Hz 的 Ricker 子波带宽随传播距离的变化情况,$Q=10$ 的地层,132 m。

① Q 值对子波的影响分析

如图 2-2-18,正演模拟分析结果和理论分析结果相同,Q 值越小,对地震波的吸收衰减越严重。地震子波波形幅度随着 Q 的减小而减小,而其波长则随着 Q 的减小而逐渐变长;随着 Q 的减小,地震子波能量降低,高频衰减严重且主频向低频方向移动。

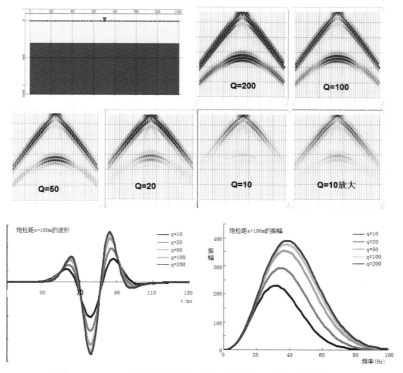

图 2-2-18 不同品质因子 Q 的正演模拟单炮及曲线分析

② 低降速带对子波的影响分析。

低速层吸收衰减较为严重,而降速层对地震波的吸收衰减就有所减缓,进入高速层,对地震波的吸收衰减明显减弱(图 2-2-19)。这也反映了地震波在低降速层吸收严重,衰减较快,而在高速层由于吸收相对减弱,衰减较慢的一个事实。

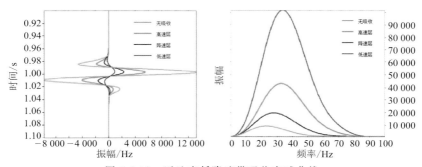

图 2-2-19 近地表低降速带吸收衰减曲线

随着低降速带速度的减小,地震子波波形幅度减小,波长变长;随着低降速带速度的减小,能量降低,高频衰减严重,主频向低频方向移动(图 2-2-20)。

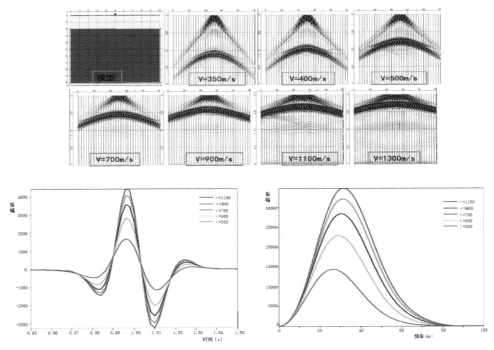

图 2-2-20　不同低降速带速度的正演模拟单炮及曲线分析

地震子波波形幅度随着地层厚度的增大而减小,而其波长则随着地层厚度的增大而逐渐变长;随着地层厚度的增大,地震子波能量降低,高频衰减严重且主频向低频方向移动(图 2-2-21)。

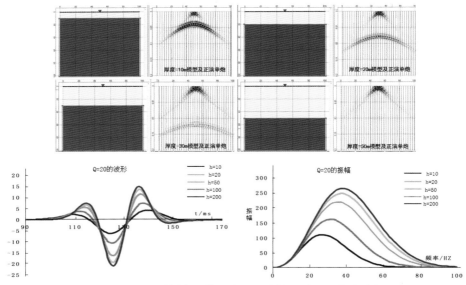

图 2-2-21　不同低降速带厚度的正演模拟单炮及曲线分析

③ 炮检距对子波的影响分析。

随着炮检距的增大,地震子波波形幅度减小,波长变长;随着炮检距的增大,能量降低,高频衰减严重,主频向低频方向移动;如图 2-2-22 所示。

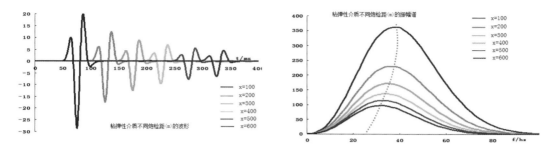

图 2-2-22　炮检距对子波的影响分析曲线

（4）应用实例

实际生产中,较常用的是常 Q 扫描法。这种方法选一段记录,用不同的 Q 值从小到大各扫描一次做反 Q 滤波,组成许多拼起来的图,然后处理人员在这些图上从浅至深选择一个个 Q 值。在具有速度资料的情况下也可以用李氏经验公式。

反 Q 理论已经在数据处理中应用了多年,产生了较好的应用效果。其理论公式为:

$$Q = 14 \cdot (v_p / 1\,000)^{2.2} \tag{2-2-26}$$

数据处理中使用相对 Q 值,真实 Q 值难以测量,存在未经相同吸收衰减的噪音,地震波经过前期补偿,Q 模型是近似公式。

由于介质的黏弹性或非完全弹性,地震波的部分机械能在传播过程中转化为热能,因此造成能量消耗和振幅衰减。这称之为介质的吸收作用。地层吸收作用一方面表现为子波能量随传播时间的减弱,另一方面表现为高频能量比低频能量衰减快,结果使得振幅减弱、波形变长,从而导致深层反射波很弱和高频能量更弱的现象。

常规的反 Q 滤波补偿方法一般是针对叠后地震资料进行的,然而地震波实际衰减过程是沿着传播路径发生的,并受介质的各向异性影响,所以真正的反 Q 滤波补偿应该在叠前地震资料中进行。

叠前反 Q 滤波提频后进行偏移与常规的偏移后反 Q 滤波提频处理相比,断点更干脆,如图 2-2-23 所示。

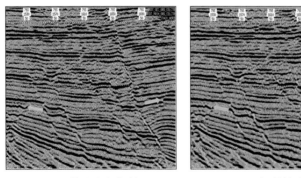

（a）偏移后反 Q 提频　　　　（b）反 Q 提频后偏移

图 2-2-23　叠后反 Q 滤波与叠前反 Q 滤波偏移剖面对比

采用叠前反 Q 补偿技术，在不破坏断面成像效果的基础上，使沙三段分辨率得到进一步提高（图 2-2-24）。

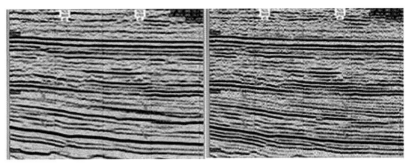

图 2-2-24　常规叠前反 Q 滤波前（左）后（右）偏移剖面对比

2.2.3　基于独立元分析的盲源反褶积

（1）地震盲源反褶积问题

地震反褶积基本上是一个"盲"过程。传统的反褶积方法常常需要统计性假设，但是不能保证假设条件总是正确的。地震盲源反褶积技术假设条件更宽或无任何假设条件的。

盲源反褶积采用独立元分析（ICA）技术。独立元分析是一种盲源分离技术，在不知道源信号和传输通道混合参数的情况下，根据输入信号的统计特征，仅由观测信号恢复出各个独立成分。

地震勘探中的地震记录可以看作是地震子波与地下反射系数序列相褶积的结果，用褶积模型进行描述

$$x(t) = h(t) \times r(t) \tag{2-2-27}$$

其中 $h(t) = [h(1), \cdots, h(L)]^T$ 为地震子波，$r(t) = [r(1), \cdots, r(M)]^T$ 为反射系数序列，$x(t) = [x(1), \cdots, x(N)]^T$ 为地震记录。

如果将褶积的过程看成是滤波过程的话，那么反褶积的过程就是一个反滤波过程。因此，用图 2-2-25 直观地将褶积与反褶积过程表示为：

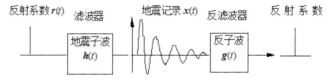

图 2-2-25　褶积与反褶积

反射系数是地层的重要物理特征，利用可观测的地震记录估计反射系数，这就是反褶积问题。反褶积目的在于分离子波和反射系数序列，求取有用的地质信息——反射系数，只有消除子波影响才能从地震记录中恢复反射系数序列。然而，在反褶积问题的求解过程中，通常地震子波由地表爆炸激发，无法观测；反射系数序列即大地滤波效应也是未知的，所以地震反褶积问题是一个"盲"问题。一般地，在地震子波和反射系数都未知时，常常要做统计性假设，反褶积称为统计性反褶积。这些假设和相应的方法在实际中一般效果较好，但是不能保证假设条件总是正确的。如果不做先验假设，仅从地震记录自身的特

点出发完成地震反褶积,求取地震子波和反射系数的方法,就是所谓的"地震盲源反褶积"。

反褶积问题采用如下模型:

$$\boldsymbol{y}(t) = \boldsymbol{g}(t) \times \boldsymbol{x}(t) = \boldsymbol{g}(t) \times \boldsymbol{h}(t) \times \boldsymbol{r}(t) \tag{2-2-28}$$

式中,$\boldsymbol{g}(t) = [g(1), \cdots, g(P)]$ 为反褶积算子,$\boldsymbol{y}(t) = [y(1), \cdots, y(N)]^T$ 为反褶积结果。理想情况下,$\boldsymbol{g}(t) \times \boldsymbol{h}(t) = \boldsymbol{\delta}(t)$。其中,$\boldsymbol{\delta}(t)$ 为脉冲信号,则 $\boldsymbol{y}(t) = \boldsymbol{r}(t)$,即直接得到反射系数。

(2) 基于 ICA 的地震盲反褶积模型分析

独立元分析是伴随着盲源分离问题发展起来的一种新兴的信号处理技术。盲源分离是指在不知道源信号和传输通道参数的情况下,根据输入源信号的统计特性,仅由观测信号恢复出源信号各个独立成分的过程。ICA 以非高斯信号为研究对象,在独立性假设的前提下,对混合信号进行盲源分离或特征提取。ICA 着眼于数据间的高阶统计特性,使得变换以后的各分量之间不仅能去掉二阶相关性,还尽可能地统计独立。因此,ICA 能更加全面揭示观测数据间的本质结构。

ICA 最早是由法国的 J. Herault、C. Jutter 与 B. Ans 于 20 世纪 80 年代早期提出。1994 年,P. Comon 首先界定了解决盲信号分离(BSS)问题的 ICA 方法的基本假设条件,并第一次使用了独立元分析这个名称。他还明确指出,应该通过使某个称为对比函数的目标函数达到极大值来消除观测信号中的高阶统计关联,从而实现 BSS;另外他还指出 ICA 是 PCA 的扩展和推广。1995 年,A. J. Bell 和 T. J. Sejnowski 发表的文献可以说是 ICA 研究热潮的起点;他们用实验证明了 ICA 是一种解决 BSS 问题的简单、高效算法,从而带起了一大批后续的研究工作。1996 年,B. A. Pearlmutter 在 ICA 中引入以最大似然为准则的目标函数。同年,J. F. Cardoso 和 B. H. Laheld 提出了 ICA 学习算法中的"相对梯度""等价变化"和有关稳定性和分离精度等重要思路和方法。1997 年,D. T. Pham 和 P. Garat 通过准最大似然途径对 ICA 的学习算法、稳定性、分离精度和源 PDF 的确定性做了进一步讨论。同年,A. Hyvärinen 提出了固定点算法(即 Fast ICA 算法)。1999 年,举行了第一届关于 ICA 的国际会议,成立了第一个国际性 ICA 专题研究小组。随后,每年召开一届 ICA 年会,每届会议都有新的理论和应用方面的论文发表。20 世纪 90 年代以来,ICA 方法作为一种新型的有效的信号处理技术,已经广泛地在各个研究领域得到应用推广,而地震信号处理领域正是其中之一。

ICA 的基本思路是对观测到的多路混合信号进行盲源分离,从而获得隐含其中的相互独立的源信号。ICA 旨在寻求非高斯分布数据的线性表示,使得各个分量在统计学上是独立的,或者尽最大可能地独立。从信号分析角度,ICA 是一种非常有效的盲信号分离技术,它处理的对象是一组相互统计独立的源信号的线性和褶积型混合,既不知道信号是如何混合的,也不知道源信号分布情况,最终从混合信号中提取出各个独立元。

ICA 盲分离问题包含两类:瞬时混合盲分离问题和褶积混合盲分离问题。ICA 假设有观测变量 $\boldsymbol{x}$,它由未知的独立随机变量(独立元)$\boldsymbol{s}$ 线性组合而成,它们之间的数学关系如下:

$$\boldsymbol{x} = \boldsymbol{A}\boldsymbol{s} \quad (\text{瞬时混合模型}) \tag{2-2-29}$$

$$\boldsymbol{x}(t) = \boldsymbol{a}(t) \times \boldsymbol{S}(t) \quad (\text{褶积混合模型}) \tag{2-2-30}$$

其中,式(2-2-29)表示瞬时混合过程,式(2-2-30)表示褶积混合过程,$\boldsymbol{a}$ 是用于线性组合的混合参数矩阵,$a(t)$为褶积算子。

ICA 所要解决的问题是,根据已有的测量变量 $\boldsymbol{x}$,估计混合参数矩阵 $\boldsymbol{A}$[或褶积算子 $a(t)$]和独立元 $\boldsymbol{s}$,也就是寻找一个解混矩阵 $\boldsymbol{W}$[或褶积算子 $b(t)$]来对 $\boldsymbol{s}$ 进行估计,使得其估计$\boldsymbol{s}$中的变量尽可能地独立,见式(2-2-31)和式(2-2-32)。

$$\dot{\boldsymbol{s}} = \boldsymbol{Wx} \tag{2-2-31}$$

$$s(t) = a(t) \times \boldsymbol{x}(t) \tag{2-2-32}$$

ICA 问题的求解过程一般包括三个步骤。

① 观测数据的预处理,包括数据的中心化、白化处理。

② 选择合适的非高斯性(独立性)度量,建立优化目标函数,常用的非高斯性度量指标包括峭度(或四阶累积量)、负熵、互信息等。

③ 采用某种优化方法求解优化目标函数,最终得到解混矩阵或反褶积算子,完成源信号的估计。

ICA 方法在统计独立意义下对混合信号进行分离,显然要比基于去除相关的传统方法(如 PCA)效果要好,因为独立一定不相关,反之则未必。ICA 是在某一判据下进行的寻优计算,所以盲分离问题实际包含两个部分:首先采用什么判据作为信号是否接近互相独立的准则,其次采用什么优化算法来达到这个目的(图 2-2-26)。ICA 方法能够较好地解决盲分离问题,其中的关键是建立一个能够较好度量分离结果独立性的目标函数及相应的最优化分离算法。

图 2-2-26   ICA 算法实现方案示意图

将地震盲反褶积问题与 ICA 褶积混合盲分离问题相比较,从 ICA 盲源分离中可以看出,"盲"包含两方面的内容:源信号是无法独立观测的,混合系统是未知的。只有混合后的测量信号是可获取的,ICA 盲源分离根据混合信号提取源信号。地震盲反褶积也是一个盲过程,"盲"同样包含两方面的内容:地表爆炸激发的地震子波是无法独立观测的,大地滤波效应即反射系数序列是未知的。只有地震记录是可获取的,地震盲反褶积从地震记录中反演反射系数序列。可见,ICA 盲源分离与地震盲反褶积均是根据已知的信息求取未知的信息,二者有异曲同工之处,如图 2-2-27 所示。因此,ICA 在地震盲反褶积方面具有独特优势。

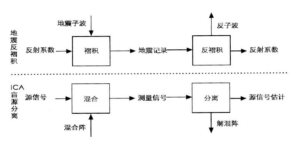

图 2-2-27   地震反褶积与 ICA 盲分离的比较

地震勘探反褶积问题与盲源混合-分离问题事实上可以一一对应的(图 2-2-27):地震

子波 $h(t)$ 无法直接观测，可以看作源信号序列；反射系数 $r(t)$ 未知，可以看作混合系统的冲激响应；地震记录 $x(t)$ 是可以采集的，可以看作观测信号；待求解的反褶积算子 $g(t)$ 为解混序列。因此，反褶积问题转化为盲源分离问题，如图 2-2-28 所示。ICA 从源信号的统计独立和非高斯性出发，设计一个解混序列 $g(t)$，使 $x(t)$ 经过 g 变换后得到输出信号 $y(t)$，如果通过学习得以实现 $g(t) \times h(t) = \delta(t)$，其中 $\delta(t)$ 为脉冲信号，则 $y(t) = r(t)$，从而达到源信号分离的目的。

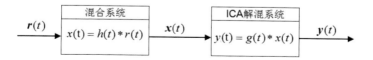

图 2-2-28 ICA 褶积混合-解混系统的数学模型

（3）地震反射系数模型的研究

ICA 盲分离问题的目的是通过分离得到反射系数序列，因此首先需要对反射系数序列的特性和模型进行分析。传统的地震反褶积模型假设地球内部反射系数为随机序列，即反射系数具有白色频率分布，在自相关函数上表现为一具零延迟的单位脉冲。这一假设简化了反褶积算子的设计，因为它使得人们可以用地震道的自相关函数来代替震源子波的自相关函数。

多年来诸多学者对反射系数的统计特性进行了探讨，目前普遍接受的认识是：实际的反射系数既不是高斯的也不是白色的；其本身在统计上具有非高斯性（归一化峰度值在 3~15）和非平稳性；功率谱为有色谱，并具有多重分形的特征。尽管人们采用了许多不同的反射系数模型来更好地模拟地下介质物性参数的变化情况，但目前尚没有一种理想模型能够真实地反映反射系数的复杂特征。高斯混合模型（GMM）具有能逼近任意概率密度函数的特性，并且由于高斯函数的简易性，为模型参数的更新算法提供了便利，因此采用高斯混合模型来拟合实际反射系数的概率分布。

在这一模型中，具有不同方差的一系列高斯分布时间序列，按照分配的概率在分布上进行加权混合，由此来模拟反射系数中的非高斯性和非平稳性，如突然的变化或平展的延伸等，其数学表达式为：

$$p(y) = \sum_{j=1}^{M} \lambda_j p_G(y; \mu_j, \sigma_j^2) \tag{2-2-33}$$

式中，$p_G(y; \mu_j, \sigma_j^2)$ 表示均值为 μ_j 方差为 σ_j^2 的高斯分布，概率权系数 λ_j 满足 $\sum_{j=1}^{M} \lambda_j = 1$，$M$ 表示混合的高斯分布的个数。

$$Gaus_j(x) = \frac{1}{\sqrt{2\pi}\sigma_j} \exp - \left(\frac{x^2}{2\sigma_j^2} \right) \quad j = 1, 2 \tag{2-2-34}$$

（4）ICA 地震盲反褶积优化目标函数

在 ICA 地震盲反褶积算法中，优化目标函数和优化算法是整个算法的核心。根据分析，反射系数在统计上具有非高斯性，因此选用负熵构造 ICA 地震盲反褶积算法的优化目标函数。

负熵作为信号非高斯程度的度量，是任意概率密度函数和具有同样方差的高斯型概率密度函数间的 KL 散度，负熵值越大表示信号距离高斯分布越远。因此在反褶积算法中,我们定义反褶积输出的高斯混合概率分布和与其具有相同方差的高斯概率分布的负熵为目标函数,一方面在每一步迭代中使输出的概率密度函数进一步非高斯化,另一方面使其趋于所定义的高斯混合模型。

负熵的数学表达式如下:

$$J = KL[p(y), p_G(y)] = \int_{-\infty}^{+\infty} p(y) \log[p(y)/p_G(y)] \mathrm{d}y \qquad (2\text{-}2\text{-}35)$$

式中,$KL(\cdot)$ 表示 Kullback-Leibler 散度,$p(y)$ 表示高斯混合模型的概率密度函数,$p_G(y)$ 表示高斯过程的概率密度函数。样本 y 的负熵按下式计算:

$$\begin{aligned} J &= KL[p(y_i), p_G(y_i)] \\ &= E\{\log[p(y_i)/p_G(y_i)]\} \\ &= \frac{1}{N}\sum_{i=1}^{N}\log[p(y_i)/p_G(y_i)] \\ &= \frac{1}{N}\Big[\sum_{i=1}^{N}\log\sum_{j}\lambda_j p_{G_j}(y_i) - \sum_{i=1}^{N}\log p_G(y_i)\Big] \end{aligned} \qquad (2\text{-}2\text{-}36)$$

(5) ICA 地震盲反褶积优化算法

在建立 ICA 地震盲反褶积问题的优化目标函数后,下一个关键的问题就是选用合适的优化算法来求解目标函数,估计反褶积算子,最终得到反射系数的估计。ICA 盲反褶积优化过程如图 2-2-29 所示。

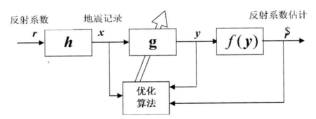

图 2-2-29　ICA 盲反褶积优化过程

期望极大化准则(EM)是求解极大似然估计的一种有效数值方法。EM 准则的基本思路是将一个复杂的似然函数极大化问题转化成一系列简单的极大化问题,这一系列极大化的极限正是最初问题的结果。该算法提供了一种直观的计算 ICA 盲反褶积参数 $\theta = (\lambda_1, \cdots, \lambda_M, \sigma_1, \cdots, \sigma_M)$ 最大似然估计的方法。

对于最大似然估计问题,如果完全数据向量 x 是可观测的,假设这些向量独立同分布,因此样本密度为:

$$p(x \mid \theta) = \sum_{i=1}^{N} p(x_i \mid \theta) = L(\theta \mid x) \qquad (2\text{-}2\text{-}37)$$

这里 $x = (x_1, \cdots, x_N)$,$L(\theta \mid x)$ 称为给定数据的似然函数。x 的对数似然函数为 $\log L(\theta \mid x)$,在最大似然问题中,目标是寻找 θ^* 使 $\log L(\theta \mid x)$ 最大。即

$$\theta^* = \arg\max L(\theta \mid x), \forall \theta \qquad (2\text{-}2\text{-}38)$$

假设完全数据为 $z(x, y)$,这里 x 表示观测到的不完全数据,y 表示隐含的缺失数据,这时联合密度函数为:

$$p(z \mid \theta) = p(x, y \mid \theta) = p(y \mid x, \theta) p(x \mid \theta) \qquad (2\text{-}2\text{-}39)$$

用这个新的密度函数定义完全数据似然函数:

$$L(\theta \mid \boldsymbol{z}) = L(\theta \mid \boldsymbol{x}, \boldsymbol{y}) = p(\boldsymbol{x}, \boldsymbol{y} \mid \theta) \tag{2-2-40}$$

EM 算法首先寻找完全数据对数似然函数 $\log p(\boldsymbol{x}, \boldsymbol{y} \mid \theta)$ 的期望值，即对于给定的观测数据和当前参数估计，求未知数据 $\boldsymbol{y}$ 的期望值：

$$Q(\theta, \theta^{(i-1)}) = E\big[\log p(\boldsymbol{x}, \boldsymbol{y} \mid \theta) \mid \boldsymbol{x}, \theta^{(i-1)}\big] \tag{2-2-41}$$

这里 $\theta^{(i-1)}$ 是当前参数估计，θ 是使 Q 增大的新参数。EM 算法的第二步是最大化第一步计算的期望。

EM 算法步骤总结如下。

① E 步骤：对于给定的观测数据和当前参数估计，求未知数据的期望值。

② M 步骤：最大化 E 步中计算的期望。

③ E-步骤和 M-步交骤替迭代，直到收敛。

优化解决的问题是混合密度参数估计问题。混合概率分布模型为：

$$P(\boldsymbol{x} \mid \theta) = \sum_{i=1}^{M} \alpha_i p_i(\boldsymbol{x} \mid \theta_i) \tag{2-2-42}$$

其中 $\theta = (\alpha_i, \theta_i)$，$\sum\limits_{i=1}^{M} \alpha_i = 1$ 且每个 p_i 是依赖于参数 θ_i 的概率密度函数。

对于数据 x 的密度，不完全数据对数似然表达式为：

$$\log(L(\theta \mid \boldsymbol{x})) = \log \prod_{i=1}^{N} p(x_i \mid \theta) = \sum_{i=1}^{N} \log\Big[\sum_{j=1}^{M} \alpha_j p_j(x_i \mid \theta_j)\Big] \tag{2-2-43}$$

因为包含和的对数，最优化是困难的。如果 $\boldsymbol{x}$ 为不完全的，假设不可观测数据 $\boldsymbol{y} = \{y_i\}_{i=1}^{N}$ 存在，$\boldsymbol{y}$ 值使分量密度产生一个数据项，似然表达式可被大大简化。即对每一个 i，如果 i^{th} 样本由 k^{th} 混合分量产生，则 $y_i = k$。如果知道 $\boldsymbol{y}$ 的值，对数似然表达式变为：

$$\log(L(\theta \mid \boldsymbol{x}, \boldsymbol{y})) = \log(p(x, y \mid \theta)) = \sum_{i=1}^{N} \log(p(x_i \mid y_i) p(\boldsymbol{y})) \tag{2-2-44}$$

问题在于不知道 $\boldsymbol{y}$ 的值。但是，如果假设 $\boldsymbol{y}$ 是随机向量则能继续进行。首先必须产生一个未观测到的数据分布的表达式。关于混合密度，假设 $\theta^g = (\alpha_i^g, \theta_i^g)$，$i = 1, \cdots M$ 是似然函数的参数。对每个 i 和 j，给定 θ^g，容易计算 $p_j(x_i \mid \theta_j^g)$。另外，混合参数 α_j 被认为是每个混合分量的先验概率，即 $\alpha_j = p(j)$。因此，用贝叶斯公式，能够计算：

$$p(y_i \mid x_i, \theta^g) = \frac{\alpha_{yi}^g p_{yi}(x_i \mid \theta_{yi}^g)}{p(x_i \mid \theta^g)} = \frac{\alpha_{yi}^g p_{yi}(x_i \mid \theta_{yi}^g)}{\sum\limits_{k=1}^{M} \alpha_k^g p_k(x_i \mid \theta_k^g)} \tag{2-2-45}$$

和

$$p(y \mid x, \theta^g) = \prod_{i=1}^{N} p(y_i \mid x_i, \theta^g) \tag{2-2-46}$$

这里 $\boldsymbol{y} = (y_1, \cdots y_N)$ 是未观测数据独立抽取的事例。在这里假设隐变量存在且给出分布的初始参数，则

$$Q(\theta, \theta^g) = \sum \log(L(\theta \mid x, y)) p(y \mid x, \theta^g)$$

$$= \sum_{l=1}^{M} \sum_{i=1}^{N} \log(\alpha_l p_l(x_i \mid \theta_l)) \sum_{y_1=1}^{M} \sum_{y_2=1}^{M} \cdots \sum_{y_N=1}^{M} \delta_{l,yi} \prod_{j=1}^{N} p(y_j \mid x_j, \theta^g) \tag{2-2-47}$$

这时 $Q(\theta, \theta^g)$ 大大简化。注意 $l \in 1, \cdots, M$，

$$\sum_{y_1=1}^{M} \sum_{y_2=1}^{M} \cdots \sum_{y_N=1}^{M} \delta_{l,yi} \prod_{j=1}^{N} p(y_j \mid x_j, \theta^g) = P(l \mid x_i, \theta^g) \tag{2-2-48}$$

因为 $\sum\limits_{i=1}^{M} p(i \mid x^j, \theta^g) = 1$，则

$$Q(\theta, \theta^g) = \sum_{l=1}^{M} \sum_{i=1}^{N} \log(\alpha_l p_l(x_i \mid \theta)) p(l \mid x_i, \theta^g)$$

$$= \sum_{l=1}^{M} \sum_{i=1}^{N} \log(\alpha_l) p_l(l \mid x_i, \theta^g) + \sum_{l=1}^{M} \sum_{i=1}^{N} \log(p_l(x_i \mid \theta_l)) p(l \mid x_i, \theta^g)$$

$$(2\text{-}2\text{-}49)$$

为了最大化这个表达式，在此分别最大化包含 α_l 和 θ_l 的项，这两项是相互独立的。求 α_l 的表达式，引入拉格朗日算子，在约束条件 $\sum\limits_{l}^{M} \alpha_l = 1$ 下解下面的方程：

$$\frac{\partial}{\partial \alpha_l} \left[\sum_{l=1}^{M} \sum_{i=1}^{N} \log(\alpha_l) p(l \mid x_i, \theta^g) + \lambda \left(\sum_{l}^{M} \alpha_l - 1 \right) \right] = 0 \qquad (2\text{-}2\text{-}50)$$

得 $\sum\limits_{i=1}^{N} \frac{1}{\alpha_l} p(l \mid x_i, \theta^g) + \lambda = 0$，两边关于 l 求和，得到 $\lambda = -N$，从而有：

$$\alpha_l = \frac{1}{N} \sum_{i=1}^{N} p(l \mid x_i, \theta^g) \qquad (2\text{-}2\text{-}51)$$

对于给定的分布，θ_l 的表达式往往是另外一些参数的函数。如假设 d 维高斯分量分布，有均值 μ 和协方差阵 $\sum$，这时 $\theta = (\mu, \sum)$，从而

$$p_l(x \mid \mu_l, \sum\nolimits_l) = \frac{1}{(2\pi)^{d/2} \left| \sum_l \right|^{1/2}} e^{-\frac{1}{2}(x-\mu_l)^T \sum_l^{-1}(x-\mu_l)} \qquad (2\text{-}2\text{-}52)$$

代入式（2-2-48），并求关于 μ_l 的导数且令它等于 0，得到

$$\mu_l = \frac{\sum\limits_{i=1}^{N} x_i p(l \mid x_i, \theta^g)}{\sum\limits_{i=1}^{N} p(l \mid x_i, \theta^g)} \qquad (2\text{-}2\text{-}53)$$

对 $\sum\nolimits_l^{-1}$ 求导得

$$\sum\nolimits_l = \frac{\sum\limits_{i=1}^{N} p(l \mid x_i, \theta^g) N_{l,i}}{\sum\limits_{i=1}^{N} p(l \mid x_i, \theta^g)} = \frac{\sum\limits_{i=1}^{N} p(l \mid x_i, \theta^g)(x_i - \mu_l)(x_i - \mu_l)^T}{\sum\limits_{i=1}^{N} p(l \mid x_i, \theta^g)} \qquad (2\text{-}2\text{-}54)$$

因此在参数迭代过程中，新参数的估计由下面式子给出：

$$\alpha_l^{new} = \frac{1}{N} \sum_{i=1}^{N} p(l \mid x_i, \theta^g) \qquad (2\text{-}2\text{-}55)$$

$$\mu_l^{new} = \frac{\sum\limits_{i=1}^{N} x_i p(l \mid x_i, \theta^g)}{\sum\limits_{i=1}^{N} p(l \mid x_i, \theta^g)} \qquad (2\text{-}2\text{-}56)$$

这个迭代公式经过若干次迭代，直至收敛，从而完成了高斯混合密度的参数估计。

对于 ICA 地震盲反褶积问题中的模型参数，其迭代更新算法如下：

$$\sigma_{k+1,j}^2 = \tau\sigma_{k,j}^2 + (1-\tau)\frac{\sum_i x_i^2 r_j(x_i)}{\sum_i r_j(x_i)} \tag{2-2-57}$$

$$\lambda_{k+1,j} = \tau\lambda_{k,j} + (1-\tau)\frac{\sum_i r_j(x_i)}{N} \tag{2-2-58}$$

其中，k，$k+1$ 为迭代步数，τ 为参数平滑因子，$j=1,\cdots,M$。

（6）ICA 盲反褶积算法与传统反褶积算法的理论比较

本节从公式理论分析的角度将 ICA 地震盲反褶积算法与传统反褶积算法进行比较。ICA 反褶积问题以负熵作为目标函数，即期望反褶积输出 $y(t)$ 距离高斯分布最远，不可再分解。ICA 反褶积问题归结为优化问题 P1：

$$\min_{g(t)}\boldsymbol{J} = KL[p(\boldsymbol{y}(t)),p_G(\boldsymbol{y}(t))] \tag{2-2-59}$$

采用高斯混合模型来拟合反射系数的概率分布，即

$$p(\boldsymbol{y}) = \sum_j \lambda_j p_G(y;0,\sigma_j^2) = \sum_j \frac{\lambda_j}{\sqrt{2\pi}\sigma_j}\exp\left(-\frac{y^2}{2\sigma_j^2}\right) \tag{2-2-60}$$

与之对应，高斯过程的概率密度函数为：

$$p_G(\boldsymbol{y}) = \frac{1}{\sqrt{2\pi\sum_j\lambda_j\sigma_j^2}}\exp\left(-\frac{\boldsymbol{y}^2}{2\sum_j\lambda_j\sigma_j^2}\right) \tag{2-2-61}$$

则目标函数：

$$\begin{aligned}\boldsymbol{J} &= KL[p(\boldsymbol{y}(t)),p_G(\boldsymbol{y}(t))]\\ &= \frac{1}{N}\sum_{i=1}^N\left\{\log\left[\sum_j\frac{\lambda_j}{\sqrt{2\pi}\sigma_j}\exp\left(-\frac{y(i)^2}{2\sigma_j^2}\right)\right] + \frac{1}{2}\log\left(2\pi\sum_j\lambda_j\sigma_j^2\right) + \frac{\boldsymbol{y}(i)^2}{2\sum_j\lambda_j\sigma_j^2}\right\}\end{aligned} \tag{2-2-62}$$

定义

$$\boldsymbol{J}(i) = \log\left[\sum_j\frac{\lambda_j}{\sqrt{2\pi}\sigma_j}\exp\left(-\frac{\boldsymbol{y}(i)^2}{2\sigma_j^2}\right)\right] + \frac{1}{2}\log\left(2\pi\sum_j\lambda_j\sigma_j^2\right) + \frac{\boldsymbol{y}(i)^2}{2\sum_j\lambda_j\sigma_j^2} \tag{2-2-63}$$

则

$$\boldsymbol{J} = \frac{1}{N}\sum_{i=1}^N\boldsymbol{J}(i) \tag{2-2-64}$$

将 $\boldsymbol{J}$ 对反褶积算子 $\boldsymbol{g}(m)$，$m=1,\cdots,P$ 求导，并令其为零

$$\begin{aligned}\frac{\partial\boldsymbol{J}}{\partial\boldsymbol{g}(m)} &= \frac{1}{N}\sum_{i=1}^N\frac{\partial\boldsymbol{J}(i)}{\partial\boldsymbol{y}(i)}\frac{\partial\boldsymbol{y}(i)}{\partial\boldsymbol{g}(m)}\\ &= \frac{1}{N}\sum_{i=1}^N\left\{\left[-\boldsymbol{y}(i)\sum_j\frac{\lambda_j p_G(\boldsymbol{y}(i);0,\sigma_j^2)}{\sigma_j^2\sum_k\lambda_k p_G(\boldsymbol{y}(i);0,\sigma_k^2)} + \frac{\boldsymbol{y}(i)}{\sum_j\lambda_j\sigma_j^2}\right]\boldsymbol{x}(i-m)\right\}\\ &= 0\end{aligned} \tag{2-2-65}$$

由此得出

$$\sum_{p=1}^{P} \boldsymbol{g}(p) \sum_{i=1}^{N} \boldsymbol{x}(i-p)\boldsymbol{x}(i-m) = \sum_{i=1}^{N} \frac{\boldsymbol{y}(i)\boldsymbol{x}(i-m)}{\left(\sum_j \lambda_j \sigma_j^2\right)\left(\sum_j \frac{\lambda_j p_G(\boldsymbol{y}(i);0,\sigma_j^2)}{\sigma_j^2 \sum_k \lambda_k p_G(\boldsymbol{y}(i);0,\sigma_k^2)}\right)}$$

(2-2-66)

根据独立元分析分解算法定义无记忆非线性函数

$$f(y) = \frac{\boldsymbol{y}}{\left(\sum_j \lambda_j \sigma_j^2\right)\left(\sum_j \frac{\lambda_j p_G(\boldsymbol{y};0,\sigma_j^2)}{\sigma_j^2 \sum_k \lambda_k p_G(\boldsymbol{y};0,\sigma_k^2)}\right)}$$

(2-2-67)

则反褶积算子的求解方程简化为：

$$\sum_{p=1}^{P} \boldsymbol{g}(p) \sum_{i=1}^{N} \boldsymbol{x}(i-p)\boldsymbol{x}(i-m) = \sum_{i=1}^{N} f(\boldsymbol{y}(i))\boldsymbol{x}(i-m), m=1,\cdots,P \quad (2\text{-}2\text{-}68)$$

表示成矩阵形式：

$$\boldsymbol{R}_{xx}\boldsymbol{g}(t) = \boldsymbol{R}_{fx}$$

(2-2-69)

即方程的左边为地震记录自相关的 Toeplitz 矩阵与反褶积算子的乘积,方程的右边为独立元分析分解的期望输出与地震记录的互相关。由方程(2-2-68)和(2-2-69)的左边联想到脉冲反褶积方法的求解方程(式 2-2-70)。

回顾一下脉冲反褶积的求解方程,脉冲反褶积问题可以归结为优化问题 P2：

$$\min_{\boldsymbol{g}(t)} \boldsymbol{Q} = \sum_t (\boldsymbol{g}(t) \times \boldsymbol{h}(t) - \boldsymbol{d}(t))^2$$

(2-2-70)

求解方程为：

$$\sum_p \boldsymbol{g}(p) \sum_i \boldsymbol{h}(i-p)\boldsymbol{h}(i-m) = \sum_i \boldsymbol{d}(i)\boldsymbol{h}(i-m), m=1,\cdots,P \quad (2\text{-}2\text{-}71)$$

表示成矩阵形式：

$$\boldsymbol{R}_{hh}\boldsymbol{g}(t) = \boldsymbol{R}_{dh}$$

(2-2-72)

即方程的左边为地震子波自相关的 Toeplitz 矩阵与反褶积算子的乘积,方程的右边为脉冲反褶积问题的期望输出与地震子波的互相关。由于地震子波未知,为了避开地震子波的自相关运算,脉冲反褶积方法引入了如下假设:反射系数是白噪序列,地震子波是最小相位的。从而用地震记录的自相关代替地震子波的自相关,用脉冲函数代替期望输出,方程(2-2-70)-(2-2-71)转化为：

$$\sum_p \boldsymbol{g}(p) \sum_i \boldsymbol{x}(i-p)x(i-m) = \sum_i \delta(i)\boldsymbol{h}(i-m)$$

(2-2-73)

$$\boldsymbol{R}_{xx}\boldsymbol{g}(t) = \boldsymbol{R}_{dh}$$

(2-2-74)

求解方程的左边为地震记录自相关的 Toeplitz 矩阵与反褶积算子的乘积,方程的右边为脉冲反褶积的期望输出与地震子波的互相关。

对比式(2-2-68)与式(2-2-73)、式(2-2-69)与式(2-2-74)可以看出,方程的左边是相同的,方程的右边不同。这种不同是因为 ICA 方法没有做假设,直接盲反褶积,脉冲反褶积方法引入了反射系数和地震子波的有关假设。因此,ICA 盲反褶积方法在算法推导上优于脉冲反褶积。

（7）ICA 地震盲反褶积算法流程设计

为了便于编制 ICA 地震盲反褶积算法程序,本节对 ICA 地震盲反褶积算法流程进行梳理。整个算法的流程步骤如图 2-2-30 所示。

由于子波 $h(t)$ 经过反射系数 $r(t)$ 的滤波作用后会增加其高斯性，因此地震数据 $x(t)$ 的概率密度函数通常是接近高斯分布的。ICA 盲反褶积的求解思想就是通过引入某种非高斯性准则 $f(\cdot)$ 来不断调节反褶积算子 $g(t)$，使反褶积输出 $y(t)$ 的概率密度函数逐渐逼近原反射系数 $r(t)$ 的概率密度函数，从而去除子波对反射系数的高斯化影响，得到原始的非高斯的反射系数。

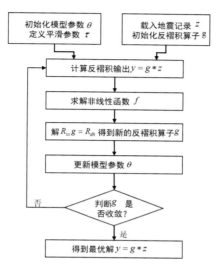

图 2-2-30　基于负熵的 ICA 地震盲反褶积算法流程

（8）ICA 盲反褶积方法模型试算

1）模型试算

为了验证算法的有效性，通过模拟产生地震子波，将子波与反射系数褶积合成地震记录，然后应用 ICA 盲反褶积方法对地震记录进行处理，计算反射系数的估计值。在模型试算的过程中，我们考察了子波相位、子波主频、优化算法参数和噪声对结果的影响，同时将 ICA 盲反褶积方法与常规反褶积方法的处理结果进行了比较。

以 20 Hz 零相位雷克子波为例，地震子波、反射系数、合成的地震记录以及盲反褶积结果如图 2-2-31 所示。反褶积结果的概率分布分析和互相关函数分析如图 2-2-32 所示，可以看出盲反褶积估计的反射系数序列与原始反射系数序列在概率分布上具有较高的相

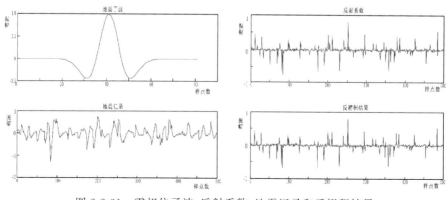

图 2-2-31　零相位子波、反射系数、地震记录和反褶积结果

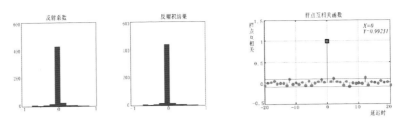

图 2-2-32 反射系数和反褶积结果的概率直方图、互相关函数

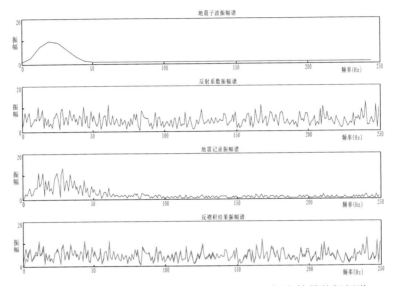

图 2-2-33 地震子波、反射系数、地震记录和反褶积结果的振幅谱

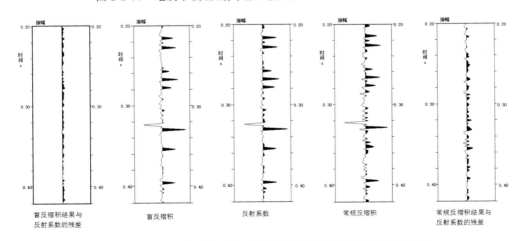

图 2-2-34 ICA 盲反褶积方法和常规反褶积方法处理效果比较

似性,在时间序列上二者的相似度为 99.2%。图 2-2-33 为地震子波、反射系数、地震记录和反褶积结果的振幅谱,反射系数估计值与原始反射系数在振幅谱上相似性较高。ICA盲反褶积方法与常规反褶积方法的处理效果如图 2-2-34 所示。通过对比可以看出,ICA盲反褶积方法得到的估计残差较小,优于常规反褶积方法。

2）影响因素分析

① 子波相位因素。

为了考察子波相位对 ICA 盲反褶积方法的影响,模拟的子波包括零相位子波、最小相位子波、混合相位子波和最大相位子波,以及不同混合情况下的混合相位子波。零相位子波情况下,反褶积结果和原始反射系数的相似度为 99.2%(图 2-2-31～2-2-33);最小相位子波情况下,反褶积结果和原始反射系数的相似度为 94.5%(图 2-2-35～2-2-37);混合相位子波 1 情况下,反褶积结果和原始反射系数的相似度为 92.8%(图 2-2-38～2-2-40);混合相位子波 2 情况下,反褶积结果和原始反射系数的相似度为 98.0%(图 2-2-41～2-2-43);混合相位子波 3 情况下,反褶积结果和原始反射系数的相似度为 95.6%(图 2-2-44～2-2-46);最大相位子波情况下,反褶积结果和原始反射系数的相似度为 99.1%(图 2-2-47～2-2-49)。通过考察分析可以看出,在不同相位情况下,ICA 盲反褶积的处理结果均取得了 90% 以上的相似度,较好地恢复了原始反射系统的特征。

② 子波主频因素。

为了考察子波主频对 ICA 盲反褶积方法的影响,分别模拟 30 Hz、50 Hz 雷克子波,进行模型试算。30 Hz 子波情况下,反褶积结果和原始反射系数的相似度为 99.4%(图 2-2-50～2-2-52);50 Hz 子波情况下,反褶积结果和原始反射系数的相似度为 99.6%(图 2-2-53～2-2-55)。通过对比可以看出,子波主频对 ICA 盲反褶积方法的影响较小。30～50 Hz 范围内 ICA 盲反褶积方法能够获得精度较高的反射系数估计值。

③ 优化算法参数影响分析。

为了验证算法的鲁棒性,考察优化算法中参数的取值对盲反褶积结果的影响。改变反射系统高斯混合模型的加权系数向量 λ、方差向量 σ^2 以及子高斯模型的个数 M,考察盲反褶积结果的效果。零相位子波情况下,参数 $\lambda = [0.5, 0.5]$,$\sigma^2 = [2\text{var}(x), \text{var}(x)/2]$,$M = 2$,反褶积结果和原始反射系数的相似度为 99.2%(图 2-2-32)。对下述 6 种参数取值情况进行考察。

$\lambda = [0.3, 0.7]$,$\sigma^2 = [2\text{var}(x), \text{var}(x)/2]$,$M = 2$,参见图 2-2-56～2-2-58。

$\lambda = [0.8, 0.2]$,$\sigma^2 = [2\text{var}(x), \text{var}(x)/2]$,$M = 2$,参见图 2-2-59～2-2-61。

$\sigma^2 = [5\text{var}(x), \text{var}(x)/2]$,$\lambda = [0.5, 0.5]$,$M = 2$,参见图 2-2-62～2-2-64。

$\sigma^2 = [2\text{var}(x), \text{var}(x)/10]$,$\lambda = [0.5, 0.5]$,$M = 2$,参见图 2-2-65～2-2-67。

$M = 3$,参见图 2-2-68 至图 2-2-70。

$M = 5$,参见图 2-2-71 至图 2-2-73。

通过分析结果发现,改变加权系数向量 λ 和方差向量 σ^2 的初始化参数,反褶积结果和原始反射系数的相似度基本不变,反褶积结果均比较精确。高斯混合模型中子模型的个数对计算量的影响较大,对反褶积结果的影响较小。

④ 噪声影响分析。

为了考察噪声对 ICA 盲反褶积效果的影响,合成具有不同信噪比的地震记录,运用 ICA 盲反褶积方法估计反射系数。信噪比的定义采用如下方式:

$$SNR = \frac{E_s}{E_n} = \frac{\sqrt{\dfrac{1}{N}\sum_{i=1}^{N} s_i^2}}{\sqrt{\dfrac{1}{N}\sum_{i=1}^{N} n_i^2}} \tag{2-2-75}$$

其中,N 表示信号长度,s 表示有效信号,n 表示噪声信号。

信噪比为 1:1、1.5:1、2:1、3:1、5:1 情况下的处理结果分别参见图 2-2-74～2-2-88。可以看出随着信噪比的增大，反射系数估计值和原始反射系数的相关系数不断增大，即反褶积得到的反射系数估计值越精确。在信噪比高于 3:1 时，反射系数估计值与原始反射系数的相关系数的相似程度在 70% 以上。

最小相位子波：

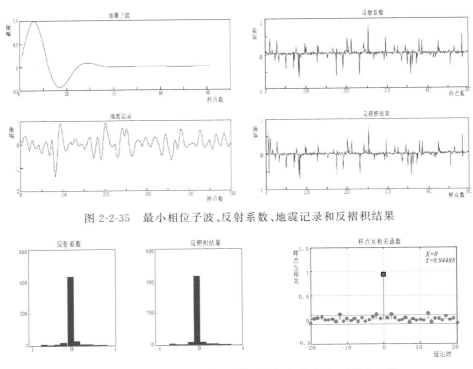

图 2-2-35　最小相位子波、反射系数、地震记录和反褶积结果

图 2-2-36　反射系数和反褶积结果的概率直方图、互相关函数

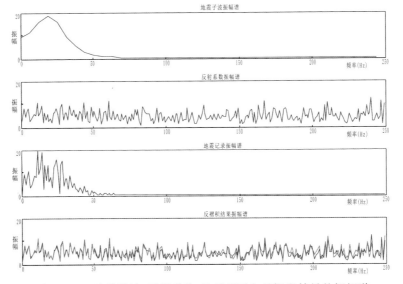

图 2-2-37　地震子波、反射系数、地震记录和反褶积结果的振幅谱

混合相位子波 1：

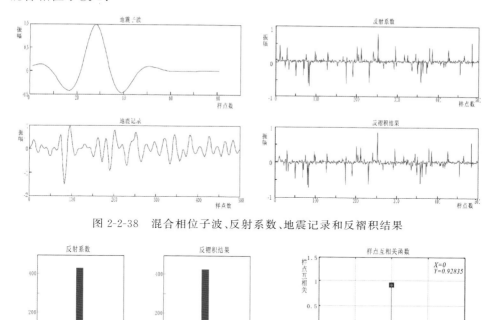

图 2-2-38　混合相位子波、反射系数、地震记录和反褶积结果

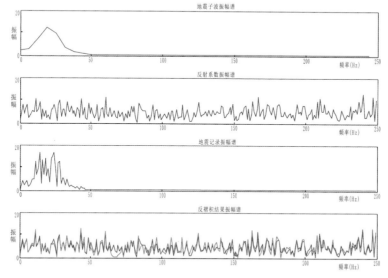

图 2-2-39　反射系数和反褶积结果的概率直方图、互相关函数

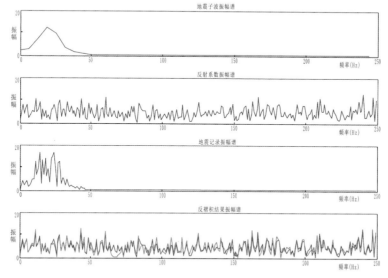

图 2-2-40　地震子波、反射系数、地震记录和反褶积结果的振幅谱

混合相位子波 2：

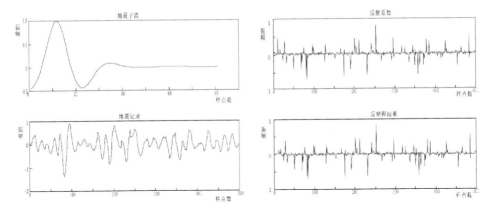

图 2-2-41   混合相位子波、反射系数、地震记录和反褶积结果

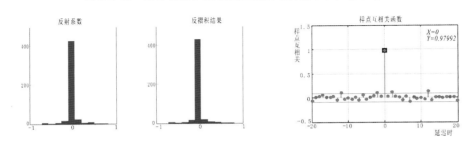

图 2-2-42   反射系数和反褶积结果的概率直方图、互相关函数

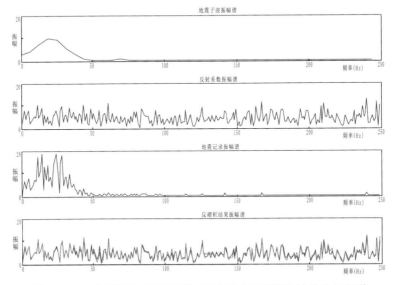

图 2-2-43   地震子波、反射系数、地震记录和反褶积结果的振幅谱

混合相位子波 3：

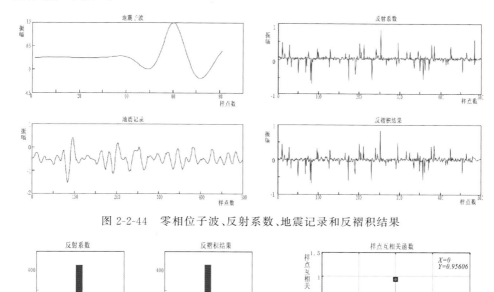

图 2-2-44　零相位子波、反射系数、地震记录和反褶积结果

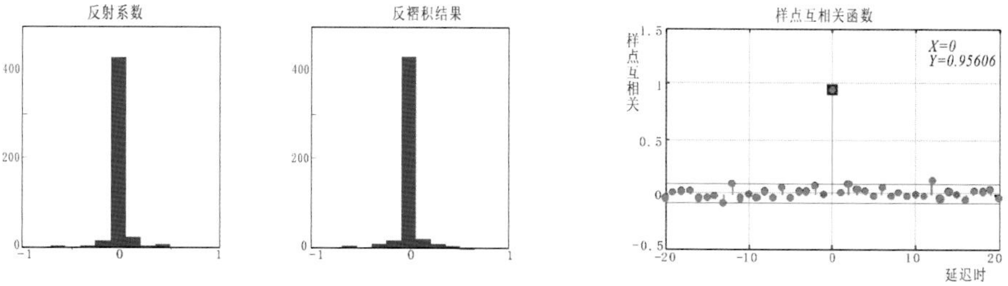

图 2-2-45　反射系数和反褶积结果的概率直方图、互相关函数

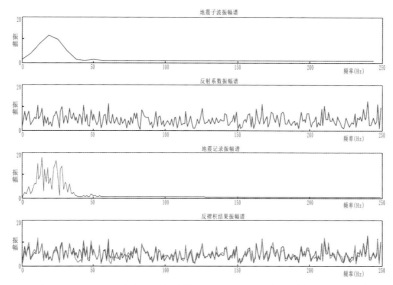

图 2-2-46　地震子波、反射系数、地震记录和反褶积结果的振幅谱

最大相位子波：

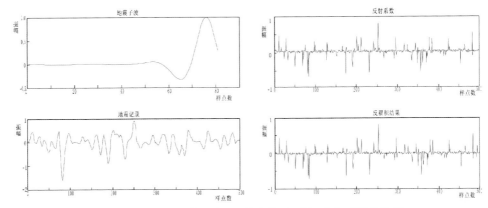

图 2-2-47 最大相位子波、反射系数、地震记录和反褶积结果

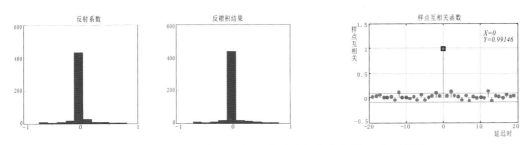

图 2-2-48 反射系数和反褶积结果的概率直方图、互相关函数

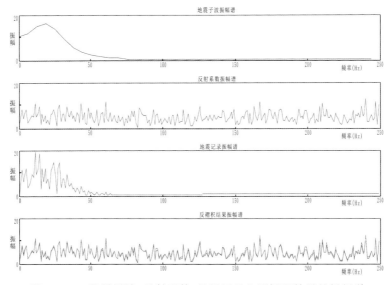

图 2-2-49 地震子波、反射系数、地震记录和反褶积结果的振幅谱

30 Hz 子波：

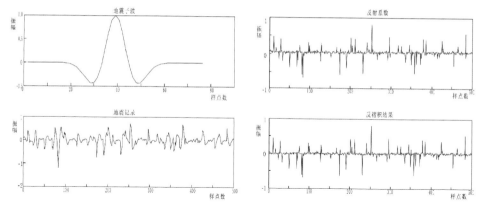

图 2-2-50　30 Hz 子波、反射系数、地震记录和反褶积结果

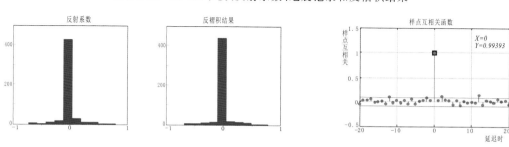

图 2-2-51　反射系数和反褶积结果的概率直方图、互相关函数

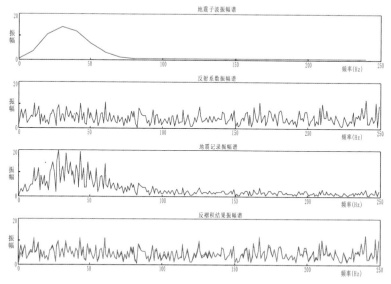

图 2-2-52　地震子波、反射系数、地震记录和反褶积结果的振幅谱

50 Hz 子波：

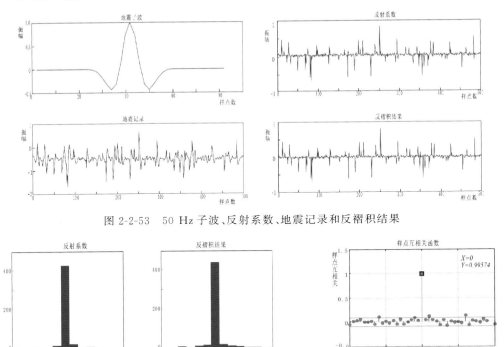

图 2-2-53　50 Hz 子波、反射系数、地震记录和反褶积结果

图 2-2-54　反射系数和反褶积结果的概率直方图、互相关函数

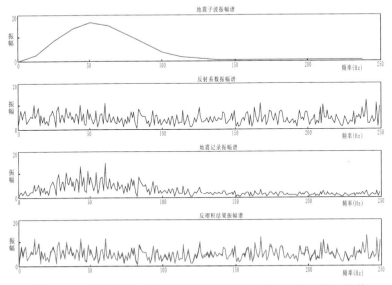

图 2-2-55　地震子波、反射系数、地震记录和反褶积结果的振幅谱

参数 $\lambda=[0.3,0.7]$，$\sigma^2=[2\mathrm{var}(x),\mathrm{var}(x)/2]$：

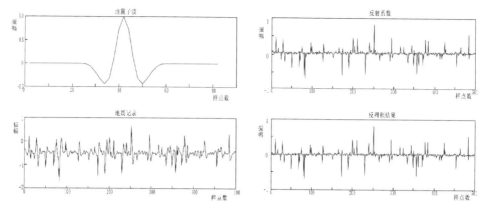

图 2-2-56　地震子波、反射系数、地震记录和反褶积结果

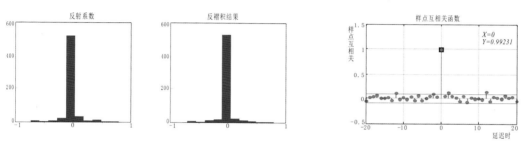

图 2-2-57　反射系数和反褶积结果的概率直方图、互相关函数

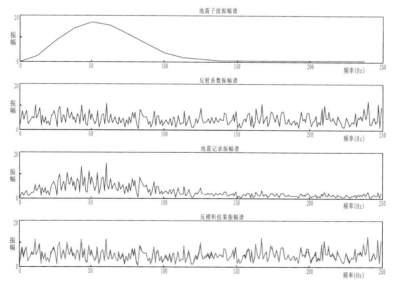

图 2-2-58　地震子波、反射系数、地震记录和反褶积结果的振幅谱

参数 $\lambda = [0.8, 0.2]$，$\sigma^2 = [2\mathrm{var}(x), \mathrm{var}(x)/2]$：

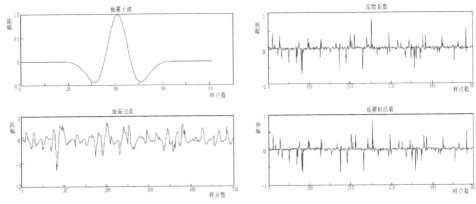

图 2-2-59　地震子波、反射系数、地震记录和反褶积结果

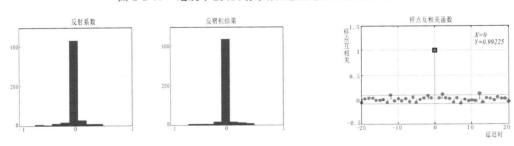

图 2-2-60　反射系数和反褶积结果的概率直方图、互相关函数

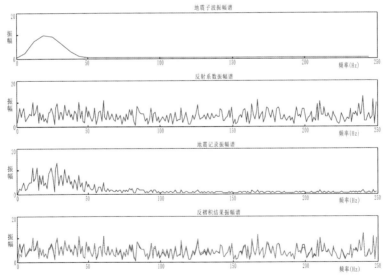

图 2-2-61　地震子波、反射系数、地震记录和反褶积结果的振幅谱

参数 $\sigma^2 = [5\mathrm{var}(x), \mathrm{var}(x)/2]$，$\lambda = [0.5, 0.5]$：

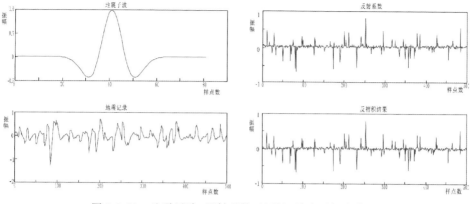

图 2-2-62　地震子波、反射系数、地震记录和反褶积结果

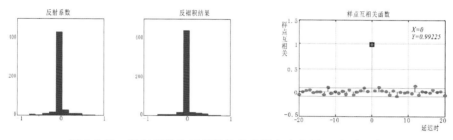

图 2-2-63　反射系数和反褶积结果的概率直方图、互相关函数

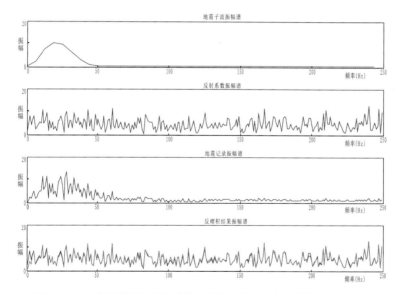

图 2-2-64　地震子波、反射系数、地震记录和反褶积结果的振幅谱

参数 $\sigma^2 = [2\mathrm{var}(x), \mathrm{var}(x)/10]$, $\lambda = [0.5, 0.5]$：

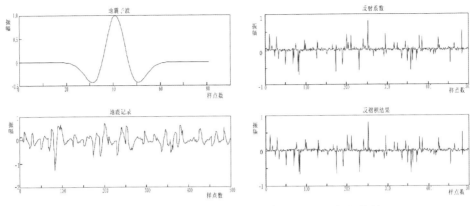

图 2-2-65　地震子波、反射系数、地震记录和反褶积结果

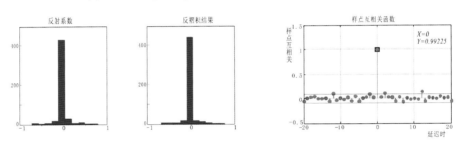

图 2-2-66　反射系数和反褶积结果的概率直方图、互相关函数

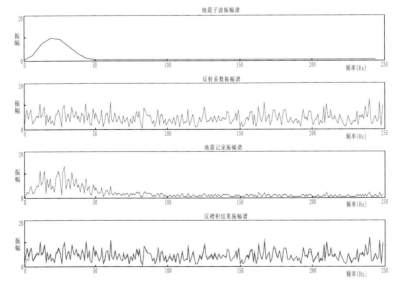

图 2-2-67　地震子波、反射系数、地震记录和反褶积结果的振幅谱

参数 $M=3$：

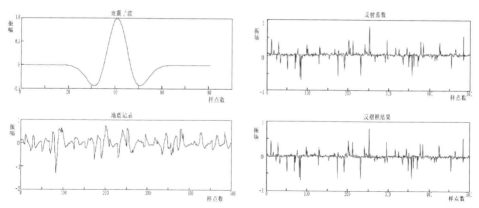

图 2-2-68 地震子波、反射系数、地震记录和反褶积结果

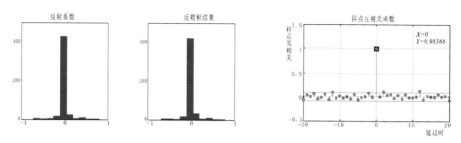

图 2-2-69 反射系数和反褶积结果的概率直方图、互相关函数

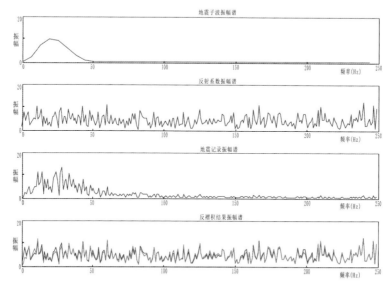

图 2-2-70 地震子波、反射系数、地震记录和反褶积结果的振幅谱

参数 $M=5$:

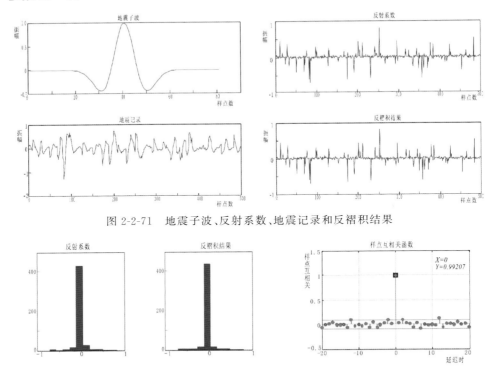

图 2-2-71　地震子波、反射系数、地震记录和反褶积结果

图 2-2-72　反射系数和反褶积结果的概率直方图、互相关函数

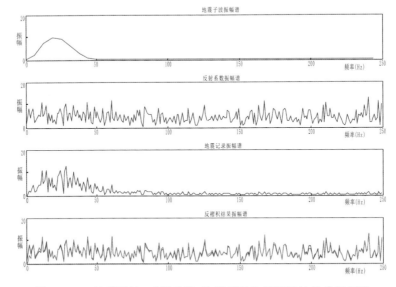

图 2-2-73　地震子波、反射系数、地震记录和反褶积结果的振幅谱

信噪比为1:1:

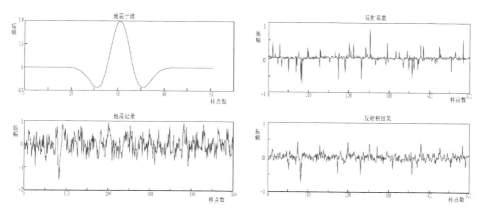

图 2-2-74　地震子波、反射系数、地震记录和反褶积结果

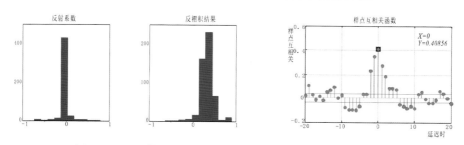

图 2-2-75　反射系数和反褶积结果的概率直方图、互相关函数

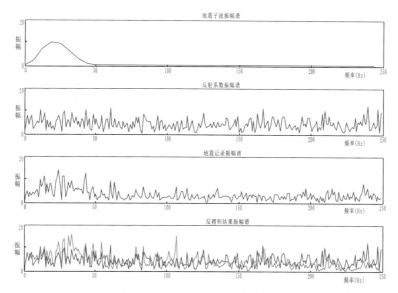

图 2-2-76　地震子波、反射系数、地震记录和反褶积结果的振幅谱

信噪比 1.5:1：

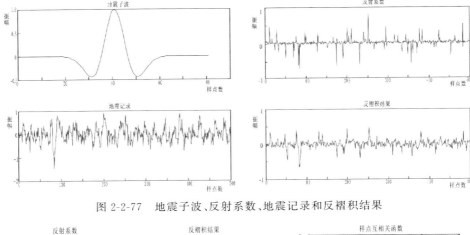

图 2-2-77　地震子波、反射系数、地震记录和反褶积结果

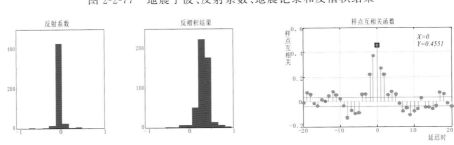

图 2-2-78　反射系数和反褶积结果的概率直方图、互相关函数

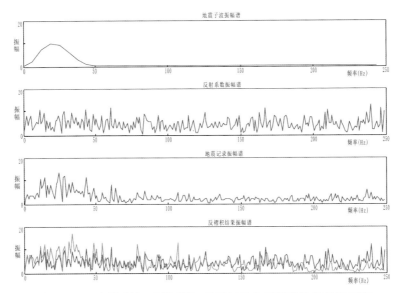

图 2-2-79　地震子波、反射系数、地震记录和反褶积结果的振幅谱

信噪比 2∶1：

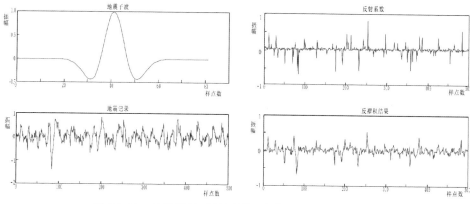

图 2-2-80　地震子波、反射系数、地震记录和反褶积结果

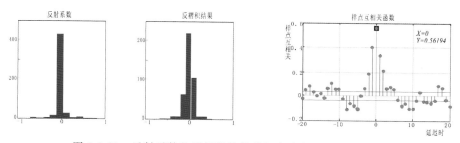

图 2-2-81　反射系数和反褶积结果的概率直方图、互相关函数

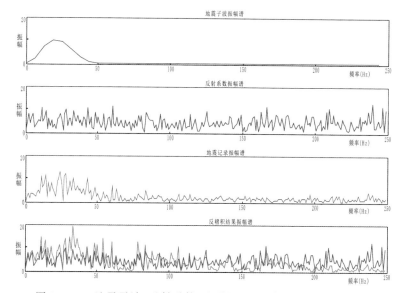

图 2-2-82　地震子波、反射系数、地震记录和反褶积结果的振幅谱

信噪比 3：1：

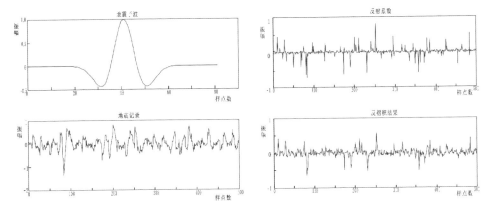

图 2-2-83　地震子波、反射系数、地震记录和反褶积结果

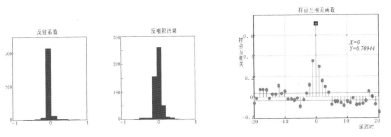

图 2-2-84　反射系数和反褶积结果的概率直方图、互相关函数

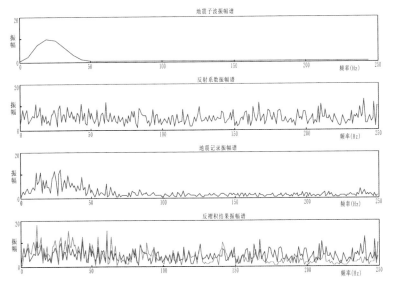

图 2-2-85　地震子波、反射系数、地震记录和反褶积结果的振幅谱

信噪比 5:1:

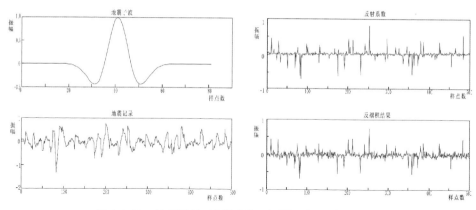

图 2-2-86 地震子波、反射系数、地震记录和反褶积结果

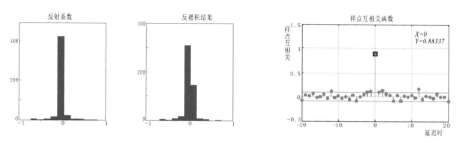

图 2-2-87 反射系数和反褶积结果的概率直方图、互相关函数

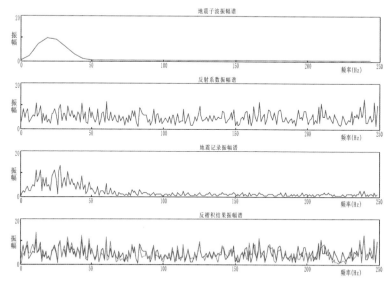

图 2-2-88 地震子波、反射系数、地震记录和反褶积结果的振幅

（9）ICA 盲反褶积方法在实际资料处理中的应用

在理论研究和模型试算的基础上，进一步对实际地震资料进行了反褶积处理。反褶积的目的是估计地层反射系数，但是实际地震资料包含噪声，地震信号是带限的，在实际地震资料的处理过程中反褶积无法得到反射系数，但可以展平振幅谱，拓宽频带范围，从而提高地震资料的分辨率。考虑到实际地震资料信噪比低、子波时变等特点，针对实际地震资料的 ICA 盲反褶积处理问题，制订了如下处理流程（图 2-2-89）。

① 对地震资料进行频谱分析，调查各频段信噪比，确定有效信号的频宽。

② 考虑地震子波的时变特性，根据地层特点和地质构造划分反褶积时窗。

③ 对数据进行滤波预处理。

④ 应用 ICA 盲反褶积算法求解最优反褶积算子，应用于相应时窗，对重合部分采用线性过渡算法。

⑤ 对反褶积结果进行滤波。根据上述处理流程，我们对胜利某区块地震数据进行了反褶积处理。

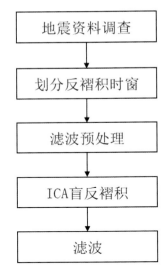

图 2-2-89　实际地震资料 ICA 盲反褶积处理流程

针对该地区叠前单炮地震资料数据，分别使用常规反褶积方法和盲反褶积方法进行处理，处理结果如图 2-2-90 所示，其中图（a）为反褶积前的数据，图（b）为常规反褶积的结果，图（c）为 ICA 盲反褶积的结果。图 2-2-91 为处理结果的频谱分析。从图 2-2-90 中可以看出，经过 ICA 盲反褶积处理，有效改善了叠前地震资料的分辨率。从图 2-2-91 的频谱分析可以看出，原始地震资料的优势频带为 5～55 Hz，有效频带为 4～68 Hz，经过常规反褶积处理，优势频带提高为 5～66 Hz，有效频带提高为 0～88 Hz，经过 ICA 盲反褶积后优势频带提高为 5～78 Hz，有效频带为 2～89 Hz。ICA 盲反褶积能够更有效地提高地震资料的分辨率，优势频带提高了 23 Hz，有效频带拓宽了 23 Hz。

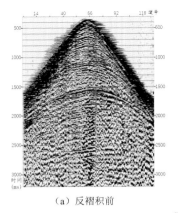

（a）反褶积前　　　　　　　（b）常规反褶积处理结果　　　　　　（c）ICA盲反褶积后

图 2-2-90　某区叠前资料处理结果比较

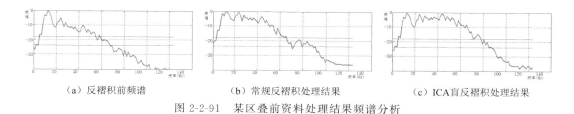

（a）反褶积前频谱 　　　　　　（b）常规反褶积处理结果 　　　　　（c）ICA盲反褶积处理结果

图 2-2-91　某区叠前资料处理结果频谱分析

以上分析比较了常规反褶积和盲反褶积的处理结果，并进行了频谱分析，下面单独对盲反褶积的处理结果进行分析，以 4 个排列的数据处理结果为例，如图 2-2-92～2-2-93 所示。

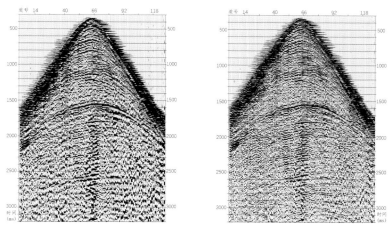

图 2-2-92　反褶积前（左）后（右）单炮记录

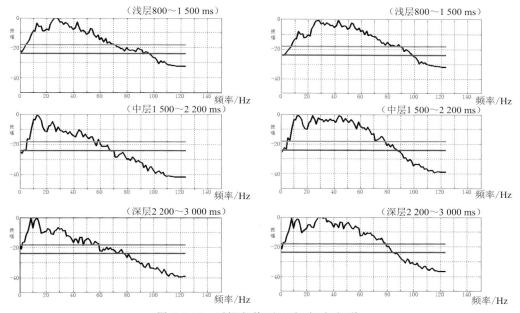

图 2-2-93　反褶积前（左）后（右）振幅谱

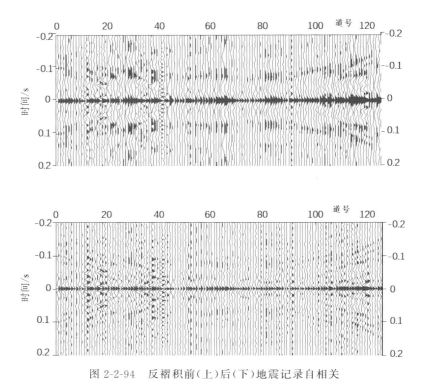

图 2-2-94　反褶积前(上)后(下)地震记录自相关

经盲源反褶积处理后,沙三段浊积岩优势频带拓宽 8 Hz。

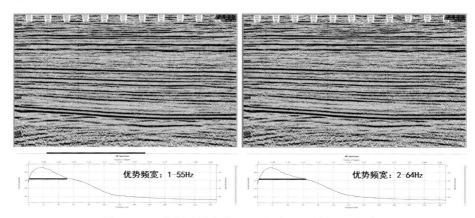

图 2-2-95　盲源反褶积前(左)后(右)地震剖面及频谱

2.2.4　GRNN 振幅谱估计的井控提频技术

(1) 广义回归神经网络井控提频技术原理

地震数据提高分辨率的方法主要有拓宽频带和提高主频,如反褶积和谱白化等方法,但这些处理方法往往会因为高频段原始信号的缺失而造成该部分的盲目处理,缺乏约束条件和先验手段。神经网络,由于其具有较强的自适应学习逼近能力,在具有先验信息的情况下可以对地震数据的频谱作合理的修整和拓展,以达到提高地震数据分辨率的目的。

神经网络自开创以来一直深受许多学者的重视,并广泛运用于各种领域,取得了辉煌的成就。预测是神经网络的又一个重要应用领域,这是因为神经网络具有优良的非线性特性,特别适用于高度非线性系统的处理。所以基于神经网络的智能预测是解决非线性预测问题的有效方法，为预测理论开辟了新的广阔发展空间。

人工神经网络由简单单元构成，具有良好的非线性品质，灵活有效的学习方式，所以对非线性系统具有较强的模拟能力。神经网络模型不需要任何经验公式，能从已有数据中自动归纳规则，获得这些数据的内在规律，只要有大量的输入/输出样本，经神经网络自动调整后，便可建立良好的输入/输出映射模型。因此，基于神经网络的预测方法就受到了高度重视，并在多个领域得到了广泛应用。应用于预测的神经网络模型大多采用 BP 网络预测模型及其改进形式，但 BP 网络存在收敛速度慢和局部最小值的缺点，所以对网络隐含层的层数和单元数的选择尚无理论上的指导。为获得准确的预测结果，BP 网络需要的数据样本较多。一个地区的测井资料往往有限，在井位处求得的合成地震记录数量受到限制，因而降低了该方法的预测精度。因此，经过大量比较和分析，决定采用广义回归神经网络（Generalized Regression Neural Network，GRNN）对整个地区的匹配因子进行预测。

1）广义回归神经网络的基本原理

目前，大部分地震区块都会有较多的井信息，而井信息具有高分辨率的特点，正好能够给我们提供必要的先验信息，这是广义回归神经网络的基本思路。

广义回归神经网络是 1991 年 Donald F. Specht 提出的一种基于非线性回归理论的前馈型神经网络，具有很强的非线性映射能力和鲁棒性，适用于解决非线性问题。它是由输入层、模式层、求和层和输出层组成的 4 层网络，对应网络输入 $X = [x_1, x_2, \cdots, x_n]^T$，其输出为 $Y = [y_1, y_2, \cdots, y_m]^T$，如图 2-2-96 所示。

GRNN 在结构上与径向基神经网络（RBF）较为相似，具有很强的非线性映射能力和柔性网络结构以及高度的容错性和鲁棒性，适用于解决非线性问题。GRNN 在逼近能力和学习速度上较 RBF 网络有更强的优势。

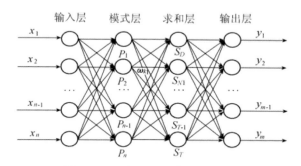

图 2-2-96   广义回归神经网络结构

网络最后收敛于样本量积聚较多的优化回归面，并且在样本数据较少时，预测效果也较好。此外，网络还可以处理不稳定数据。GRNN 网络算法步骤原理如下。

① 输入层。输入神经元数目等于学习样本中输入向量维数，各神经元是简单的分布单元，直接将输入变量传递给模式层。

② 模式层。模式层神经元数目等于学习样本数目 n，各神经元对应不同样本，模式层神经元传递函数为：

$$p_i = \exp\left[-(X - X_i)^T \frac{(X - X_i)}{2\nu^2}\right] \quad i = 1, 2, \cdots, n \tag{2-2-76}$$

式中:X 为网络输入变量;X_i 为第 i 个神经元对应的学习样本;ν 为光滑因子。

③ 求和层。求和层使用两类神经元进行求和。一类计算公式为:

$$S_D = \sum_{i=1}^{n} \exp\left[-(X-X_i)^T \frac{(X-X_i)}{2\nu^2}\right] \tag{2-2-77}$$

式(2-2-76)对所有模式层神经元的输出进行算术求和;另一类计算公式为:

$$S_{Nj} = \sum_{i=1}^{n} Y_i \exp\left[-(X-X_i)^T \frac{(X-X_i)}{2\nu^2}\right] \tag{2-2-78}$$

式(2-2-77)对所有模式层神经元进行加权求和,式中 Y_i 为样本观测值的权重因子。

④ 输出层。输出层中的神经元数目等于学习样本中输出向量的维数 m,并将模式层神经元加权求和 S_{Nj} 与模式层神经元输出的算术求和 S_D 相除,即为网络输出 y_i。

$$y_i = \frac{S_{Nj}}{S_D} \tag{2-2-79}$$

在计算过程中,光滑因子 spread 也即窗口宽度对预测效果起着重要作用,spread 值越小,网络对样本的逼近性也就越强;spread 值越大,网络对样本数据的逼近过程也就越平滑,但误差也相应增大,如图 2-2-98 所示。图 2-2-99 为不同 spread 对函数 $y = 2x^6 + 3x^5 + x^2 + 1$ 的逼近效果对比,也能很好的说明 spread 与函数逼近的关系。为更好地选取最佳 spread 值,书中采用 GRNN 参数来优化参数,以期达到更高的预测精度。

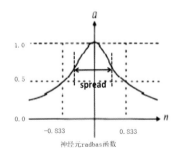

图 2-2-97 窗口宽度 spread

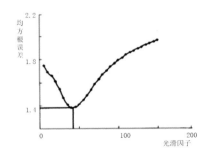

图 2-2-98 最优宽度选取

对于广义回归神经网络,学习样本确定,则相应的网络结构和各神经元之间的连接权值也随之确定,网络的训练实际上只是确定 spread 值的过程。spread 值对广义回归神经网络的预测性能的影响很大,它决定了基函数围绕中心点的宽度。以下为确定 spread 值的步骤。

① 设定 spread 初始值。

② 将训练样本代入网络仿真,求出网络的训练均方差;再将检验样本代入网络仿真,求出检验样本的均方差;将网络的训练均方差和检验样本的均方差作为网络的训练评价指标。

③ 使光滑因子在一定范围 $[a,b]$ 内递增变化,重复步骤②,综合考虑网络的训练均方差及检验样本均方差,确定 spread 值用于最后的广义回归神经网络。

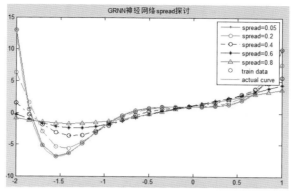

图 2-2-99 不同 spread 对函数的逼近效果对比

总的来说,BP 神经网络隐含层神经元个数需要人为确定,是一个较为复杂的问题,确定个数的合理与否,直接影响到评价的精度。同 BP 网络算法相比,RBF 与 GRNN 神经网络模型具有收敛速度快、预测精度高、调整参数少(只有 spread 参数),不易陷入局部极小值等优点,可以更快地预测评价网络,具有较大的计算优势。GRNN 网络在逼近能力和学习速度上较 RBF 网络有更强的优势,网络最后收敛于样本积聚较多的优化回归面,并且在样本数据较少以及存在不稳定数据时,预测效果也较好。

对一个二维数据进行随机抽样去除 60% 和 95% 的信息,然后用 GRNN 进行预测,结果如图 2-2-100(c)和图 2-2-100(e)所示。可以看出,即便是原始信息很少的情况下,GRNN 依然能够很好的逼近原始信号。这说明 GRNN 这种方法的预测效果很好,而且可调节参数少,人为干预较少,方便操作。GRNN 在解决样本量小且噪声较多的问题时,逼近能力、分类能力和学习速度有明显优势,因此适用于振幅谱估计。

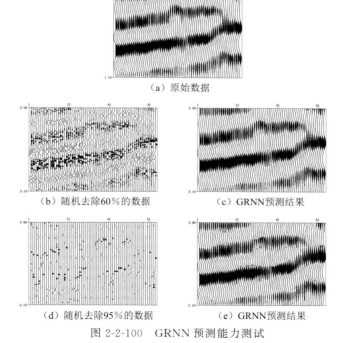

(a)原始数据

(b)随机去除60%的数据　　　　　　(c)GRNN预测结果

(d)随机去除95%的数据　　　　　　(e)GRNN预测结果

图 2-2-100 GRNN 预测能力测试

2）地震道傅立叶谱的特点

广义回归神经网络提高地震资料分辨率的思路是采用神经网络方法并利用井的先验信息进行频谱预测。频谱包括振幅谱和相位谱两部分，在处理时假设相位谱不改变，只对振幅谱进行修改，下面通过比较经典的褶积模型来说明这个问题。

$$S = w * r \tag{2-2-80}$$

式中，S 是合成地震记录，w 是地震子波，r 是反射系数。公式（2-2-80）是合成地震记录褶积模型的时间域表达式，其频率域表达式为，

$$A_S(f)e^{\theta_{S(f)}i} = A_W(f)A_R(f)e^{(\theta_W(f)i + \theta_R(f)i)} \tag{2-2-81}$$

$$A_S(f)e^{\theta_{S(f)}i} = A_W(f)A_R(f)e^{(\theta_W(f)i + \theta_R(f)i)} \tag{2-2-82}$$

式（2-2-82）是式（2-2-81）的扩展表达式。式中，A 是振幅，θ 是相位。对于零相位子波来说 $\theta_W(f)$ 恒为零，子波的变化不会改变合成记录的相位谱。

下面采用两个例子验证一下这个结论。

首先采用不同主频的雷克子波制作模拟地震记录，图 2-2-101 为采用不同主频雷克子波制作的合成地震记录。其中，r 表示随机产生的反射系数序列，syn1 和 syn2 分别为采用 25 Hz 雷克子波和 40 Hz 雷克子波与反射系数褶积得到的模拟合成地震记录。采用傅立叶变换分别求得 syn1 和 syn2 的振幅谱和相位谱，如图 2-2-102 所示，显然相位谱是重叠的。

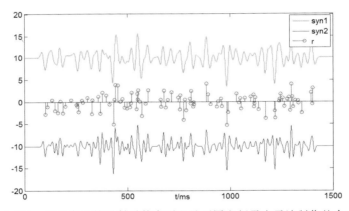

图 2-2-101　随机产生的反射系数序列以及不同主频雷克子波制作的合成记录

依然采用随机反射系数模型，分别用相同主频不同类型的零相位子波（这里选用雷克子波和 Morlet 子波）与之褶积，并求所得模拟合成地震记录的振幅谱和相位谱，如图 2-2-104所示。显然，不同波形的零相位子波的模拟合成地震记录在相位谱上也没有差异。

这两个例子证明了不同的零相位子波对合成记录的相位谱并没有影响。其中，第一个例子中采用高频子波制作的合成记录实际上是低频合成记录的高分辨率道。这给提高分辨率提供了一个途径，即利用这两种合成记录振幅谱的差异训练神经网络，并以此作为先验信息提高地震数据的分辨率。

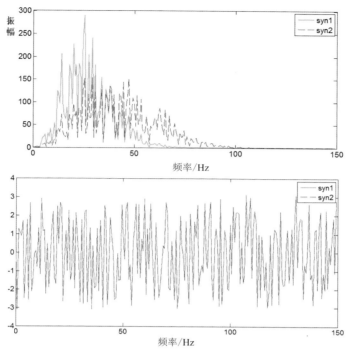

图 2-2-102　syn1 和 syn2 的振幅谱(上)及相位谱(下)

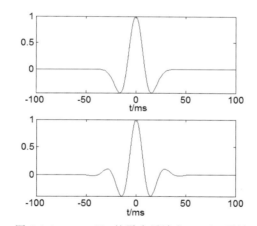

图 2-2-103　30 Hz 的雷克子波和 Morlet 子波

3) 实现流程

实现过程主要分为两部分:第一部分是收集先验信息训练神经网络;第二部分是预处理地震数据,主要是零相位化。具体的流程如图 2-2-105 所示,描述如下。

① 收集可靠的井资料,并做好井震对比,得到比较好的井和地震之间的时深关系,保证标志层及目标层对比良好。

② 利用高频零相位子波和井资料制作合成记录,并将其与零相位化以后的井旁道作为先验信息。

③ 利用先验信息训练神经网络,训练时输入样本为零相位化以后井旁道的振幅谱,输出样本为高频合成记录的振幅谱。

④ 地震数据零相位化,求振幅谱和相位谱,将神经网络应用到振幅谱,然后将输出的

振幅谱与原相位谱合成新的频谱,最后进行傅立叶逆变换得到处理结果。

　　这里地震子波是由浅层地震记录通过自相关法求得的。浅层能量没有经过衰减,含有丰富的高频和低频的能量,因此浅层得到的子波是没有衰减的子波,可以用来制作浅、中深层的合成地震记录。井较多时,训练过程会相对稳定一些,但是由于GRNN自身的特性,井少时也能得到较好的结果。

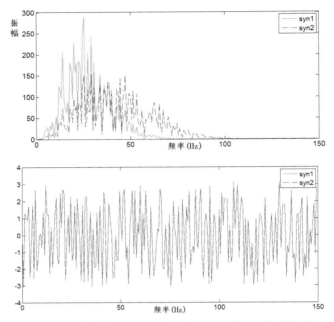

图 2-2-104　雷克子波和 Morlet 子波的振幅谱(上)及相位谱(下)

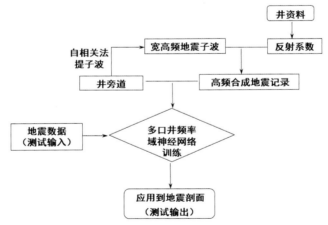

图 2-2-105　井约束神经网络地震高频补偿技术处理流程图

　　(2)模型测试及实际资料处理

　　1)模型测试

　　为了说明井控提频方法的可行性,用一个简单的一维合成数据进行测试。图 2-2-106(a)是一个随机生成的反射系数,图 2-2-106(b)和图 2-2-106(c)分别为采用 25 Hz 和 40 Hz的雷克子波与反射系数褶积得到合成地震记录,图 2-2-106(d)是用图 2-2-106(c)的振幅谱与图 2-2-106(b)的相位谱合成频率域信号，然后将该信号逆变换到时间域的记录。可以看出，图 2-2-106(d)的波形与图 2-2-106(c)基本保持一致，分辨率比 25 Hz 的合成地震记录图 2-2-106(b)要高。

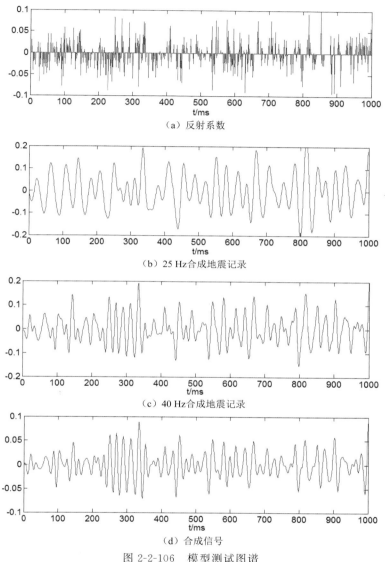

（a）反射系数

（b）25 Hz合成地震记录

（c）40 Hz合成地震记录

（d）合成信号

图 2-2-106　模型测试图谱

　　为了进一步检验该方法的有效性，采用一个厚度渐变的反射系数模型，并利用不同频率的雷克子波制作合成记录模型，如图 2-2-107 所示。其中，图 2-2-107(a)为反射系数模型，图 2-2-107(b)为采用 25 Hz 雷克子波得到的合成记录模型，图 2-2-107(c)为 40 Hz 雷克子波得到的合成记录模型，图 2-2-107(d)为利用本书方法对 b 处理得到的结果。实现过程是，从图 2-2-107(b)中随机选取 5 道，从图 2-2-107(c)中选取对应地震道，将这两组数据作为训练神经网络的样本，将训练结果应用到模型图 2-2-107(b)所有道中，得到的结果如图 2-2-107(d)所示。从处理前后的结果以及局部放大图中可以看出，本书方法能够将地震数据分辨率提高到预期水平。

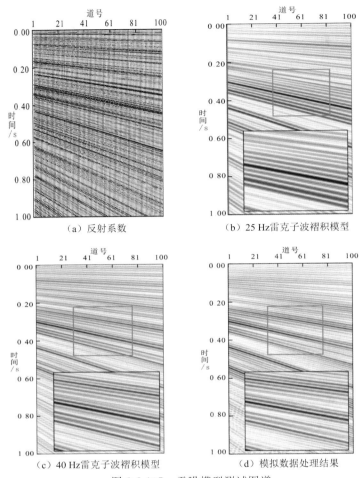

（a）反射系数　　　　　　　　　（b）25 Hz雷克子波褶积模型

（c）40 Hz雷克子波褶积模型　　　（d）模拟数据处理结果

图 2-2-107　无噪模型测试图谱

　　图 2-2-108 为一个噪声测试实验。对 25 Hz 合成记录（a）加随机噪声得到信噪比为
0.77 的（c）。从（c）中随机选取 5 道作为模拟井旁道，并从（b）中选取对应道模拟合成地震
记录道，训练神经网络，得到提高分辨率后的地震记录（d）。（d）的信噪比是 1.34。同理，
当信噪比为 0.19 的（e）作为训练输入时，得到的（f）信噪比为 0.35。由于广义回归神经网
络具有高度的鲁棒性，所以在含噪情况下，也能较好的训练得到目标振幅谱，逆变换回去
后剖面信噪比相对较高。

　　2）实际资料处理

　　井约束地震提频技术通过井资料（声波、VSP 等）求取合成地震记录，通过与井旁地震
道的对比与匹配，结合神经网络训练技术达到高频补偿提高分辨率的目的。分别通过叠
合数据与叠前数据来验证方法的可行性。

　　图 2-2-109 为叠前 CMP 道集训练输入输出及其提高分辨率前后的振幅谱，主频由 27
Hz 提高到 32 Hz，带宽由 8～52 Hz 拓宽到 5～65 Hz。

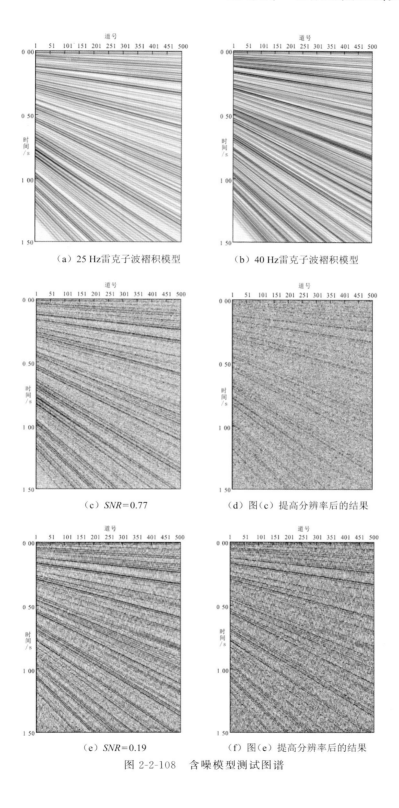

图 2-2-108 含噪模型测试图谱

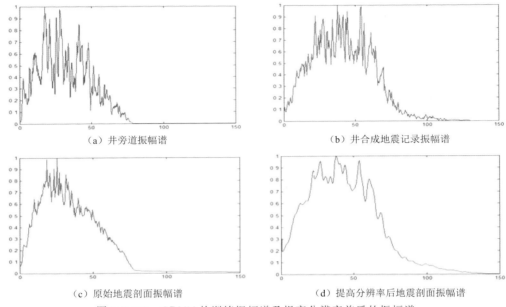

（a）井旁道振幅谱　　　　　　　　　　　　　　（b）井合成地震记录振幅谱

（c）原始地震剖面振幅谱　　　　　　　　　　　（d）提高分辨率后地震剖面振幅谱

图 2-2-109　GRNN 的训练振幅谱及提高分辨率前后的振幅谱

　　图 2-2-110（a）为动校正后的一个 CMP 道集，图 2-2-110（b）为提高分辨率后的道集。将所有 CMP 道集叠加得到叠后剖面（图 2-2-111）。叠加后的剖面分辨率提高的效果更清楚，处理后的剖面细节信息更明显，方框处 1.6 s 左右一些被湮没的信息表现了出来，2.0 s 处同相轴分开更加清楚，分辨率得到了提高，中深层的能量在一定程度上也得到了补偿。局部放大 2.0～2.5 s 处剖面（图 2-2-112）。可以看出，提高分辨率后，同相轴更细，目的层 Es4 段薄互层一些高频弱振幅的信息更加清晰可见，同相轴连续性增强。通过振幅谱也可以看出（图 2-2-113），提高分辨率前目的层频宽为 8～38 Hz，提高分辨率后为 5～44 Hz，主频提高 5 Hz 左右。

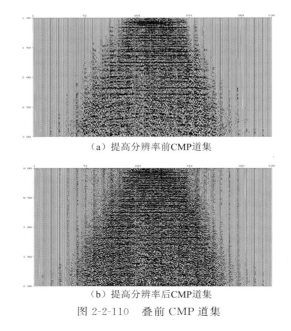

（a）提高分辨率前CMP道集

（b）提高分辨率后CMP道集

图 2-2-110　叠前 CMP 道集

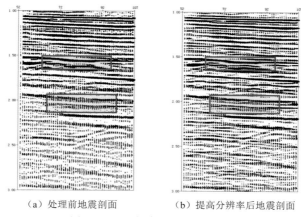

（a）处理前地震剖面 　　　（b）提高分辨率后地震剖面

图 2-2-111　提高分辨率前后对比

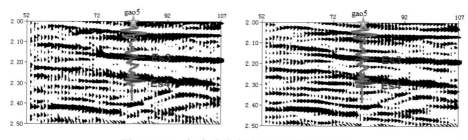

图 2-2-112　提高分辨率前后对比（局部放大）

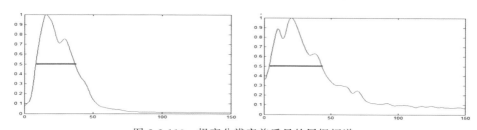

图 2-2-113　提高分辨率前后目的层振幅谱

井资料的分辨率要远远高于地震剖面，用井曲线求取合成记录作为处理目标算子。图 2-2-114 为不同子波合成记录。

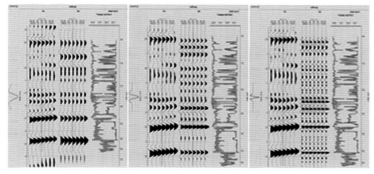

（a）15 Hz子波合成记录　　（b）30 Hz子波合成记录　　（c）60 Hz子波合成记录

图 2-2-114　不同子波合成记录图谱

图 2-2-115 为原始剖面及采用 15 Hz、30 Hz、60 Hz 子波提频剖面。

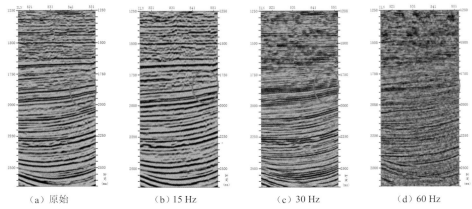

（a）原始　　　　　　　（b）15 Hz　　　　　　（c）30 Hz　　　　　　（d）60 Hz

图 2-2-115　原始剖面及不同子波提频剖面

在 G892 井示范区块开展了高分辨地震资料重新处理,大幅拓宽地震信号有效频带范围,主频由 25 Hz 提高到 37 Hz,频带由 8～43 Hz 拓宽到 6～65 Hz,滩坝砂油藏识别能力由老资料的 30 m 提高到 20 m,如图 2-2-116 所示。

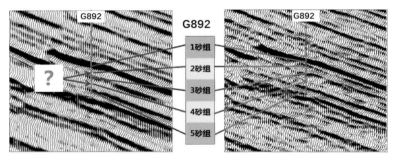

图 2-2-116　井控提频前（左）后（右）剖面

依托新资料,在 G892 区块部署 8 口新井全部完钻,实际平均钻遇油层 12.6 m,已投产 2 口油井。其中,G892-斜 16 初产日油 20.3 吨、G892-斜 18 井初产日油 7.7 吨,达到了方案设计指标。

2.3　非均质储层各向异性地震处理技术

致密油藏储层具有较强的非均质性,在其中传播的地震波会有明显的各向异性特征。基于此,本节主要介绍非均质储层各向异性地震处理技术。对于非均质储层的各向异性地震处理,考虑方位信息的偏移成像和建模是重点和关键。而高斯束叠前深度偏移方法介于克希霍夫射线偏移和波动方程偏移之间,兼具二者的优势,已经成为研究和应用的核心。因此,本节以各向异性介质高斯束偏移方法为基础,考虑地震资料的方位信息,从全方位角道集提取、全方位角数据构造属性自动拾取以及各向异性速度模型更新这几方面展开,形成以高斯束偏移为核心的非均质储层各向异性地震处理技术。

2.3.1 各向异性介质高斯束偏移

2.3.1.1 高斯束偏移方法

高斯束偏移(Gaussian beam migration,GBM)方法一直受到地球物理研究人员的高度重视,它是一种克希霍夫偏移与波动方程偏移的折中方法,不但保留了克希霍夫偏移方法计算效率高的优势,解决了多路径问题,而且在地质构造复杂地区能够精确成像。同其他的偏移方法相同,高斯束偏移方法也是基于地震波场满足标量波动方程的假设。

$$\nabla^2 \varphi(r,\omega) + \frac{\omega^2}{v^2(r)} \varphi(r,\omega) = 0 \qquad (2\text{-}3\text{-}1)$$

式中,$\varphi(r,\omega)$ 为地震波场,$v(r)$ 表示地下介质中任意点 r 处的速度。

波场值可以通过边界积分来计算,二维情况下,地表处接收到的地震记录与地下 r 点处波场的边界积分存在如下关系:

$$\varphi(r,\omega) = -\frac{1}{2\pi} \iint dx' \frac{\partial G^*(r,r',\omega)}{\partial z'} \varphi(r',\omega) \qquad (2\text{-}3\text{-}2)$$

式中,$r' = (x',0)$ 表示地表接收点位置,$G^*(r,r',\omega)$ 表示格林函数。

式(2-3-2)中的格林函数可以由同一位置按照不同角度出射的高斯束的叠加求和表示:

$$G^*(r,r',\omega) \approx \frac{i\omega}{2\pi} \iint \frac{dp'_x}{p'_z} u^*_{GB}(r,r',p',\omega) \qquad (2\text{-}3\text{-}3)$$

式中,$u^*_{GB}(r,r',p',\omega)$ 为从 r' 位置以射线参数 p' 出射的高斯束。

偏移距域与炮域射线参数可以互相转换,本节实现共炮域高斯束叠前深度偏移:

$$I_s(r) = C \sum_L \int d\omega \iint dp^d_x U(r,r_s,L,p^s,p^d,\omega) \times D(x_s,L,p^d,\omega) \qquad (2\text{-}3\text{-}4)$$

式中,r_s 为震源位置,p^s、p^d 分别为震源处和束中心位置处高斯束出射的射线参数,L 为束中心位置,$D(x_s,L,p^d,\omega)$ 为地震记录加窗局部倾斜叠加的结果,$U(r,r_s,L,p^s,p^d,\omega)$ 为炮域叠前高斯束成像算子。

$$U(r,r_s,L,p^s,p^d,\omega) = -\frac{i\omega}{2\pi} \iint \frac{dp^s_x}{p^s_z} u^*_{GB}(r,r_s,p^s,\omega) \cdot u^*_{GB}(r,L,p^d,\omega) \qquad (2\text{-}3\text{-}5)$$

式中,$u^*_{GB}(r,r_s,p^s,\omega)$ 和 $u^*_{GB}(r,L,p^d,\omega)$ 分别表示震源和束中心位置地下局部波场的单个高斯束,前者代表从震源处以 p^s 出射,后者代表从束中心位置以 p^d 出射。

最后将所有的单炮成像值 I_s 叠加即得到最终的成像结果。

2.3.1.2 各向异性射线追踪

计算(2-3-5)式的过程中需要运用运动学和动力学射线追踪。前者主要计算中心射线的路径和走时信息,后者用来计算中心射线的振幅和局部波前。而将高斯束偏移方法拓展到各向异性介质,则需要计算各向异性介质中的运动学和动力学射线追踪,即修改(2-3-5)式中射线追踪的计算公式。

基于 Christoffel 矩阵 Γ 特征值的偏微分方程,可以推导较为高效的各向异性介质运动学射线追踪表达式:

$$\begin{cases} \dfrac{dx_i}{d\tau} = a_{ijkl} p_l g_j g_k \\[3mm] \dfrac{dp_i}{d\tau} = -\dfrac{1}{2} \dfrac{\partial a_{njkl}}{\partial x_i} p_n p_l g_j g_k \end{cases} \qquad (2\text{-}3\text{-}6)$$

式中，$a_{ijkl} = c_{ijkl}/\rho$ 为密度归一化的弹性参数，τ 为沿中心射线的走时信息，$p_i = \partial\tau/\partial x_i$ 为慢度矢量，g_i 为极化矢量。

特征向量可以表示为：

$$\begin{cases} g_1 g_1 = \dfrac{\Gamma_{33} - G}{\Gamma_{11} + \Gamma_{33} - 2G} \\ g_3 g_3 = \dfrac{\Gamma_{11} - G}{\Gamma_{11} + \Gamma_{33} - 2G} \\ g_1 g_3 = \dfrac{-\Gamma_{13}}{\Gamma_{11} + \Gamma_{33} - 2G} \end{cases} \tag{2-3-7}$$

式中，G 为特征值，可以代表不同的程函方程。

因为消去了相速度和群速度计算过程中的平方根，所以该射线追踪方法较为高效。

各向同性介质中用于计算中心射线与旁轴射线之间关系的动力学射线追踪方程为：

$$\begin{cases} \dfrac{\mathrm{d}q}{\mathrm{d}\tau} = v^2 p \\ \dfrac{\mathrm{d}p}{\mathrm{d}\tau} = -\dfrac{v_{,nn}}{v} q \end{cases} \tag{2-3-8}$$

式中，n 表示垂直于射线的方向，v 和 $v_{,nn}$ 分别代表速度及其对 n 的二阶导数。

对于各向异性介质来说，动力学射线追踪更为复杂，射线中心坐标系不再是正交的，所以在计算过程中，需要引入一个沿射线的权值来处理这种非正交性。各向异性介质中的动力学射线追踪方程组为：

$$\begin{cases} \dfrac{\mathrm{d}q}{\mathrm{d}\tau} = Mp + Vq \\ \dfrac{\mathrm{d}p}{\mathrm{d}\tau} = -Vp - Hq \end{cases} \tag{2-3-9}$$

式中，M、V、H 是程函方程对 n 和 p_n 的导数。

$$\begin{cases} H = \dfrac{1}{2}\dfrac{\partial^2 G_m}{\partial p_n^2} - \dfrac{1}{4}\left(\dfrac{\partial G_m}{\partial p_n}\right)^2 \\ M = \dfrac{1}{2}\dfrac{\partial^2 G_m}{\partial n^2} - \dfrac{1}{4}\left(\dfrac{\partial G_m}{\partial n}\right)^2 \\ V = \dfrac{1}{2}\dfrac{\partial^2 G_m}{\partial p_n \partial n} - \dfrac{1}{4}\dfrac{\partial G_m}{\partial p_n}\dfrac{\partial G_m}{\partial n} \end{cases} \tag{2-3-10}$$

式中，$G_m = a_{ijkl}p_i p_l g_j g_k$ 为 Christoffel 方程 $\mathrm{Det}(\Gamma_{jk} - G_m\delta_{jk}) = 0$ 的特征值。它代表 3 种不同波型的程函方程：当 $m = 1$ 时，代表 qP 波；当 $m = 2$ 时，代表 qSV 波；当 $m = 3$ 时，代表 qSH 波。

由此，在常规高斯束叠前深度偏移方法的基础上，引入地下介质各向异性参数，通过修改运动学和动力学射线追踪方程，可以进行各向异性高斯束叠前深度偏移成像。

2.3.1.3　模型和实际资料试算

下面对模型和实际资料进行方法测试。首先采用国际上较为常用的用于检验各向异性偏移算法的 Hess 模型进行测试。各向异性 Hess 模型的各参数场如图 2-3-1 所示。从图 2-3-1 中可以看出，该模型整体构造相对复杂，中深部各向异性程度较大，另外模型中浅层还存在一个高速盐体和明显的断裂构造,深部靠近高速盐体的位置还存在岩性尖灭,这能够更加直观有效地验证本节方法。

对该模型分别进行各向同性和各向异性高斯束叠前深度偏移处理,结果如图 2-3-2 所示。从图 2-3-2 中可以看出,各向同性的成像结果整体较差,剖面中噪音较多,浅层各向异性弱于中深层,所以浅层成像结果较好,中深层的成像质量较差。而各向异性的偏移结果质量较高,无论是高速盐体还是断层和尖灭都得到了准确清晰的成像,剖面能够准确反映 Hess 模型的地质构造。

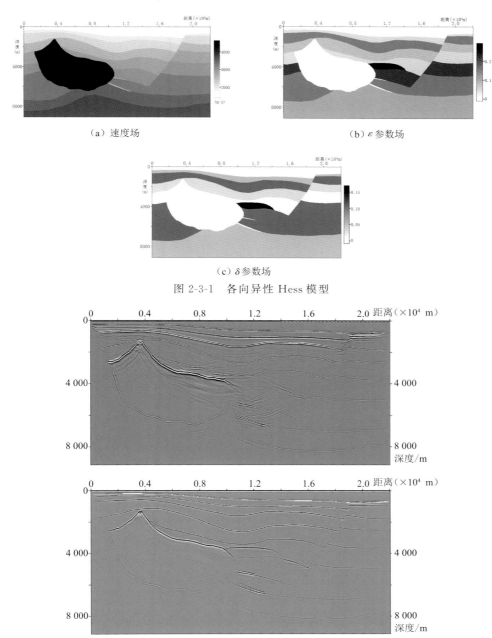

（a）速度场

（b）ε参数场

（c）δ参数场

图 2-3-1　各向异性 Hess 模型

图 2-3-2　各向异性 Hess 模型各向同性（上）与各向异性（下）高斯束偏移结果

进一步对胜利油田 SK 工区进行了各向异性高斯束叠前深度偏移测试,三维偏移数据体如图 2-3-3 所示,$gx = 639\ 075$ 及 $gy = 198\ 700$ 的剖面显示如图 2-3-4 所示。从图 2-3-3 和 2-3-4 中可以看出,偏移结果同相轴清晰,断层清楚,整体成像质量较高,验证了本节方法的正确性和有效性。

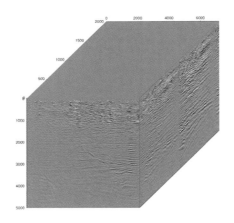

图 2-3-3 胜利油田 SK 工区各向异性高斯束叠前深度偏移三维数据体

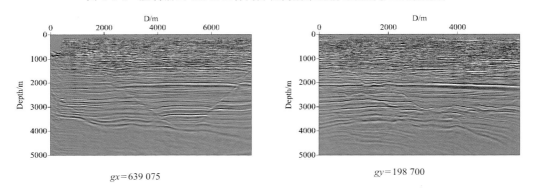

图 2-3-4 胜利油田 SK 工区各向异性高斯束叠前深度偏移剖面显示

2.3.2 全方位角道集提取

在三维射线中心坐标系中(如图 2-3-5 所示),Q 点处高斯束的实值走时满足如下公式:

$$T(Q) = T(R) + \frac{1}{2}\,q^{\mathrm{T}}\mathrm{Re}[M(R)]q \tag{2-3-11}$$

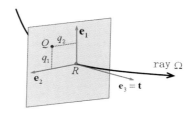

图 2-3-5 三维射线中心坐标系

式中,$q^{\mathrm{T}} = (q_1, q_2)$ 为描述射线中心坐标系中 Q 点位置的二维矢量,T 代表矩阵的转置。$M(R)$ 为 2×2 矩阵,其代表走时场沿射线中心坐标 q_1 和 q_2 的二阶偏导数。

假设 $\mathrm{Re}[M(R)]=\begin{bmatrix} M_{11} & M_{12} \\ M_{21} & M_{22} \end{bmatrix}$，则有：

$$q_I = H_{kI} x_k \ , \ H_{kI} = \frac{\partial x_k}{\partial q_I} \tag{2-3-12}$$

$$T(Q) = T(R) + \frac{1}{2} q_I q_J M_{IJ} \tag{2-3-13}$$

$$\frac{\partial T(R)}{\partial x_k} = \frac{\partial T(Q)}{\partial x_k} + \frac{1}{2}(q_I H_{kJ} + q_J H_{kI}) M_{IJ} \tag{2-3-14}$$

可以得到 Q 点的射线慢度矢量为：

$$p_k(Q) = p_k(R) + \frac{1}{2}(q_I H_{kJ} + q_J H_{kI}) M_{IJ} \tag{2-3-15}$$

从而可以求得 Q 点高斯束的单位方向矢量：

$$a(Q) = v(Q)(p_1, p_2, p_3) \tag{2-3-16}$$

对于三维偏移来说，角度域共成像点道集（ADCIGs）不但应包含地下的反射张角信息，还应包含地下的反射方位角信息。接下来给出偏移张角以及反射方位角的求取方法。

假设地下成像点为 x，自震源的射线 S 和接收点的射线 R 在成像点处的单位方向矢量分别为 a_S 和 a_R，则 $a = a_S + a_R$ 为偏移倾角矢量。由 Snell 定理可知，若 S 和 R 为一对镜像反射射线，则 a 垂直于 x 处的反射界面所在平面 S^{ref}（图 2-3-6）。反射张角 θ 可以通过单位矢量 a_S 同 a_R 的点乘来求取：

$$\theta = \frac{\arccos(a_S \cdot a_R)}{2} \tag{2-3-17}$$

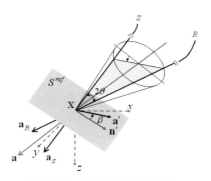

图 2-3-6　局部角度域示意图

在求取反射方位角时，需确定方位角的参考方向，在此假设 $n = (1,0,0)$，令其在反射界面 S^{ref} 内的投影 n' 为零方位角矢量，则 n' 同矢量 $a' = a_S - a_R$ 之间的角度即为反射方位角 β。β 可以通过如下方法来求得：首先，计算矢量叉乘 $n \times a$，其为反射平面内垂直于 n' 的矢量；接下来，计算 $a_S \times a_R$，其为反射平面内垂直于 a' 的矢量；求取上述两个矢量之间的角度即可得到方位角 β。由于方位角的变化范围为 $0 \sim 2\pi$（在此令方位角沿逆时针方向增大），因此 β 须由下述两式联合求得：

$$\cos\beta = \frac{(n \times a) \cdot (a_S \times a_R)}{|n \times a| \, |a_S \times a_R|} \tag{2-3-18(a)}$$

$$\sin\beta = \frac{(a_S \times a_R) \times (n \times a) \cdot a}{|a_S \times a_R| \, |n \times a| \, |a|} \tag{2-3-18(b)}$$

计算出三维空间中的反射角度(包括方位角和张角),在偏移成像过程中予以保留,将成像值按反射角的方位和张角排列,即可得到方位角度道集。

同样以模型和实际资料进行试算。首先采用三维复杂盐丘模型来测试三维全方位ADCIGs提取,模型如图 2-3-7 所示,其中一条模型剖面和成像剖面如图 2-3-8 所示,分别提取了该剖面中 0°、45°、90°、135°等不同方位的角度道集,如图 2-3-9 所示。由图 2-3-7~图 2-3-9 中可以看出,高斯束偏移能够大致地恢复地下地层的总体构造,提取的不同方位的角度域道集较好地说明了本节方法的有效性和正确性,为偏移速度和各向异性分析提供依据。

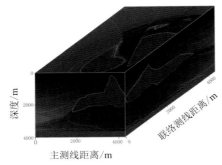

图 2-3-7　三维盐丘模型

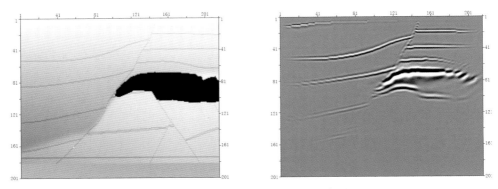

图 2-3-8　模型剖面与成像剖面示意图

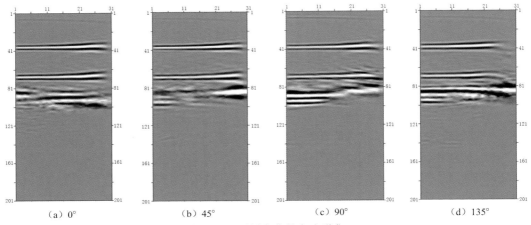

（a）0°　　　　　　（b）45°　　　　　　（c）90°　　　　　　（d）135°

图 2-3-9　不同方位的角度道集

　　进一步对胜利油田 SK 工区进行方位角度道集提取测试，结果如图 2-3-10 所示。由图中可以看出，提取的角道集同相轴平直清晰，效果较好。图 2-3-11 是同一成像点处的方位角道集提取结果。由图中可以看出，同相轴同样平直清晰，效果较好，而且能够反映反射信号随方位和角度的变化。

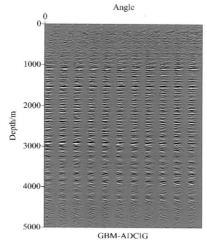

图 2-3-10　胜利油田 SK 工区角道集展示

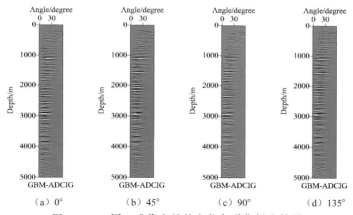

图 2-3-11　同一成像点处的方位角道集提取结果

　　根据以上模型和实际资料测试，本节方法能够正确地提取方位角度道集，所得到的结果道集信噪比较高，同相轴清晰，能够正确地反映反射信号随方位和角度的变化，在缺乏提取角道集方法手段的当前，能够有效弥补这一问题，为后续速度分析以及反演解释等提供丰富的数据基础。

2.3.3　全方位角数据构造属性自动拾取

　　基于前面得到的全方位角数据体，本小节主要论述倾角体、剖面连续体等属性体提取，用于后续的速度模型更新。

　　（1）地层局部倾角求解

　　众所周知，引入地层倾角信息的 RMO 函数表达式最为准确，也最适合用于复杂地下构造，特别是包含一些大倾角反射面情况下的速度分析处理。因此这里，我们利用平面波分解滤波器（PWD）的技术来求取地层倾角，从而为更好地使用准确的 RMO 函数提供必要的数据信息。PWD 技术最早由 Claerbout 提出，用局部平面波的叠加描述地震成像。由平面波差分方程的有限差分方法构建。许多情况下，局部平面波模型是地震数据很简单的描述方式。

局部平面波微分方程为：

$$\frac{\partial P}{\partial x} + \sigma \frac{\partial P}{\partial t} = 0 \tag{2-3-19}$$

式中，$P(t,x)$ 表示波场，σ 是局部倾角，与 t 和 x 有关。

对式(2-3-19)进行 Z 变换，可以得到：

$$\dot{P}_{x+1}(Z_t) = \dot{P}_x(Z_t) \frac{B(Z_t)}{B(1/Z_t)} \tag{2-3-20}$$

式中，$\dot{P}_x(Z_t)$ 表示对应道的 Z 变换，比值 $B(Z_t)/B(1/Z_t)$ 表示算子 $e^{i\omega\sigma}$ 的近似。

考虑二维情况，方程(2-3-20)变为二维预测滤波器的预测方程：

$$A(Z_t, Z_x) = 1 - Z_x \frac{B(Z_t)}{B(1/Z_t)} \tag{2-3-21}$$

为了避免多项式相除，滤波器 $A(Z_t, Z_x)$ 可以改进为：

$$C(Z_t, Z_x) = A(Z_t, Z_x)B(1/Z_t) = B(1/Z_t) - Z_x B(Z_t) \tag{2-3-22}$$

$C(\sigma)$ 表示滤波器算子，为了得到倾角，下面的最小二乘目标函数被定义：

$$C(\sigma)d \approx 0 \tag{2-3-23}$$

式中，d 为已知数据。

通过求解式(2-3-23)，我们可以得到倾角 σ。这很容易扩展到三维情况。t 表示纵轴，d 表示深度。

对一个简单凹陷模型进行测试，模型与倾角估计结果如图 2-3-12 所示。由图中可以看出，求取的同相轴局部斜率信息基本能反映出地层的倾角，凹陷下部两个倾斜的反射面可以清楚地识别出来，而且倾角与真实值大致吻合，说明求取方法的准确性还是比较高的。

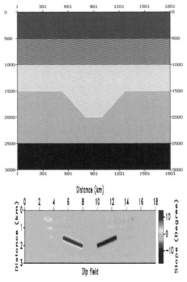

图 2-3-12　简单凹陷模型(上)及其倾角估计(下)

进一步对胜利复杂模型进行测试,模型与结果如图 2-3-13 所示。由图中可以看出,得到的地层倾角数据将主要地层反射面位置处的倾角信息求取出来了。这样在信息收集上就取得比较大的收获,而且地层走向和数值上与真实值也基本吻合,充分说明了信息的可靠性,从而使我们可以大概解释出地质构造的信息,虽然个别复杂位置同相轴还是有些模糊不清,但是对整体的分析与解释影响不大。总的来说,这次计算获得的局部倾角信息是比较可靠准确的,符合预期的同时也达到了精度要求,可以用于 RMO 函数计算偏移深度来进行高精度的速度更新。

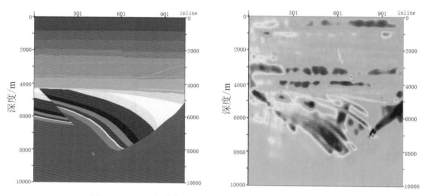

图 2-3-13　胜利复杂模型(左)及其倾角估计(右)

(2) 自动拾取反射点

自动拾取反射点可以为后续全方位层析反演提供保障,反射点自动拾取主要有断层检测法和结构张量法,本节分别阐述。

断层检测法是根据偏移剖面中反射点落在波峰或波谷上的基本特征,依据波峰或波谷处导数的绝对值最小、两侧导数符号相反的准则,初步筛选可能的反射点的高效算法。但由于地震数据中存在噪声,该方法会拾取到假的反射点。

根据断层检测法的缺陷,以及偏移剖面中反射点位于同相轴上,且该点处的图像在横向邻域范围内具有局部线性的特性,结合图像处理技术中的结构张量算法进一步筛选可能的反射点,计算局部地层倾角。局部结构张量包含图像中一点以及其邻域内信号变化的方向和对应方向上的变化大小等信息,反映了该点邻域内信号的复杂性。该方法利用结构张量的物理意义来计算图像中任意一点的局部线性指标与局部图像切向方向(对应于地震剖面中地层的局部倾角)的单位向量。基本思想是图像上插值点的灰度值是其邻域内采样点的加权平均,并且权重不仅依赖于采样点与插值点之间的距离,还和采样点的结构(特别是其倾角)密切相关。该算法也会随着采样点的信号变化自适应调整权重的大小。因此,对于低信噪比数据结构张量依然能够比较准确地反映信号的真实情况,用于拾取地下反射点和地层倾角时更加稳健。

对胜利油田 SK 工区实际资料进行测试,图 2-3-14 为偏移剖面中部分反射点(黄色点)处自动拾取示意图。从采样的反射点处表示局部地层倾角的斜线斜率可以看出,自动拾取的反射点基本都落在波峰上,局部地层倾角与该点处的地层走向基本一致。得到图中自动拾取的反射点信息及其对应的地层倾角信息后,角道集的剩余曲率 ΔZ 的计算方法与一般的偏移速度分析方法一致,即利用反射点的实际深度与真实深度之间的关系得到,这样可以进行层析反演。

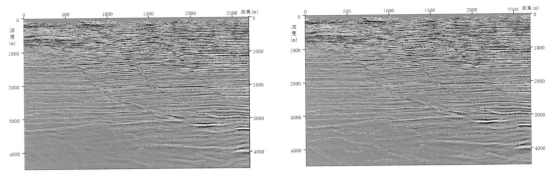

图 2-3-14   结构张量法拾取反射点结果（左）与断层识别法拾取反射点（右）结果

2.3.4   各向异性速度模型更新

各向异性速度模型更新分为以下几个内容。

① 各向异性射线追踪。灵敏度矩阵的构建是层析反演方程的核心。基于四阶龙格库达数值解，利用波前构造法进行各向异性介质射线追踪。对波前初始化后用四阶龙格库达数值解进行波前面的计算，判断每一个波前点位置及相邻波前点间距，最终将波前不规则网格点上的走时转换到规则网格内。

② 构建灵敏度矩阵。基于方位角度道集进行剩余曲率拾取，并在三维各向异性模型基础上进行分方位的各向异性射线追踪，从而建立各向异性的全三维（全方位）灵敏度矩阵。

③ 各向异性层析反演方程组建立。在拾取剩余曲率和构建灵敏度矩阵的基础上，建立各向异性的全三维（全方位）层析反演方程组，制定针对性的反演策略，进行反演迭代求取速度和各向异性参数更新量。多次迭代后，得到精度较高的速度场和各向异性参数场。对于速度和各向异性参数反演，可以顺序进行，也可以同时进行。对于顺序反演策略，一般先反演速度后反演各向异性参数，反演速度时按照各向同性进行就可以。

（1）Langan 法射线追踪

Langan 法射线追踪基于程函方程：

$$\left(\frac{\partial \tau}{\partial x}\right)^2 + \left(\frac{\partial \tau}{\partial y}\right)^2 + \left(\frac{\partial \tau}{\partial z}\right)^2 = \frac{1}{v^2(x,y,z)} \tag{2-3-24}$$

可以推导出一个射线方程：

$$\frac{\mathrm{d}}{\mathrm{d}s}\left[\frac{1}{c(r)}\frac{\mathrm{d}r}{\mathrm{d}s}\right] = \nabla_r\left[\frac{1}{c(r)}\right] \tag{2-3-25}$$

式中，$c(r)$ 是在介质中位置 r 处的传播速度，s 是一个与路径长度有关的仿射参数。路径长度 l 和仿射参数 s 由给出：

$$l = \int_0^s \|n(r)\|\mathrm{d}s \tag{2-3-26}$$

式中，$n(r) = \dfrac{\mathrm{d}r}{\mathrm{d}s}$。

通过使用路径长度 s 而不是位置或者射线方向作为变量，我们能近似推导出这些公式，这样避免了三角函数的出现。按照 Langan 法射线追踪的原理，此方法的关键是求射线位置 $r(s)$、射线方向 $n(s)$ 和射线旅行时 $t(s)$，这三个量的求取都与变量 s 有关，因此对于如何求取 s 成了该方法的重中之重。Langan 法射线追踪的优越性体现在：求取解析解，求解方便;把速度模型剖分成矩形网格(二维)或者立方体(三维),在网格内或立方体内速度视为均匀,在网格边缘或立方体边缘处射线的出射非常简单。

三维 Langan 法实现步骤如下。

第一步:把三维速度模型分成一个个的立方体,计算出立方体的总数量。

第二步:计算当前单元立方体内的速度梯度:

$$\lambda = \lambda_x i + \lambda_y j + \lambda_z k \tag{2-3-27}$$

式中,$\lambda_x = (v_{i+1,j,k} - v_{i-1,j,k})/4\mathrm{d}x$,$\lambda_y = (v_{i,j+1,k} - v_{i,j-1,k})/2\mathrm{d}y$,$\lambda_x = (v_{i+1,j,k} - v_{i-1,j,k})/4\mathrm{d}x$,$i$,$j$,$k$ 是单位向量。

第三步:给出射线在立方体中出射的倾角和方位角,一个倾角对应所有的方位角,使之处于一个循环状态。射线数等于倾角数、方位角数和炮点数的乘积。

第四步:根据射线的方向 n_{0x},n_{0y},n_{0z},判断射线落在立方体网格单元的哪个面上。

第五步:对于立方体内弧长 s 的计算,要先假设射线从一个面上出去,计算它的弧长 s,然后再假设从其他的面上出去,计算弧长 s,最后由费马原理的最小走时原则选择弧长最短的那个,即是所要求的弧长 s。

第六步:通过以上所求的弧长 s,可以代入公式中计算射线出射坐标,射线方向和射线旅行时 $t(s)$。

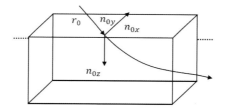

图 2-3-15 立方体网格追踪示意图

(2) 基于方位的速度模型更新

对于速度和各向异性参数,采用顺序反演策略,先反演速度,后反演各向异性参数。对于速度层析反演,也考虑方位影响,采用全方位角层析反演,在常规层析反演基础上,按入射方位角划分,形成立体层析网格,利用每一道分方位角数据合并,形成三维速度模型。可以选择具有较高分辨率的某一分方位角作为初始输入,迭代网格选取小网格更新;在多次迭代后,逐步加入两侧分方位角信息,增大网格间距。这种分步迭代的方法可以忽略地表干扰对于反演精度的影响,同时对于噪音的压制也存在一定效果。

利用高效的三维偏移方法对三维宽方位数据进行偏移,并对每个方位角偏移得到的角道集进行剩余曲率分析,再进行多个方位偏移结果和角道集数据进行合并输出,建立多方位网格层析反演方程。对初始速度模型进行分步更新,得到最终的层析反演速度场,其建模流程如图 2-3-16 所示。

多方位网格层析方法的具体实现过程如下。反演过程迭代进行,为了提高精度和计算效率,窄方位角数据的网格层析和多方位角数据网格层析交替进行。首先仅仅对于各个角度的方位角数据利用窄方位角层析反演进行 1~2 次的迭代更新,获取比较准确的背景速度场,然后进行多方位角层析反演提高整个速度场反演的精度,一直到角度道集中同相轴拉平为止。在第一次迭代中,选定较大的网格来反演背景速度场信息,尺度较大的目标体。因此在之后迭代过程中,逐渐加入其他方位信息共同反演,就可以得到最终的反演结果。

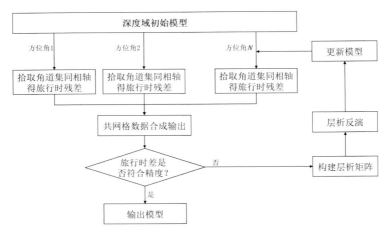

图 2-3-16　多方位网格层析流程图

（3）基于方位的各向异性参数反演

在前面速度反演的基础上，进一步反演各向异性参数，此时射线追踪时需要考虑各向异性，进行各向异性射线追踪。同时，也需要考虑方位的影响，在方位角道集的基础上进行拾取和反演。这与反演速度类似，只不过是加入了各向异性参数。整体流程如图 2-3-17 所示。

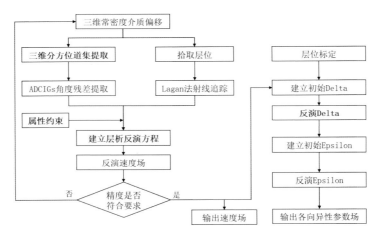

图 2-3-17　宽方位层析反演技术路线图

（4）模型与实际资料试算

首先对一个模型数据进行测试，层析前后的结果如图 2-3-18 所示。由图中可以看出，由于初始参数不准确，导致偏移剖面层位不准，画弧现象严重，对应的角道集同相轴上翘。各向异性参数层析建模以后，偏移剖面中深层结构清晰，角道集也基本全部拉平。从层析后的角道集中可以看到，相比于单一的速度层析反演，地下介质具有比较明显的各向异性。因此，我们通过一系列的方法获得各向异性三参数之后使用这三个参数进行各向异性参数层析反演后得到的深层能量显著加强，且成像假象有效减少，整体处理结果符合预期。

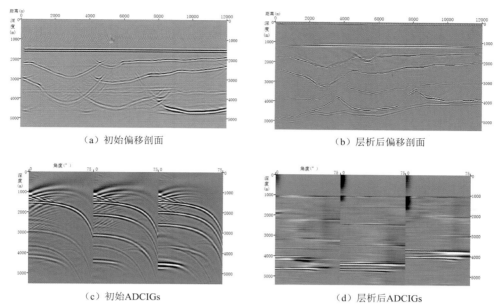

（a）初始偏移剖面　　　　　　　　　　　　（b）层析后偏移剖面

（c）初始ADCIGs　　　　　　　　　　　　（d）层析后ADCIGs

图 2-3-18　层析反演后偏移结果对比

　　进一步对胜利油田 SK 工区进行应用测试。图 2-3-19 是初始速度场与层析后速度场对比。由图中可以看出，层析反演更新后的速度模型更加精细准确，能够反映出反射界面的信息，取得了良好的效果。

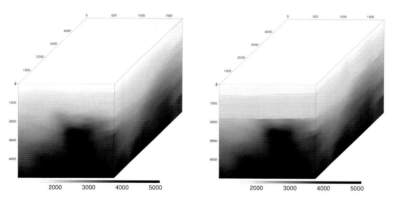

图 2-3-19　层析前（左）后（右）速度对比

　　图 2-3-20 是最终的速度场及其与测井速度曲线对比。红色为最终层析速度曲线，蓝色为测井速度曲线，二者拟合趋势一致，证明方法适用性良好，反演速度准确，最终能够得到比较精细准确的速度模型。

　　图 2-3-21 是最终得到的各向异性参数场。由图中可以看出，各向异性参数场比较精细准确，能够反映速度界面的特征。

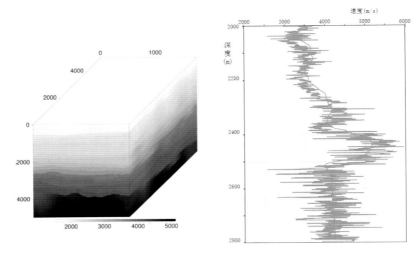

图 2-3-20　层析后速度对比

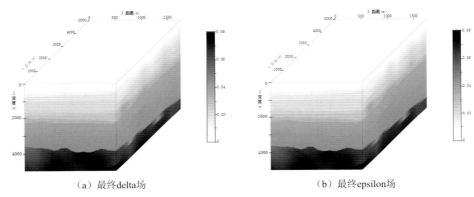

（a）最终delta场　　　　　　　　　　　　　（b）最终epsilon场

图 2-3-21　层析后的各向异性参数场

　　图 2-3-22 是各向异性速度模型更新前后的角度道集。由图中可以看出，最终角道集基本平直，说明速度和各向异性参数合理准确，层析反演能够合理迭代。

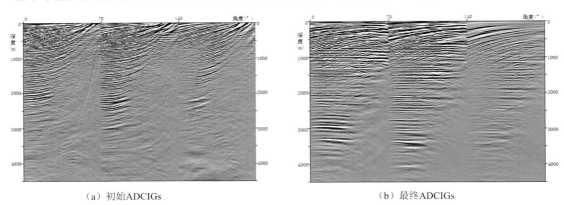

（a）初始ADCIGs　　　　　　　　　　　　　（b）最终ADCIGs

图 2-3-22　层析前后的角度道集对比

2.4 基于 EMD 的频带展宽技术

提高地震资料分辨率一直是地震勘探工作的重点和难点。高分辨率地震勘探是一个系统工程,从采集、处理到解释,每一个环节都对分辨率有着重要的影响。高分辨率地震资料处理技术是在有效采集数据的基础上拓宽频宽、提高主频,其本质是对弱有效信号(一般指高频和低频成分)进行真振幅恢复。

EMD 是经验模态分解(Empirical Mode Decomposition)的英文缩写,是由我国台湾黄锷(Norden E. Huang)等人于 1998 年提出希尔伯特-黄变换(Hilbert-HuangTransform)同时提出的。其核心思想是将时间序列资料分解成数个固有模态函数(Intrinsic Mode Function,简称 IMF)。该方法主要设计用于非稳态和非线性信号的处理。与常规方法不同的是,EMD 算法更像是一种应用于数据集的算法(经验方法),而不是一个理论工具。几乎所有的研究成果都表明,EMD 在时频域的分辨率要优于传统的分析方法。此外,EMD 能揭示被处理数据中所蕴含的真正的物理含义。

任何一个函数,只要满足下列两个条件即可称作固有模态函数(IMF)。

① 在整个数据集上,极值点数与零值点数必须相等或最多只能差 1。

② 在任意一点,局部最大值所定义的上包络线与局部极小值所定义的下包络线,其平均值为 0。

因此,一个函数若属于 IMF,代表其波形局部对称于零平均值,可以求得有意义的瞬时频率。

经验模态分解(EMD)是将信号分解成固有模态函数(IMF)的过程,主要是利用不断重复的筛选过程逐步找出 IMF。以信号 $s(t)$ 为例,筛选过程如下。

步骤 1:找出 $s(t)$ 中的所有极大值和极小值,接着利用三次样条分别将极大值串连成上包络线、将极小值串连成下包络线。

步骤 2:求出上下包络线的平均,得到均值包络线 $m_1(t)$。

步骤 3:将原始信号 $s(t)$ 与均值包络线 $m_1(t)$ 相减,得到第一个分量 $h_1(t)$。

$$h_1(t) = s(t) - m_1(t) \tag{2-4-1}$$

步骤 4:检查 $h_1(t)$ 是否满足 IMF 的条件。如果不满足,则回到步骤 1 并将 $h_1(t)$ 作为原始信号,进行第二次的筛选。即

$$h_2(t) = h_1(t) - m_2(t) \tag{2-4-2}$$

重复筛选 k 次

$$h_k(t) = h_{k-1}(t) - m_k(t) \tag{2-4-3}$$

直到 $h_k(t)$ 满足 IMF 的条件,即得到第一个 IMF 分量 $c_1(t)$,即

$$c_1(t) = h_k(t) \tag{2-4-4}$$

步骤 5:将原始信号 $s_1(t)$ 减去 $c_1(t)$ 可得到剩余量 $r_1(t)$,表示如下:

$$r_1(t) = s(t) - c_1(t) \tag{2-4-5}$$

步骤 6:将 $r_1(t)$ 当作新的信号,重新执行步骤 1 至步骤 5,计算得到新的剩余量 $r_2(t)$。如此重复 n 次

$$r_2(t) = r_1(t) - c_2(t)$$

$$r_3(t) = r_2(t) - c_3(t)$$

‥‥‥‥

$$r_n(t) = r_{n-1}(t) - c_n(t) \qquad (2\text{-}4\text{-}6)$$

当第 n 个剩余量 $r_n(t)$ 已成为单调函数、无法再分解成 IMF 时,整个 EMD 分解过程结束。于是,原始信号 $s(t)$ 可以表示成 n 个 IMF 分量与一个平均趋势分量 $r_n(t)$ 的组合,即

$$s(t) = \sum_{k=1}^{n} c_k(t) + r_n(t) \qquad (2\text{-}4\text{-}7)$$

由于 EMD 分解的基底是后设(posteriori)的,其完整性与正交性应该后检验。事实证明,所分解得到的各分量具备完整性,分解具有自适应性。另外,对于正交性而言,也不是非平稳信号所必备的条件。

EMD 的创新之处在于它没有固定的先验基底,是自适应的,固有模态函数是基于序列数据的时间特征而得出的,不同的时间序列得出不同组的固有模态函数,每一个固有模态函数可以看作是信号中一个固有的振动模态,通过希尔伯特变换得到的瞬时频率具有清晰的物理意义,能够表达信号的局部特征。另外,它第一次给出了 IMF 的定义,指出其幅值允许改变,突破了传统上将幅值不变的简谐信号定义为基底的局限,使信号分析更加灵活多变;瞬时频率定义为相位函数的导数,不需要整个波来定义局部频率,因而可以实现从低频信号中分辨出奇异信号,这比小波变换有了明显的进步。另外,利用该方法还可以定义信号的非平稳程度,这也是以往方法不能办到的。

该方法一经提出,便迅速在各个领域得到广泛应用。事实证明,该方法对于处理非线性、非稳态数据有着强大的生命力,其结果的精确度和分辨率也得到了很好的验证,取得了较好的结果。

2.4.1 时频谱中有效信息的提取

时频谱中有效信息的提取是后续地震资料拓频处理的基础,主要用于地震资料的质量分析与评估。通过利用 EMD 时频分解特性,将地震道转化到时频域,在时频剖面上研究目的层高低频成分的分布规律;在此基础上,确定频谱信息的有效范围、可利用范围及噪声范围。

通过原始地震资料频谱来看,图 2-4-1-1(a)中,低频能量 5 Hz 以下几乎为零,但在图 2-4-1-1(b)中 5 Hz 以下的能量大致为 -40 dB,而 40 dB 对应的能量比约为 100 倍,所以低频能量是存在的,虽然值比较小,但完全可以使用。

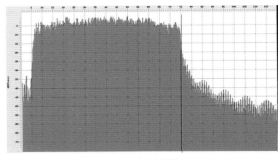

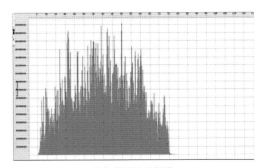

(a)dB显示频谱 　　　　　　　　　　　　　(b)真值显示频谱

图 2-4-1-1　原始地震资料频谱

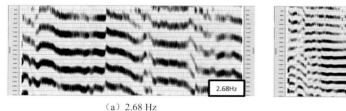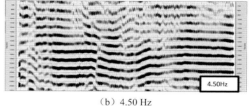

（a）2.68 Hz　　　　　　　　　　　　（b）4.50 Hz

图 2-4-1-2　原始地震资料 EMD 低频分解剖面

在低频剖面中依然存在同相轴，并且连续性较好（图 2-4-1-2），说明在原始剖面中存在有效的低频能量可以为我们所用，也进一步明确了原始资料频谱信息的有效范围及可利用范围。低频部分对应的剖面可以发现存在一些同相轴错断现象，而频率较高的分频剖面中同相轴连续性则逐渐增强（图 2-4-1-3），且高低频分频剖面中同相轴的倾角也有较大的变化，说明不同尺度的地震信号反映了地震剖面中的不同信息。随着频率的提高，出现能量较强的虚假同相轴，经分析可知这是由于处理时窗口函数的存在所带来的假象，所以该部分信息是不可用的。

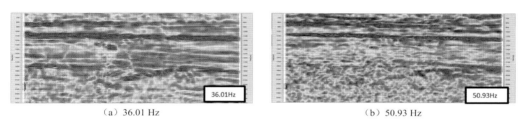

（a）36.01 Hz　　　　　　　　　　　　（b）50.93 Hz

图 2-4-1-3　原始地震资料 EMD 中高频分解剖面 36.01 Hz（左），50.93 Hz（右）

综合来看，可以得到以下三点。

① 从低中高频中的多个尺度剖面中可以发现不同频率的同相轴走向是有差异的，也就是说地震剖面不同位置的频谱配比不相同，高分辨率处理可以较好地解决地震资料的穿时效应，减少处理陷阱。

② 在分频剖面上可以发现，当频率升高时，剖面的同相轴连续性变差，说明高频部分特别是频谱中看不见的成分往往存在两种噪声，即随机噪声和处理噪声，这部分信息是不可取的，处理时要将其避开。

③ 不同频率剖面反映的地质信息不尽相同，低频反映整个沉积背景，高频信息可以得到多期旋回性信息。

2.4.2　高频信息的优化

（1）球面发散与吸收衰减分析

地震波在非完全弹性介质（岩性介质）内，从激发点向外传播时，将引起地震波的球面发散和吸收衰减。通常宏观地震波的球面发散与吸收衰减特性可由下式近似表示

$$h(t,f) = \frac{1}{vt} e^{-a(t,f)t} \qquad (2\text{-}4\text{-}2\text{-}1)$$

式中，v 为传播速度，t 为传播时间，$a(t,f)$ 为吸收衰减系数。

当不存在突变岩性体时，在几千米到几十千米内，球面发散与吸收衰减特性具有宏观相对稳定的函数关系。显然，为达到地震勘探的要求，分析球面发散与吸收衰减函数的目的：根据勘探目的层深度、目的层大小、目的层厚薄等参数及分析的球面发散与吸收衰减

函数关系,可确定最终达到勘探目的要求的实际采集因素和参数试验范围;根据分析的球面发散与吸收衰减的变化规律和干扰波分析,可确定随时间和频率变化的信噪比关系,从而确定最终达到勘探目的要求的实际采集因素和参数试验范围;根据分析球面发散与吸收衰减的变化规律,可确定最大地震波振幅吸收衰减的地层,为野外采集试验和处理提供指导。

常规处理系统中是通过时间域振幅衰减分析和频谱域振幅分析来近似描述实际球面发散与吸收衰减特性。但该类分析方法只能提供随时间或频率变化的振幅衰减特性。这种单一的时间域、频率域分析,难以给出实际大地球面发散与吸收衰减的整体直观信息;另外,加之近地表干扰波的影响及单道和单时窗计算中的误差,从而难以达到分析球面发散与吸收衰减函数的目的。从发表的文章和实际应用分析软件看,至今仍没有见到十分有效的从地面采集地震数据求取球面发散与吸收衰减的有效分析方法。为此,这里基于地表采集地震数据的特点提出"时频域球面发散与吸收衰减的多尺度分析"方法。

我们虽然可以明显看出地震波的球面发散与吸收衰减影响,但很难给出它的实际衰减大小。因此求取它的具体定量函数关系和相对函数关系是本章的研究重点。本书提出的"时频域球面发散与吸收衰减多尺度分析"方法是以时间作为分析变量,频率作为分析参量进行分析的方法。它主要是通过小波变换把单个地震记录道分解成不同尺度,然后在不同尺度上,求出大地球面发散与吸收衰减相对函数关系曲线。

这里要特别说明的是,在计算不同尺度的大地球面发散和吸收衰减曲线中,我们用的是最小二乘法进行拟合,结果发现,在每一个尺度,用(2-4-2-1)式很难求得满意的值,即地震记录不能由一个值来确定其补偿的值,它是时间的函数。因此必须分段进行计算,才较为精确。

(2) 高频信息优化效果

图 2-4-2-1 是一实际地震道主频为 30 Hz 时,选取不同拟合参数,分析大地吸收衰减曲线及对补偿结果的影响。黑色线是地震记录的原有振幅,红色线和绿色线分别是将地震记录分为三段后选用不同的拟合参数得到的大地吸收衰减曲线,可以发现,红色线拟合的精度要高。

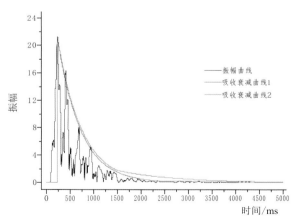

图 2-4-2-1   实际地震道与大地吸收衰减曲线

从不同尺度的吸收衰减拟合曲线立体显示图(图 2-4-2-2)中可以清楚地看到,不同频率对应的不同吸收衰减的规律,同样地震记录的高频成份吸收快,低频成份吸收慢。

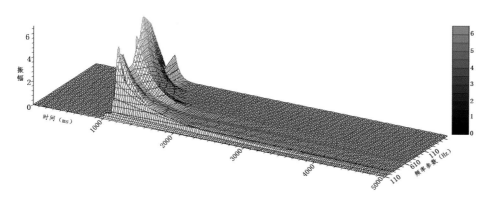

图 2-4-2-2　不同尺度的吸收衰减拟合曲线立体显示

从不同补偿参数对应的补偿结果图（图 2-4-2-3）来看，红的拟合曲线基本上把深层的能量提了起来，但绿的拟合曲线对深层的信号明显抬升不够。

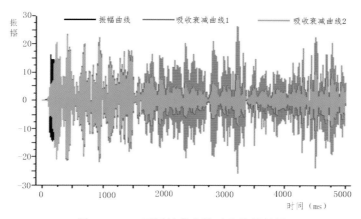

图 2-4-2-3　不同补偿参数对应的振幅图

通过原始地震道分别经过 AGC 和 EMD 多尺度保幅处理来看（图 2-4-2-4），EMD 多尺度保幅处理计算结果要明显优于直接进行 AGC 处理结果。

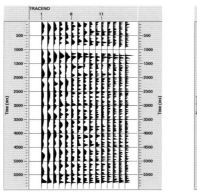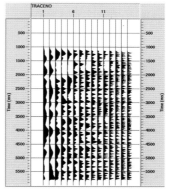

图 2-4-2-4　单道 AGC 结果（左）与保幅处理结果（右）对比

通过时频域多尺度分析方法能够较准确地求取大地球面发散与吸收衰减函数的相对定量关系，它可以给出在目的层处记录高频的能力和依据。通常在 5～150 Hz 频带范围内,将整个剖面分解成 40～100 个的分频剖面,通过对不同主频分频剖面的分析来确定地震资料不同分频剖面的不同特点。实际分析表明,"时频域多尺度分析"是有效而较准确的相对定量分析方法,可以为采集、处理和解释提供重要的分析信息。

2.4.3 测井频谱信息统计及有效频谱范围确定

首先对测井资料进行异常值、标准化等预处理,然后使用声波时差(DT)曲线和密度(RHOB)曲线由式(2-4-3-1)合成波阻抗,之后使用波阻抗信息通过式(2-4-3-2)合成反射系数,应用 DT 曲线计算时间,通过公式(2-4-3-3)进行傅立叶变换,得到每口井的频谱信息,同时,考虑到地震记录频谱的上限不超过 500 Hz,对测井数据进行重采样处理,使之满足地震资料的分辨率要求,进而得到地震可分辨反射系数的频谱形状,然后使用线性拟合,得到频谱的近似拟合曲线,用作高分辨率的目标谱形。

$$z = \rho v \tag{2-4-3-1}$$

式中,z 为波阻抗,ρ 为密度,v 为速度。

$$R = \frac{z_2 - z_1}{z_2 + z_1} \tag{2-4-3-2}$$

式中,z_1,z_2 分别为该层上下介质的波阻抗,R 为反射系数。

$$F(\omega) = \int_{-\infty}^{+\infty} f(t) e^{-j\omega t} \, \mathrm{d}\omega \tag{2-4-3-3}$$

式中,j 为虚数单位,$f(t)$ 为待变换的反射系数序列。

通过测井反射系数及其重采样后频谱(图 2-4-3-1),这个频谱的形态将指导我们谱白化处理方法,进而约束子波形状。

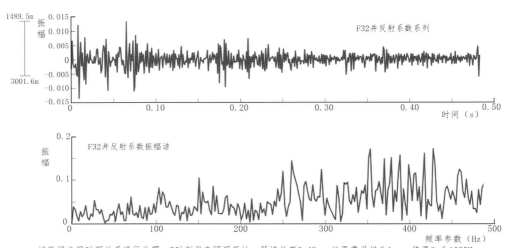

该数据未用时深关系进行处理,0时刻代表顶深开始,延续长度是0.48s,这里重采样为1ms,使得fs为1000Hz

(a) F32(a)井反射系数序列及其振幅谱

图 2-4-3-1　F32(a)、F106(b)井反射系数序列及其振幅谱

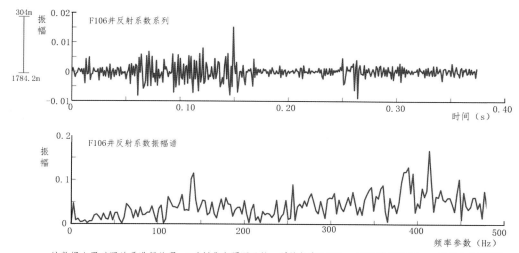

该数据未用时深关系进行处理，0时刻代表顶深开始，延续长度0.375s，这里重采样为1ms，使得fs为1000Hz

F106（b）井反射系数序列及其振幅谱

续图 2-4-3-1　F32（a）、F106（b）井反射系数序列及其振幅谱

　　进而通过测井频谱形状的测试，我们得到该地区反射系数的频谱分布形态，这将指导我们高分辨率处理的目标频谱。同时，我们充分考虑了测井信息的分形特征，将 30 余口钻井的测井信息进行重采样处理，得到地震范围可指示的频带，从而将其拟合，得到线性拟合直线（图 2-4-3-2，表 2-4-3-1）。这个拟合直线将同之前的频谱形态共同指导高分辨率处理。

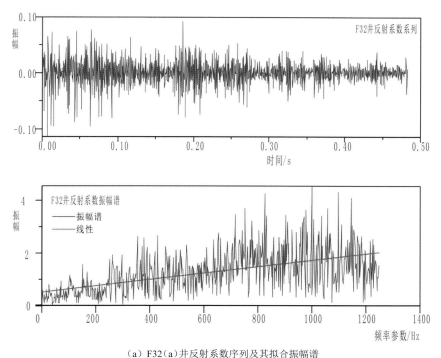

（a）F32（a）井反射系数序列及其拟合振幅谱

图 2-4-3-2　F32（a）、F106（b）井反射系数序列及其拟合振幅谱

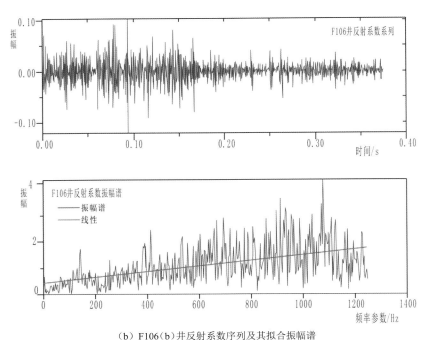

（b）F106（b）井反射系数序列及其拟合振幅谱

续图 2-4-3-2　　F32（a）、F106（b）井反射系数序列及其拟合振幅谱

表 2-4-3-1　　反射系数振幅谱拟合表达式

井号	拟合表达式
F32	$0.000\ 932\ 01x+0.299\ 93$
F106	$0.000\ 827\ 62x+0.238\ 57$
F143	$0.000\ 910\ 74x+0.158\ 65$
G89	$0.001\ 770\ 2x+1.018\ 5$
G891	$0.002\ 851x+0.773\ 21$
G892	$0.001\ 228\ 2x+0.392\ 55$
G943	$0.000\ 734\ 22x+0.309\ 08$

2.4.4　有效频谱约束下的地震信息的重建技术

在地震资料处理过程中，我们近似将地震记录看作子波和反射系数的卷积另外加入白噪，在反射系数时稀疏的情况下，我们将地震道的频谱外包络线作为子波谱；因此，对地震子波的处理可以转换为对地震资料的频谱进行处理。

常规频谱处理有谱白化、基于井约束的谱蓝化等方法；但是这些方法只是通过频谱的带宽和主频来判断地震资料的分辨率，本书使用的基于子波约束的谱白化方法是通过子波形状进一步控制频谱形状，从而实现真正的高分辨率；如图 2-4-4-1 所示：

图 2-4-4-1(a)为绝对频宽为 30 Hz 相对频宽为 4 的子波，图 2-4-4-1(b)为绝对频宽为 30 Hz 相对频宽为 2 的子波。通过其包络线可以发现，当绝对频宽减小时，其子波旁瓣振幅明显增大，主瓣变窄，但这不属于高分辨率处理。同样，图 2-4-4-1(d)为绝对频宽 60Hz 相对频宽为 4 的子波。观察其旁瓣幅度，也可证明，其不属于高分辨率处理。目前，各种文献对高分辨率的定义十分杂乱，没有一个通用的高分辨率标准，这里使用的希尔伯特-黄变换（HHT）点

谱白化方法可以以"高分辨"子波的频谱为约束,得到最高分辨率的频谱。观察高分辨率子波(图 2-4-4-3),随着频谱范围的扩大,高频成分增加,子波旁瓣逐渐变窄、消失。

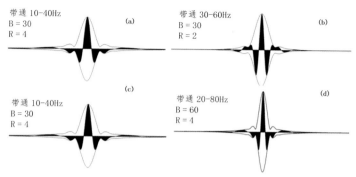

图 2-4-4-1   子波分辨率与绝对频宽和相对频宽关系

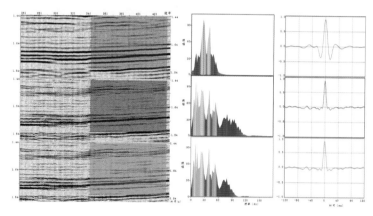

图 2-4-4-2   高分辨率子波

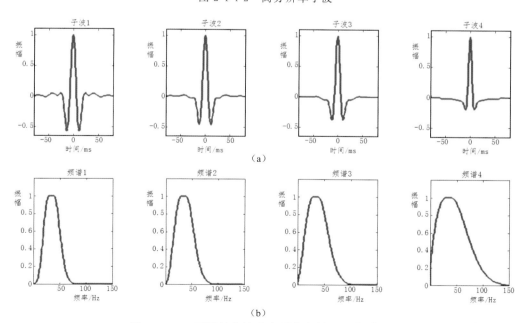

（a）

（b）

图 2-4-4-3   不同频宽的理论子波波形(a)及频谱(b)

在仿真模拟合成地震记录中(图 2-4-4-4),两者波长不同、主旁瓣比相同。对比反射系数序列和两个合成记录发现,蓝色记录在反射系数较为密集的地方[图 2-4-4-4(b)、图 2-4-4-4(d)]分辨率明显低于红色记录,在不存在反射界面的地方[图 2-4-4-4(b)、图 2-4-4-4(d)]却产生了较强的波峰(谷)。这是由子波复合调谐引起的假象,与波长有关。因此,当子波主旁瓣比相同时,随着旁瓣间距变小,合成地震记录呈现出同相轴增加的趋势。

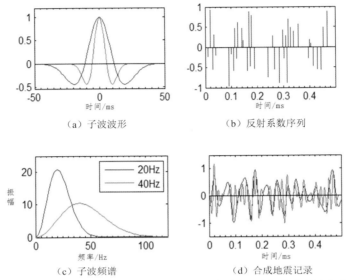

图 2-4-4-4　仿真模拟合成地震记录一(子波波长不同、主旁瓣比相同)

图 2-4-4-5 是一组正演模型数据。对比发现,高分辨率地震剖面中存在的同相轴[图 2-4-4-5(a)],在低分辨率地震剖面中不明显;高分辨率地震剖面中不明显的同相轴[图2-4-4-5(a)],

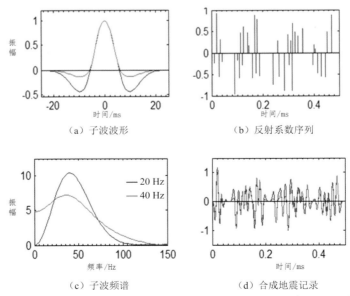

图 2-4-4-5　仿真模拟合成地震记录二(子波波长相同、主旁瓣比不同)

在低分辨率地震剖面中反而出现了。这种现象恰好可以用图 2-4-4-3 和图 2-4-4-4 来解释，同时道出了高分辨率资料的真相：压缩子波视长度，同相轴增加；压制旁瓣能量，同相轴减少或振幅减弱。经过上述对频谱形状、子波形态和对子波形态对分辨率的影响分析，根据频谱形状对子波形状影响，确定了高分辨率子波频谱应有的形态（图 2-4-4-6），进而把高分辨率子波频谱形状作为约束，重建地震信息，达到高分辨率处理的目的。

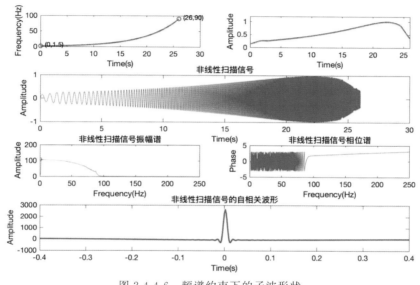

图 2-4-4-6   频谱约束下的子波形状

综合分析，在有效频谱约束下的地震信息的重建，通过模型及实际资料的测试，可以发现高分辨率资料如下。

① 压缩子波长度，同相轴增加；压制旁瓣能量，同相轴减少或振幅减弱。真正的高分辨率剖面是有的地方同相轴增加了，有些地方同相轴减少了。

② 高分辨率的子波形态具有旁瓣间的距离短、旁瓣能量小及子波震荡少的特点。通常把地震子波的形态作为判断真假高分辨率的标志。由于地震资料的信噪比是空间和深度的函数，地震子波也是时空变的，不同深度相同频宽的地震子波，其旁瓣和振荡会有所不同，特别是对称性会受到影响。同一深度相同频宽的地震子波形态也会有所变化。对称性也不是完全一致。

③ 以高分辨率子波形态为约束对地震资料的高低频信息进行重建，能够真正实现地震资料的高分辨率处理，提高地震资料主频及拓宽有效频带宽度，增强地震资料的可解释性。

2.4.5   分形保幅技术

地震资料的"三高"（高分辨率、高信噪比、高保真度）处理一直是油气地震勘探研究的难点和热点，特别是在岩性反演进行隐蔽油气藏预测的今天。其中，分辨率和信噪比的提高都是以地震资料的高保真度为前提，因为地震振幅包含了大量的储层信息。如果地震振幅受到损伤，由此确定的储层圈闭和井位，其可信度也会受到很大影响，同时也必将影响到钻井的成功率。为了提高信号频带展宽后的振幅可信性，本测试应用分形保幅技术（Fractal amplitude-preserved，FAP）对拓频后的地震数据进行保幅处理，能更好地恢复振幅和相位信息，为后续地震资料的处理和解释特别是岩性反演提供高品质资料。

传统的做法是将高分辨率处理后的宽频信号能量保幅到处理前的窄频能量水平。事实上,这种做法一定程度上破坏了地震数据的真实振幅,包括原有频段的振幅信息,相位信息也存在一定的损伤。

(1) 原理

本书提到的分形保幅(图 2-4-5-1),是从理论出发,依据地震振幅是剖面主频和油气的函数、信号局部频带间的保幅算子与全频段信号间的保幅算子存在相似性这一特征,求取地震资料部分频段信息之间的保幅算子,并对此算子进行平滑和组合,从而得到信号整体间的保幅映射关系。整体保幅映射关系对信号局部成分进行保幅的同时,能实现其他频率成分的保真处理。而信号局部成分保幅的合理性,通过测井资料进行约束,进而保证保幅算子的最优化特性。模型和实际资料的处理结果表明,分形保幅技术能很好地恢复地震信号的振幅,在频率域中振幅和相位的恢复效果均优于常规方法。

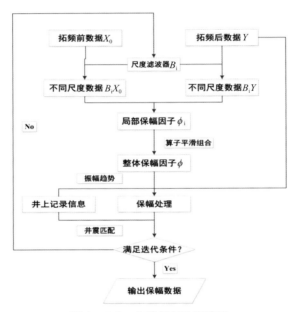

图 2-4-5-1 分形保幅处理流程

① 局部保幅算子的估计。假设真振幅地震信号为 X,地震资料 X_0(X_0 为 X 的低频成分)经处理后得信号为 Y,地震资料处理中各流程的算子依次为 $P_i(i=1,2,3,\cdots,N)$。那么

$$Y = P_1 P_2 \cdots P_N X_0 \tag{2-4-5-1}$$

在上述各处理环节中,因为噪声的影响,使得 Y 的振幅相对关系以及强度与 X 有很大的差异。如何将信号 Y 保幅到 X,是这里探讨的重点。Y 是 X_0 经常规处理以及高分辨率处理而得,Y 的频谱带宽大致等于 X 的带宽。基于地震信号局部频段成分与整体的特征存在一定的相似性,在 X_0、Y 的相同频段信号之间建立保幅关系,提取局部保幅因子。

记带通算子为 B_i、局部保幅因子为 Φ_i,包络算子 H_i,$i=1,2,3,\cdots,M$,则

$$\Phi_i = \frac{H_i(B_i X_i)}{H_i(B_i Y) + \delta} \tag{2-4-5-2}$$

上式满足:

$$\Phi_i(B_i Y) = B_i X_0 \tag{2-4-5-3}$$

② 通过局部保幅算子求取整体保幅算子。对局部保幅算子进行平滑、组合,得到整体

保幅算子：

$$\Phi = f(\Phi_1, \Phi_2, \cdots, \Phi_M) \tag{2-4-5-4}$$

式（2-4-5-4）满足：

$$\| \Phi Y - X \|_2 < \varepsilon \tag{2-4-5-5}$$

式中，f 为平滑组合算子；δ 为白噪因子；ε 为误差函数，表示信号保幅的精度。整体保幅算子 Φ 可对信号 Y 实现误差精度允许范围内的保幅。

一般地，局部保幅因子 Φ_i 存在奇异点值噪音，需要进行平滑，这里选用两种中值滤波方法。

方法 1，假设存在一数值序列 $\{x_1, x_2, \cdots, x_n\}$，若

$$x_i > m \sum_{k=i-j, k \neq i}^{i+j} x_k，\text{其中，}(j < i \leqslant n-j) \tag{2-4-5-6}$$

那么，判定 x_i 为奇异值点，对该点重新赋值

$$x_i = \frac{1}{2j} \sum_{k=i-j, k \neq i}^{i+j} x_k \tag{2-4-5-7}$$

式中，m 为奇异倍数，$j \in N^*$。当然，对于变化复杂的数列，奇异点值判断式和重赋值式可根据实际需要适当更改。

方法 2，假设存在一数值序列 $\{x_1, x_2, \cdots, x_n\}$，直接对各点进行重新赋值：

$$x_i = \frac{1}{2j+1} \sum_{k=i-j}^{i+j} x_k \quad (j < i \leqslant n-j) \tag{2-4-5-8}$$

方法 1 中奇异倍数 m 的选取，需要对信号作测试，主观误差较大，但很好地压制明显的奇异点；方法 2 是对信号整体的平滑，适用于奇异倍数 m 难以确定的情况，稳定性较高。

对多个局部保幅因子 φ_i 进行组合，得到整体保幅因子 Φ，这里采用两种组合方式。

组合 1，保幅因子 Φ 是各频段保幅因子的算术加权平均：

$$\Phi = \frac{\sum_{i=1}^{n} a_i \varphi_i}{\sum_{i=1}^{n} a_i} \tag{2-4-5-9}$$

组合 2，保幅因子 φ 是各频段保幅因子的指数加权平均：

$$\Phi = \left(\prod_{i=1}^{n} \Phi_i^{a_i} \right)^{\frac{1}{\sum_{i=1}^{n} a_i}} \tag{2-4-5-10}$$

式中，a_i 为权值。

③ 测试模型的设计。生成一频带较宽的地震信号 $X0$，提取其低频成分 $X1$，对 $X0$ 做自动增益控制得振幅改变后的宽频信号 $X2$（在实际资料处理中，$X2$ 是由低频信号 $X1$ 经高分辨率处理后得到，这里不影响保幅测试）；提取信号 $X1$、$X2$ 中相同频段成分，利用式（2-4-5-2）建立两者的保幅关系，提取局部保幅因子 Φ；利用 Φ 实现 $X2$ 的整体保幅处理，并对保幅精度进行分析（图 2-4-5-2）。

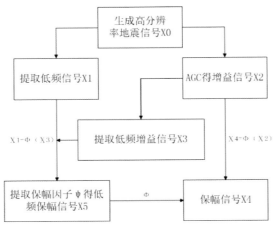

图 2-4-5-2   模型分析流程图

④ 算子分析。下面从算子角度出发,分析分形保幅的适用条件。信号前期处理为 F;信号保幅处理为 φ;带通滤波为 B;真振幅宽频信号为 S_1(实际中是未知量),前期处理后的信号为 S_2,假定 S_1 和 S_2 频带宽度相近,存在振幅差异,已知的真振幅窄频信号为 S_3($为 S_1$ 的带通成分)。那么,有如下算子关系:

$$S_2 = F(S_1)$$
$$S_1 \approx \Phi(S_2)$$
$$\Phi \approx F^{-1}$$
(2-4-5-11)

当算子 B 的频带落在 S_1 和 S_3 的公共频带时,

$$B(S_3) = B(S_1)$$
(2-4-5-12)

则有

$$B(S_3) \approx B[F^{-1}(S_2)]$$
(2-4-5-13)

当算子 F^{-1} 为近似线性算子时,可与算子 B 互换顺序

$$B(S_3) \approx F^{-1}[B(S_2)] \approx \Phi[B(S_2)]$$
(2-4-5-14)

式(2-4-5-14)即表明,全频段的保幅因子可近似作为局部频带成分的保幅因子,反过来,窄频带提取的局部保幅因子可用于全频段信号的保幅处理。基于不同尺度信号的保幅算子关系一致性这一特征,符合分形中不同尺度间相同关系的要求,故名分形保幅!

⑤ 测井资料约束下的算子优化:如果工区有井资料,那么可以通过井震之间的交互匹配,来优化整体保幅算子的提取(如局部保幅算子的提取频段范围、局部算子平滑组合参量选取等),优化过程记作优化算子为 T。当工区存在 N 口井时,每一口井都可以提取井旁道的优化保幅算子 $T_i (i=1,2,3,\cdots,N)$,三维地震数据中特定道与测井的距离为 d_i,那么该道的优化算子

$$T = \frac{1}{\sum\limits_{i=1}^{N} \frac{1}{d_i}} \sum\limits_{i=1}^{N} \frac{1}{d_i} T_i$$
(2-4-5-15)

(2) 模型测试

通过真振幅原始信号 $X0$ 和增益信号 $X2$[图 2-4-5-3 左(a)]以及它们的低频成分[图 2-4-5-3(b)],在两者之间建立保幅关系,提取局部保幅因子(两端的振荡由白噪因子引起)。将该保幅因子作用于增益信号,即得到分形保幅信号 $X4$,经过分形保幅处理后,相

邻层位的相对振幅关系与模型道原始信号的一致性较高,两者的振幅能量保持在同一水平,振荡趋势接近,相关系数达 0.982 1。误差基本控制在可接受范围以内(图 2-4-5-4)。比较原始信号和保幅信号的振幅谱[图 2-4-5-5(b)]信号不同频段成分的能量得到了较好的恢复和保持,高低频能量的走向基本保持一致。

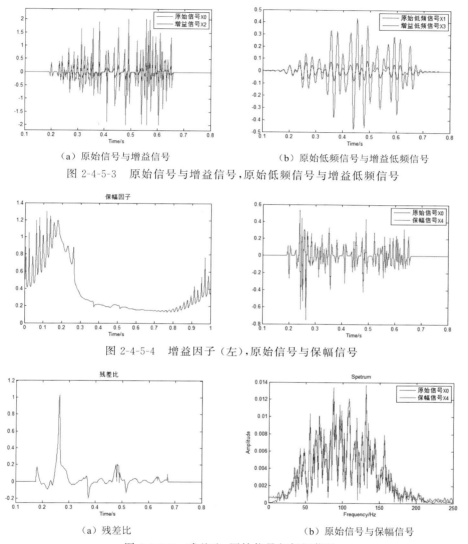

(a)原始信号与增益信号 (b)原始低频信号与增益低频信号

图 2-4-5-3 原始信号与增益信号,原始低频信号与增益低频信号

图 2-4-5-4 增益因子(左),原始信号与保幅信号

(a)残差比 (b)原始信号与保幅信号

图 2-4-5-5 残差比,原始信号与保幅信号

为了对比分形保幅与常规保幅的效果,进行第二实例的模型测试。重新生成一组真振幅原始信号,应用常规保幅方法,在增益信号 $X2$ 和低频信号 $X1$ 之间直接建立保幅关系,分形保幅仍按图 2-4-5-1 所示的流程进行。保幅信号与真实信号的相关系数仅为0.834 1,残差 0～0.3 之间(图 2-4-5-6)。

对比原始信号,常规保幅的振幅谱效果不仅丢失了部分能量信息,还破坏了高低频能量关系,同时对相位信息有一定的损伤[图 2-4-5-8(a)]。而分形保幅方法对高低频能量的保持效果较好,且几乎不损伤相位信息[图 2-4-5-8(b)]。

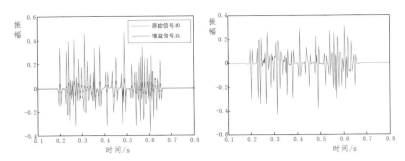

图 2-4-5-6　原始信号与保幅信号(左),其残差(右)

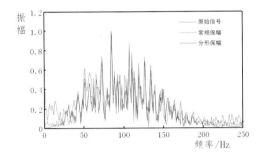

图 2-4-5-7　保幅处理结果对比

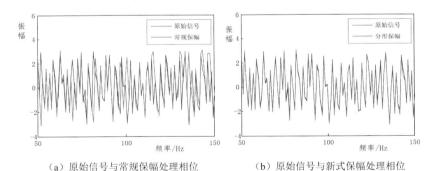

(a) 原始信号与常规保幅处理相位　　　　(b) 原始信号与新式保幅处理相位

图 2-4-5-8　原始信号与常规保幅处理相位,原始信号与新式保幅处理相位

(3) 应用效果

选取实际资料,应用图 2-4-5-1 所示的流程。对比两个保幅结果可以看到,高分辨率处理虽然提高了地震资料的分辨率,但剖面整体的能量发生了变化,由浅到深能量几乎相同,这与实际情况是不符的。而采用分形保幅处理的剖面不仅提高了分辨率,而且剖面的能量分布与原始剖面是一致的,剖面的地震波特征自然。

地震资料分形保幅技术从不同尺度的低频信息间建立二个数据体之间的联系,保幅处理后的地震信号,波组特征强,上下左右地震信号间的相对振幅关系保持较好,高低频能量得到有效的恢复,且对相位基本没有损伤。分形保幅后的实际资料,剖面的地震波特征自然,横向连续性得到改善,构造信息更加丰富(图 2-4-5-9)。保幅方法能很好地恢复信号上下与左右的相对振幅关系,在频率域中振幅和相位的恢复效果均优于常规方法。

综合分析,通过利用 EMD 时频分解特性,将地震道转化到时频域,在时频剖面上研究目的层高低频成分的分布规律,可以发现不同频率的同相轴走向是有差异的,高频部分特别是频谱中看不见的成分往往有处理噪声,这部分信息是不可取的,处理时要将其避免,另外高精度的时频分析是不可缺少的。

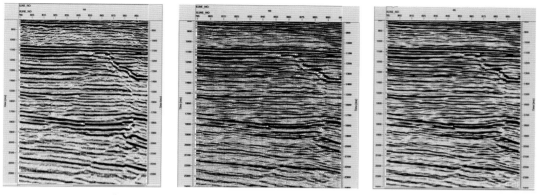

图 2-4-5-9 原始资料(左)、高分辨率处理(中)和保幅处理(右)

时频域球面发散与吸收衰减多尺度分析方法,可以较准确地求取大地球面发散与吸收衰减函数的相对定量关系,它可以给出在目的层处记录高频的能力和依据。通过实际分析表明,"时频域多尺度分析"是有效而较准确的相对定量分析方法,可以为采集、处理和解释,提供重要的分析信息。

通过模型及实际资料的测试,我们可以发现高分辨率的真相是:压缩子波长度,同相轴增加;压制旁瓣能量,同相轴减少或振幅减弱;高分辨率的子波形态具有旁瓣距离短、旁瓣能量小及子波震荡少的特点;以高分辨率子波形态为约束对地震资料的高低频信息进行重建能够真正实现地震资料的高分辨率处理,提高地震资料主频及拓宽有效频带宽度,增强地震资料的可解释性。

地震资料分形保幅技术从不同尺度的低频信息间建立两个数据体之间的联系,保幅处理后的地震信号,波组特征强,上下左右地震信号间的相对振幅关系保持较好,高低频能量得到有效恢复,且对相位基本没有损伤,在频率域中振幅和相位的恢复效果均优于常规方法。

实钻井标定结果来看(图 2-4-5-10),应用 EMD 频带展宽技术处理后的分辨率明显高于处理前对应位置的分辨率;同时,T4 标准层附近的能量有明显增强。处理前后的子波主瓣更窄,旁瓣更小,其分辨率更高;处理后的剖面上波形更为活跃,标准层更清晰,断点更干脆。标定前后相关对比(表 2-4-5-1),除 20 Hz 的相关度不如处理之前,其余处理后的相关度均高于处理前的相关度。

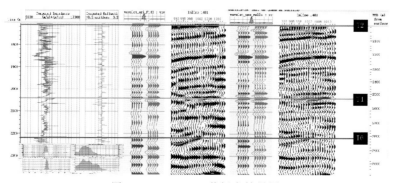

图 2-4-5-10 F143 井标定结果图

表 2-4-5-1 F143 井标定相关对比表

子波类型		处理前相关度	处理后相关度
井旁道子波		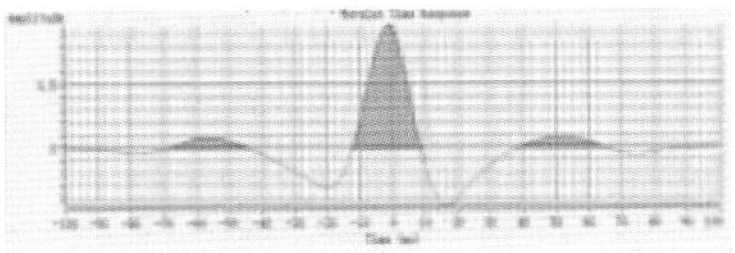 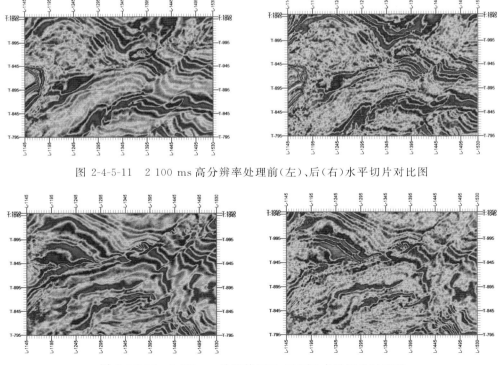	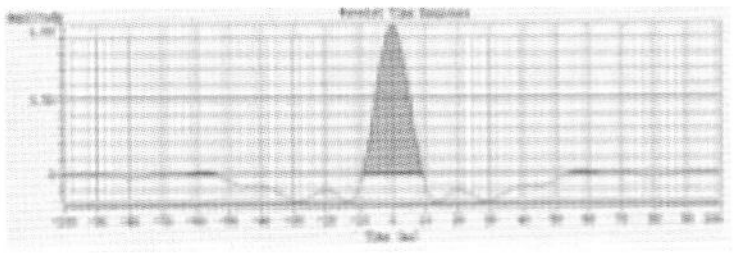
		0.769	0.784
Ricker 子波	20 Hz	0.760	0.644
	30 Hz	0.702	0.775
	40 Hz	0.504	0.680
	50 Hz	0.345	0.529
	60 Hz	0.235	0.390
	70 Hz	0.162	0.282
	80 Hz	0.116	0.208
	90 Hz	0.087	0.158
	平均	0.409	0.495

从不同的处理前后时间切片的对比来看（图 2-4-5-11～2-4-5-13），经处理后，在水平切片上主要表现为同相轴变细，横向分辨率提高，能量相对均衡，与此同时，高频噪音没有过于严重，说明此该技术方法的处理效果较为理想。

图 2-4-5-11 2 100 ms 高分辨率处理前（左）、后（右）水平切片对比图

图 2-4-5-12 2 300 ms 处理前（左）、后（右）水平切片对比图

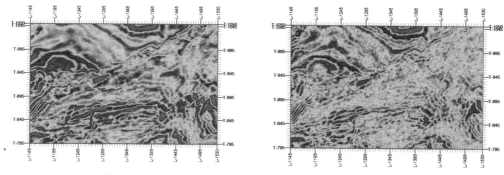

图 2-4-5-13　2 500 ms 处理前(左)、后(右)水平切片对比图

应用 EMD 的频带展宽技术效果,对比地震剖面、频谱以及子波形态可以明显发现,处理后剖面的分辨率得到了明显的提高,原本复合在一起的同相轴得到了分离,增强了地震资料的可解释性;频谱的高低频能量得到了恢复。在增加高频能量的同时,对低频成分也保留完整,整个水平切片上(图 2-4-5-11、图 2-4-5-12、图 2-4-5-13),波形活跃,高低频完整,同时证实本方法的有效性。

Inline325 线原始地震剖面主频为 30.8 Hz,频宽为 19.2 Hz,处理后剖面主频为 35.2 Hz,频宽为 27.9 Hz,利用频带有效展宽公式:

$$\frac{(Fw1 - Fw2)}{Fw1} \times 100\% \qquad (2\text{-}4\text{-}5\text{-}16)$$

式中,$Fw1$ 为处理前频宽,$Fw2$ 为处理后频宽。

经计算得出频带有效展宽为 45.3%,重建后的子波有旁瓣距离短、旁瓣能量小及子波震荡少等共同特点,而这些特点与之前提出的高分辨率子波所具有的特征也完全吻合。

inline44 线原始地震剖面(图 2-4-5-14)主频为 32.5 Hz,频宽为 21.1 Hz;处理后,剖面主频为 36.7 Hz,频宽为 29.6 Hz,频带有效展宽为 40.3%,效果较好。

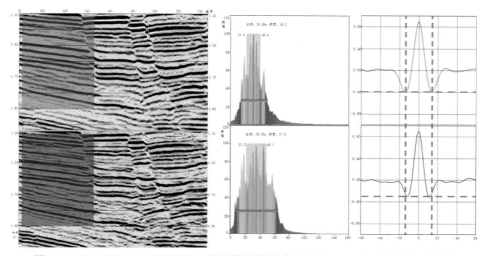

图 2-4-5-14　Inline325 基于 EMD 的频带展宽技术处理前(上)后(下)效果对比图

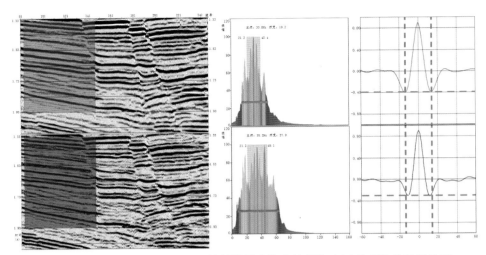

图 2-4-5-15　inline44 基于 EMD 的频带展宽技术处理前（上）后（下）效果对比图

第3章

致密砂砾岩储层地震预测技术 >>>

渤南洼陷是位于济阳坳陷沾化凹陷中部的断陷盆地(三级负向构造单元),呈箕状断陷,北陡南缓向北掀斜。埕东凸起与其分布于埕南断裂带南北两侧,东部间隔孤西断层发育孤北洼陷、孤岛凸起,东南部与三合村洼陷、孤南洼陷间隔垦西地隆受近东西向断层切割,渤南洼陷由南到北发育南部断鼻带、南部断阶带、中部洼陷带和北部陡坡断裂带。Y176区块位于渤南油田Y176-Bsh4断阶带,埋深3 200~4 500 m。沙四上亚段共划分为四个砂组。其中,1、2砂组为膏泥岩互层;3、4砂组为本区的目的层段,主要为发育砂砾岩与泥岩互层。

3.1 地震强反射层有效信息

沙四上亚段1、2砂组发育高速的膏岩层,地震表现为强反射,储层具有强屏蔽弱反射的响应特征,制约了主要目的层(3、4砂组)的薄储层的地震响应特征。另外研究工区目的层段地震资料主频只有17.5 Hz,有效频宽只有15 Hz。难以分辨3、4砂组的薄储层。常规储层预测方法难以满足储层精细预测的需求,地震识别难,储层地震精细刻画难。基于这一特点开展"旁瓣压制+反射系数压制"(利用子波处理的'钉型'子波进行旁瓣压制);利用压缩感知求取反射系数进行屏蔽反射压制,提高屏蔽储层的辨识度。

3.1.1 叠前道集优化

近年来,岩性油气藏勘探对保幅处理、成像精度的要求也越来越高。地震资料储层预测技术尤其是叠前属性技术和叠前反演技术得到长足的发展,对CRP道集的优化处理日益受到重视。人们普遍认识到CRP道集的信噪比、子波一致性、入射角范围及道集不平和远道动校正拉伸畸变等问题,对叠前反演效果有很大的影响,需要对CRP道集做针对性的优化处理。常规的CRP道集优化处理的目的比较宽泛,技术手段主要针对信噪比、分辨率等资料品质的改善。

CRP道集是经过叠前时间偏移后的共反射点道集,它基本消除了界面弯曲和倾斜地层对振幅的影响。前期处理中一般也做了各种真振幅恢复的工作,但如何衡量振幅的保真度一直是困扰人们的问题。由于保真度是一个相对的概念,它是相对于要研究的问题和所采用的手段而言的。对于岩性预测而言,叠前属性提取和弹性参数反演是现实可行的技术手段,而叠前属性及反演的理论基础是佐布里兹方程和它的各种简化式。佐布里兹方程认为有效信号在宽角度条件下随着偏移距变化应表现为抛物线特征;从双相介质

AVO方程也可以得出有效信号呈现抛物线特征。而实际地震资料在远偏移距越呈现稳定的抛物线特征,叠前弹性参数反演也越稳定。所以,大角度处(30°附近)的地震信息质量,决定了是否能通过叠前反演得到稳定的横波速度信息,而横波速度对岩性预测是至关重要的。由此可见,现阶段针对地震储层预测而言,衡量振幅保真度的标志是看它的AVO规律是否满足抛物线特征。

观察实际井旁CRP道集和井曲线(V_P、V_S、ρ)佐布里兹方程正演记录,一般两者的吻合度都不高,尤其在大角度处。这是影响叠前反演的弹性参数和井上弹性参数吻合度的主要原因,严重影响叠前属性提取的精度。当然井的正演结果和地震CRP道集吻合度不高的影响因素很多,道集优化处理的目的就是针对一些主要影响因素,在前期资料处理的基础上做进一步的补偿性处理,达到真振幅恢复。同时,尽可能挖掘宽角度信息,使实际记录的AVO曲线具有稳定的抛物线特征,为叠前反演的弹性参数能与井信息一致打下基础,为正确的岩性预测服务。所以,基于岩性预测的CRP道集优化处理的目标是在一定信噪比基础上的高保真和宽角度。

叠前CRP道集处理,主要目的在于提高保真度以及频变AVO特征,从而为叠前反演奠定资料基础。但对于构造解释、叠后反演等研究而言,需要地震资料具备高分辨特征。这需要进一步从叠后入手,因此叠后资料处理的主要方法在于提高分辨率。针对不同研究目的,处理解释中采用的地质模型不同,应用的地震资料的信息不同,因而相应地球物理模型也不同。比如对于以构造解释为目的,主要用大尺度的层状地质模型,应用地震资料中的时间和速度信息,地球物理中的波动方程为其理论基础;而对于地层、沉积解释,地质上用中尺度的准层状模型,这就需要层序、地貌理论做指导,运用地震资料中的几何动力信息(如外形、结构);对于储层、油气检测研究目标,以双相介质为模型,佐布里兹方程为理论依据,运用地震资料中的动力学信息(振幅、频率)。

对于道集质量的评价需要以研究目的或者成果为导向。道集的评价内容主要有分辨率、信噪比、宽角度和保真度。对于构造解释来说,要求地震资料的高分辨率和高信噪比,主要强调地震反射同相轴的连续性。对于沉积储层研究目的,要求地震资料中、高分辨率中、低信噪比,高保真、中角度,这是因为地震资料中同相轴下拉、不连续等现象可能是地质因素引起。因此,过度提高信噪比可能会破坏资料中的沉积现象。沉积储层研究中采用的反演手段一般基于叠后反演,因而对宽角度要求不高。对于储层油气研究,要求资料中分辨率中低信噪比、高保真、宽角度。这是因为在油气检测中,重点应用频率、振幅信息,因此对于频率的保持、振幅保真度的保持要求较高。同时岩石物理分析结果表明,在叠前反演和叠前属性分析时,30°以上的宽角度信息有助于获得稳定的横波和密度信息,进而有助于油气检测,因此对远道道集的质量要求较高。

(1)叠前道集资料品质评价

通过对道集信噪比、分辨率的评价,结合研究目的,Y176区块道集存在以下问题(图3-1-1-1)。

① 深浅层能量差异大。

② 噪声干扰:道集多次波,随机噪声严重。

③ 纵向分辨率低:地震主频低,有效频宽窄,对薄储层识别困难。

针对这三项问题,利用剩余振幅补偿,超道集叠加,混合频率-时间域拉东变换去多次波、预测剔除去噪,叠前压缩感知提频对研究区叠前道集进行处理。

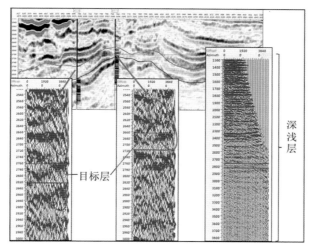

图 3-1-1-1　道集资料分析

（2）道集优化处理

1）剩余振幅补偿

针对叠前 CRP 道集记录，计算自适应的时空变剩余振幅补偿曲线，并利用时空变剩余振幅补偿曲线对该函数对叠前 CRP 道集记录进行时空变的剩余振幅补偿。图 3-1-1-2 为对原始道集进行剩余振幅补偿后的结果，通过振幅补偿可以解决深浅层能量问题。

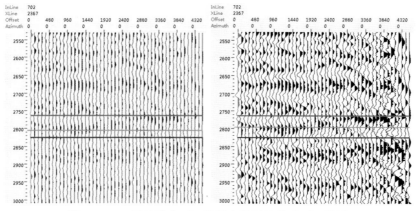

图 3-1-1-2　原始道集（左）及剩余振幅补偿后（右）效果

2）超道集去噪

超道集也叫共偏移距叠加道集，是以原 CRP 道集为中心道集，结合邻近道集共偏移距叠加而成。抽取超道集的目的是为了提高信号的信噪比。在形成超道集的过程中，通过借助周围道集的信息可以扩展原 CRP 道集的偏移距范围，由于可以给定超道集的覆盖次数，达到一定范围内 CRP 覆盖次数均一化的目的，共偏移距的叠加也能压制随机噪声。图3-1-1-3 为对剩余振幅补偿后的结果进行超道集叠加，可以通过共偏移距的叠加也能压制随机噪声。

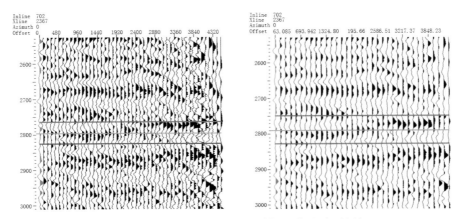

图 3-1-1-3　原始道集(左)及超道集去噪后(右)效果

3）混合频率-时间域拉东变换去多次波

传统的基于最小二乘算法的频率域抛物线 Radon 变换方法,仅能得到 Radon 域数据的初始估计结果。对于具有相同采集参数(如道间距、最小偏移距、道数等)的地震道集,在采用相同变换参数(Radon 域中剩余时差的范围、剩余时差的道数等)的条件下,基于迭代收缩阈值算法的混合域抛物线 Radon 变换方法只需进行一次矩阵求逆,相对于传统的基于迭代重加权最小二乘算法的混合域抛物线 Radon 变换方法,基于迭代收缩阈值算法的混合域抛物线 Radon 变换方法在保持多次波压制效果的同时,能进一步提高计算效率。另外,基于迭代收缩阈值算法的混合域抛物线 Radon 变换方法在 Radon 域数据的时间和剩余时差方向同时施加稀疏约束。相对于传统的频率域稀疏抛物线 Radon 变换方法,基于迭代收缩阈值算法的混合域抛物线 Radon 变换方法能有效地提高 Radon 域中一次波和多次波的可分性。

通过对超道集进一步叠加后的道集进行混合频率-时间域拉东变换去多次波,从结果和残差道集来看,可以有效去除道集剩余多次波(图 3-1-1-4)。

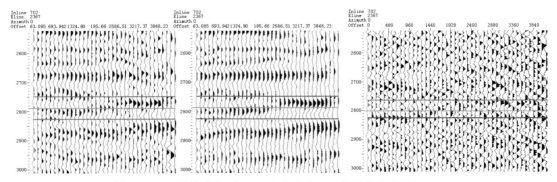

图 3-1-1-4　原始道集(左)、去多次波后(中)效果及残差道集(右)

4）预测剔除去噪去除随机噪声

预测剔除法去噪的基本思路是用一个高通滤波器与混有脉冲干扰的一维记录道褶积就能够将脉冲干扰识别出来,将识别出来的脉冲干扰从记录中剔除,就达到了剔噪的目的。通过对混合频率-时间域拉东变换去多次波后的道集进行预测剔除随机噪声衰减,随机噪声压制后,道集成像质量更好(图 3-1-1-5)。

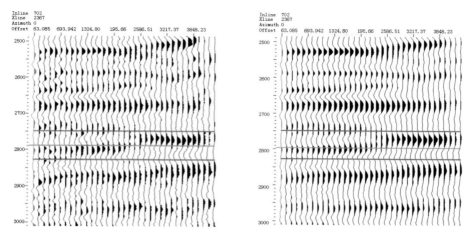

图 3-1-1-5 原始道集(左)及预测剔除去噪后效果(右)

5）压缩感知叠前提频

压缩感知技术利用信号的稀疏特征,可以把高维空间的信号通过测量矩阵投影到一个低维的空间中,通过非线性重构来完美重建信号。为适应叠前大数据需求,首先利用一次压缩感知确定反射系数的位置,然后提取随偏移距变化的子波,构建子波矩阵,通过褶积原理反演得到反射系数的大小,最后确定合适的高频期望输出,得到最终拓频的道集。

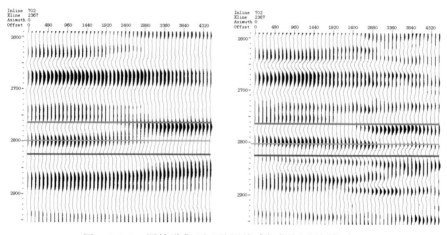

图 3-1-1-6 原始道集(左)及压缩感知提频后效果(右)

处理后道集信噪比提高,同相轴连续性增强(3-1-1-7),与井旁正演道集对比,振幅补偿后 AVO 相对关系保持,拉东变换能够有效去除多次波干扰,预测剔除和随机噪声压制可以有效剔除异常振幅点,去除随机噪声,压缩感知叠前提频,适当提高地震资料的有效频宽,为叠后提频处理打下资料基础。

优化处理后叠加剖面与原始道集叠加后的剖面效果对比来看(图 3-1-1-8),道集优化处理后的地震资料有效频宽得到拓宽,噪声也得到有效压制,同相轴之间接触关系也更加清晰,有利于后续地震沉积分析和储层预测工作的开展。

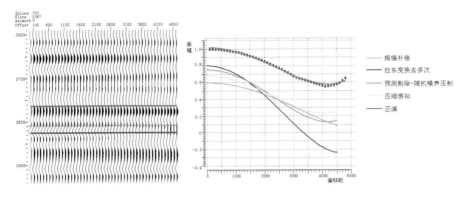

图 3-1-1-7　道集优化处理及 AVO 正演规律

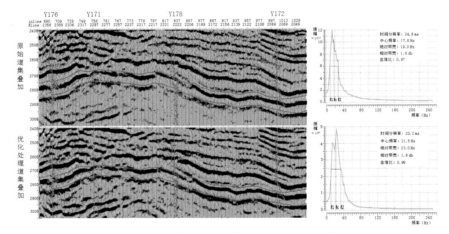

图 3-1-1-8　原始道集与道集优化处理后叠加剖面

　　道集优化处理前后的部分叠加数据信噪比增强（图 3-1-1-9），同相轴之间接触关系也更加清晰，为后续反演提供了资料基础。

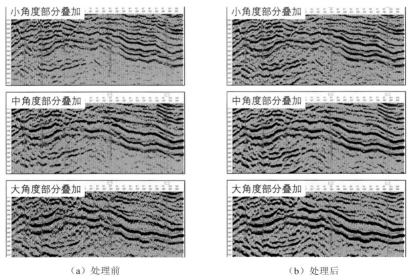

（a）处理前　　　　　　　　　　　　　（b）处理后

图 3-1-1-9　原始道集与道集优化处理后叠加剖面

3.1.2 "钉型"子波谱整形

地震记录为某一主频不变的子波与地层反射系数的褶积,子波的形状对地震分辨率起着关键的作用,雷克子波[图 3-1-2-1(a)]是零相位子波,它有一个主峰值和两个小的旁瓣。雷克子波仅由一个信号参数"f"确定。从子波频谱上可以看到,f 是其峰值频率。带通子波[图 3-1-2-1(b)]也是零相位子波,但是其实际上定义的是一个滤波器,带通子波有多个旁瓣。从子波频谱上可以看到,子波形态需由 4 个频率确定,f_1 为低截频率,f_2 为低通频率,f_3 为高通频率 ,f_4 为高截频率。

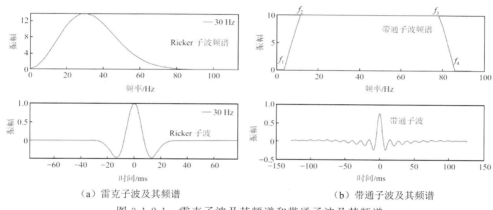

（a）雷克子波及其频谱　　　　　　　　（b）带通子波及其频谱

图 3-1-2-1　雷克子波及其频谱和带通子波及其频谱

"钉型"子波为改进的宽带 Butterworth 子波,"钉型"子波具有旁瓣小、周期短、宽频的特点(图 3-1-2-2)。

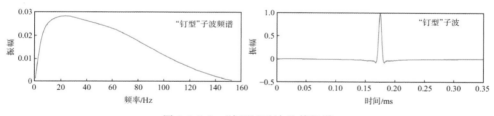

图 3-1-2-2　"钉型"子波及其频谱

改进的"钉型"子波的频率域表达式为:

$$A^2(f)=\begin{cases}\dfrac{\dfrac{f^{2N}}{f_a}}{\left(1+\dfrac{f}{f_a}\right)^{2N}\left(1+\dfrac{f}{f_b}\right)^{2M}} & f\leqslant f_0 \\[2em] \dfrac{\dfrac{f_0^{2N}}{f_a}}{\left(1+\dfrac{f_0}{f_a}\right)^{2N}\left(1+\dfrac{f_0}{f_b}\right)^{2M}} & f_0<f\leqslant f_b-A_w\mathrm{d}f \\[2em] \dfrac{\dfrac{f_0^{2N}}{f_a}}{\left(1+\dfrac{f_0}{f_a}\right)^{2N}\left(1+\dfrac{f_0}{f_b}\right)^{2M}}\cdot\cos\!\left(\pi\dfrac{f-(f_b-A_w\mathrm{d}f)}{A_w\mathrm{d}f}\right) & f_b-A_w\mathrm{d}f<f\leqslant f_b\end{cases}\qquad(3\text{-}1\text{-}2\text{-}1)$$

式中,$N=SL/6$;$M=SH/6$;SL 和 SH 分别对应原始地震数据频谱低频部分和高频部分倍频衰减的斜率;f_0 为子波主频,Hz;f_a 为低截频率,Hz;f_b 为高截频率,Hz;df 为频率间隔,Hz;A_w 为频率域"钉型"子波载波调制因子长度,即原始地震数据频谱高通频率到高频截止频率的长度,其值大小决定高频率成分的多少。

采用雷克子波和"钉型"子波的正演合成记录(图 3-1-2-3),下伏砂岩储层受膏岩层强屏蔽的影响,地震响应微弱,"钉型"子波比雷克子波有更强的地震反射,有利于突出强背景下的弱反射。

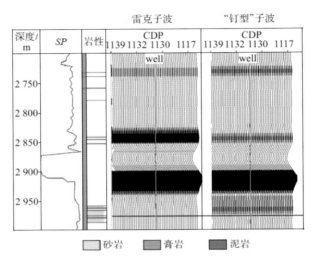

图 3-1-2-3   雷克子波与"钉型"子波正演记录

通过谱整形后的地震资料有效频宽得到拓宽,旁瓣得到压制,同相轴之间接触关系也更加清晰,有利于后续去屏蔽的工作开展(图 3-1-2-4)。

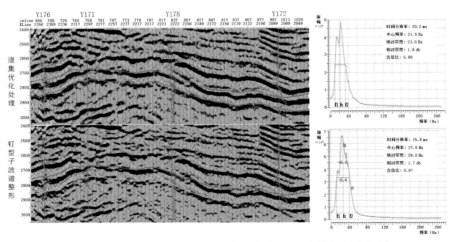

图 3-1-2-4   道集优化处理后叠加剖面与钉型子波谱整形后的剖面

3.2 地震弱反射层有效信息

3.2.1 叠前 AVO 属性提取

沙四上亚段砂岩与泥岩存在相互叠置,叠后波阻抗难以有效区分砂泥岩。而地震横波对岩性有着很好的区分,通过岩石物理分析可以看出,V_P/V_S 能有效区分砂泥岩,可以选择包含纵-横波速度比信息的叠前 G(梯度)属性,作为研究区目的层段的敏感属性,这就需要开展叠前 AVO 属性的提取工作。

利用改进三项式 AVO,以佐普里兹弹性波动力学理论为基础,根据 Shuey 提出的佐普里兹方程的近似表达式,利用严密的数学物理理论,将 Shuey 的三项近似式进行重新整理。众所周知,大角度道集比中角度道集含有更多的横波信息,而三项式 AVO 能够充分利用地震道集的大角度信息(超过 30°),反演求出的拟横波剖面准确度更高。与 Shuey 三项式相比,改进的三项式 AVO 是一个标准的抛物线表达式,可以采用抛物线拟合的方式准确求取三项式 AVO 的各系数,再根据 Shuey 三项式定义的截距、梯度和曲率的定义,将改进的三项式 AVO 求取的系数与截距、梯度和曲率进行线性转换。在此转换过程中,改进的三项式 AVO 并没有引入计算误差,其简单的求取方式使得截距、梯度、曲率等属性的精度相对较高。

通常叠前数据的信噪比较低,噪声干扰严重,CRP 道集数据振幅随炮检距(或入射角)的变化满足佐普里兹方程,可以用抛物线表达,噪声为骑在此抛物线上的一个多余波形,因此将大的误差点剔除掉,不参与拟合,就可以在去噪的同时保持原有数据随炮检距的变化关系。改进的标准抛物线表达形式的三项式 AVO 在去噪的同时可以更加精确地提取截距、梯度等属性,获得高准确度地拟横波剖面。

根据经典的佐普里兹方程,AVO 技术是以地震反射和透射理论为理论基础。在地震勘探中,震源在地面产生弹性波向下传播时,在非垂直入射状态下,到达弹性分界面上就会产生反射纵波、反射横波和透射纵波、透射横波。在各向同性水平层状介质中,设反射纵波、横波的反射角分别为 i_1 和 j_1,透射纵波、横波的透射角分别为 i_2 和 j_2,则入射 P 波的反射和透射如图 3-2-1-1 所示。

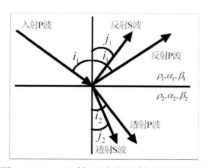

图 3-2-1-1　入射 P 波的反射和透射关系

由于波在介质中传播的运动学特征关系满足几何光学的斯奈尔定律:

$$p = \frac{\sin i_1}{\alpha_1} = \frac{\sin i_2}{\alpha_2} = \frac{\sin j_1}{\beta_1} = \frac{\sin j_2}{\beta_2} \tag{3-2-1-1}$$

当非垂直入射时,根据法向、切线方向上位移和应力的连续性原理可以得出描述上述动力学过程的佐普里兹方程:

$$
\begin{bmatrix} R_{pp} \\ R_{ps} \\ T_{pp} \\ T_{ps} \end{bmatrix} = \begin{bmatrix} -\sin i_1 & -\cos j_1 & \sin i_2 & \cos j_2 \\ \cos i_1 & -\sin j_1 & \cos i_2 & -\sin j_2 \\ \sin 2i_1 & \dfrac{\alpha_1}{\beta_1}\cos 2j_1 & \dfrac{\rho_2 \beta_2^2 \alpha_1}{\rho_1 \beta_1^2 \alpha_2}\cos 2j_1 & \dfrac{\rho_2 \beta_2 \alpha_1}{\rho_1 \beta_1^2}\cos 2j_2 \\ -\cos 2j_1 & \dfrac{\beta_1}{\alpha_1}\sin 2j_1 & \dfrac{\rho_2 \alpha_2}{\rho_1 \alpha_1}\cos 2j_2 & -\dfrac{\rho_2 \beta_2}{\rho_1 \alpha_1}\sin 2j_2 \end{bmatrix} \times \begin{bmatrix} \sin i_1 \\ \cos i_1 \\ \sin 2i_1 \\ \cos 2j_1 \end{bmatrix} \quad (3\text{-}2\text{-}1\text{-}2)
$$

式中，R_{pp} 为纵波反射系数，R_{ps} 为横波反射系数，T_{pp} 为纵波透射系数，T_{ps} 为横波透射系数，ρ_1 和 ρ_2、α_1 和 α_2、β_1 和 β_2 分别为弹性分界面两侧介质的密度、纵波速度、横波速度。

当垂直入射时，(3-2-1-2)式可以简化为：

$$
R_{pp}(i_1 = 0) = \frac{\rho_2 \alpha_2 - \rho_1 \alpha_1}{\rho_2 \alpha_2 + \rho_1 \alpha_1} = \frac{AI_2 - AI_1}{AI_2 + AI_1}
$$

$$
T_{pp}(i_1 = 0) = \frac{2\rho_1 \alpha_1}{\rho_2 \alpha_2 + \rho_1 \alpha_1} = \frac{2AI_1}{AI_2 + AI_1} \quad (3\text{-}2\text{-}1\text{-}3)
$$

$$
R_{ps} = T_{ps} = 0
$$

由式（3-2-1-3）可知，当平面纵波法向入射时不产生转换波，只有反射和透射纵波；而且反射纵波的反射系数仅由两种介质的纵波阻抗差来决定，透射系数总是正值，所以透射波相位与入射波总是一致的；但由于波阻抗差有正有负，反射波的相位不一定与入射波相同；当上下界面波阻抗差为正时，反射系数小于 0，透射系数大于 1；另外，当两种介质的纵波速度和密度确定后，反射系数和透射系数也就唯一地确定了，而且反射系数和透射系数之和恒等于常数 1。

完整的佐普里兹方程形式非常复杂，物理意义不明确，很难直接分析介质参数对振幅系数的影响。为了进一步反映不同弹性参数与反射系数之间的内在关系，前人做了大量的工作，分别从不同的角度对佐普里兹方程进行了详细的讨论和简化，提出了不同假设条件下的纵、横波反射振幅的近似表达式。这些简化方程式为进行 AVO 属性反演与分析、岩性预测和烃类检测奠定坚实基础。

1985 年，Shuey 对前人各种近似进行重组，并进一步研究了泊松比对反射系数的影响。他的开创性工作奠定了 AVO 处理的基础，并首次提出了反射系数的 AVO 截距、梯度的概念，证明了相对反射系数随炮检距的变化梯度主要由泊松比的变化来决定，给出了用不同角度项表示的反射系数近似公式：

$$
R_{pp} = R_0 + \left(A_0 R_0 + \frac{\Delta\sigma}{(1-\sigma)^2}\right)\sin^2 i + \frac{1}{2}\frac{\Delta\alpha}{\alpha}(tg^2 i - \sin^2 i) \quad (3\text{-}2\text{-}1\text{-}4)
$$

其中：$R_0 = (\Delta\alpha/\alpha + \Delta\rho/\rho)/2$；$A_0 = B - (1+B)\dfrac{1-2\sigma}{1-\sigma}$；$B = \dfrac{\Delta\alpha/\alpha}{\Delta\alpha/\alpha + \Delta\rho/\rho}$。

Shuey 公式把反射系数视为小角度项（第一项）、中等角度项（第二项）和大角度项（第三项）之和。在实际应用中常忽略大角度项，于是 Shuey 公式可简化为：

$$
R_{pp} = A_0^R + A_2^R \sin^2 i = P + G\sin^2 i
$$

$$
R_{pp} = NI\cos^2 i + PR\sin^2 i \quad (3\text{-}2\text{-}1\text{-}5)
$$

式中，$P = NI = C_\rho + C_a$，$G = C_a - 4\gamma^2(C_\rho + 2C_\beta)$，$PR = P + G = (C_\rho + 2C_a) - 4\gamma^2(C_\rho + 2C_\beta)$；$P$（或 NI）为截距，反映垂直入射反射振幅；G 为梯度，反映振幅随偏移距的变化率；PR 反映泊松比差异。当 $\gamma = 1/2$ 时：

$$\frac{1}{2}(P+G) = \frac{1}{2}\frac{\Delta\sigma}{(1-\sigma)^2} = C_\alpha - C_\beta = C_{P0} - C_{S0} \tag{3-2-1-6}$$

$$\frac{1}{2}(P-G) = C_{S0} \tag{3-2-1-7}$$

由于 P 和 G 存在这种关系,在实际应用中,常把 $P+G$、$P-G$ 近似认为泊松比和横波参数,把 $aP+bG$ 作为烃类指示因子。利用曲线拟合提取零偏移距剖面 P 和梯度剖面 G,并由 P 和 G 构造各种 AVO 属性剖面。

从 Shuey 近似公式可以看出,只有第二项包含显示含油气特征的参数 σ,而该式中的第二项除了受到参数 σ 的影响外,还要受到地层速度变化率、密度变化率的影响,仍然不能较为敏感地反映地层泊松比 σ 的变化。

目前,AVO 属性分析中更多的横波信息是来自大角度(大于 30°)道集,因此对 Shuey 三项式简式进行改造,找出优于以前版本的解法。

传统的三项式 Shuey 简式即式(3-2-1-4)可以简写为:

$$R(\alpha) = A + B\sin^2\alpha + C(\operatorname{tg}^2\alpha - \sin^2\alpha) \tag{3-2-1-8}$$

式中,$A = \frac{1}{2}\left(\frac{\Delta V_P}{V_P} + \frac{\Delta\rho}{\rho}\right)$,$B = \frac{1}{2}\frac{\Delta V_P}{V_P} - 2\frac{V_S^2}{V_P^2}\left(2\frac{\Delta V_S}{V_S} + \frac{\Delta\rho}{\rho}\right)$,$C = \frac{1}{2}\frac{\Delta V_P}{V_P}$;$A$ 称为截距,B 称为梯度,C 称为曲率。

对式(3-2-1-8)中的三角函数进行重新整理:

$$R(\alpha)\cos^2\alpha = A\cos^2\alpha + B\sin^2\alpha\cos^2\alpha + C(\sin^2\alpha - \sin^2\alpha\cos^2\alpha)$$

$$= A(1-\sin^2\alpha) + B\sin^2\alpha(1-\sin^2\alpha) + C\sin^4\alpha$$

$$= A - (A-B)\sin^2\alpha + (C-B)\sin^4\alpha$$

$$R(\alpha)\cos^2\alpha = \frac{1}{2}\left(\frac{\Delta V_P}{V_P} + \frac{\Delta\rho}{\rho}\right) - \left(\frac{1}{2}\frac{\Delta\rho}{\rho} + 4\frac{v_S^2}{v_P^2}\frac{\Delta v_s}{v_s} + 2\frac{\Delta v_S^2}{v_P^2}\frac{\Delta\rho}{\rho}\right)\sin^2\alpha$$

$$+ \left(4\frac{v_S^2}{v_P^2}\frac{\Delta v_s}{v_S} + 2\frac{\Delta v_S^2}{v_P^2}\frac{\Delta\rho}{\rho}\right)\sin^4\alpha \tag{3-2-1-9}$$

$$y = R(\alpha)\cos^2\alpha$$

$$R = \frac{1}{2}\left(\frac{\Delta V_P}{V_P} + \frac{\Delta\rho}{\rho}\right)$$

$$W = -\left(\frac{1}{2}\frac{\Delta\rho}{\rho} + 4\frac{v_S^2}{v_P^2}\frac{\Delta v_s}{v_s} + 2\frac{\Delta v_S^2}{v_P^2}\frac{\Delta\rho}{\rho}\right)$$

$$V = \left(4\frac{v_S^2}{v_P^2}\frac{\Delta v_s}{v_s} + 2\frac{\Delta v_S^2}{v_P^2}\frac{\Delta\rho}{\rho}\right)$$

设 $x = \sin^2\alpha$,则式(3-2-1-9)可表示为:

$$y \approx R + Wx + Vx^2 \tag{3-2-1-10}$$

式(3-2-1-10)为常见的抛物线方程。2005 年,熊定钰等用最小平方拟合求得 $\frac{\Delta\rho}{\rho}$,进一步求取 $\frac{\Delta V_P}{V_P}$ 以及 $\frac{\Delta V_S}{V_S}$。而本书用最小二乘曲线拟合求拟合系数 R、W、V 与传统的三项式 Shuey 简式对比可以得出 AVO 属性:

截距 $A = R = \frac{1}{2}\left(\frac{\Delta V_P}{V_P} + \frac{\Delta\rho}{\rho}\right)$

$$\text{梯度 } B = R + W = \frac{1}{2} - \frac{\Delta V_\text{P}}{V_\text{P}} - 2 \frac{\Delta V_\text{S}^2}{V_\text{P}^2} \left(2 \frac{\Delta V_\text{S}}{V_\text{S}} + \frac{\Delta \rho}{\rho} \right)$$

$$\text{曲率 } C = R + W + V = \frac{1}{2} \frac{\Delta V_\text{P}}{V_\text{P}}$$

$$\text{拟横波剖面 } S = \frac{1}{2} (P - G)$$

在此转换过程中,改进的三项式 AVO 并没有引入计算误差。与 Shuey 三项式相比,改进的三项式 AVO 是一个标准的抛物线表达式,可以采用抛物线拟合的方式准确求取三项式 AVO 的各系数,进而求取截距、梯度、曲率等属性,其简单的求取方式使得截距、梯度、曲率等属性的精度相对较高。

改进的三项式 AVO 可以提取比较准确的 P 剖面,G 剖面和 S 剖面。其中,G 剖面和 V_p/V_s 有关,是可以直接用来油气检测的一个比较好的叠前属性。P 剖面代表纵波信息,其"亮点"特征比叠后地震数据"亮点"特征能更好地指示烃类,是一个值得挖掘的叠前属性,在 P 剖面上做吸收分析,可以给出更进一步的油气检测结果。

地震横波对岩性有着很好的区分,根据岩石物理分析可以看出,V_P/V_S 能有效区分砂泥岩,我们选择包含纵-横波速度比信息的叠前 G 属性,作为研究区目的层段的敏感属性,进行地震沉积平面表征。处理后的 AVO 属性数据信噪比增强,分辨率提高,G 属性可以突出岩性的变化(图 3-2-1-2)。

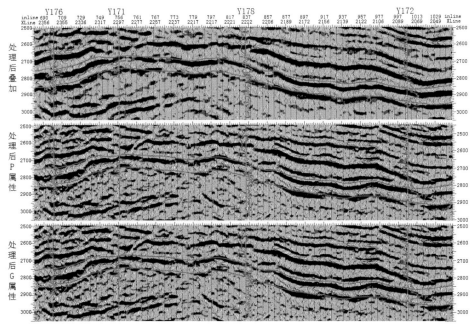

图 3-2-1-2　道集优化处理后提取的属性剖面

在处理前后地震剖面对比的基础上,再利用平面属性切片完成第二步质控。对比处理前后以及叠前 P(纵波)属性和叠前 G(梯度)属性的切片可以看出,纵波属性与全叠加属性相关性较大。而叠前 G(梯度)属性切片则表现出额外的信息,在 Yi176 区块,叠前 G(梯度)属性切片相对较强,与钻井符合,有助于后续地震沉积分析工作的开展。

3.2.2 地震弱反射层有效信息

强反射背景下的薄砂层识别问题一直是地球物理界关注的难题,比如松辽盆地北部扶余油层之上的 T2 页岩屏蔽以及鄂尔多斯盆地的山西组、太原组的煤层屏蔽等。目前,业界主要采用基于子波分解与重构技术的去屏蔽方法。但由于这种方法对分解原子重构时窗的要求严格,只适用于对横向稳定分布且厚度变化不大的储层类型。Y176 区块横向变化较大的砂砾岩等储层类型则无法考虑地层横向关系,容易造成匹配过度和重构剖面连续性差等问题。因此开展了基于子波分解技术去屏蔽和基于压缩感知技术提高分辨率去屏蔽的两种测试方法。

（1）子波分解去屏蔽

地震勘探中常用的地震道模型是褶积模型,即一个地震道可以理解为或解释为单一地震子波和地层反射系数系列的褶积。而一个普遍存在的事实是地震波的频率会随着深度的增加而降低,而且同一地震数据,在不同深度,所提取的地震子波都是不同的。

子波分解是把一个地震道分解成不同能量的地震子波的集合。地震道分解后,可以对子波进行筛选,重构出新的地震道。如果该集合的所有子波都用于重构,重构的地震道和原始地震道基本是相同的。

具体实现过程是将输入的地震数据体中给定数据段分解成不同能量的子波分量,不同能量的子波分量是基于输入地震数据段通过统计计算而得到的。第一能量分量代表在所有输入的地震数据段中具有最大共性、最大能量的子波;在去掉第一能量分量的输入数据段后,第二分量代表在剩余的输入数据段中具有最大共性,最大能量的子波分量;第三分量则是去掉第一分量和第二分量后剩余的地震数据段中具有最大共性,最大能量的子波分量……,依次类推(图 3-2-2-1)。

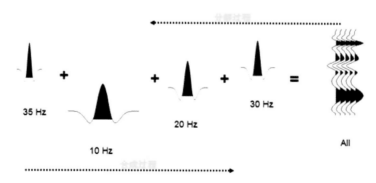

图 3-2-2-1 匹配追踪子波分解和合成

在地质与地层解释中,同一地震分量反映相应地质层段相似的地震岩相特征。第一分量反映覆盖地区最大一级的地质和地层特征。它应该描述不同地层和地质属性的最大一级区块分布。第二分量则反映该地区次一级的地质岩性或岩相分类;更高一级的分量以此类推。多子波地震道分解技术突破了许多常规的地震信号处理和解释中的单一地震子波的假设,它可以将一个地震道分解成多个不同形状、不同主频率的地震子波。用这些子波重新组合,就可以精确地重构出分解前的地震道。

设计了一套高速地层模型(图 3-2-2-2),速度为 5 000 m/s,厚度 45 m;砂层及泥岩隔层厚度均为 15 m,速度分别为 3 500 m/s 和 2 800 m/s。从模型合成地震剖面上看,薄砂岩储层的反射完全被高速地层的反射所屏蔽。通过子波分解技术对该模型剖面进行的处理(图 3-2-2-3),可以提取弱反射层储层信息(图 3-2-2-4)。

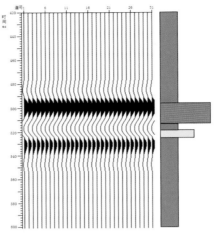

图 3-2-2-2　弱反射模型

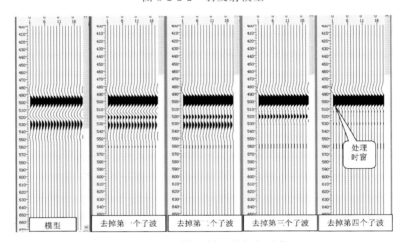

图 3-2-2-3　模型剖面分解与重构

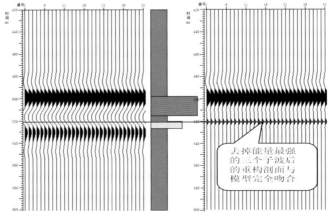

图 3-2-2-4　模型(左)与重构剖面(右)对比

常规基于子波分解与重构技术的去屏蔽方法,由于对分解原子重构时窗的要求严格,对于横向稳定分布且厚度变化不大的储层较为有效。Y176 区块地质目标属于横向变化较大的砂砾岩等储层类型，无法考虑地层横向关系，容易造成匹配过度和重构剖面连续性差等问题。

（2）压缩感知去屏蔽技术

压缩感知技术利用信号的稀疏特征，可以把高维空间的信号通过测量矩阵投影到一个低维的空间中，通过非线性重构来完美重建信号。首先通过理论推导构造基于压缩感知原理的求解地震反射系数的目标函数，然后采用快速迭代软阈值算法进行求解，通过去除反演的强反射系数界面，最终得到去强轴后的地震记录。根据地震褶积模型，y 为地震数据，可以描述为地震子波 w 和地下反射系数 x 的褶积：

$$y = w \otimes x + n \qquad (3\text{-}2\text{-}2\text{-}1)$$

式中，n 为噪音。

式（3-2-2-1）在频率域可以表示为：

$$Y = W \cdot X + N = W \cdot F \cdot x + N \qquad (3\text{-}2\text{-}2\text{-}2)$$

式中，Y 为地震记录的 Fourier 变换，W 为地震子波的 Fourier 变换，X 为地下反射系数的 Fourier 变换，N 为噪声 n 的 Fourier 变换，F 是 Fourier 变换矩阵。

根据地震勘探基本假设，地下反射系数是随机序列，则其频谱 X 应是全带宽的，但是由于地震子波的滤波作用使其成为有限带宽的频谱 Y，从而损失了许多有用信息。因此，首先需要通过有限带宽的地震数据频谱 Y 来恢复整个带宽数据 X。压缩感知利用信号的稀疏特性，通过非线性重构来完美重建信号。由于地震反射系数 x 是稀疏的，所以求解式（3-2-2-2）的过程满足压缩感知理论。与传统常用的压缩感知方法不同的是，这里的采样矩阵 W 不是完全随机函数。所以只能在一定程度上恢复全带宽能量 Y，而不能完全恢复整个频带的能量。

由式（3-2-2-1）式（3-2-2-2）可知，对于地震记录，$A = W \cdot F$。根据压缩感知原理，式（3-2-2-2）求解可构造如下成本函数并使其为最小：

$$\frac{1}{2} \| y - Ax \|_2^2 + \lambda \| x \|_1 \Rightarrow \min \qquad (3\text{-}2\text{-}2\text{-}3)$$

式中，$\| \cdot \|_2^2$ 和 $\| \cdot \|_1$ 分别为 L_2 范数和 L_1 范数；λ 是 L_2 范数和 L_1 范数权重的调节因子，即 λ 越大，L_1 范数占的权重就越大。

式（3-2-2-3）的前半部分采用 L_2 范数约束，是为了在最小平方意义下匹配地震记录频谱。但因为方程（3）是欠定的，最小平方意义下存在多解性；为了克服多解性，引入成本函数第二部分的 L_1 范数约束条件，这也是利用压缩感知原理恢复信号的关键之一。

对式（3-2-2-3）求偏导数并令其为零，可以得到目标函数：

$$A^H A x - A^H y + \lambda\, sign(x) = 0 \qquad (3\text{-}2\text{-}2\text{-}4)$$

令 $z = A^H y$，$B = A^H A$，则上式可以简化为：

$$z = Bx + \lambda\, sign(x) \qquad (3\text{-}2\text{-}2\text{-}5)$$

式（3-2-2-5）可以采用快速迭代软件阈值算法（FISTA）算法求解，其具体流程如下。

步骤 1：初始化 $z_1 = x_0$，$t_1 = 1$。

步骤 2：$x_k = soft[z_k + 1/\alpha\ (WF)^H (y - WF z_k), \lambda/\alpha]$。

步骤 3：$t_{(k+1)} = (1 + \sqrt{1 + 4t_k^2})/2$。

步骤 4：$z_{k+1} = x_k + \dfrac{t_{k-1}}{t_{k+1}}(x_k - x_{k-1})$。

用步骤 2 计算 x_{k+1}，并计算其与 x_k 的误差，重复步骤 2～4 直到满足精度要求。

其中，α 须大于矩阵 β 的最大特征值；soft 为迭代软阈值函数，定义为：

$$\text{soft}(u,\alpha) = \text{sgn}(u)\max(|u|-\alpha,0) \tag{3-2-2-6}$$

（3）基于压缩感知的去强反射屏蔽

据以上所述原理方法，对地震数据整道进行压缩感知反演，恢复得到全频带反射系数 x；然后设定目标强反射界面层位处 2～3 个地震波形反射长度的时窗，沿强屏蔽层上下各半个时窗长度，采用余弦窗函数对整道反射系数进行截取。采用余弦窗函数的目的：保证强屏蔽层反射系数的准确截取；避免由于时窗截取导致时窗外地震数据的突变导致的横向连续性变差；从整道反演的反射系数中减去截取的强反射系数 s，得到去除强反射系数后的反射系数剖面；最后将设计的"钉型"子波褶积去除强反射系数后的反射系数，得到最终去强轴的地震记录。余弦窗函数截取反射系数为：

$$s = \cos(nwin\pi)x \tag{3-2-2-7}$$

式中，s 为截取的强反射界面反射系数，x 为反演的全频带反射系数，$nwin$ 为选取时窗。

从采用雷克子波、"钉型"子波和压缩感知去强轴技术组合后的正演记录（图 3-2-2-5），可以看出，在分辨率足够高的前提下采用"钉型"子波（压制旁瓣）＋压缩感知去强轴技术组合可以有效地识别屏蔽储层反射。

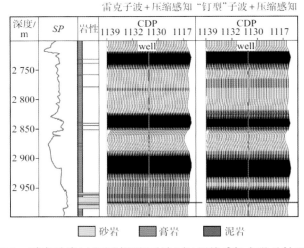

图 3-2-2-5 雷克子波（左）和"钉型"子波（右）压缩感知去强反射正演记录

3.2.3 实际应用效果

对 Y176 区块原始地震数据进行"钉型"子波谱整形处理，通过对子波旁瓣的压制后得到的地震频谱[图 3-2-2-6(d)]，与原始地震频谱[图 3-2-2-6(b)]相比，地震分辨率得到了一定的提高。其中，时间分辨率从 30.0 ms 缩短为 24.8 ms，周期更短，时间分辨率更高；地震主频从 14.5 Hz 提高到 17.5 Hz；绝对带宽从 13.0 Hz 提高到 19.0 Hz；相对带宽从 1.5 dB 提高到 1.8 dB。在此基础上，再进行压缩感知处理，地震分辨率得到进一步的提高，其中时间分辨率、地震主频和绝对带宽都有不同程度的提高[图 3-2-2-6(f)]，目的层段的砂岩地震响应特征更加明显,达到了去强屏蔽的目的。对比分析去屏蔽前后的地震剖面,并选取该区块 2 口实钻井 A 和 B 的测井岩性资料,分别进行岩性地震标定[图 3-2-2-6(c),图 3-2-2-6(e)],可以看出,基于"'钉型'子波 + 压缩感知技术"处理后,能有效突出沙四上亚段 3 与 4 砂组的地震反射特征,提高了储层的分辨能力,且与测井岩性标定结果吻合,说明基于"钉型"子波+压缩感知技术能够达到有效去除强屏蔽的目的,提高地震勘探对强屏蔽弱反射砂体的识别能力。

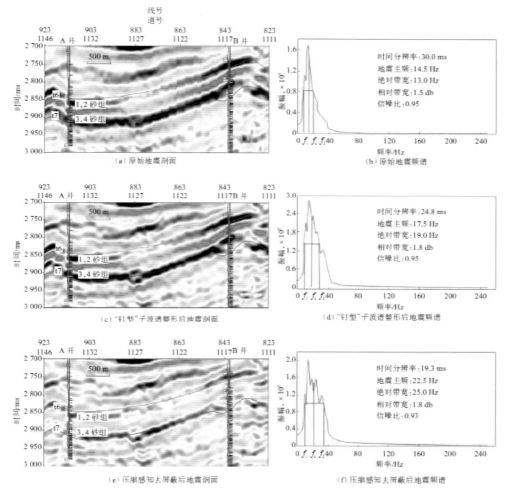

图 3-2-2-6   地震资料去屏蔽处理及其频谱特征

3.3   基于层控的储层描述

3.3.1   构造层序分析

Y176 区块沙四上亚段 3、4 砂组砂岩厚度变化相对不大,相对由西向东是变厚的趋势,反射特征比较稳定,一弱一强。1、2 砂组的膏岩体由西向东厚度是变薄的趋势,同时反射特征也是由双波峰加一个波谷变成单波峰加一个波谷的反射特征。

T6 反射波组由 2 个较强反射波组成,T6 反射层我们定在最上边的那个反射波。横向上,T6 反射波组的强弱和连续性发生不规律性的变化。在工区西北的地区,由于膏岩层发育较厚反射能量相对较强,有时是以一个弱波峰加一个强波峰组成,连续性差可追踪性不是很高,主要分布在膏岩相对发育的区域。在工区东南部位,反射能量较弱,连续性较好。同时在这些地区,膏岩发育较薄,这也导致了 T6 反射波在该部位能量减弱,连续性相对好。在其他地区,虽然膏岩的发育具有局部发育的特点,反射波组破碎,其特征保留得不完整。总体来说,T6 反射波能量分布不均,空间变化大,常出现相位特征转换的现象,膏岩发育复杂,这些都给对比追踪带来了一定的困难。

T7′射波组在大部分地区均有较好发育。T7′反射波相对 T6 反射波来讲,反射能量略强,特征也比较明显,受膏岩发育的影响也相对较小。在整个工区,T7′反射波反映为相对较强的波峰。这里我们把 T7′反射层定在最下面的反射轴上,在个别部位,反映振幅较弱。T7′反射波组振幅较强,频率较高,连续性较好,总体来说 T7′反射波组特征明显,反射特征比较清楚,在工区西北部分该反射层之上为大套平行、亚平行、强、弱相间的反射结构,在工区东南部分的地震相有明显相似。这些都表明 T7′反射界面在区域振幅强弱变化不明显。

3.3.2 致密储层描述

（1）储层反演方法

反演是地震储层描述的主要的手段,目前主要应用稀疏脉冲反演、测井约束反演和地质统计学反演。在开发阶段主要用测井约束反演和地质统计学反演。测井约束反演由井间的插值模型开始,通过合成记录和地震记录残差,反复修改模型,最终模型修改结果为反演结果。测井约束反演受初始模型影响比较大,层状的模型化现象严重,纵向分辨率高但横向分辨率低,容易破坏地质体结构和外形特征。地质统计学反演先随机选取一个点,用克里金技术估算该点的局部概率密度函数,通过序贯高斯随机模拟建立井间波阻抗,得到合成地震道。反复实现,直到合成地震道与原始地震数据达到一定程度的匹配。按上述做法对逐个网点进行模拟和优化,反演结果就是多个等概率的实现体。随机建模有多个实现比确定性建模表达能力强,而且随机路径有利于井的高频合理加入,对储层非均质性表征有利。

建模是反演的关键,这两种反演方法主要的差别在于地质统计建模方法。宽带约束反演一般采用克里金确定性建模,地质统计学反演采用序贯高斯随机模拟建模。这两种建模方法都采用变差函数控制,但基于两点的变差函数只能把控两点间的相关性,难以把控复杂的空间结构和复杂的地质体,所以目前兴起的多点统计以试图解决这个问题。两种传统的统计学建模方法往往会使反演损失分辨率,表现为纵向上模型的地层产状和地震同相轴不一致,横向上插值结果有围绕井的"牛眼"现象。这大大影响了反演结果对地质体外形和结构的刻画能力,对岩性圈闭的识别和储层非均质性表征非常不利。

近年来,地震沉积学蓬勃发展,在薄储层和岩性圈闭预测方面见到好的效果,它主要强调用属性和反演的形态特征-地震地貌分析微相。为方便沉积分析,地震沉积学的分支地震岩性学大力发展能保持地质体构形特征的地震属性和反演方法,倡导相控预测储层。为克服常规地质统计学建模横向分辨率低、模糊沉积储层构形特征的局限,可将相控预测思想用于反演建模,就是研究如何用地震属性控制井插值建模。

沉积储层的构形特征在块状介质中是地质体外形和结构的反映,在层状介质中是储层纵横向非均质性的表现。沉积储层非均质性的表现特征和探测频率有关,探测频率越高,储层在横向上呈现的非均质性越强,呈现的随机性也越强,所以分频建模是反演技术对储层非均质性表征的关键。通过分频建模和属性建模可以开发一种既有较高的测井纵向分辨率，又有地震横向分辨率，能保持地质体构形特征及储层非均质性特征的新的反演方法——构形反演。

在地质统计学建模中，主要依靠井的插值实现建模。确定性的克里金建模属于层状介质插值建模，受解释层位影响很大，往往造成剖面上层间模型产状和同相轴不一致的情况，平面上易造成牛眼结构，模糊了地质体构形特征或储层非均质性特征。随机建模虽然理论上可以通过概率密度函数产生既满足反演（通常是稀疏脉冲反演）也满足井的随机实现，但它的随机性很强，结果也容易破坏对地质体构形或储层非均质性的表征。

地震数据具有反映地质体构形的能力，如何将地震数据参与建模，是提高反演构形表征能力的关键。地质是一种带限资料，如何加入地震缺乏的低频和高频就形成了分频井震联合建模的方法，即不同频带采用不同的建模策略。频带如图 3-3-2-1 所示。第①部分（一般为 0～10 Hz）地质体构形特征不明显或储层非均质性不强，可以用克里金差值建模实现；第②部分（一般在 10～100 Hz）是地震频带，可以用简单反演（如有色反演）实现；第③部分（100～200 Hz）储层非均质性比较强，可以通过地震属性的相似性，合理选择相同沉积相带的井插值建模，前提条件地震属性具有明确的指相意义。200 Hz 以上储层非均质性表现很强了，应采用常规地质统计学贯序高斯模拟实现。这三部分能量的相对关系依次减弱，满足一种指数规律。可以看出分频建模遵循频率越高储层非均质性表现越强的规律，按分频原则将克里金建模和随机建模及地震有机结合的产物。

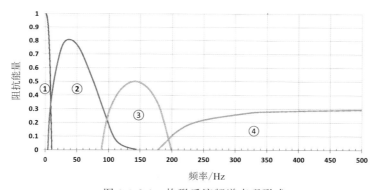

图 3-3-2-1　构形反演频谱表现形式

在分频建模中每个频带的能量对地质体构形的表征能力是不同的。图 3-3-2-1 的第①部分（0～10 Hz）虽然能量最大，属于背景组分，对构形表征贡献不大。第②部分地震本身有构形表征能力，无需特处理。第③部分（100～200 Hz）对构形细节贡献较大，需要特别处理。第④部分（200～500 Hz）虽然能反映储层非均质性细节，但能量最小，对整体构形表征影响不大。所以构形建模重点是第③部分地震属性控制下的插值建模。构形建模的成果为这三个频带的合并。常规建模使用克里金变差函数统计井点的插值权重，图 3-3-2-2 可以看出地震波形相似则井曲线相似，地震属性相似度可以指导井高频的插值外推，基于插值建模思想利用井旁地震属性相似度建立井的权重函数（图 3-3-2-3）。

$$c_i = \sqrt{\frac{(v_i - v_j)^{\mathrm{T}}(v_i - v_j)}{v_j{}^{\mathrm{T}} v_j}}$$

$$w_i = \exp(-\alpha_c c_i^2)$$

$\quad\quad$ (3-3-2-1)

式中，i 表示井旁道序号，j 表示待插值道序号，c 表示相似度，v 表示地震波形，w 表示相似度权重，α_c 为相似度因子。

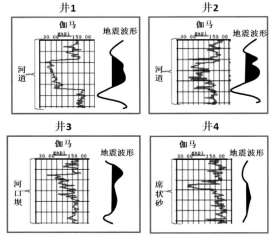

图 3-3-2-2　构形反演频谱表现形式

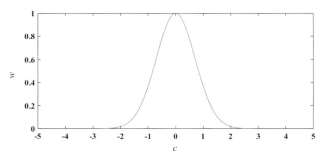

图 3-3-2-3　相似度权重函数

这里建立一个理论模型来验证构形建模的合理性，建立非层状介质波阻抗模型，如图 3-3-2-4所示，分别抽取第 45、150、270、340 道作为井数据。提取合成地震（图 3-3-2-5）的瞬时相位属性剖面（图 3-3-2-6），以瞬时相位属性为相控数据指导井插值，获得构形建模的结果，插值结果与实际模型相吻合（图 3-3-2-7），说明波形相似程度可有效指导井的插值外推。

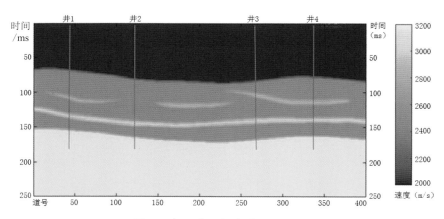

图 3-3-2-4　非层状介质波阻抗模型

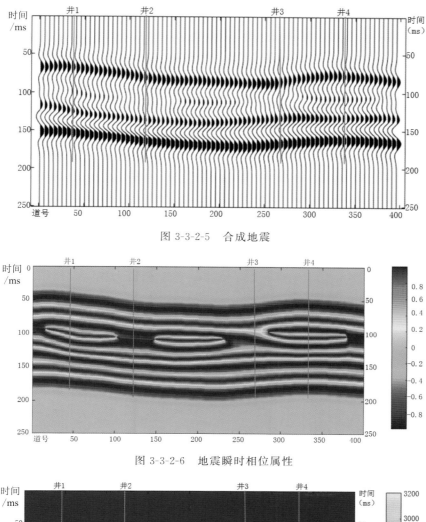

图 3-3-2-5　合成地震

图 3-3-2-6　地震瞬时相位属性

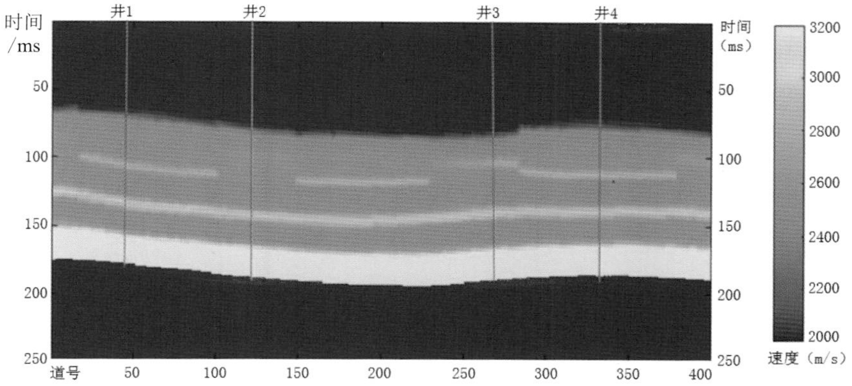

图 3-3-2-7　构形建模

储层非均质性在高于 200 Hz 频带上表现出强的随机性,可以通过随机模拟表征。为了使模拟符合一定的地质统计规律,需要既满足井的概率密度分布,也要满足地震记录约束,所以这一部分随机模拟过程主要运用马尔可夫链蒙特卡罗(MCMC)算法。MCMC 方法是一种基于全局最优化技术进行地质统计学求解的方法,它从初始模拟结果出发,模拟出多个波阻抗曲线,通过合成地震与实际地震剖面相关性,确定合理的储层参数。具体如下。

根据合成记录约束建立后验概率函数：

$$p(z \mid s*) \propto p(z)p(s* \mid z)$$

$$p(z)p(s* \mid z) = \frac{1}{(2\pi\delta_d)^{\frac{n}{2}}(2\pi\delta_z)^{\frac{n}{2}}}\exp\left(-\frac{\sum_{i=1}^{n}(s_i - u_d - w*r)^2}{2\delta_d{}^2} - \frac{\sum_{i=1}^{n}(z_i - u_z)^2}{2\delta_z{}^2}\right)$$

$$(3\text{-}3\text{-}2\text{-}2)$$

已知 $p(z \mid s*)$ 的概率分布，需要找到使得 $p(z \mid s*)$ 最大的 z，使用 MCMC 方法对于这个非线性的方程进行求解。假设 $p(z \mid s*)$ 服从高斯分布，则其期望为其最大值所在。马尔科夫链若存在唯一不变分布，当充分迭代后最终收敛到后验分布。采样过程用 Metropolis-Hastings 采样算法，该方法能有效解决 MCMC 采样接受率过低问题。计算步骤如下。

① 确认 t 时刻下在 z 状态的后验概率 $p(z \mid s*)$。

② 构造一个分布 $q(z, z')$，使得 z 转换为 z'。

③ 构造接受接受概率 $a(z, z')$，其中

$$a(z, z') = \min\left\{1, \frac{p(z' \mid s*)q(z', z)}{p(z \mid s*)q(z, z')}\right\}$$

$$(3\text{-}3\text{-}2\text{-}3)$$

④ u 服从 0、1 间的均值变换，根据概率密度函数取 u。

⑤ 更新 $t+1$ 时刻下的状态：

$$X_{t+1} = \begin{cases} x & u > a(z, z') \\ x' & u \leqslant a(z, z') \end{cases}$$

$$(3\text{-}3\text{-}2\text{-}4)$$

从频率成分对储层非均质的表征看，阻抗低频表征储层的各向同性，高频表征各向异性，建模时不同频带应采用不同的计算策略，我们采用分频建模方法做出的模型在剖面和平面上和地震的产状一致，而常规模型的平面出现牛眼，剖面上和地震产状不一致。

（2）储层描述

在建模的基础上我们再加入超高频——随机模拟（图 3-3-2-8）。通过前期的岩石物理分析我们了解到，去掉膏岩层后，砂岩的门槛值为 7 000（g/cm³）·（m/s）（图 1-2-1-2），以该值提取砂岩厚度。反演与地震波形的叠合剖面可以看出，反演的结果和地震的构形特征一致（图 3-3-2-9）。将在泊松阻抗反演体上提取的 3、4 砂组的砂岩厚度图与统计砂岩厚度图进行对比，可以看到其总体展布方向与厚度模式图一致，预测结果与实际钻井结果吻合度较高（图 3-3-2-10、图 3-3-2-11），说明其预测结果较为可靠。

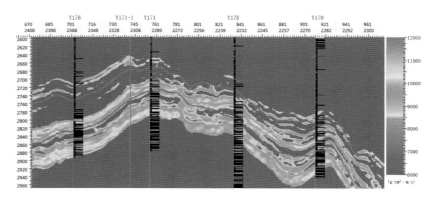

图 3-3-2-8　Y176 井-Y170 井连井反演剖面

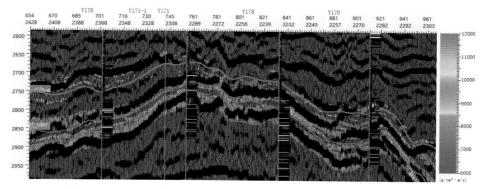

图 3-3-2-9 Y176 井-Y170 井连井连井反演剖面与地震波形叠合剖面

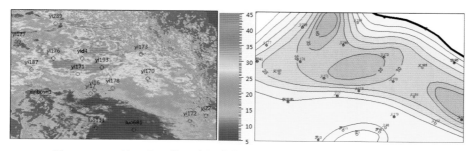

图 3-3-2-10 沙四上亚段 3 砂组砂岩厚度预测图(左)和砂岩厚度图(右)

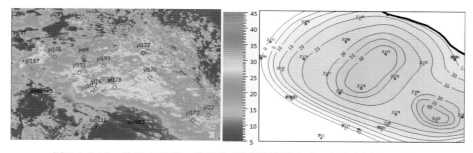

图 3-3-2-11 沙四上亚段 4 砂组砂岩厚度预测图(左)和砂岩厚度图(右)

3.4 相控模式下的致密油藏油气甜点识别

3.1.1 地震沉积分析

Y176 区块主要物源来自东北方向,即主要物源来自埕东凸起,次级物源来自孤岛凸起。目的层段为湖泊三角洲相沉积体系,主要储集砂体为水下分流河道砂体。渤南洼陷砂四上亚段中下部主要为灰色厚层砂砾岩、砂岩夹滨浅湖暗色泥岩,局部出现薄层灰岩、白云岩、膏岩;到中上部,在洼陷边缘部位以砂砾岩、砂岩为主,夹薄层泥岩,洼陷中部位厚层泥岩夹薄层灰岩、膏岩。总体上,研究区沙四上亚段沉积时期,碎屑岩与碳酸盐同时沉积,形成了纵向相互叠置、横向相邻分布这一错综复杂的沉积面貌。

(1)地震 wheeler 域转换

地震沉积学主要是平面沉积成像或平面定量地震属性提取和相表征,在最小等时地层研究单元基础上,做地震属性平面表征的关键是要保证属性提取时窗的等时性。目前,如何有效利用地震资料进行层序和沉积期次的划分以及内部层序的自动追踪,一直是层序地层学研究所面临的技术难题。地震 Wheeler 转换技术将层序地层学和地震沉积学更好地结合起来,从而可以最大限度地应用三维高精度地震资料进行地层层序和沉积期次的研究。

曾洪流教授提出了地层切片技术,该技术就是在两个相对等时面(最小等时研究单元的顶底界)的约束之下做等比例的切片。这些切片具有年代地层意义和相对等时意义,称为年代地层切片。这种操作也称之为 Wheeler 变换(Wheeler 在 1958 年提出了一种年代地层的作图方法)。地层切片可以作为属性提取的时窗,也可以重采样形成新的数据体,这个数据体的纵轴代表相对地质年代,称为地层切片体或相对地质年代体(图 3-4-1-1)。

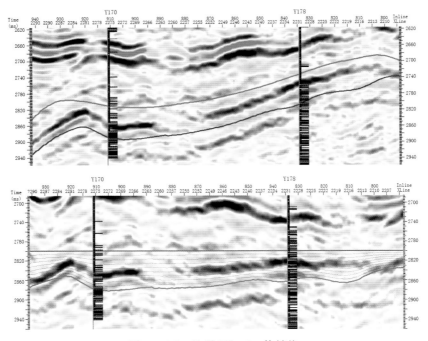

图 3-4-1-1　地震 Wheeler 体转换

(2)面块切片提取

研究区储层较薄,地震纵向分辨率较低,难以进行薄层的识别,因此,可考虑用切片进行沉积特征的表征和分析。目前使用的切片主要有三种:时间切片、岩层切片和地层切片。时间切片是沿某一固定的地震旅行时对地震数据体进行切片显示,切片方向是沿垂直于时间轴的方向。岩层切片是沿某一特定地质反射界面,即沿着或平行于追踪地震同相轴所得的层位进行切片,它更倾向于具有地球物理意义。地层切片示意解释的两个等时沉积界面为顶底,在地层的顶底界面间按厚度等比例内插出一系列的层面,沿这些内插出的层面逐一生成地震属性切片。这种切片比时间切片和岩层切片更合理且更接近于等时沉积界面。

面块的功能是改善连续切片的成像,并且能够和剖面联动,进行沉积过程的动态分析,相比于地层切片,面块切片的沉积边界更加清楚。以沙四上亚段 3 砂组为例,进行了地层切片和面块切片的比较(图 3-4-1-2)。通过比较可见,虽然地层切片和面块切片的整体面貌基本类似,但面块切片的沉积边界更加清楚,由此可见,相比于地层切片,面块切片更能表征地震沉积特征。

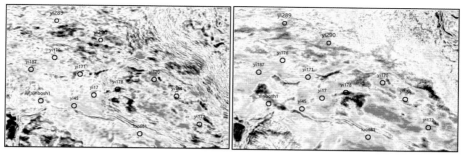

图 3-4-1-2 地层切片(左)与面块切片(右)对比

（3）地震沉积分析

1）特征切片薄互层分析

对于单砂体薄层而言，顶底反射互相干涉形成复合波。而对于薄互层而言，所有薄层的反射互相干涉会形成更为复杂的复合波。

图 3-4-1-3a 展示了两个薄砂层中间夹杂着一个泥层的薄互层结构。上、下两层砂层的厚度分别为 8 ms 和 4 ms，中间泥质夹层的厚度为 2 ms。图 3-4-1-3(b)、图 3-4-1-3(d)分别代表了用 90 度相位的雷克子波合成的上层砂岩的地震响应，下层砂岩的地震响应和整个薄互层的地震响应。在大多数时间采样点上，整个薄互层的地震响应由两部分构成，一部分是上层砂层的贡献，另一部分是下层砂层的贡献。想要从整体地震响应中分别得到这两部分各自的贡献是很难的。然而，对于每一层砂层，都有两个与众不同的样点，也就是我们上面提到的零值时间点（ZCT），例如上层砂层 199.4 ms 和 212.6 ms 的位置处，以及下层砂层 207.6 ms 和 220.4 ms 的位置处都是零值时间点。在这些零值时间点上，整个薄互层的地震响应仅仅来自于一个砂层的贡献，另一个砂层对其没有贡献。也就是说，零值时间的地震反射是没有干涉效应的。如果我们能够找到并选出每一层的零值时间，那么我们就可以估计出该层的深度和厚度。通过砂层的两个零值时间的中间值可以确定砂层中心的位置，即该层的中心深度。另外，通过建立一个楔状模型，选出每道的零值时间，得到零值时间间隔和层厚关系的模板，这样我们就可以根据模板，用得到的零值时间间隔估算出每层砂层的厚度。通过上面的计算得到砂层的深度和厚度后，我们可以很轻松地估算出中间泥质夹层的深度和层厚。

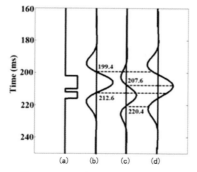

图 3-4-1-3 薄互层地震响应(90°相位，30 Hz雷克子波)

(a) 两层砂层，中间夹泥岩的薄互层模型；(b) 上层砂层的地震响应；

(c) 下层砂层的地震响应；(d) 整个模型的地震响应。

　　2）连续地层切片分析

　　由于地震子波的延续性，大多数地层切片上面都会有多个砂体相互干涉后的痕迹。然而，根据地震沉积学和前述特征切片薄互层分析理论，通过地震地貌（地震地貌不是古地貌中地形的高低，而是指沉积特征在沉积等时面上的地震映像，这种映像是等时界面上的平面地震反射样式或形态）研究最大限度地利用地震横向分辨率，在沉积等时面上捕捉地震相位的空间变化，进行地质体的"识别"而不是"分辨"。

　　通过上部地层连续切片对比分析我们也会找到一些规律。在一系列自上而下的切片中（图3-4-1-4），切片2到切片5的地震平面映像大致可以表征3砂组的砂体平面展布特征，切片4到切片8的地震平面映像大致可以表征四砂组的砂体平面展布特征。

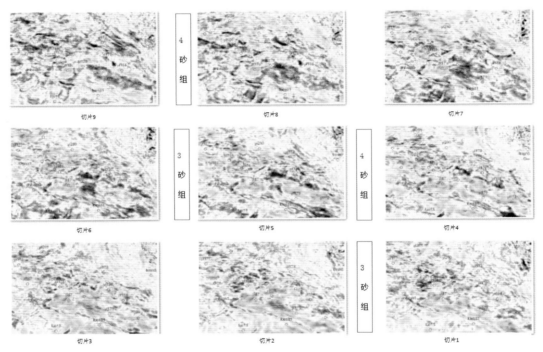

图 3-4-1-4　Y176 区块沙四上亚段 3、4 砂组地层连续切片分析

　　依据以上分析结论，通过挑选三、四砂组的特征切片对 Y176 区块目的层段 3、4 砂组做连续切片分析，可知研究区 Y176 块沙四上亚段为水退型扇三角洲，3、4 砂组主要发育扇三角洲前缘前积砂，北东向埕东物源，自下而上由北东向南西推进。

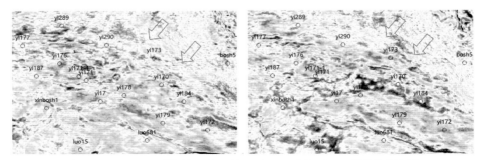

图 3-4-1-5　Y176 区块沙四上亚段 3（左）、4 砂组（右）G 属性特征切片

3）时频三原色属性

时频三原色属性是一种瞬时频率属性。常规三瞬属性中的瞬时频率不是很稳定,难以用于地震相的定量刻画。为了有效利用地震频率信息,合理显示每个样点的优势频率,我们研究出了"时频三原色"的频率属性,该属性分别用红、绿、蓝三种颜色,表示低、中、高分频信息,然后按分频能量比较结果做色彩叠加显示,用颜色来表示相对的反射同相轴频率高低。三原色剖面作为一种频率信息,原理如下:

首先,用 Marr 小波模拟出不同频率的雷克子波,然后对地震信号进行 Marr 小波分频处理,得到低、中、高三个不同频带的信号,接着,将每个采样点的三个分频信号分别用红(R)、绿(G)、蓝(B)表示,最后红(R)、绿(G)、蓝(B)三原色合成为该采样点的颜色值,其基本原理可以表示成:

$$C_{out}(x,y,z) = C[I_R(x,y,z), I_G(x,y,z), I_B(x,y,z)] \qquad (3\text{-}4\text{-}1\text{-}1)$$

式中,$C_{out}(x,y,z)$是输出数据体在点(x,y,z)赋予的颜色值;$I_R(x,y,z)$、$I_G(x,y,z)$和$I_B(x,y,z)$分别是点(x,y,z)的像数值,用来控制红、绿及蓝的贡献。

时频三原色频率属性分析是用 Marr 小波模拟不同频率的雷克子波对地震信号进行分频处理,其处理的结果信号具有明显的物理意义。这是其他小波分频所不具备的。它是一种对分频结果进行合成处理的技术,它用颜色代表每个样点的优势频率信息,可以得到一个瞬时意义的频率体,是利用频率进行岩相表征的最稳定的技术(图 3-3-1-6)。

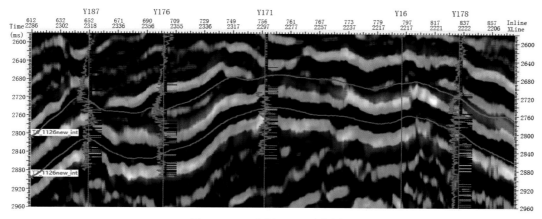

图 3-4-1-6　分频 RGB 融合剖面

4）沉积解剖和储层定性分析

将通过地震属性表征的地震相图与沉积背景、已钻井岩心、测井等资料相结合,对 Wheeler 域地震属性相图予以沉积解释,从而定性预测储层发育部位。

在地震属性切片上进行沉积解剖,主要表现在两个方面:一是根据属性的外形表征沉积体系的微相类型,比如通过属性外形可以识别水下分流河道、天然堤、决口扇等微相;另一方面,通过地震属性的数值来表征岩性,如通过振幅、频率高低判断砂、泥岩。在叠后地震属性相分析中,属性呈现的平面形状和井间沉积对比形成的平面沉积模式的对应关系是定相的关键,井震结合时,形状的分析比数值大小分析更有意义。虽然可以用岩石物理来标定属性-相的关系,但严格说来叠后属性的大小和岩性关系并不明确,所以在做相图时不能完全按照属性的大小界限来画相边界。因此,地震沉积分析结果预测的储层分布是定性的、不是定量的。应用"形"和"态"进行沉积解剖的最大好处在于这是一种成因法意义的研究方法,根据"形"所确定的沉积类型可以排除由特殊岩性引起的"态"异常,从而减少属性预测的多解性。另外通过沉积解剖,能够明确各砂体的成因,根据成因类型间接分析砂体类型及物性特征。

对 Y176 区块沙四上亚段 3、4 砂组做分频 RGB 融合平面,可知 3、4 砂组主要物源为北东向程东凸起,主要发育扇三角洲前缘水下分流河道及水下分流间湾沉积,整体沿北东或北西呈片状分布,水下分流河道砂为主要的储层发育区。其中,3 砂组砂全区较发育,工区中区、西部储层连片发育较厚,西南方向砂体减薄(图 3-4-1-7);4 砂组向西在 YD341 附近超覆尖灭,向南在 XBs1 井附近超覆尖灭,中部、西部为主要的储层发育区,西南部砂体不发育(图 3-4-1-8)。

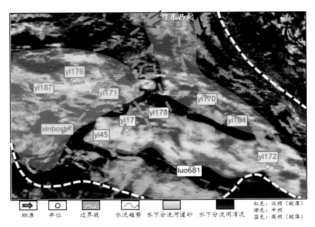

图 3-4-1-7   Y176 区块沙四上亚段 3 砂组扇三角洲前缘地震沉积图

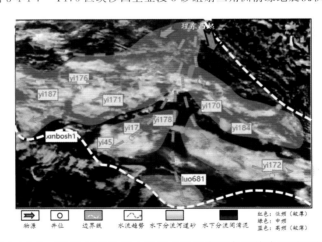

图 3-4-1-8   Y176 区块沙四上亚段 4 砂组扇三角洲前缘地震沉积图

3.4.2   相控致密砂砾岩储层甜点预测

曾洪流等将地震沉积学定义为通过地震岩性学、地震地貌学的综合分析,研究岩性、沉积成因、沉积体系和盆地充填历史的学科。近年来,地震沉积学在沉积研究中得到了广泛的应用,其关键技术包括地层切片技术和 90°相位旋转,这两项技术已成为地震地貌研究的主要技术手段,对于其操作、解释和应用条件都有了广泛的探讨。而地震岩性学,从广义上讲,是一门研究如何用地震资料预测岩性的学科;从狭义上讲,曾洪流认为其应致力于将地震数据体转化为测井岩性数据体,配合地震地貌进行地震沉积研究。地震地貌学综合运用多项地震属性和地质解释技术,通过三维地震数据平面成像对地下地貌形态进行分析和研究。

岩性地貌体既指沉积体的岩性和形态特征,也指它和地震纵横向的反射结构特征的内在联系。这里的"地貌"指地震地貌,是沉积体在沉积等时面上的地震影像,即平面形态特征。在反射特征分析方面,它既考虑地震相(纵向结构),也考虑地震地貌(横向形态特征);在井震标定方面,它强调沉积体的岩性、成层性和反射特征间的成因关系研究;在沉积体解释方面,它强调沉积体时间域和相对地质年代域的联合解释。在研究尺度上,岩性地貌体适用于储层级别中的厚层岩性研究,弥补了地震相方法(适用于体系域级大尺度岩性研究)和地震沉积方法(适用于储层级别中的薄层岩性研究)之间的空白。

传统的地震资料解释方法,主要基于地震地层学利用高品质二维地震资料探索地震反射相位与地质层位、沉积相之间的相互关系。其核心技术包括对标志层进行追踪标定、同相轴基本代表砂体、反射结构进行相指示,主要为一种强调垂向分辨率的静态分析方式。而这种方法在实际的科研项目运用中有一定的局限性。例如,地震地层学中的地震相分析,主要通过时间域反射的外形和结构来分析沉积相预测岩性,是一种相面法,然而外形和结构难以量化表征,地震相与沉积相的对应关系难以井震标定。

1) 地震地貌相表征

地震地貌表征即是通过筛选合理的地震属性,在平面上进行切片。针对同一地震地貌成像,不同的研究人员可能会有不同的沉积解释,但若连续的从年代由老到新对垂向上地震地貌进行对比分析,就会揭示沉积相的变迁和沉积演化规律,而且还可以大大降低某一层沉积解释的多解性。这主要是因为根据相序递变原则,纵向上成因相近的地质体,其沉积相的变化在横向上是相互联系的,在时间空间域中的演化是有规律的。因此,针对沉积地质体进行垂向上的、"域"演化角度的整体平面沉积解剖就显得相当重要。同时,这也是进行连续的沉积体系年代演化分析的优势所在。在具体应用上,研究人员可先在相对地质年数据体上,按照从老到新的顺序,做连续的 Wheeler 域切片并进行观察;然后,从地震地貌的相对连续性变化角度出发,观察某一沉积现象,出现、发育到消亡的过程,挑选能代表沉积相或沉积环境变迁的典型切片;最后,以这些典型地层切片为基础,做平面沉积体系分析,再做细致的沉积体系"域"演化分析。

基于前面地震沉积分析(图 3-4-1-7、图 3-4-1-8),开展 3、4 砂组的地震地貌相解释工作。3、4 砂组主要物源为北东向程东凸起,主要发育扇三角洲前缘水下分流河道及水下分流间湾沉积,整体沿北东或北西呈片状分布,水下分流河道砂为主要的储层发育区;其中三砂组砂全区较发育,工区中区、西部储层连片发育较厚,西南方向砂体减薄;四砂组向西在 YD341 附近超覆尖灭,向南在 XBs1 井附近超覆尖灭,中部、西部为主要的储层发育区,西南部砂体不发育。

(2) 地震岩性相表征

传统的地质人员进行沉积相划分时,主要采用砂岩百分含量等值线图作为沉积相的刻画依据之一。此种方法在有井且井位密集地区精确度高,但现在的情况是,大多数工区在进行资料研究时,并没有太多的井点资料作为支撑。这就导致在砂岩百分含量的绘制当中,对地质人员的要求更高。由于井资料缺失的多解性,使地质人员不断改变解释方案和插值方式,以期达到最好效果。这样的方式加大了解释人员的工作量,且不能保证最终成果的准确性。地震资料的存在,在无井区域起到了至关重要的作用。可以利用地震资料来进行岩性反演,弥补地质统计在无井地区的不足。由于本工区阻抗特征复杂,岩性反演主要采用"岩性特征曲线重构＋概率岩性反演"的方法直接预测岩性(特征曲线重构在前述章节有详细介绍),后续还可直接进行砂岩百分含量统计成图。单纯的岩性反演剖面有岩性和厚度表征功能,但是缺乏准确的平面形态。所以用地貌切片和岩性切片相结合,画出工区的沉积相图,也即岩性地貌相分析技术的核心一步。

通过前面对研究区做岩石物理分析发现,泊松比对本区砂泥岩有较好的区分能力。为此,通过确定性反演,区分岩性,剖面上反演结果和井上砂体有良好的匹配关系(图 3-3-2-1),由门阀值关系统计砂岩储层的厚度以及平面展布(图 3-3-2-2、图 3-3-2-3)。

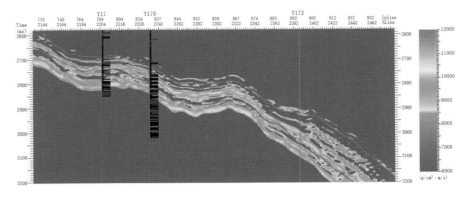

图 3-4-2-1　Y176 井-Y170 井连井反演剖面

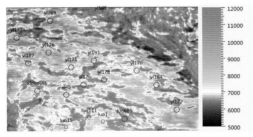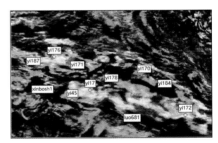

图 3-4-2-2　沙四上亚段 3 砂组泊松阻抗反演切片(左)和 RGB 属性(右)

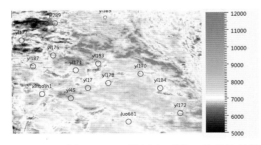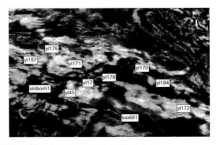

图 3-4-2-3　沙四上亚段 4 砂组泊松阻抗反演切片(左)和 RGB 属性(右)

（3）致密砂砾岩储层甜点预测

由于沉积体系的宽度远远大于它的厚度,换句话说在剖面上无法识别沉积体,在平面上有可能得到识别与表征,因此用 Wheeller 域的地震属性来识别砂体横向展布。但这种 Wheeler 域平面属性表征只能反映地质体的外形和展布,没有厚度概念。

　　对于反演数据而言,其数值信息有利于通过门槛值划分,定量预测地质体厚度。但劣势在于反演建模插值,损失了地质体的横向边界,不利于岩性边界刻画;同时,由于阻抗剖面并不等同于岩性剖面;砂体追踪与闭合往往是一项综合性很强、复杂而繁重的工作。

　　为了能突出厚度,同时不损失岩性边界,将这种Wheeler域解释出来的地质体范围投影到时间域反演剖面上,引导解释人员做地质体厚度解释,这就是Wheeler反变换。这种双面(Wheeler域平面、时间域剖面)协同工作方式,常常表现为平面解释控制剖面解释的工作模式。将平面地貌特征上解释的地质体边界和范围投影到反演剖面上(通常称之为Wheeler反变换),指示哪些反射属于同一沉积体(或同一相带),其大致边界在哪,这样就使砂体解释在相控下进行,对比起来方便快捷。另外,这种方法也易于将地震储层预测的两个基础资料来源——属性分析和反演有机结合起来,将属性和反演对地质体刻画的优势都发挥出来。一般认为,地震属性有好的横向分辨率,所以Wheeler域属性能对地质体外形和结构有好的刻画,解释人员也容易解释其展布方向和范围。反演有好的垂向分辨率,对地质体厚度有很高的刻画能力,通过先平面、后剖面的双面工作模式就能解决好目前地震储层预测技术中属性和反演一体化应用的问题。

　　沙四上亚段4砂组,向南在XBs1井附近超覆尖灭通过分频RGB融合地震地貌相所刻画的优势相待-扇三角洲前缘水下分流河道,结合地震岩性分析-泊松阻抗反演,二者交互分析精细刻画沙四段三砂组优势储层分布图(图3-4-2-4)。4砂组起始于北东方向埕东凸起,顺水流而下,主题发育扇三角洲水下分流河道,由于水流分异及沉积搬运作用,近物源区含砾砂岩发育,呈块状,北西、北东方向,以北西向为主,物性好,储层厚。中部-西部砂岩发育,储层较厚,成片状分布,经流水筛选搬运物性较好,为优质储层——"甜点"。南部为扇三角洲前缘水下分流河道远端,粉细砂岩发育,成片状,分选及物性较好,储层较薄。

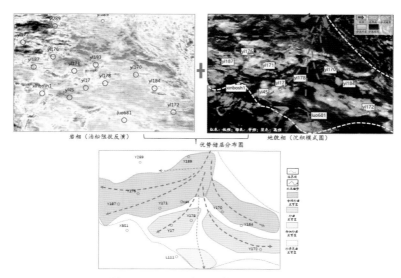

图3-4-2-4　四砂组相控甜点预测图

　　沙四上亚段3砂组,披覆叠置于4砂组之上,全区发育。通过分频RGB融合地震地貌相所刻画的优势相待-扇三角洲前缘水下分流河道,结合地震岩性分析-泊松阻抗反演,二者交互分析精细刻画3砂组优势储层分布图(图3-4-2-5)。沙四段3砂组起始于北东方向埕东凸起,顺水流而下,主体发育扇三角洲水下分流河道,由于水流分异及沉积搬运作用,近物源区含砾砂岩发育,呈块状或条带分布,北西、北东方向,以北西向为主,物性良,储层厚;中部-西部砂岩发育,储层较厚,成片状分布,经流水筛选搬运物性较好,为优质储层——"甜点";南部为扇三角洲前缘水下分流河道远端,粉细砂岩发育,成片状,分选及物性较好,储层较薄。

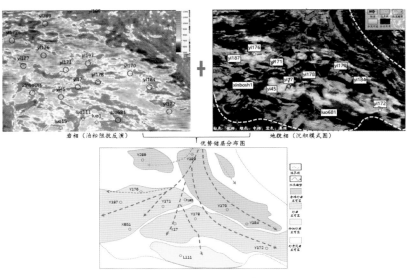

图 3-4-2-5　三砂组相控甜点预测图

第4章

致密滩坝储层地震预测技术 ▶▶▶

20世纪末,国内外学者才开始对滩坝砂展开广泛、深入的研究。由于国外主要是以海相滩坝砂为主,其沉积环境相对稳定、地质构造也比较简单,所以国外学者的研究主要针对海相滩坝砂;相对而言,国内滩坝砂以陆相为主,研究主要针对陆相滩坝砂。但是陆相滩坝砂与海相滩坝砂相比沉积构造比较复杂、横向变化剧烈。本书提到的滩坝砂体是断陷湖盆缓坡带普遍发育的良好油气储集体,由于该类储层单层厚度薄,横向变化大,分布规律复杂,储集砂体的地质识别以及地球物理预测难度均较大。胜利探区滩坝砂岩的特殊性主要表现为:埋藏较深,多在3 000 m以下;单层厚度薄,一般小于2 m;储层物性较差,属于低孔、低渗储层;砂体横向连续性差,规律难以掌握。虽然此类油气藏勘探开发难度很大,但由于单井产量较高、储量比较丰富,目前该类油藏在老油田增储上产中发挥着重要作用。

国内外专家学者针对储层预测发表了大量文献,地震储层预测技术有很多,主要为地震正演技术、时频分析、属性分析、烃类检测技术、地震相分析技术、地震反演技术、多波和AVO技术等。

国外研究将浅海海相砂体作为主要研究对象,地质方面的研究主要是通过沉积旋回特征、地球化学特征来进行分析;地震方面是通过研究滩相砂体的反射速度、提高地震响应的分辨率等来进行分析。综合来看国外滩坝砂岩研究趋势如下。

① 加强综合研究和非定性问题分析。对岩性储层进行精确分析是非常复杂的,应充分了解岩石物理学和它在地震储层预测方面的新进展;深刻认识到各向异性Goupillaud层组合的设想比起真实地球内部构造要简单得多;要尽可能地测量地震薄互层的反射时间及其全部的波,同时增加一些不相关的地震信息;加强对不确定性和非唯一性的研究。只有通过以上方法的研究分析,才有可能进一步提高储层预测的准确度。

② 重视储层特征的定量分析。正确建立岩石物理模型是储层预测的基础,然后对其进行量化分析,即把速度从一种状态转换到另一种状态。储层的物理性质变化对地震波波速有何影响?频率变化与速度及其衰减有怎么样的关系?通过什么样的方式把超声波和声波频率应用于地震频率下波的传播?这些都是储层预测的最根本问题。

③ 随着地震勘探精度和技术的不断提高、不断进步,储层物理性质及流体的预测由常规的储集层岩相、岩性预测开始转向储集层的物理性质和流体的预测。储层物性和流体的预测在今后储层预测中仍将起着不可替代的作用。

国内专家学者长期以来主要以陆相滩坝砂体为研究对象,对滩坝砂体分布的研究主要是通过古地貌和沉积相分析来进行,如朱筱敏、李丕龙、邓宏文等。采用地球物理技术研究薄储层的方法很多。刘书会、才巨宏等应用薄层属性分析及地震特征反演等方法预测滩坝砂体分布。这些成果虽然较好地指导了勘探部署,但是在预测方法上仍然存在一定的局限性:从宏观规律出发的地质分析,预测精度有限,只能定性预测;从局部小块入手的地球物理研究,适用条件严格,难以总结出一个普遍适用的属性解释方法。刘书会曾对薄互层储层预测中存在的问题,提出了超道相干、地层切片和相似背景分离技术联合应用以减少属性分析中的不确定性。

高 89 区位于博兴洼陷远岸坝沉积区,从沉积相上看属于坝主体沉积,次生孔隙则属于碱性成岩作用主导次生孔隙发育带。目前该区块有井 50 余口,资料相对完善,有利于开展研究。目的层段为沙四上亚段,油藏埋深 2 800~3 200 m,油层主要集中在 1、2 砂组。数据主频大约是 20 Hz[图 4-0-1(a)],地震的分辨率较低。开发工区内的砂体厚度较薄,大部分为 1~4 m,平均厚度为 1.9 m[(图 4-0-1(b)]。

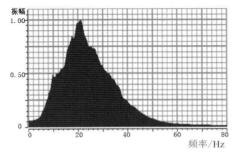
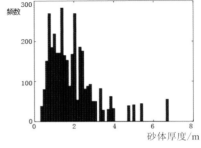

（a）致密滩坝储层发育区地震数据的频谱图　　　（b）致密滩坝储层厚度分布图

图 4-0-1　致密滩坝储层发育区地震数据的频谱图及致密滩坝储层厚度分布图

高 89 区具有低孔、低渗、连通性差的复杂地质特点,地震属性与致密油藏参数之间关系复杂,导致储层厚度、物性常规地震预测多解性严重。因此,为高效地利用地震属性信息,降低地震多解性,突出有利储层的地震反射特征,需要综合利用多属性开展储层预测研究,提高滩坝致密砂岩地震储层预测可靠性,进而提高勘探开发的成功率。随着大数据思想的不断发展,借助大数据思想开展多属性研究成为一种必然的趋势。

把大数据处理和挖掘思想引入测井、地震属性提取以及井震匹配中,将井数据作为训练集和测试集,采用频繁模式树算法进行地震属性优化,并对优化后的地震属性集合进行深度学习,实现井震非线性映射的滩坝致密砂岩储层参数预测,解决薄互层滩坝砂岩储层预测难的问题。

该技术主要是通过利用勘探区带致密油藏储层有关的地质、地球物理、钻井、测井等资料,进行多维度井震标定与基于粒子群算法的子波提取;其次是针对致密砂岩的储层特点,提取叠后振幅属性、能量属性、"三瞬"(瞬时振幅、瞬时频率、瞬时相位)属性、频谱属性等多种属性,通过基于频繁模式树的致密油藏属性优选实现基于卷积神经网络的致密油藏砂体厚度预测(图 4-0-2)。

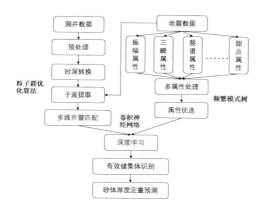

图 4-0-2 技术流程

4.1 基于粒子群算法的子波提取及多维度井震标定

三维地震资料解释精度的提高、油藏地球物理及油藏管理的发展、联合反演技术的不断出现,使得地震与测井资料匹配问题变得越来越重要,并且二者的有机结合是进行油气储层参数精细刻画和岩性解释的前提和关键,因此如何做到两者的精确匹配是一项十分有意义的工作。测井曲线与地震勘探资料分别代表储层参数在线、面上的分布特征,测井数据能够较为精确地提供多种地下岩层的储集参数,结合地震勘探数据可以将较为精确的信息外推到井间区域。然而,由于测井、地震数据之间存在着多方面的差异,在进行井间信息外推之前,必须针对这些差异对它们做相应的处理和校正,使之匹配起来。对于井-震匹配问题,通常会通过制作合成地震记录将测井数据与地震数据相关联,以实际地震数据为基准,对测井数据与地震子波褶积运算得到合成地震记录进行匹配调整,使之与井旁地震数据达到较为精确的匹配状态。

井-震匹配的需求促使地震记录与测井记录的匹配校正方法不断发展和完善,常用的方法有闭合差校正法、杨氏谐振 Q 模型法、多分辨率分析法以及基于最小二乘原理的匹配方法。常规情况下,实现井-震匹配的基本流程如下。

① 资料的收集和整理;

② 测井曲线的校正与预处理,包括曲线的常规处理和有针对性的处理操作等;

③ 进行时深转化和序列重采样来完成地震数据与测井数据相同空间域和相同采样频率的准备,求取反射系数并作采样处理,为制作地震合成记录做准备;

④ 地震资料的初步解释,包括地震资料的品质分析和预处理;

⑤ 选取合适的地震子波,结合求取好的反射系数完成地震合成记录的制作;

⑥ 进行匹配处理,该过程需要迭代处理,直到达到符合精度的匹配校正结果。

4.1.1 基于粒子群的子波提取

（1）粒子群优化算法求最优解

假设 D 维空间中有 N 个粒子,粒子 i 的位置为 $\boldsymbol{x}_i = (x_{i1}, x_{i2}, \cdots, x_{iD})$,适应度函数为 f,$\boldsymbol{x}_i$ 位置处的适应值为 $f(\boldsymbol{x}_i)$,粒子 i 的速度为 $\boldsymbol{v}_i = (v_{i1}, v_{i2}, \cdots, v_{iD})$,粒子 i 的个体经历过的最好位置为 $\mathbf{pbest}_i = (p_{i1}, p_{i2}, \cdots, p_{iD})$,种群所经历过的最好位置为 $\mathbf{gbest} = (g_1, g_2, \cdots, g_D)$。通常,在第 $d(1 \leqslant d \leqslant D)$ 维的位置变化范围限定在 $[X_{\min,d}, X_{\max,d}]$ 内,速度变化范围限定在 $[-V_{\max,d}, V_{\max,d}]$ 内,这样在迭代中若 v_{id}、x_{id} 超出了边界值,则该维

的速度或位置就会被限制为该维的最大速度或边界位置。

粒子 i 的第 d 维速度更新公式为：

$$v_{id}^k = \omega v_{id}^{k-1} + c_1 r_1 (p_{id} - x_{id}^{k-1}) + c_2 r_2 (g_d - x_{id}^{k-1}) \tag{4-1-1-1}$$

式中，上标 k、$k-1$ 表示迭代次数，v_{id}^k、v_{id}^{k-1} 分别表示第 k 次、$k-1$ 次迭代中粒子 i 飞行速度矢量的第 d 维分量；x_{id}^{k-1} 表示第 $k-1$ 次迭代中粒子 i 位置矢量的第 d 维分量；p_{id}、g_d 分别表示 **pbest**$_i$、**gbest** 的第 d 维分量；r_1、r_2 为两个随机函数，取值范围为 $0 \sim 1$，以增加搜索随机性；ω 为惯性因子，c_1、c_2 为学习因子，均表示权重。

粒子速度更新公式包含三部分：第一部分 ωv_{id}^{k-1} 为前次迭代中粒子自身的速度；第二部分 $c_1 r_1 (p_{id} - x_{id}^{k-1})$ 为自我认知部分，表示粒子本身的思考，可理解为粒子 i 当前位置与自己最好位置之间的距离；第三部分 $c_2 r_2 (g_d - x_{id}^{k-1})$ 为社会经验部分，表示粒子间的信息共享与合作，可理解为粒子 i 当前位置与群体最好位置之间的距离。粒子 i 的第 d 维位置更新公式为：

$$x_{id}^k = x_{id}^{k-1} + v_{id}^{k-1} \tag{4-1-1-2}$$

式中，x_{id}^k 表示第 k 次迭代中粒子 i 位置矢量的第 d 维分量。

粒子群算法的基本流程如下：

① 初始化粒子群体，包括群体规模、粒子初始的随机位置和速度。

② 根据适应度函数，评价每个粒子的适应度。

③ 对每个粒子，将其当前适应值与其个体历史最佳位置（**pbest**）对应的适应值做比较，如果当前的适应值更好，则将用当前位置更新历史最佳位置。

④ 对每个粒子，将其当前适应值与全局最佳位置（**gbest**）对应的适应值做比较，如果当前的适应值更好，则将用当前粒子的位置更新全局最佳位置。

⑤ 根据式（4-1-1-1）、式（4-1-1-2）更新每个粒子的速度与位置。

⑥ 判断算法是否达到最大迭代次数，或者最佳适应度值的增量是否小于某个给定的阈值，如果满足条件则算法停止，此时的全局最佳位置即为所求的最优解，否则返回流程②继续进行迭代。

（2）粒子群优化算法的参数选取

粒子群优化算法中的参数主要有群体大小、权重因子、最大速度、位置范围等，参数的选取会对算法的寻优能力、收敛性速度产生一定的影响，下面分别介绍各参数的选取以及对算法的影响。

1）群体大小 m

群体大小 m 是一个整型参数。如果 m 很小，则 PSO 陷入局优的可能性很大；如果 m 很大，则 PSO 的优化能力很好，但收敛速度慢。当群体数目增长至一定水平时，继续增大群体数目将不再有显著的作用。因此，群体大小应该根据问题的具体情况选取一个合适的值。

2）权重因子 ω、c_1、c_2

权重因子包括惯性因子 ω 以及学习因子 c_1、c_2。粒子的速度更新主要由三部分组成，即前次迭代中自身的速度 ωv_{id}^{k-1}、自我认知部分 $c_1 r_1 (p_{id} - x_{id}^{k-1})$、社会经验部分 $c_2 r_2 (g_d - x_{id}^{k-1})$，$\omega$、$c_1$、$c_2$ 分别表示这三部分的权重。

对于惯性因子 ω，$\omega = 1$ 表示基本粒子群算法，$\omega = 0$ 则失去对粒子本身速度的记忆。惯性权重 ω 由 Shi 和 Eberhart 于 1998 引入，并提出了动态调整惯性权重以平衡收敛的全局性和收敛速度,该算法被称为标准 PSO 算法。惯性权重 ω 描述了粒子上一代速度对当前代速度的影响,ω 值较大,则全局寻优能力强,局部寻优能力弱;反之,则局部寻优能力强。当问题空间较大时,为了在搜索速度和搜索精度之间达到平衡,通常做法是使算法在前期有较高的全局搜索能力以得到合适的种子,而在后期有较高的局部搜索能力以提高收敛精度。所以 ω 不宜为一个固定的常数,常用的为线性递减权值,即:

$$\omega = \omega_{\max} - (\omega_{\max} - \omega_{\min})\frac{k}{k_{\max}} \tag{4-1-1-3}$$

式中,$\omega_{\max}$ 为最大惯性权重,$\omega_{\min}$ 为最小惯性权重,k 为当前迭代次数,$k_{\max}$ 为算法迭代总次数。

可见,随着迭代次数 k 的增加,惯性权重 ω 不断减少,从而使得粒子群算法在初期具有较强的全局收敛能力,而晚期具有较强的局部收敛能力。

对于学习因子 c_1、c_2,$c_1 = 0$ 表示无私型粒子群算法,即"只有社会,没有自我",会迅速丧失群体多样性,易陷入局优而无法跳出;$c_2 = 0$ 表示自我认知型粒子群算法,即"只有自我,没有社会",完全没有信息的社会共享,会导致算法收敛速度缓慢;c_1 与 c_2 都不为 0,称为完全型粒子群算法,完全型粒子群算法更容易保持收敛速度和搜索效果的均衡,是较好的选择。学习因子 c_1 和 c_2 分别表征算法搜索局部极值和全局极值的能力,算法初期,使用较大的 c_1 和较小的 c_2 使粒子在整个可行空间进行搜索,保证地震子波初始范围的多样性;算法后期,使用较小的 c_1 和较大的 c_2 使粒子快速收敛于全局最优值,找到地震子波的准确解。因此,c_1 和 c_2 的表达式可分别为:

$$c_1 = c_{1\max} - (c_{1\max} - c_{1\min})\frac{k}{k_{\max}} \tag{4-1-1-4}$$

$$c_2 = c_{2\min} + (c_{2\max} - c_{2\min})\frac{k}{k_{\max}} \tag{4-1-1-5}$$

式中,$c_{1\max}$、$c_{1\min}$ 分别为学习因子 c_1 的最大值与最小值,$c_{2\max}$、$c_{2\min}$ 分别为学习因子 c_2 的最大值与最小值。

除了使用权重因子 ω、c_1、c_2 外,还可以使用其他的因子来保证粒子群算法的收敛性。1999 年,Clerc 引入收缩因子以保证算法的收敛性,此时速度更新公式表示为:

$$v_{id}^{k} = K\left[v_{id}^{k-1} + \varphi_1 r_1(p_{id} - x_{id}^{k-1}) + \varphi_2 r_2(g_d - x_{id}^{k-1})\right] \tag{4-1-1-6}$$

式中,φ_1、φ_2 为需要预先设定的模型参数;K 为收缩因子,相当于惯性权重 ω,其取值受 φ_1、φ_2 的限制,即

$$K = \frac{2}{\left|2 - \varphi - \sqrt{\varphi^2 - 4\varphi}\right|} \tag{4-1-1-7}$$

式中,$\varphi = \varphi_1 + \varphi_2$,$\varphi > 4$。

3)最大速度 $V_{\max}$

最大速度 $V_{\max}$ 的作用在于维护算法的探索能力与开发能力的平衡:$V_{\max}$ 较大时,探索能力增强,但粒子容易飞过最优解;$V_{\max}$ 较小时,开发能力增强,但容易陷入局部最优。$V_{\max}$ 一般设为每维变量变化范围的 $10\% \sim 20\%$。

4)邻域的拓扑结构

粒子群优化算法的拓扑结构是指整个群体中所有粒子之间相互连接的方式,而邻域结构是指单个粒子如何与其他粒子相连。前者是整体性质;后者是局部性质,决定了拓扑

结构。邻域结构是决定粒子群优化算法效果的一个很重要的因素,不同邻域结构的粒子群优化算法,效果会有很大的差别。目前,对于种群邻域拓扑结构的研究大多基于如下 5 种模型。

① 全局(gbest)模型:种群中所有个体相互通信。该模式中,信息传递的速度比较快,所以收敛速度也比较快,但是也较容易陷入到局部极小点,该模式的结构图如图 4-1-1-1 (a)所示。

② 局部(lbest)模型:种群中相邻个体之间通信。局部模式中所有粒子排成一个环状结构,这种结构信息传递得比较慢,收敛速度较慢,但是也较不容易陷入局部极值点。该模式的结构图如图 4-1-1-1(b)所示。

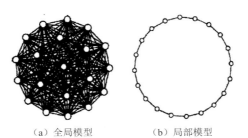

(a) 全局模型　　　　　　　　(b) 局部模型

图 4-1-1-1　种群邻域拓扑结构的全局模型和局部模型

③ 4 类(four clusters)模型:整个粒子群由 4 个类组成,4 个类内部个体相互完全通信,类间通信较少。该模式的结构图如图 4-1-1-2(a)所示。

④ 金字塔(pyramid)模型:三角形线框的金字塔结构,即四面体结构,粒子分布在四面体的四个顶点上,然后所有这样的四面体相互连接起来。该模式的结构图如图 4-1-1-2(b)所示。

⑤ 冯·诺依曼(von Neumann)模型:四方网格,顶点相连形成环面,即每个粒子与上下左右四个最邻近的粒子相互连接,形成一种网状的结构见图 4-1-1-2(c)。

实践证明,全局版本的粒子群算法收敛速度快,但是容易陷入局部最优;局部版本的粒子群算法收敛速度慢,但是很难陷入局部最优。目前粒子群算法大都在收敛速度与摆脱局部最优这两个方面下功夫,其实这两个方面是矛盾的,关键是如何更好地折中。

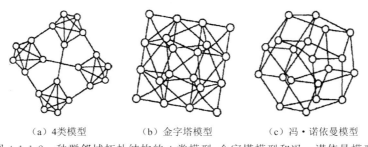

(a) 4类模型　　　　　　(b) 金字塔模型　　　　　　(c) 冯·诺依曼模型

图 4-1-1-2　种群邻域拓扑结构的 4 类模型、金字塔模型和冯·诺依曼模型

5) 停止准则

停止准则一般有如下两种:最大迭代次数与可接受的满意解,满意解的判定标准可为最佳适应度值的增量小于某个给定的阈值。

6）粒子空间的初始化及位置范围

较好地选择粒子的初始化空间，将大大缩短收敛时间。粒子空间的初始化是问题依赖的，根据具体问题的不同而不同；同时，准确地确定粒子的位置范围，也有助于缩短收敛时间。

粒子群算法与其他现代优化方法相比的一个明显特色就是所需调整的参数很少。相对来说，惯性因子和邻域定义较为重要，这些为数不多的关键参数的设置对算法的精度和效率有着显著影响。

3）粒子群优化算法提取子波

假设某口井的井旁地震道为 $s_0(t)$，声波测井资料计算出的反射系数为 $r(t)$，地震子波为 $w(t)$，噪声为 $n(t)$，则合成记录 $y(t)$ 满足以下的褶积形式：

$$y(t) = w(t) \cdot r(t) + n(t) \tag{4-1-1-8}$$

使用粒子群优化算法提取地震子波，关键在于粒子的解向量设置与适应度函数的建立。由于目标是提取子波，显然粒子的解向量就是地震子波按一定间隔采样的序列值。在粒子运动之初需要进行子波序列值的初始化，然后利用初始化的或运动后的子波序列值，将其与声波测井资料计算出的反射系数 $r(t)$ 进行褶积，得到合成记录 $y(t)$，再用其结果与实际的井旁地震记录 $s_0(t)$ 建立适应度函数。袁三一和陈小宏（2008）使用如下的适应度函数：

$$f = 1 - \sum_{t=0}^{N} [s_0(t) - w(t) \cdot r(t)]^2 \Big/ \sum_{t=0}^{N} s_0^2(t) \tag{4-1-1-9}$$

其中，时间采样点总个数为 $N+1$。

岳碧波等（2009）使用如下的适应度函数：

$$f = \frac{1}{\sum_{t=0}^{N} [s_0(t) - w(t) \cdot r(t)]^2 + 1} \tag{4-1-1-10}$$

根据式（4-1-1-9）、式（4-1-1-10）可知，当适应度值最接近于 1 的时候，此时粒子的位置即为所求的子波。

我们使用的适应度函数如下所示：

$$f(w) = \| s_0 - w \cdot r \|^2 \tag{4-1-1-11}$$

式中，w 为初始化或运动后的子波，s_0 为实际的井旁地震记录，r 为测井资料计算出的反射系数，其均为向量的形式。

式（4-1-1-11）所示的适应度函数与反演中的目标函数类似，当适应度值最接近于 0 的时候，此时粒子的位置即为所求的最优解。如果噪声干扰较大，可考虑添加平滑算子 L，此时适应度函数为：

$$f(\mathbf{w}) = \| \mathbf{s}_0 - \mathbf{w} \cdot \mathbf{r} \|^2 + \alpha \| L\mathbf{w} \|^2 \tag{4-1-1-12}$$

式中，α 为平滑项的权重因子，L 可为一阶或二阶的导数算子，即

$$\mathbf{L} = \begin{bmatrix} -1 & 1 & 0 & 0 & 0 \\ 0 & -1 & 1 & 0 & 0 \\ 0 & 0 & \ddots & \ddots & 0 \\ 0 & 0 & 0 & -1 & 1 \end{bmatrix} \tag{4-1-1-13}$$

或

$$L = \begin{bmatrix} 1 & -2 & 1 & 0 & 0 & 0 \\ 0 & 1 & -2 & 1 & 0 & 0 \\ 0 & 0 & \ddots & \ddots & \ddots & 0 \\ 0 & 0 & 0 & 1 & -2 & 1 \end{bmatrix} \qquad (4\text{-}1\text{-}1\text{-}14)$$

使用粒子群算法提取子波的优点在于收敛速度快,具有全局寻优能力,理论比较简单,实现方便,参数设置较少。但使用中也有需要注意的地方:算法精度与参数选择有着密切的关系,不恰当的参数选择易导致算法结果发散,寻优精度降低。

4.1.2   多维度井标定算法

(1) 原理

多维井震匹配主要是指时间、相位和振幅的多维度匹配。将时间、相位、振幅等看成是对于波形匹配检验的不同层面,这就成立了一个多维度校正匹配的模型。针对不同维度的差异,在不同的记录段使用不同的滤波因子,可以基于最小二乘法的原理设计合适的匹配滤波器来完成最终的匹配校正。多维井震匹配的具体方法如下:

假设 $G^r(t)$ 和 $G^s(t)$ 分别表示井旁实际地震道及合成地震道,我们对合成记录 $G^s(t)$ 进行校正处理,使其与井旁地震记录 $G^r(t)$ 匹配。假设滤波器算子为 P,基于最小二乘法原理设计目标函数:

$$E = \| G^r(t) - PG^s(t) \| \qquad (4\text{-}1\text{-}2\text{-}1)$$

由于要针对匹配的不同维度选取不同的滤波因子进行分段局部归一化校正,因此可以得到一个由算子族构成的算子 $P = \{Pi\}$。对于局部归一化校正,极小化泛函组:

$$E_i = \| G_i^r(t) - P_i G_i^s(t) \| \qquad (4\text{-}1\text{-}2\text{-}2)$$

将式(4-1-2-2)进行离散化处理,将滤波器定义为一个长度为 $L+1$ 的滤波因子集合 $\{P(m)\}(m=0,1,2,\cdots,L)$,可得:

$$E = \sum_k \left[G^r(k) - \sum_m P(m)G^s(k-m) \right]^2 \qquad (4\text{-}1\text{-}2\text{-}3)$$

计算泛函 E 关于 $P(n)$ 的 Frechet 导数,并令其等于 0:

$$\frac{\partial E}{\partial P(n)} = 0, \quad n = 0,1,2,\cdots,L \qquad (4\text{-}1\text{-}2\text{-}4)$$

经过计算可以得到:

$$\sum_k \left[G^r(k) - \sum_m P(m)G^s(k-m) \right] \cdot [-G^s(k-n)] = 0, \quad n = 0,1,2,\cdots,L \qquad (4\text{-}1\text{-}2\text{-}5)$$

对(2.19)式进行化简可得:

$$\sum_k G^r(k)G^s(k-n) - \sum_k \left[\sum_m P(m)G^s(k-m)G^s(k-n) \right] = 0, \quad n = 0,1,2,\cdots,L \qquad (4\text{-}1\text{-}2\text{-}6)$$

由此得到关于求解匹配滤波器 $\{P(m)\}$ 的包含 $L+1$ 个方程的方程组:

$$\sum_k G^r(k)G^s(k-n) = \sum_m P(m) \left[\sum_k G^s(k-m)G^s(k-n) \right], \quad n = 0,1,2,\cdots,L \qquad (4\text{-}1\text{-}2\text{-}7)$$

对(4-1-2-7)式进行化简可得:

$$R_{rs}(n) = \sum_m P(m) \cdot R_{ss}(m-n), \quad n = 0,1,2,\cdots,L \qquad (4\text{-}1\text{-}2\text{-}8)$$

式中,R_{rs} 为实际记录与合成记录的互相关,R_{ss} 为合成记录的自相关。可以将式(4-1-2-8)写成矩阵的形式,即:

$$\begin{pmatrix} R_{ss}(0) & R_{ss}(1) & R_{ss}(2) & \cdots & R_{ss}(L) \\ R_{ss}(-1) & R_{ss}(0) & R_{ss}(1) & \cdots & R_{ss}(L-1) \\ R_{ss}(-2) & R_{ss}(-1) & R_{ss}(0) & \cdots & R_{ss}(L-2) \\ \vdots & \vdots & \vdots & \ddots & \vdots \\ R_{ss}(-L) & R_{ss}(-(L-1)) & R_{ss}(-(L-2)) & \cdots & R_{ss}(0) \end{pmatrix} \begin{pmatrix} P(0) \\ P(1) \\ P(2) \\ \vdots \\ P(L) \end{pmatrix} = \begin{pmatrix} R_{rs}(0) \\ R_{rs}(1) \\ R_{rs}(2) \\ \vdots \\ R_{rs}(L) \end{pmatrix}$$

$$(4\text{-}1\text{-}2\text{-}9)$$

求解该匹配滤波方程组,则可以计算得到匹配滤波算子 P,用该匹配算子校正相应的合成记录道,得:

$$G_{cor}^{s}(k) = \sum_{m=1}^{L} P(m) G^{s}(k-m) \tag{4-1-2-10}$$

滤波器 P 表示的是一个综合上面各种因素的整体滤波算子。滤波器可以是一个匹配滤波算子作用于整道数据,也可以采用分段匹配校正,在不同的记录段使用不同的滤波因子,这样处理效果比用单一匹配滤波算子进行匹配校正要好得多,即采用局部化校正处理。

使用该方法的优势在于在一个特定的窗口内,通过求取一个综合的滤波算子,对两个地震道之间的时间、振幅、相位差异同时进行校正,使用方便;对频率变化严重的地震道,可以采用分段匹配处理,匹配效果较好。

(2)时移校正

假设 $s_0(t)$ 表示井旁地震记录道,$s(t)$ 表示合成地震记录道,$\tau(t)$ 表示两个地震道之间的时移量。为估算两个地震道之间的时间移位 $\tau(t)$,Schiøtt(2018)使用式 4-1-2-11 所示的最小化问题:

$$\arg\min_{\tau(t)} \left[\| s_0(t) - s(t - \tau(t)) \|^2 + \lambda^2 \| L\tau(t) \|^2 \right] \tag{4-1-2-11}$$

式中,$\arg\min_{\tau(t)}$ 表示使目标函数取最小值时 $\tau(t)$ 的取值;L 为一阶或者二阶导数算子;λ^2 为阻尼因子,作用是平衡数据误差项 $\| s_0(t) - s(t - \tau(t)) \|^2$ 与平滑项 $\| L\tau(t) \|^2$ 之间的权重。

借鉴式(4-1-2-11),我们考虑在目标函数中添加一个模型约束项,并且采用高斯-牛顿法对两个地震道之间的时移量 $\tau(t)$ 进行反演。我们设计如下所示的目标函数:

$$\varphi(\tau) = \| s_0(t) - s(t - \tau) \|^2 + \lambda^2 \| L\tau \|^2 + \varepsilon^2 \| \tau - \tau_0 \|^2 \tag{4-1-2-12}$$

式中,$\| \tau - \tau_0 \|^2$ 为模型约束项;τ_0 为参考模型,目的是对 τ 的取值进行约束;ε^2 表示模型约束项所占的权重;一阶或者二阶导数算子 L 的表达式如式(4-1-1-13)、式(4-1-1-14)所示。

将公式 4-1-2-12 写成矩阵相乘的形式:

$$\varphi(\tau) = [s_0(t) - s(t - \tau)]^T [s_0(t) - s(t - \tau)] + \lambda^2 (L\tau)^T (L\tau) + \varepsilon^2 (\tau - \tau_0)^T (\tau - \tau_0)$$

$$(4\text{-}1\text{-}2\text{-}13)$$

计算 $\varphi(\tau)$ 关于 τ 的一阶导数和二阶导数,分别如公式 4-1-2-14、4-1-2-15 所示:

$$g(\tau) = \nabla \varphi(\tau) = 2 \left[\frac{\partial s(t - \tau)}{\partial \tau} \right]^T [s(t - \tau) - s_0(t)] + 2\lambda^2 L^T L\tau + 2\varepsilon^2 (\tau - \tau_0)$$

$$(4\text{-}1\text{-}2\text{-}14)$$

$$H(\tau) = \nabla^2 \varphi(\tau) = 2 \frac{\partial}{\partial \tau} \left[\frac{\partial s(t - \tau)}{\partial \tau} \right]^T [s(t - \tau) - s_0(t)] +$$

$$2 \left[\frac{\partial s(t - \tau)}{\partial \tau} \right]^T \left[\frac{\partial s(t - \tau)}{\partial \tau} \right] + 2\lambda^2 L^T L + 2\varepsilon^2 I \tag{4-1-2-15}$$

忽略(4-1-2-15)式中的高阶导数项,可得:

$$H(\tau) \approx 2\left[\frac{\partial s(t-\tau)}{\partial \tau}\right]^T\left[\frac{\partial s(t-\tau)}{\partial \tau}\right] + 2\lambda^2 L^T L + 2\varepsilon^2 I \qquad (4\text{-}1\text{-}2\text{-}16)$$

假设初始模型为 $\tau(0)$,则可以得到时移量 τ 的迭代反演方程:

$$\tau = \tau^{(0)} - H^{-1}(\tau^{(0)})g(\tau^{(0)}) \qquad (4\text{-}1\text{-}2\text{-}17)$$

即

$$\tau = \tau^{(0)} - \left\{\left[\frac{\partial s(t-\tau)}{\partial \tau}\bigg|_{\tau=\tau^{(0)}}\right]^T\left[\frac{\partial s(t-\tau)}{\partial \tau}\bigg|_{\tau=\tau^{(0)}}\right] + \lambda^2 L^T L + \varepsilon^2 I\right\}^{-1}$$
$$\left\{\left[\frac{\partial s(t-\tau)}{\partial \tau}\bigg|_{\tau=\tau^{(0)}}\right]^T[s(t-\tau^{(0)}) - s_0(t)] + \lambda^2 L^T L \tau^{(0)} + \varepsilon^2(\tau^{(0)} - \tau_0)\right\}$$
$$(4\text{-}1\text{-}2\text{-}18)$$

其中,关于 $\partial s(t-\tau)/\partial \tau$ 的计算,令 $x = t-\tau$,可得:

$$\frac{\partial s(t-\tau)}{\partial \tau} = \frac{\partial s(x)}{\partial x}\frac{\partial x}{\partial \tau} = -\frac{\partial s(x)}{\partial x} \qquad (4\text{-}1\text{-}2\text{-}19)$$

假设采样点数为 n,$s(x) = [s1\ s2\ \cdots\ sn]T$,$x = [x1\ x2\ \cdots\ xn]T$,则 $\partial s(x)/\partial x$ 的表达式为:

$$\frac{\partial s(x)}{\partial x} = \begin{bmatrix} \dfrac{\partial s_1}{\partial x_1} & \dfrac{\partial s_1}{\partial x_2} & \cdots & \dfrac{\partial s_1}{\partial x_n} \\ \dfrac{\partial s_2}{\partial x_1} & \dfrac{\partial s_2}{\partial x_2} & \cdots & \dfrac{\partial s_2}{\partial x_n} \\ \vdots & \vdots & \ddots & \vdots \\ \dfrac{\partial s_n}{\partial x_1} & \dfrac{\partial s_n}{\partial x_2} & \cdots & \dfrac{\partial s_n}{\partial x_n} \end{bmatrix} \qquad (4\text{-}1\text{-}2\text{-}20)$$

采用一阶中心差分的方法计算(4-1-2-20)式中的矩阵各个元素,以 $\partial si/\partial xj$ ($i=1$,2,$\cdots$,n;$j=1$,2,$\cdots$,n)为例,其计算式为:

$$\frac{\partial s_i}{\partial x_j} = \frac{s_i(x_1,x_2,\cdots,x_j+\Delta x,\cdots,x_n) - s_i(x_1,x_2,\cdots,x_j-\Delta x,\cdots,x_n)}{2\Delta x}$$
$$(4\text{-}1\text{-}2\text{-}21)$$

使用式(4-1-2-18)经过一次运算之后,判断 $\|\tau - \tau^{(0)}\|$ 是否足够小或者达到设定的最大迭代次数,否则令 $\tau^{(0)} = \tau$,继续进行迭代。计算得到时移量 τ 之后,校正后的时间即为 $t - \tau$。该方法的优势在于反演的收敛速度快,计算效率高。其中的关键参数有:

① 平滑算子:经过试验,一阶导数算子的平滑效果要好于二阶导数算子,我们在校正中选取一阶导数算子;

② 参考模型:通常取为零;

③ 初始模型:可与参考模型一同取为零;

④ 权重系数:经过试验,平滑项的权重系数 λ^2 大于模型约束项的权重系数 ε^2 时反演效果较好;

⑤ 最大迭代次数:一般设为 10 到 20 次即可。

4.1.3　合成记录的子波提取及多维井震匹配

（1）子波提取

1）零相位子波

首先使用理论子波与反射系数通过褶积合成地震记录,然后使用合成的地震记录进行子波提取分析。理论子波为主频 30 Hz 的雷克子波,如图 4-1-3-1(b)所示;使用 G891-7 井的测井结果计算的反射系数,取 2 200~2 400 ms 的时间范围,褶积合成的地震记录如图 4-1-3-1(b)所示。

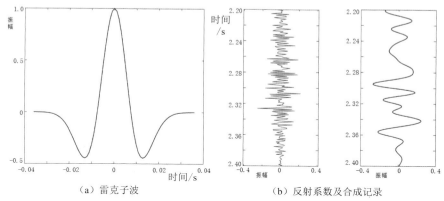

（a）雷克子波　　　　　　　（b）反射系数及合成记录

图 4-1-3-1　理论的主频 30 Hz 的雷克子波,反射系数及合成记录

分别使用粒子群优化算法与常规商业软件提取地震子波对比(图 4-1-3-2),图中黑线表示合成地震记录所用的真实子波,红线表示使用粒子群优化算法反演得到的子波,绿线表示使用商业软件提取的子波。我们使用两种标准来评判子波提取效果的好坏:一种是对比两种方法提取的子波与真实子波之间的相对误差,另一种是对比使用提取的子波合成的地震记录与实际记录之间的相关系数。使用提取的子波与反射系数褶积合成地震记录,然后与提取子波所用的实际记录进行对比,结果如图 4-1-3-3 所示。经过计算,粒子群优化算法提取子波的相对误差为 1.62%,商业软件提取子波的相对误差为 4.89%;使用粒子群算法提取的子波合成的记录与实际记录之间的相关系数为 0.999 9,商业软件提取的子波合成的记录与实际记录之间的相关系数为 0.998 5。两种子波提取方法的效果对比如表 4-3-1-1 所示,可见粒子群优化算法提取子波的效果较好。

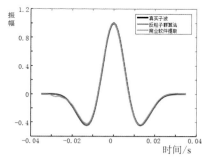

图 4-1-3-2　子波对比

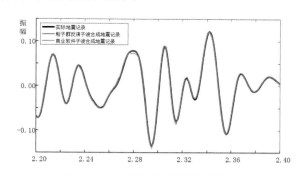

图 4-1-3-3　子波合成地震记录对比

表 4-1-3-1　不同方式提取地震零相位子波效果对比表

子波提取方法	子波误差	地震记录相关系数
粒子群优化算法	1.62%	0.999 9
软件提取	4.89%	0.998 5

① 噪声影响

在地震记录中添加 10％、20％、30％（噪声强度）的随机噪声，进一步测试粒子群优化算法的抗噪性（图 4-1-3-4、图 4-1-3-5、图 4-1-3-6，表 4-1-3-2），随着随机噪声增加无论粒子群算法还是常规软件提取子波误差均变大，地震记录相关系数逐渐减小。从提取子波的相对误差上看，粒子群算法提取的子波更为准确；从提取子波的合成记录与实际记录之间的相关系数上看，粒子群算法的相关系数略小于商业软件。主要原因在于实际的地震记录里面有噪声的干扰，而我们使用的粒子群算法对噪声具有一定的压制作用，所提取的子波之中噪声的干扰因素较少；商业软件提取的子波之中噪声的干扰因素较大，因此粒子群算法提取子波的合成记录与实际记录之间的相关系数要小一些。

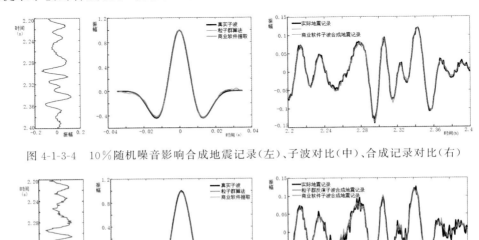

图 4-1-3-4　10％随机噪音影响合成地震记录（左）、子波对比（中）、合成记录对比（右）

图 4-1-3-5　20％随机噪音影响合成地震记录（左）、子波对比（中）、合成记录对比（右）

图 4-1-3-6　30％随机噪音影响合成地震记录（左）、子波对比（中）、合成记录对比（右）

表 4-1-3-2　噪声影响下的不同方式提取地震零相位子波效果对比表

噪声强度	粒子群算法		常规软件	
	子波误差	地震记录相关系数	子波误差	地震记录相关系数
10％	3.35％	0.996 1	4.88％	0.993 5
20％	5.43％	0.982 1	7.60％	0.985 7
30％	7.26％	0.9597	8.95％	0.970 7

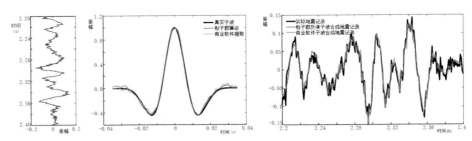

② 子波长度影响

常规商业软件中,子波长度的选择对反演结果会产生较大影响(图 4-1-3-7、图 4-1-3-8)。当子波长度偏大时,软件提取的子波会有较多旁瓣;当子波长度偏小时,软件提取的子波旁瓣较弱。

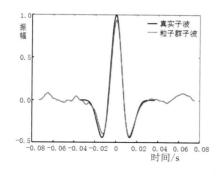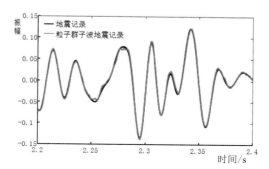

图 4-1-3-7 子波长度大于实际子波长度的子波提取(左)、合成地震记录与实际记录对比(右)

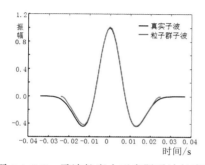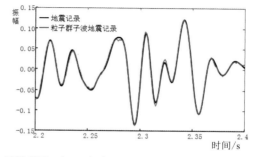

图 4-1-3-8 子波长度小于实际子波长度的子波提取(左)、合成地震记录与实际记录对比(右)

粒子群优化算法中,子波长度的选择对反演结果不会产生大的影响(图 4-1-3-9、图 4-1-3-10),可能与真实子波长度有一定的不同,所影响的仅仅是反演效率,子波长度越长,反演过程所需时间越多。

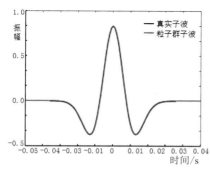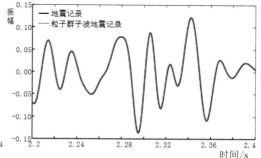

图 4-1-3-9 粒子群算法下子波长度大于实际子波长度的反演结果影响
子波提取(左)、合成地震记录与实际记录对比(右)

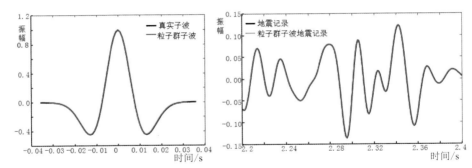

图 4-1-3-10   粒子群算法下子波长度小于实际子波长度的反演结果影响
子波提取(左)、合成地震记录与实际记录对比(右)

2) 最小相位子波

最小相位理论子波如图 4-1-3-11(a)所示,仍使用图 4-1-3-1(b)所示的 G891-7 井中 2 200~2 400 ms 时间段的反射系数,合成的地震记录如图 4-1-3-11(b)所示。

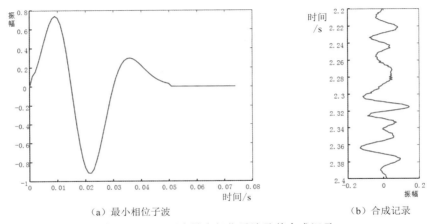

(a) 最小相位子波   (b) 合成记录

图 4-1-3-11   理论最小相位子波及其合成记录

通过粒子群优化算法与常规商业软件提取地震最小相位子波分析,从直观上看,两种方法的结果没有太大的区别(图 4-1-3-12);对子波误差、提取的子波合成地震记录与实际记录之间的相关系数进一步对比来看(表 4-1-3-3),粒子群优化算法的效果略微好于商业软件。

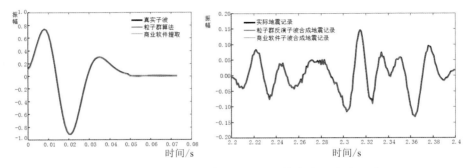

图 4-1-3-12   最小相位子波对比(左)及其合成记录对比(右)

表 4-1-3-3　不同方式提取地震最小相位子波效果对比表

子波提取方法	子波误差	地震记录相关系数
粒子群优化算法	1.38%	0.999 8
软件提取	1.63%	0.999 8

通过分别在地震记录中添加 10%、20%、30%、100%（噪声强度）的随机噪声,进一步检验粒子群优化算法的抗噪性。以表 4-1-3-4 可以看出,随着噪声加大无论粒子群算法还是常规软件提取子波误差逐渐变大,地震记录相关系数逐渐减小,30%噪声以下粒子群算法子波误差和地震相关系数均优于常规软件提取子波。当噪声提高到 100%时,粒子群算法提取的子波更为准确;但从提取子波的合成记录与实际记录之间的相关系数上看,此时粒子群算法的相关系数要小于常规软件。

表 4-1-3-4　噪声影响下的不同方式提取地震零相位子波效果对比表

噪声强度	粒子群算法		常规软件	
	子波误差	地震记录相关系数	子波误差	地震记录相关系数
10%	5.45%	0.995 4	6.07%	0.994 3
20%	6.75%	0.985 6	7.84%	0.983 1
30%	8.61%	0.959 9	11.58%	0.955 8
100%	27.55%	0.726 7	32.06%	0.814 0

（2）多维井震匹配

多维井震匹配是指将同时改变地震记录的相位、振幅、时间之后通过校正后实现同准确记录的良好匹配,如图 4-1-3-13 所示。图中黑线为一段准确的地震记录,同时改变其相位、振幅、时间之后如图中绿线所示,使用多维井震匹配的方法对绿线进行校正,校正结果如红线所示。通过对比可以发现,校正之后的记录与准确记录的匹配效果较好,时间、振幅、相位的变化均得到了校正。

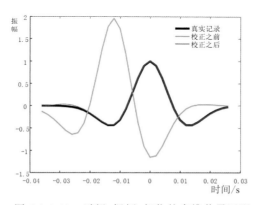

图 4-1-3-13　时间、振幅、相位的多维井震匹配

使用理论模型模拟生成的实际记录与合成记录进行时移量反演以及时移校正的测试。理论的用于时移校正测试的井旁实际记录与合成记录如图 4-1-3-14 所示。图中黑线表示井旁实际地震记录,绿线表示子波与反射系数褶积得到的合成记录,可以看到两个记

录之间有明显的时间错位,四个波形位置处准确的时移量依次为 4 ms、−6 ms、4 ms、−4 ms。

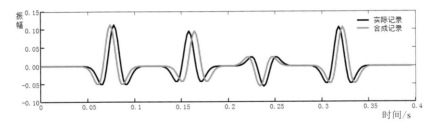

图 4-1-3-14 理论的用于时移校正测试的井旁实际记录与合成记录

使用图 4-1-3-14 所示的井旁实际地震记录与合成地震记录进行时移校正,校正结果如图 4-1-3-15 所示。其中,图 4-1-3-15(a)表示反演所得的时移校正量。图 4-1-3-15(b)表示时移校正前后记录与实际记录的对比。其中,黑线表示井旁实际地震记录,绿线表示校正之前的合成地震记录,红线表示校正之后的合成记录。图 4-1-3-15(c)表示校正后的合成记录与实际记录之间的振幅差异。可以明显看到,反演所得的时移量与准确的时移量基本一致,校正后的合成记录与实际记录较好地重合在了一起,两者之间的振幅差异基本为零,表明时移校正的效果较好。

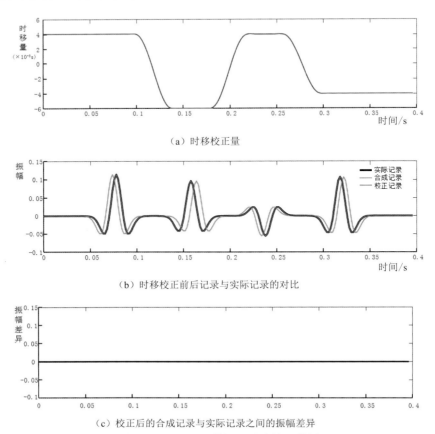

(a) 时移校正量

(b) 时移校正前后记录与实际记录的对比

(c) 校正后的合成记录与实际记录之间的振幅差异

图 4-1-3-15 理论数据的时移校正结果

4.1.4 多维度井震标定

（1）多维匹配

通过对多口探井使用粒子群算法提取的子波，以及由测井资料计算的反射系数，制作合成记录，然后对合成记录进行校正处理，使其与实际的井旁地震记录匹配。G943井的多维井震匹配结果如图4-1-4-1所示。图中选取了两个时间窗口进行匹配校正，其中图4-1-4-1（a）表示的是2.14～2.21 s时间窗口的匹配结果，图4-1-4-1（b）表示的是2.24～2.34 s时间窗口的匹配结果。图中黑线表示实际井旁地震记录，绿线表示校正之前的合成地震记录，红线为时移校正之后的合成记录。通过对比校正前后的合成记录与实际记录之间的相关系数判断校正结果的好坏。图4-1-4-1（a）中，校正前后的合成记录与实际记录之间的相关系数分别为0.867 9、0.931 2；图4-1-4-1（b）中，校正前后的合成记录与实际记录之间的相关系数分别为0.866 3、0.982 3。可见经过校正，合成记录与实际记录之间的相关系数有了明显的提升。

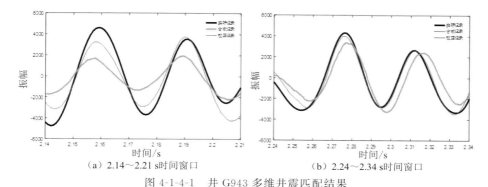

（a）2.14～2.21 s时间窗口　　　　　　（b）2.24～2.34 s时间窗口

图4-1-4-1　井G943多维井震匹配结果

G891-7井的多维井震匹配结果如图4-1-4-2所示。图中黑线表示实际井旁地震记录，绿线表示校正之前的合成地震记录，红线为时移校正之后的合成记录。校正前后的合成记录与实际记录之间的相关系数分别为0.865 0、0.957 7，可见经过校正，合成记录与实际记录之间的相关系数有了明显的提升。

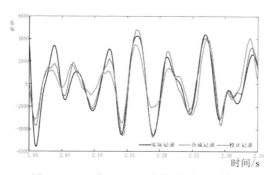

图4-1-4-2　井G891-7多维井震匹配结果

（2）单一时间匹配标定

使用时移校正方法对实际井旁地震记录与合成地震记录进行时移校正。G943井的实际井旁地震记录与合成地震记录进行时移校正，校正结果如图4-1-4-3所示。其中，图4-1-4-3（a）表示时移校正量，图4-1-4-3（b）表示时移校正前后记录与实际记录的对比，图中黑线表示实际井旁地震记录,绿线表示校正之前的合成地震记录,红线为时移校正之后的合成记录。校正之前合成记录与实际记录之间的相关系数为 0.851 7,校正之后合成记录与实际记录之间的相关系数为 0.904 9。可见经过时移校正,合成记录与实际记录之间的相关性更强了,记录中波峰、波谷的对应关系也更准确了。

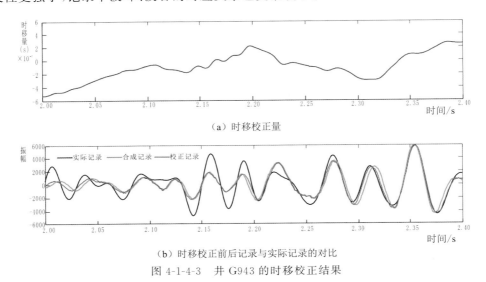

（a）时移校正量

（b）时移校正前后记录与实际记录的对比

图 4-1-4-3　井 G943 的时移校正结果

接下来对比时移校正前后的井分层结果。首先利用时深关系,把深度域的井分层数据转到时间域,然后将其标注在时移校正前后的地震记录中进行对比,如图 4-1-4-4 所示。其中,图 4-1-4-4（a）、4-1-4-4（b）、4-1-4-4（c）、4-1-4-4（d）分别表示井 G891-7、G89-S3、G89-9、G89-4 的井分层结果,图中黑色曲线表示实际井旁地震记录,绿色曲线表示校正之前的合成地震记录,红色曲线为时移校正之后的合成记录,横向的青色线段、橘黄色线段、品红色线段、深蓝色线段表示四个层位。可见经过时移校正,一些井分层线段与波峰、波谷位置的对应关系更加准确了,井分层关系更加明确了。过井 G891-7、G89-4、G89-S3、G89-9、G89 的联井剖面标定结果如图 4-1-4-5 所示。

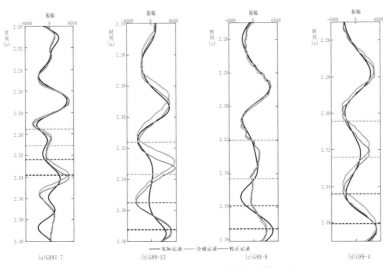

图 4-1-4-4　时移校正前后的井分层结果对比

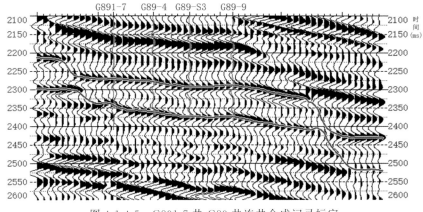

图 4-1-4-5　G891-7 井-G89 井连井合成记录标定

通过 50 多口钻井理论数据与实际数据的研究分析，并与常规软件提取的子波进行对比，证明该方法具有有效性与准确性。多维井震匹配方法的优点在于通过求取一个综合的滤波算子，对两个地震道之间的时间、振幅、相位差异同时进行校正，使用方便；对频率变化严重的地震道可以采用分段匹配处理，匹配效果较好。针对单一的时间匹配，通过时移校正方法，借助反演的思想，使用高斯-牛顿法计算两个地震道之间的时移量，然后通过插值进行匹配校正。该方法的优点在于反演的收敛速度快，计算效率高；目标函数中添加有平滑项与模型约束项，可以提供正则化约束，使得反演不容易陷入局部极小；参数设置较少，使用方便，反演中需要调整的参数仅有平滑项与模型约束项的权重系数。

在使用粒子群算法提取地震子波中，算法精度与参数选择有着密切的关系，不恰当的参数选择易导致算法结果发散，寻优精度降低。因此算法中的关键参数，主要有种群大小、惯性因子、学习因子，需要合理进行设置与调整。时移校正方法中，关键在于平滑项与模型约束项权重系数的设置，需要根据实际情况合理地进行参数的选择与调整。

多维井震匹配方法中，窗口的选择比较重要，如果窗口选择过大，虽然匹配效率高，但是会使得匹配的准确度降低；对于频率变化严重的地震道，需要采用分段匹配处理，这样匹配效果较好。

4.2　井旁地震属性提取、处理及参数优化

地震属性是由地震数据经过数学变换导出的有关地震波形的几何形态、运动学、动力学以及统计特征的特殊度量。利用地震属性进行储层预测在油气田勘探开发过程中发挥着日趋重要的作用。但是鉴于地震属性与所预测对象之间的关系复杂，不同目标工区对所预测对象敏感地震属性也不完全相同。因此，在地震属性应用之前，需要针对不同的勘探目标和对象，优化出对所预测目标最敏感的、属性个数最少的地震属性组合，以求改善与地震数据有关的处理和解释方法效果，提高储层预测精度。

随着地震属性种类的越来越多，如何从大量地震属性中挖掘具有价值的信息对于地球物理解释具有重要意义。目前有很多地震属性选择的方法，主要有地震属性降维与地震属性优选。地震属性降维是指借助数学变换或映射，压缩地震属性空间，构造少数新的地震属性，而新的地震属性的物理、地质意义不明确，常用方法有 K-L 变换、主成分分析等。地震属性优选是指从原始的地震属性集合中选出合理的地震属性子集，包括基于知

识经验的专家优选方法与基于数学理论的自动优选方法,其中基于数学理论的自动优选方法应用较广。自动优选方法借助地震属性与储层性质之间存在统计相关性,采用机器学习方法根据井资料及地震数据实现属性优选。目前,常用地震属性优选方法有相关法、人工神经网络法、搜索法、属性贡献量法、递归优选、模拟退火、支持向量机等。

关联规则是分析多属性集合中某些共同满足的、存在与属性之间的关联性。把关联规则作为一种属性优选的工具,利用关联规则自动找出能够最高置信度地识别某个类别或模式的属性或属性的组合。关联规则挖掘是数据挖掘领域中的重要课题之一,但是关联规则挖掘方法在地球物理中尚未得到广泛应用,属性优选算法大部分需要足够多的训练样本,否则预测的鲁棒性不好。训练样本由测井数据与井旁地震属性组成,而实际生产中,训练样本往往较少。因此,本书针对小样本数据,引入基于关联规则的属性优选方法。

关联规则是机器学习中的重要课题之一,用于挖掘出一些关联性较强的属性集合部分属性。目前,基于关联规则的属性优选得到了初步发展,但是关联规则分析方法在地球物理方面应用较少。本书从井旁地震属性的相关概念、提取及处理方法,然后选择基于频繁模式树关联分析算法进行属性优选以达到提高储层预测精度的目的。

4.2.1　井旁道三维地震属性提取

近年来,利用地震属性来进行储层参数预测越来越受到人们的关注。其主要依据是:储层的参数变化会改变储层的波阻抗特征,引起地震波的运动学和动力学特征(统称地震属性,包括振幅特征、相位特征、频率特征、相干性、相似性等等)的变化;反过来,根据地震属性与储层参数的关系,可以进行储层参数的预测。利用地震属性进行储层预测在各个油田的生产实践中已经取得了实际效果,但存在多解性问题,其可靠性主要取决于地震资料的质量和特征信息提取的有效性。地震属性是指叠前或叠后地震数据经过数学变换后导出的有关地震波的几何形态、运动学特征、动力学特征和统计学特征的特殊测量值。目前,从地震数据体中能够提取近十大类地震特征参数,如振幅类、频率类、相位类、极性、阻抗(或速度)等,每一类又包含许多种参数。

地震属性的提取方式很多,根据工区的勘探程度、研究对象以及所要解决的问题,采用合适的方式,可得到较好的效果。下面就按线、面、体介绍地震属性提取的基本方式及其适用性。

(1)地震属性提取的基本方式

1)剖面属性提取

剖面属性提取就是在某一地震剖面上沿着代表目的层的反射同相轴拾取各种地震信息。通常采用三瞬处理、时频分析和波阻抗反演等方法获得地震信息。剖面属性提取方式效果往往较好,在油气藏勘探开发中使用较多。

2)层面属性提取

层面属性提取就是沿代表目的层的反射界面或某一时间界面提取某种地震信息。它是三维体属性提取的一种特殊方式(时窗长度为零),获得的是各类属性沿界面横向变化的信息,常用于预测薄储层和微断层。

3)三维体属性提取

三维体属性提取就是在三维数据体中,某一时窗(时窗长度大于零)范围内提取的各种地震信息。常用的方式有两种:一种是以同一时间界面为起点、固定时窗长度的等时扫描;另一种以代表目的层的顶、底界面为时窗或以顶、底界面之一为起点、目的层段的时间厚度为时窗长度的沿层拾取方式。

（2）地震属性提取的时窗选取

地震属性分析首先要选择合理的时窗。若时窗开得过大，则包含非目的层的信息，模糊地震道属性间的差别，掩盖一些地震属性异常；相反，若时窗过小，则会出现截断现象，看不到一个完整的波峰或波谷，从而丢失有效成分。通过调研发现时窗选取具有如下规律。

1）厚层时窗选取

① 能准确追踪顶底界面，则用顶底界面限定时窗，提取层间各种地震信息。

② 只能准确追踪顶界面，则以顶界面限定时窗上限（作为时窗的起点），以目的层时间厚度作为时窗长度，以各道均包含目的层又尽可能少包含非目的层信息为准则。

③ 只能追踪底界面，则以底界面限定时窗下限，以目的层时间厚度作为时窗长度，以各道均包含目的层又尽可能减少包含非目的层信息为准。

④ 不能准确追踪顶底界面，可以以某一标准层的走势为约束，在有井钻探的地区；可根据井对应目的层的顶底时间作为时窗的起点和终点，以时间厚度作为时窗长度。在没有钻探的新区，时窗的选取凭借解释人员的经验，以尽可能少包含非目的层信息为准。

2）薄层时窗选取

在这种情况下，由于目的层的各种地震信息基本集中在目的层顶界面的地震响应中，因此时窗的选取应以目的层顶界面限定时窗上限，时窗长度尽可能小。

3）微断层解释时窗选取

在微断层解释中，主要利用目的层顶界面地震信息。因此，应以提取目的层顶界面地震信息为主，时窗长度尽可能小，以尽可能少包含非目的层界面信息为准。

4.2.2 井旁道三维地震属性处理

不同地震属性之间类型不同、量纲不统一、数量级大小差别很大，局部异常往往淹没在区域背景上，以及存在一些离群的异常数值等问题，如果不进行归一化处理，势必影响定量分析的效果和可靠性。因此，在作地震属性优选和储层预测运算之前，首先要对提取的地震属性进行一些优化预处理，如地震属性数据标准化，从而使得不同属性具有相同的变化范围，以便在后续的解释性处理中具有同样的贡献。其次，由于大量地震属性参数可能具有一定的相关性，会造成信息的重复和浪费，并可能影响最终的解释成果，所以采用数据压缩等预处理方法来实现属性数据冗余信息的剔除。

（1）井旁地震属性的标准化

如果对原始地震属性数据直接使用，就会突出绝对值大的属性，而压低那些绝对值小的属性的作用。为克服数据中存在的这种差异现象，在对地震属性进行分析时，应首先将各种属性的数值变换到某种尺度范围之下，即地震属性的标准化。地震属性的标准化方法很多，有总和标准化、最大值标准化、中心标准化、标准差标准化和极差标准化等。极差标准化是将变量的每个观测值减去该变量所有观测值的最小值，再除以该变量观测值的极差。变换后每个变量观测值在0～1之间，最大为1，最小为0，设某一属性为$x(i)$，则极差标准化后的数据$y(i)$：

$$y(i) = [x(i) - x_{min}]/(x_{max} - x_{min}) \tag{4-2-2-1}$$

（2）井旁地震属性的去噪处理

地震属性的提取难免要受到个别时段信噪比较低的影响与噪音的干扰，从而使得参数出现"毛刺""野值"。它们的出现容易造成地震属性参数的地质标定和利用属性参数进行模式识别时的"假异常"。因此,需要对属性参数进行进一步的提纯,采用中值滤波和滑动加权平均等手段,可以有效地达到去除"毛刺"和"野值"的效果。下面简单介绍一下中值滤波和滑动加权平均法。

1) 中值滤波

中值滤波可分为一维中值滤波和二维中值滤波。一维中值滤波的数学原理非常简单,它是以设计的滤波窗口中的中值来替代局部平均值的滤波方法。这种方法对于清除数据中的高频随机噪音非常有效。二维中值滤波是把以点 (x,y) 为中心的窗口 W 内的所有像素的灰度值,按照从大到小或从小到大的顺序排列,用中间值 $g(x,y)$ 代替原灰度值 $f(x,y)$。中值滤波是一种典型的低通滤波器,它能够很容易地去掉孤立的点、线噪音,同时保护图像的边缘效果,而且也能很好地去除脉冲噪音。但中值滤波也存在一些不足,如对高斯白噪声、某些作用形式较缓和的低频噪音无能为力,实际上它是一种非线性滤波方法。

2) 滑动加权平均

滑动加权平均的基本思想是采用二项式系数加权进行滤波。通过逐次二项式加权滤波,可以使随机性逐渐得到消除,规律性逐渐呈现出来。该方法与加权低通滤波类似,只是其加权系数采用杨辉二项式系数计算,因而具有充分的理论依据和完善的计算方法,无论游动区间大小,所求得的滑动加权平均值均具有明显的"滤波作用"。

实际应用中通常综合中值滤波和滑动加权平均法,可以取得更为明显的地质效果。

4.2.3　基于频繁模式树算法的井震属性参数优化技术

(1) 关联规则问题描述

为了更方便地理解关联规则的理论,本节首先讨论关联规则的基本概念,然后介绍频繁模式树算法,最后给出基于关联规则的地震属性优选流程。

设有多种地震属性集合 $I=\{A,B,C,\cdots\}$,$D=\{d_1,d_2,\cdots d_n\}$ 是由一系列具有唯一标识的事务组成的事务数据库,每个 d_i 都对应地震属性集合 I 上的一个子集。

1) 关联规则

关联规则表示为地震属性之间的关联关系,表示为 $A{\Rightarrow}B$,其中 A 与 B 表示地震属性集合中的两种地震属性,A 称为规则前件,B 称为规则后件。一般关联规则为布尔属性类型。如果存在关联规则 $A{\Rightarrow}B$,则地震属性 A 与 B 的属性值均为"真";其他未出现在规则中的属性值为"假"。该规则表明地震属性 A 存在时,地震属性 B 也存在。

2) 支持度与支持数

设 $S{\subseteq}I$,地震属性集 S 在地震属性全集 D 上的支持度为 D 中包含 S 的子集个数与 D 中所有子集之比。对于关联规则 $A{\Rightarrow}B$,支持度为地震属性集合 S 中同时包含属性 A 与 B 的概率,即

$$\text{Support}(S)=\text{Support}(A{\Rightarrow}B)=P(A\bigcup B) \tag{4-2-3-1}$$

而 D 中包含子集 S 的个数称为 S 在 D 中的支持数。

3) 置信度

置信度表示地震属性集合 S 包含属性 A 的前提下,也包含属性 B 的条件概率:

$$\text{Confidence}(S)=\text{Confidence}(A{\Rightarrow}B)=P(B\,|\,A) \tag{4-2-3-2}$$

4）频繁项目集

频繁项目集是指所有满足设定的最小支持数或最小支持度的属性集。因此定义项集的最小支持度，就可以筛选地震多属性集合，从而得到频繁项集。

5）强关联规则

同时满足最小支持数或最小支持度和最小置信度要求的属性集合为强关联规则属性集合。这些规则构成优选后的地震多属性集合。

（2）关联规则挖掘步骤

关联规则挖掘步骤可以划分为两个子问题。

1）发现所有频繁项集

根据定义，找出所有满足给定最小支持度阈值要求的项集，即频繁项集。频繁项集挖掘是关联规则挖掘的核心环节，也是关联规则产生的基础，在频繁项集挖掘方面取得的任何进展都会对关联规则的挖掘效率产生重要影响。发现所有频繁项集是一项具有极大挑战性的任务。

2）由频繁项集产生强关联规则

根据强关联规则的定义，该子问题即为从发现的频繁项集中找出置信度大于等于给定最小置信度阈值的关联规则。数据库中包含有海量数据记录使得对项集支持数的计数相当的耗时。另外，算法扫描所需空间呈指数级增长，庞大的候选项集便成为挖掘频繁项集算法性能的一大瓶颈，是对时间以及主存空间的挑战。人们为此提出了多种剪枝优化策略，目的是尽可能地减少需要计数的候选项集，从而提高对候选项集支持数进行计数的时间效率。

（3）基于频繁模式树的关联规则方法

搜索频繁项集是挖掘关联规则的关键，学者们提出了很多搜索频繁项集的算法，其中频繁模式树算法是一种经典高效的算法。频繁模式树结构是由 Han 等人提出的，基于频繁模式树结构挖掘地震属性集合中的频繁项集，在挖掘过程中不用产生候选子集。

基于频繁模式树的关联规则方法采用高级的频繁模式树数据结构，只需要对数据库扫描两次，减少了扫描次数，进而加快算法速度。该算法在不用产生候选集的情况下提取出全部的频繁项集，将数据库扫描到频繁模式树中，并且将频繁项集中的关联信息保留。后续的频繁项集提取都是频繁模式树，该方法整个过程只需要扫描两次数据库。

具体构造频繁模式树的过程如下。首先进行第一次扫描所有的地震属性，生成频繁项集及相应的支持度，对频繁项集按支持度降序，结果为频繁项集。然后，构建频繁模式树：创建频繁模式树的根节点，初始以"null"标记。再第二次扫描数据库，每个事务中的项按次序重新排序，并对每个事务创建一个分枝，若节点或分枝已经存在，则共享节点或分枝，同时将共享前缀上的每个计数加 1。为了方便树的遍历，创建一个头表，使得每个项通过一个节点链指向它在树中的出现。

对于数据库中的每个事物 t，选择其中的频繁项并按 L 中的次序排序。然后递归调用 FP-Growth 来实现频繁模式树增长，具体算法流程如表 4-2-3-1 所示。

表 4-2-3-1　频繁模式树算法流程

算法:FP-Growth 算法产生频繁项集
输入:离散化后的数据集 $S=\{I_1,I_2,\cdots,I_n\}$,预定义的最小支持度阈值 min_sup(S) 输出:频繁项集
构造 FP 树的数据结构 ① 遍历数据库 S 一次,收集频繁项的集合 F 和相对应的支持度计数 ② 对 F 按照支持度计数降序排序,去掉不满足最小支持度的元素项,保存到头指针表内 ③ 创建 FP 的根节点(只包含"null") ④ 再遍历一次数据集,只考虑那些频繁项 ⑤ 根据头指针表的顺序,更新 FP 树(若存在,更新元素计数,若不存在,创建一个新的节点添加到树中)
挖掘频繁模式树 ① 抽取条件模式基,从头指针表中的单个频繁元素项开始,获得条件模式基 ② 利用条件模式基,构建一个条件 FP 树 ③ 循环步骤(1)、(2),直到条件模式基为空集
输出结果 依次合并每次挖掘结果,输出最终的频繁项集

下面给出简单的频繁模式树构造。假设有地震属性瞬时振幅(A),瞬时频率(F),瞬时相位(P),将每种属性五等分。对于瞬时振幅,离散属性集合为$\{A1,A2,A3,A4,A5\}$。属性列表集合如表 4-2-3-2 所示,然后采用频繁模式树寻找支持度大于 2 的频繁项集。第一次扫描数据库,对属性列表集合中每条记录进行计数,得到频繁项的列表,例如属性 $P3$ 出现了三次,如图 4-2-3-1(a)所示。第二次扫描数据库,扫描每条属性列表集合,得到一个属性的排序频繁项构造频繁模式树,如图 4-2-3-1(b)所示,其中支持度大于 2 的频繁项集有$\{P3\}$和$\{P3、F2、A4\}$。

表 4-2-3-2　属性列表集合

属性集合标识号	离散化属性集合
1	A4,F2,P3
2	A4,F2,P3
3	A5,F5,P3

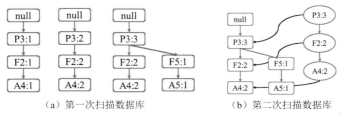

（a）第一次扫描数据库　　　　（b）第二次扫描数据库

图 4-2-3-1　频繁模式树的建立示意图

（4）基于关联规则的地震属性优选方法

基于关联规则的地震属性优选方法具体步骤如下。

① 对地震属性进行预处理,包括标准化、平滑化处理以及离散化处理。采用极差变化法进行数据标准化。在提取有效地震属性的过程中,还会提取到相干和随机噪声信息,因

此还需要对属性信息做平滑处理。在进行频繁项集提取之前，需要对地震属性进行离散化，书中采用等间隔划分方法。

② 设定不同的优选属性个数、支持度阈值及置信度阈值，利用频繁模式树算法，求得满足条件的所有属性子集组合。然后对于候选属性子集组合，综合考虑支持度、置信度、卡方检验等参数选择最优的属性组合。

③ 测试优选后的属性组合，评估属性优选的效果。书中采用神经网络算法对属性优选后的子集进行砂体厚度预测，井位处的砂体厚度预测的均方误差作为衡量属性子集优选好坏的指标，均方误差定义为砂体实际厚度与预测厚度之差的平方之后再求平均：

$$\frac{1}{m}\sum_{i=1}^{m}(h_i-\hat{h}_i)^2 \tag{4-2-3-3}$$

式中，$h_i-\hat{h}_i$ 为真实砂体厚度与预测砂体厚度。

4.2.4 滩坝砂岩模型数据

（1）滩坝砂岩合成模型

为了验证基于频繁模式树的属性优选算法的有效性和优越性，文中根据滩坝砂岩特征构建了典型滩坝砂地质模型，进行正演模拟，并进行研究方法的理论效果测试。其研究中，合成地震记录采用褶积模型，表示为：

$$s(t)=w(t)*r(t)=\int_0^\tau w(\tau)r(\tau)d\tau \tag{4-2-4-1}$$

式中，$w(t)$ 为地震子波；$r(t)$ 为反射系数函数，符号"$*$"表示褶积运算。

滩坝砂岩根据沉积类型可分为滩砂和坝砂。滩砂在垂向上表现正旋回层序特征的砂泥互层，砂层数多，单层厚度薄，最大厚度多小于 2 m，粒序不明显，呈较宽的条带状或席状平行岸线展布，又称为席状砂。坝砂在垂向上表现为反旋回层特征，砂层数少但单层厚度较大，一般厚度大于 2 m。根据滩坝砂岩特征，构建了二维地质模型，岩性与弹性参数分布如图 4-2-4-1 所示。

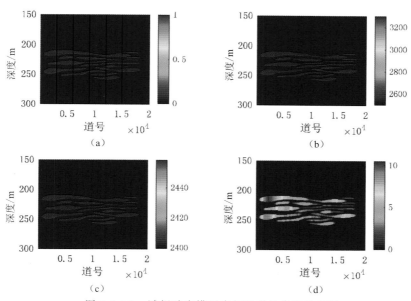

图 4-2-4-1 滩坝砂岩模型岩相及弹性参数分布图

　　模型总厚度为 300 m,砂岩厚度从 0.5～10.5 m,模型左侧砂层厚度较厚为坝砂组合,模型中部砂层厚度较薄为滩砂组合,砂岩速度为 3 300 m/s,泥岩速度为 2 500 m/s,砂岩密度为 2.458 6 g/cm³,泥岩密度为 2.399 6 g/cm³,在模型中抽取了 5 道作为井数据,井位如图 4-2-4-1(a)白色直线所示。选用主频为 40 Hz 的雷克子波进行正演模拟,合成地震记录如图 4-2-4-2 所示。

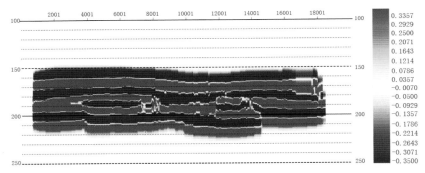

图 4-2-4-2　合成地震记录

　　对于合成的地震记录,进行了 27 种属性的提取,属性列表如表 4-2-4-1 所示;然后对 27 种属性进行优选。在进行频繁项集提取之前,需要对地震属性进行离散化,离散化方法很多,如等间隔划分、基于信息熵的数据离散化。基于频繁模式树的属性优选算法输入参数包括属性等分数、支持度阈值、支持数。下面从这些角度展开分析。

　　① 属性等分数的影响

　　假设支持度阈值为 0.15,分析不同属性等分数与频繁项集个数之间的关系如图 4-2-4-3 所示。随着等分数的增大,频繁项集的个数逐渐变少。若频繁项集的个数过少,不利于发现有利的属性组合。所以属性等分数不宜过大,一般取 5。

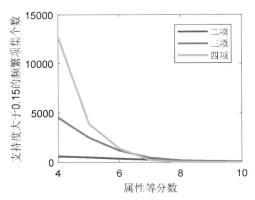

图 4-2-4-3　支持度阈值为 0.15,不同属性等分数与频繁项集个数之间的关系
(蓝色、红色、橙黄色线分别表示二项、三项、四项频繁项集)

　　② 支持度阈值的影响

　　假设属性等分数为 5,分析不同属性阈值与频繁项集个数之间的关系如图 4-2-4-4 所示。随着支持度阈值的增大,频繁项集的个数逐渐变少。若频繁项集的个数过少,不利于发现有利的属性组合。

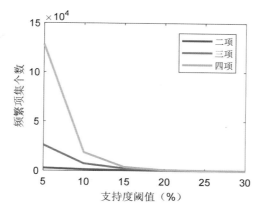

图 4-2-4-4 属性等分数为 5,不同支持度阈值与频繁项集个数之间的关系

(蓝色、红色、橙黄色线分别表示二项、三项、四项频繁项集)

③ 支持数的影响

假设属性等分数为 5,支持度阈值为 0.15,分析不同支持数与频繁项集个数之间的关系如图 4-2-4-5 所示。支持数与频繁项集个数不是简单的递增或者递减关系,在支持度小于 5 时,频繁项集个数随着支持数的增大而增大;支持度大于等于 5 时,频繁项集个数随着支持数的增大而减小。因此,为了获得足够多的频繁项集,需要综合考虑支持数与支持度阈值之间的关系。

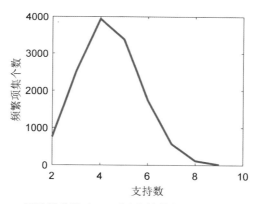

图 4-2-4-5 属性等分数为 5,不同支持数与频繁项集个数之间的关系

结合上面的分析,对滩坝砂岩模型进行属性优选,以测井的厚度与井旁地震属性为训练样本,共提取了 27 种地震属性(表 4-2-4-1)。设定属性等分数为 5,支持数为 2～16,搜索频繁项集,然后利用神经网络算法分析不同属性集合的准确率与相对误差,如图 4-2-4-6 所示。这样可以按照准确率较高、相对误差较小选择最优的属性组合。由于在后续的深度学习部分需要优选属性个数为 n^2,且个数不能太少,所以我们也给出属性个数为 16 的属性组合,如表 4-2-4-2 所示。

为了验证频繁模式树属性优选方法的有效性,引入常规相关分析属性优选方法,该方法用于分析井曲线与井旁道的地震属性的相关关系,根据相关关系优选属性。不同属性与砂体厚度的相关系数如表 4-2-4-3 所示。同样,采用相关分析优选 16 种属性,采用神经网络算法计算不同属性个数下砂体厚度的预测准确率与相对误差(图 4-2-4-7)。综合考虑准确率与相对误差,选择 16 种属性作为优选属性组合,如表 4-2-4-4 所示。

表 4-2-4-1 属性列表集合

属性标识	属性名称	属性标识	属性名称	属性标识	属性名称
1	振幅包络	11	瞬时频率	20	25/30-35/40 带通滤波
2	平均频率	12	瞬时相位	21	35/40-45/50 带通滤波
3	视极性	13	积分	22	45/50-5560 带通滤波
4	振幅加权余弦相位	14	绝对值振幅的包络	23	5560-65/70 带通滤波
5	振幅加权频率	15	正交道	24	时间
6	振幅加权相位	16	振幅二阶导数	25	横坐标
7	余弦瞬时相位	17	二阶导数的瞬时振幅	26	纵坐标
8	振幅导数	18	幅频比	27	阻抗
9	导数的瞬时振幅	19	5/10-15/20 带通滤波		
10	·主频	20	15/20-25/30 带通滤波		

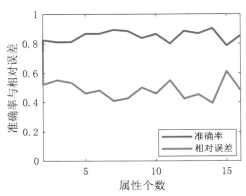

图 4-2-4-6 不同属性个数下预测结果与真实结果之间的准确率与相对误差分析

表 4-2-4-2 频繁模式树优选得到的属性集合

属性标识	属性名称	属性标识	属性名称
1	阻抗	9	振幅包络
2	瞬时频率	10	5/10-15/20 带通滤波
3	15/20-25/30 带通滤波	11	幅频比
4	平均频率	12	视极性
5	二阶导数的瞬时振幅	13	25/30-35/40 带通滤波
6	导数的瞬时振幅	14	X 坐标
7	时间	15	正交道
8	绝对值振幅的积分	16	振幅加权频率

表 4-2-4-3　不同属性与砂体厚度的相关系数

属性名称	相关系数	属性名称	相关系数	属性名称	相关系数
振幅包络	0.713 1	瞬时频率	0.423 9	25/30-35/40 带通滤波	−0.027 9
平均频率	−0.223 8	瞬时相位	0.129 9	35/40-45/50 带通滤波	0.086 9
视极性	−0.293 4	积分	0.597	45/50-5560 带通滤波	0.104 3
振幅加权余弦相位	0.273 7	绝对值振幅的积分	0.636 2	5560-65/70 带通滤波	0.050 3
振幅加权频率	0.767 2	正交道	0.628 2	时间	−0.453 1
振幅加权相位	0.526 7	振幅二阶导数	−0.430 7	横坐标	−0.253 3
余弦瞬时相位	0.107 5	二阶导数的瞬时振幅	−0.548	纵坐标	0
振幅导数	−0.553 8	幅频比	0.811	阻抗	0.794 5
导数的瞬时振幅	0.215 3	5/10-15/20 带通滤波	0.208 3		
主频	0.402	15/20-25/30 带通滤波	−0.020 4		

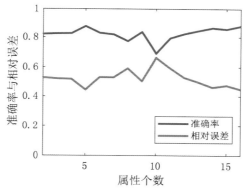

图 4-2-4-7　相关分析属性优选：不同属性个数情况下，
测井数据预测结果与真实结果之间的准确率与相对误差分析

表 4-2-4-4　相关分析法优选得到的属性集合

属性标识	属性名称	属性标识	属性名称
1	阻抗	9	Y 坐标
2	幅频比	10	正交道
3	振幅导数	11	55/60-65/70 带通滤波
4	道积分	12	绝对振幅积分
5	时间	13	15/20-25/30 带通滤波
6	5/10-15/20 带通滤波	14	45/50-5560 带通滤波
7	瞬时相位	15	35/40-45/50 带通滤波
8	瞬时振幅的导数	16	余弦瞬时相位

利用前面优选的两类 16 种属性组合(即表 4-2-4-2 和表 4-2-4-4 两类),对滩坝砂岩模型进行厚度预测,均采取神经网络算法,预测结果如图 4-2-4-8 与图 4-2-4-9 所示。神经网络采用相关分析属性优选结果的预测结果纵向分辨率相对较低,而神经网络采用频繁模式树属性优选结果的预测结果纵向分辨率相对较高,但是对于滩砂部分的薄层预测效果仍然不理想。

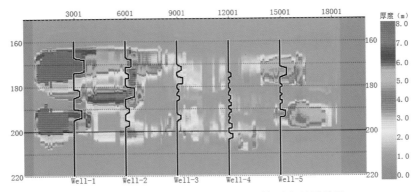

图 4-2-4-8 相关分析属性优选的砂体厚度预测结果

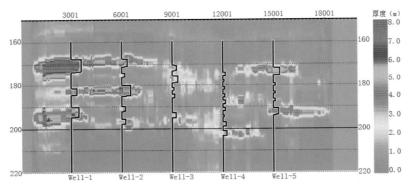

图 4-2-4-9 频繁树属性优选的砂体厚度预测结果

(2)滩坝砂钻探数据合成模型

G89 块属于典型的滩坝砂岩储层,根据反演数据(图 4-2-4-10)建立滩坝砂模型。对井位处的岩性与井旁反演阻抗联合分析,砂岩阻抗与泥岩阻抗混叠在一起(图 4-2-4-11),很难直接通过阻抗进行砂泥岩划分。令阻抗介于 7 100～8 350(m/s)·(g/cm³)为砂岩,其余为泥岩,得到岩相分布图(图 4-2-4-12 所示)。砂岩阻抗为 9 751(m/s)·(g/cm³),泥岩阻抗为 8 616(m/s)·(g/cm³)(数据根据测井数据统计所得),计算反射系数,选取 45 Hz 雷克子波,合成地震记录(图 4-2-4-13),然后计算表 4-2-4-1 中提到的 27 种属性。然后分别采用相关分析法与频繁模式树算法优选 16 种属性(表 4-2-4-5)。最后采用神经网络算法对两组属性组合进行砂体厚度预测。利用井旁道属性与砂体厚度作为训练数据,采用相关分析法属性优选的神经网络砂体厚度预测精度为 0.83,采用频繁模式树属性优选的神经网络砂体厚度预测精度为 0.89,预测结果如图 4-2-4-14、图 4-2-4-15 所示。连井剖面处砂体厚度预测结果如图 4-2-4-16、图 4-2-4-17 所示。

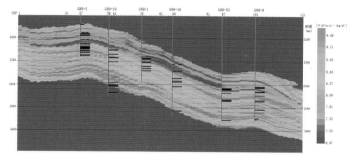

图 4-2-4-10 G89-19 井-G89-9 井连井阻抗剖面(黑线为砂岩厚度,蓝线为目标顶底层)

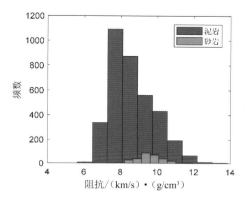

图 4-2-4-11 砂泥岩的阻抗分布

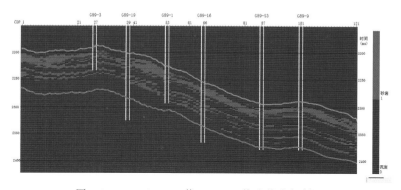

图 4-2-4-12 G89-19 井—G89-9 井连井岩相剖面

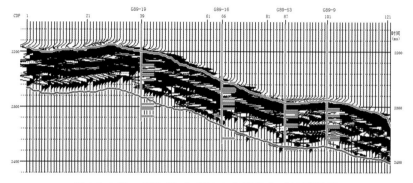

图 4-2-4-13 G89-19 井-G89-9 井连井合成地震记录

表 4-2-4-5　相关分析法与频繁模式树法优选的属性列表

相关分析法		频繁模式树	
阻抗	35/40-45/50 带通滤波	时间	振幅二阶导数
道积分	55/60-65/70 带通滤波	瞬时频率	导数
平均频率	余弦瞬时相位	阻抗	道积分
15/20-25/30 带通滤波	5/10-15/20 带通滤波	Y 坐标	导数的瞬时振幅
绝对值振幅的积分	振幅加权频率	X 坐标	瞬时相位
视极性	振幅包络	振幅加权余弦相位	振幅加权频率
瞬时频率	二阶导数的瞬时振幅	二阶导数的瞬时振幅	振幅包络
瞬时相位	振幅加权相位	振幅加权相位	余弦瞬时相位

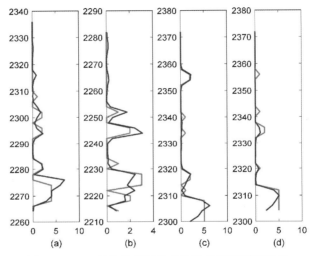

图 4-2-4-14　相关分析属性优选砂体厚度预测结果

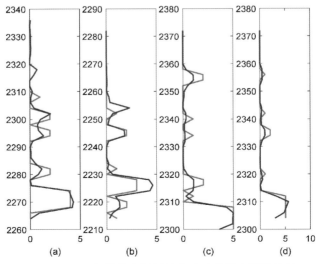

图 4-2-4-15　频繁模式树属性优选砂体厚度预测结果

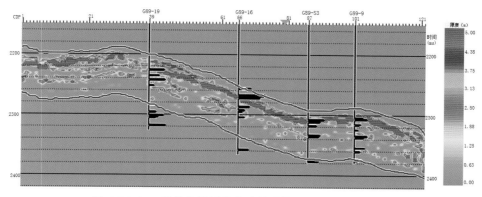

图 4-2-4-16 相关分析属性优选的砂体厚度预测连井剖面

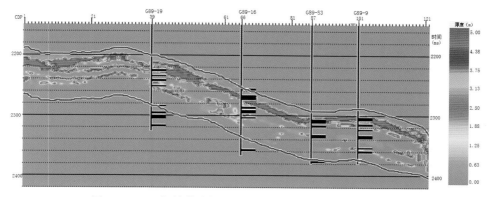

图 4-2-4-17 频繁模式树属性优选的砂体厚度预测连井剖面

（3）应用效果

针对实际工区，按照表 4-2-4-1 所示提取了 50 口井的 27 种属性并进行属性的预处理（归一化与光滑处理等），然后采用频繁模式树算法进行属性优选。利用测井的砂体厚度曲线与井旁属性，分析不同属性个数情况下砂体厚度的预测准确率与相对误差（图 4-2-4-18），可以得知所有属性子集的砂体厚度预测准确率均大于 0.6。当属性个数为 16 时，砂体厚度预测精度达到最高，同相对误差达到最低。因此，选择 16 种属性组合为最优属性组合，如表 4-2-4-6 所示，属性按照支持度的降序排列（图 4-2-4-19）。

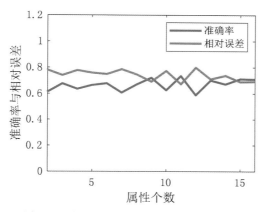

图 4-2-4-18 不同属性个数子集对应的砂体厚度预测准确率与对误差曲线

表 4-2-4-6　频繁模式树法优选的属性列表

频繁模式树	
幅频比	振幅加权频率
绝对值振幅的积分	视极性
振幅包络	正交道
导数的瞬时振幅	瞬时频率二次导数
X 坐标	55/60-65/70 带通滤波
平均频率	瞬时相位
时间	余弦瞬时相位
振幅加权余弦相位	5/10-15/20 带通滤波

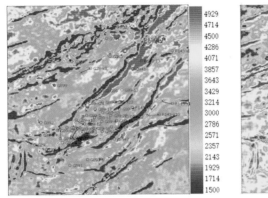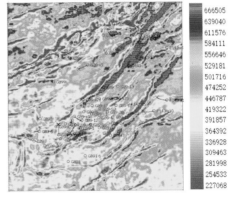

图 4-2-4-19　G89 井区沙四上亚段幅频比(左)、绝对值振幅的积分(右)属性图

　　基于频繁模式树的属性优选方法是一种较新的属性优选方法,与常规相关分析法属性优选相比,优选得到的子集具有更好的特征表达能力,在同样的神经网络砂体厚度预测中,能取得更好的预测结果。但是,作为一种新的分类方法,基于频繁模式还存在许多需要改进的地方,例如资源消耗大,规则剪枝难,优选属性模型较复杂等问题。

4.3　基于深度学习的井震非线性储层参数预测方法

　　随着世界油气需求的不断增长及常规油气产量的不断下降,致密油气藏以其较大的资源潜力已然成为油气勘探的新领域,致密砂岩"甜点"预测随之成为国内外油气勘探开发领域的研究重点。如何高效地利用地震数据,突出有利储层的地震反射特征,提高致密油藏储层预测可靠性,进而提高勘探开发的成功率,成为亟待解决的问题。

　　储层物性参数是进行储层预测与评价、油气储量估算、开发井位确定的重要依据,地震数据中包含十分丰富的储层物性信息,是储层预测的重要基础资料。由于储层物性参数与地震数据之间的关系本身就复杂,致密砂岩储层物性差、非均质性强且目标储层与围岩波阻抗差异小等特点,使得常规的预测方法更加难以获得准确的储层参数。利用地震资料预测致密砂岩储层物性参数遇到了诸多挑战。

　　国内外学者对利用地震资料预测储层物性参数开展了深入的研究工作,取得了众多的研究成果。McCormack(1991)首先将神经网络技术引入到了地球物理领域。董恩清等

(1998)利用人工神经网络方法,将约束反演获得的波阻抗用于储层物性参数预测,但是在井资料较少的情况下,这两类方法具有较强的不稳定性,影响预测结果。Mukerji 和 Eidsvik(2001,2004)提出使用统计岩石物理模型结合地震资料识别储层的岩性和流体性质,并进行不确定性分析。王朋岩(2003)选取储层的深度、厚度、岩性及砂地体积比 4 个因素作为神经网络输入,实现了储层孔隙度预测。陈波等(2005)提出使用地震属性模式聚类方法进行储层物性参数预测,但要求建立准确的地质模型。朱剑兵等(2008)利用支持向量机方法对地震储层参数进行了预测,并与 BP 神经网络预测结果进行了对比分析,获得比后者更好的预测效果。Bosch 等(2009)提出基于贝叶斯理论框架下的储层物性参数反演方法。Grana(2010)等假设各参数符合混合高斯分布,实现了贝叶斯理论框架下的储层物性参数预测,并计算出相应的后验概率。印兴耀(2014)提出了基于弹性阻抗的储层物性参数预测方法,并在贝叶斯分类器基础上获得相应的后验概率。刘兴业(2016)基于贝叶斯定理,采用核函数估算的方法计算条件概率密度,提出基于核贝叶斯判别法的储层物性参数预测方法,实现了多种物性参数的预测并提供预测结果的置信概率。

基于深度学习的井震非线性储层参数预测算法,该算法针对 G89 井区储层特点及井震数据进行了三个方面研究。① 井旁地震道合成优化方法测试。针对工区内 50 口井中有砂体厚度信息的 22 口井以及两个模型数据中各 13、15 道地震数据做井旁道合成优化得到 50 道数据的真实砂体厚度与预测砂体厚度对比图,对比显示优化效果良好。② 基于两个符合滩坝砂特点的正演模型进行了非线性储层参数预测实用性研究与测试。对模型的地震数据提取地震属性,并随机抽取地震道当成井数据,用模型砂体信息对抽取的地震属性进行厚度标定形成训练数据,将训练数据用于模型训练,选择训练误差最小的卷积神经网络模型作为预测模型对所建立的砂体模型数据进行预测得到预测砂体厚度,将真实砂体厚度与预测砂体预测进行对比分析,以验证基于卷积神经网络的深度学习方法在致密油藏非线性储层参数预测中的适用性。测试效果表明,该算法相对于其他常规储层参数预测方法具有优越性。③ 在正演数据研究测试的基础上,开展研究区数据的储层砂体厚度预测工作,利用优化后的井旁地震属性和测井资料中的砂体厚度数据建立训练数据集,训练卷积神经网络模型并用于针对连井剖面和三维情况的实际数据预测,得到砂体厚度分布结果,实现储层砂体的定量描述。

综述可知,常用的储层物性参数预测方法主要分为基于神经网络的方法和基于地质统计的方法。随着勘探程度的深入,研究储层的地质背景变得越发复杂,传统的常规储层参数预测方法往往不能达到理想的预测效果,因此研究新的储层参数预测方法以提高油气勘探的准确度便显得尤为重要。

1.3.1 卷积神经网络

卷积神经网络(convolutional neural network,CNN)来源于 20 世纪 60 年代 Hubel 等人对猫脑皮层神经元的研究,经过 Fukushima 等人的发展,于 1990 年被 Lecun 成功应用于手写数字识别。之后,CNN 开始在图片识别、语音识别、人脸识别、自然语言处理等方面不断取得突破。

卷积神经网络是一种多阶段全局可训练的人工神经网络模型,可以从经过少量预处理的数据,甚至原始数据中学习到抽象的、本质的和高阶的特征以用于后期的判断和决策。CNN 由 BP 神经网络发展而来,与传统 BP 网络相比,除了网络深度加深以外,层间的连接方式也变得多样。CNN 中相邻层之间的神经元并不仅是以全连接方式相连,还包括卷积层、池化层间的局部连接方式。概括而言,卷积神经网络的特殊性主要体现在两个方面:一方面,CNN的神经元间的连接是一种非全连接方式;另一方面,同一层中卷积操作连接的权重是相同的(即共享的)。这种结构相较于BP神经网络更似于生物神经网络,并且有效且合理地降低了网络模型的复杂度,从而降低了网络训练对样本数量的需求。

同传统BP神经网络一样,卷积神经网络是多层网络结构,它的每一层由多个特征图构成,每个特征图即为原始输入的一个特征。在一个卷积神经网络模型中,神经元分为两类:一类是用于特征提取的S元,另一类是抗形变的C元。S元中有两个重要参数,即感受野和阈值,前者决定从输入层中提取多大的空间作为输入,后者决定输出对输入的反应程度。卷积神经网络中与上述的神经元类型对应的层类型为卷积层和池化层,从卷积层到池化层是一个下采样的过程,从下采样层到卷积层则是一个卷积滤波的过程。

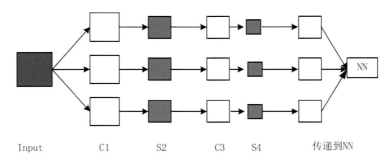

图 4-3-1-1　卷积神经网络框架

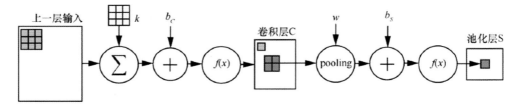

图 4-3-1-2　卷积与池化过程简图

卷积神经网络的数学本质是一种输入到输出的映射,它能够从大量样本中学习到输入与输出之间的映射关系,而不需要任何输入和输出之间的精确的数学表达式。卷积网络执行的是有导师训练,其样本集是由形如$(\boldsymbol{X},\boldsymbol{Y})$的向量对构成的,$\boldsymbol{Y}$称为理想输出向量,用于标记输入向量$\boldsymbol{X}$。

(1)训练样本的建立

训练样本的质量决定着神经网络预测结果的可靠性和有效性。卷积神经网络对训练样本的基本要求为:所有用于网络学习的形如向量对$(\boldsymbol{X},\boldsymbol{Y})$的训练样本都应该真实反映数据之间的相关性。在砂体厚度预测中,$\boldsymbol{X}$为地震资料,$\boldsymbol{Y}$为测井资料。即要求训练样本能真实反映地震数据与储层特征之间的相关性。

地震数据是由原始叠后地震数据经过数学变换推演出的有关地震波的运动学特征、动力学特征、统计学特征及几何特征的信息,即地震属性。在研究的最初尽量提取多的地震属性,以尽可能地利用有限且宝贵的地震数据资源。但是不是所有的地震属性都具有地质意义,都能用于建立其与储层岩石物性的定量关系,而且属性之间往往存在很强的相关性和冗余,甚至会对预测适得其反。因此在通过用井数据标记地震属性的方式建立训练样本之前,需要针对预测目标对所提取的属性做属性优化处理(4.2.3、4.2.4)。

经过常规数据预处理及去冗余、去相关等属性优化后,得到的属性张量用向量表示为 $\dot{x}^{(i)}=[\boldsymbol{x}_1^{(i)},\dot{x}_2^{(i)},\cdots,\dot{x}_k^{(i)}]^T,\dot{x}^{(i)}\in\mathfrak{R}^k$。考虑到卷积神经网络的数据输入结构为二维情况,对 $\dot{x}^{(i)},i=1,2,\cdots n$ 进行一致的数据结构变换。变化后的样本属性张量为:

$$\widetilde{X}^{(i)}=\begin{bmatrix} \widetilde{x}_{11}^{(i)} & \widetilde{x}_{12}^{(i)} & \cdots & \widetilde{x}_{1k_2}^{(i)} \\ \widetilde{x}_{21}^{(i)} & \widetilde{x}_{22}^{(i)} & \cdots & \widetilde{x}_{2k_2}^{(i)} \\ \vdots & \vdots & \ddots & \vdots \\ \widetilde{x}_{k_1,1}^{(i)} & \widetilde{x}_{k_1,2}^{(i)} & \cdots & \widetilde{x}_{k_1,k_2}^{(i)} \end{bmatrix},X^{(i)}\in\mathfrak{R}^{k_1\times k_2} \tag{4-3-1-1}$$

矩阵 $\widetilde{X}^{(i)}$ 中每一行都是属性张量 $\dot{x}^{(i)}$ 中部分元素的一个排列。

借助井数据、地质数据等先验信息,标记井旁道样本属性张量 $\widetilde{X}^{(i)}$,建立有效储集体识别网络训练样本集 $\{(\widetilde{X}^{(1)},Y^{(1)}),(\widetilde{X}^{(2)},Y^{(2)}),\cdots,(\widetilde{X}^{(m)},Y^{(m)})\}$,$m$ 为样本总数,$\{Y^{(j)},j=1,\cdots,m\}$ 为储层物性参数。

(2)网络结构的搭建

卷积神经网络作为传统神经网络的改进版,其网络层级结构更加丰富,包括:数据输入层、卷积计算层、池化层、全连接层和最后的数据输出层,除输入、输出层以外的层统称为隐藏层。地震数据由输入层传入网络,经卷积、池化及激活函数处理后传到网络输出层,得到对应的网络输出,即储层参数。

网络的结构决定了模型非线性映射能力的上限。在浅层网络中(假设隐藏层数为1),网络的规模由隐藏层神经元个数决定,通过增加隐藏层神经元个数来增加模型的复杂度,在足够的迭代次数下总能拟合好训练样本;但是模型的泛化能力却无法保证,即模型出现过拟合或者说模型的学习能力转变成了记忆能力,无法对未知数据做出很好的判断、分析甚至预测。深层网络结构略微不同,网络的规模由网络深度和各层神经元个数共同决定,网络深度和各层神经元个数的增加都能扩大模型的规模,即提高模型非线性映射能力的上限。但是网络深度的增加在另一方面还会提高损失函数(也称目标函数)的非凸性。目标函数非凸性的增加意味着优化过程将面临更多的局部极小值,即优化更容易陷入局部极小值。此时即使增加迭代次数,模型甚至对训练样本都不一定能实现很好的拟合。

在浅层模型中,模型非线性映射能力的提高是需要足够的训练样本数作保障的,更多的训练样本意味着更多的学习资源或者说更多的数据信息,从而避免模型过拟合以保证其泛化能力。深层模型中,网络规模的扩大,除了需要训练样本量作支撑外,还需要优秀的网络训练方法,以有效地避开损失函数的局部最小值,实现网络结构的更大的优化。

网络训练中通常要确保训练数据的数目是模型复杂度(模型规模的度量)的幂次级,而模型的规模又是与网络参数(网络训练中待更新的权重和偏置)成正比的。在一个有 l 个隐藏层的全连接网络中,设输入、输出层神经元个数分别为 n 和 n_o,隐藏层神经元个数为 $n_i,i=1,2,\cdots l$,则网络参数的个数为:

$$(n+1)n_1+(n_1+1)n_2+\cdots+(n_l+1)n_o \tag{4-3-1-2}$$

随着网络层数及各层神经元个数的增加,网络规模变大。这意味着模型的非线性映射能力更强,同时也意味着要训练好该模型需要与其网络参数成幂次级的训练样本。因此在设计网络结构时,应首先参考所能用的训练样本量,训练样本较少时不宜设计过于复杂的网络结构。另外,在训练样本有限的情况下,宜建立"深"型网络结构,不宜建"胖"型网络结构。

（3）网络超参数的确定

相对于网络的结构决定了模型非线性映射能力的上限,网络超参数的定义则在一定程度上决定了最终训练所得模型能否达到这个上限。深度神经网络结构中,超参数左右着网络优化过程中能否合理地避开损失函数的局部最小值,实现模型的合理最优,因此网络超参数的设定对模型的建立至关重要。深度学习中涉及的超参数包括学习速率、激活函数、损失函数、优化算法、迭代次数、批次大小等。

1）学习速率

学习速率是指优化算法中更新网络权值的幅度大小,一个理想的学习速率会促进模型的收敛,而不理想的学习速率甚至会直接导致模型无法训练。通常情况下学习速率取[0.001,0.01]为宜。学习速率过大可能导致模型不收敛,损失值不断上下震荡,如图 4-3-1-3 中的黄线所示;学习速率过小则容易导致模型收敛速度过慢,训练时间变长,如图 4-3-1-3 中红线所示。图 4-3-1-3 中蓝线所示的学习速率是最理想的,绿线对应的学习速率相对广澳。在模型训练的最初可以先选用非常低的学习速率,然后在每次迭代过程中逐渐提高学习速

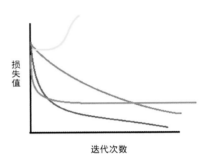

图 4-3-1-3　不同学习速率
对收敛的影响

率。训练过程中也可以对每次迭代的学习结果进行记录,并绘制学习速率与损失值关系曲线图,最小损失值对应的学习速率即可当作最佳的学习速率用于最终的模型训练。

$$\theta_i := \theta_i - \eta \frac{\partial J}{\partial \theta_i} \qquad (4\text{-}3\text{-}1\text{-}3)$$

式中,η 为学习速率,θ 表示网络权值,J 为损失函数。

2）激活函数

激活函数是神经网络中的非线性元素,也被称为非线性映射函数,若不使用激活函数模型则难以拟合非线性问题,这是激活函数的作用所在。激活函数通过给定一个阈值来模拟神经元在接收到一组输入信号后的或激活或抑制的状态。为了保证网络的学习能力,所选用的激活函数必须是连续且有界的,常用的激活函数有 Sigmoid 函数、Tanh 函数、ReLu(修正线性单元)、LReLu、Linear(线性函数)等。

① Sigmoid 函数:

$$f(x) = \frac{1}{1 + \exp(-x)} \qquad (4\text{-}3\text{-}1\text{-}4)$$

Sigmoid 函数也称为 logistic 函数,该函数将输入映射到(0,1)区间,可以用来表示概率。但该函数不是关于原点中心对称的,即其输出的均值不为 0,该特点容易增加梯度的不稳定性。另外,该函数导数的值域在(0,0.25]区间,在误差反向传播过程中,越靠近输入层的激活函数的导数将呈指数倍减小,随着训练的迭代进行,梯度值会越来越小,最终导致权重无法更新,出现梯度消失现象,使网络的学习过程停滞。

② Tanh 函数:

$$\tanh(x) = \frac{\exp(x) - \exp(-x)}{\exp(x) + \exp(-x)} \qquad (4\text{-}3\text{-}1\text{-}5)$$

Tanh 函数与 Sigmoid 函数属于同类型函数,但它的值域区间是$(-1,1)$,并且 Tanh 比 Sigmoid 函数收敛速度快。虽然 Tanh 函数关于原点中心对称,并且其导数的值域为 $(0,1]$,但同样是因为梯度的问题,它和 Sigmoid 函数通常被用于浅层网络,因为"梯度消失"现象会随着网络层数的增加而越加凸显,致使网络丧失学习能力。

③ ReLu:

$$f(x) = \max(0, x) \tag{4-3-1-6}$$

ReLu 是深度学习中最常用的激活函数。相较于 Sigmoid 函数和 Tanh 函数,ReLu 能有效避免"梯度饱和"并使损失函数的优化过程更快地收敛。但是,由于 ReLu 函数在输入为非正数时其输出都为 0,即导数为 0。这种情况会造成,在网络训练过程中负梯度可能被网络中某个以 ReLu 为激活函数的神经元置零,即该神经元不再对任何数据有所响应,这意味着该神经元将出现不可逆转的"坏死"。实际训练中,学习速率越大,越易造成网络中神经元坏死,因此,在使用该激活函数时不宜设置过大的学习速率。

④ LReLu:

$$f(x) = \max\{\alpha x, x\} \tag{4-3-1-7}$$

为了缓解 ReLu 产生的神经元坏死问题,出现了很多 ReLu 的变形。其基本思想是避免在输入为非正数时输出恒为 0。LReLu 作为 ReLu 的一种变形,其 α 为恒定的非常小的值。针对变量 α 的选取问题后续又产生了很多研究成果。

⑤ Linear:

$$f(x) = kx \tag{4-3-1-8}$$

linear 函数一般用于回归模型的输出层。

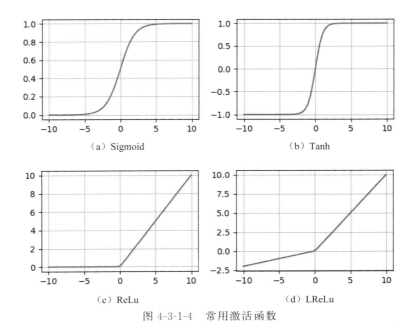

图 4-3-1-4 常用激活函数

3)损失函数

损失函数也称为代价函数或者目标函数,是用来定量化模型的预测值与真实值的不一致程度。当然,损失函数是针对有监督学习而言的。损失函数是一个非负的实值函数,其值越小表示模型的鲁棒性越好。损失函数是经验风险函数的核心部分,也是结构风险

函数的重要组成部分。模型的结构风险函数包括了经验风险项和正则项,用如下所示:

$$\theta^* = \arg\min_\theta \frac{1}{N} \sum_{i=1}^n L(y^{(i)}, f(x^{(i)}; \theta)) + \lambda\Phi(\theta) \qquad (4\text{-}3\text{-}1\text{-}9)$$

式中,等号右边第一项的均值函数体现模型的经验风险,$L(\cdot)$为损失函数,等号右边第二项中的$\Phi(\cdot)$称为正则项或者惩罚项。

常用的损失函数有 0~1 损失函数、绝对值损失函数、对数损失函数、指数损失函数、平方差损失函数等。

① 0~1 损失函数:

$$L(Y, f(x)) = \begin{cases} 1, Y \neq f(x) \\ 0, Y = f(x) \end{cases} \qquad (4\text{-}3\text{-}1\text{-}10)$$

② 绝对值损失函数:

$$L(Y, f(x)) = |Y - f(x)| \qquad (4\text{-}3\text{-}1\text{-}11)$$

③ 对数损失函数:

$$L(Y, P(Y|X)) = -\log P(Y|X) \qquad (4\text{-}3\text{-}1\text{-}12)$$

④ 指数损失函数:

$$L(Y, f(x)) = \exp(-Yf(x)) \qquad (4\text{-}3\text{-}1\text{-}13)$$

⑤ 平方损失函数:

$$L(Y, f(x)) = (Y - f(x))^2 \qquad (4\text{-}3\text{-}1\text{-}14)$$

4) 优化算法

优化算法的功能是通过改善训练方式,来最小化(或最大化)损失函数,从而更新网络权重,实现模型的优化。深度学习中常用的优化算法有:批量梯度下降法、随机梯度下降法(SGD)、小批量梯度下降法、动量梯度下降法(Momentum)、Nestrov 梯度加速法、Adagrad 法、Adadelta 法、Adam 法等。

① 梯度下降(也称批量梯度下降):

$$\theta := \theta - \eta \nabla J_\theta(\theta) \qquad (4\text{-}3\text{-}1\text{-}15)$$

梯度下降算法将针对整个数据集计算梯度,然后对网络权重进行一次更新,当处理大型数据集时速度慢且难以控制,甚至导致内存溢出。另外该算法容易陷入局部极小值。

② 随机梯度下降法:

$$\theta := \theta - \eta \nabla J_\theta(\theta; x^{(i)}, y^{(i)}) \qquad (4\text{-}3\text{-}1\text{-}16)$$

随机梯度下降法在梯度下降算法的基础上做了改进。该算法通过每次从训练样本集中随机选取一个样本来迭代更新一次模型参数,频繁地更新使得模型参数具有高方差的特点,损失函数的值会以不同的强度波动,这有助于训练过程中发现新的可能更优的局部最小值。该算法以损失很小的精度和增加一定的迭代次数为代价,换取总体的优化效率的提升,实际的迭代次数远小于样本总数。但是,该方法对参数比较敏感,参数的初始化对该方法的优化效果影响很大。另外,损失函数值的大幅度波动也可能在另一方面导致优化过程无法收敛,尤其在学习速率较大的时候。

③ 小批量梯度下降法:

$$\theta := \theta - \eta \nabla J_\theta[\theta; x^{(i:i+k)}, y^{(i:i+k)}] \qquad (4\text{-}3\text{-}1\text{-}17)$$

随机梯度下降法算法对梯度下降和随机梯度下降算法的优化缺陷做了弥补,该算法对训练样本进行分组,每一组称为一个批次,训练过程中每次对一个批次内的 k 个训练样本进行梯度计算,然后对所求梯度求平均再用于网络权重更新。小批量梯度下降算法有效降低了网络权重更新的频次,并提高了优化过程的稳定性,进而有效地改善了标准梯度下降容易陷入局部极小的不足和随机梯度下降优化过程可能无法收敛的缺陷。

④ 动量梯度下降法(Momentum):

$$V_t = \gamma \cdot V_{t-1} + \eta \, \nabla_\theta J(\theta) \tag{4-3-1-18}$$

$$\theta := \theta - V_t \tag{4-3-1-19}$$

SGD方法中的高方差振荡使得网络很难稳定收敛,所以有研究者提出了一种称为动量(Momentum)的技术,通过优化相关方向的训练和弱化无关方向的振荡,来加速SGD训练。当其梯度指向实际移动方向时,动量项 γ 增大;当梯度与实际移动方向相反时,γ 减小。这种方式意味着动量项只对相关样本进行参数更新,减少了不必要的参数更新,从而得到更快且稳定的收敛,也减少了振荡过程。

⑤ Nestrov梯度加速法:

$$V_0 = 0$$

$$V_1 = \eta \, \nabla_\theta J(\theta) \tag{4-3-1-20}$$

$$V_t = \gamma V_{t-1} + \eta \, \nabla_\theta J(\theta - \gamma V_{t-1})$$

$$\theta := \theta + \Delta\theta := \theta - V_t \tag{4-3-1-21}$$

Nesterov梯度加速法(NAG)是一种赋予了动量项预知能力的方法,通过使用动量项 γV_{t-1} 来更新参数 θ。该算法不是通过计算当前参数 θ 的梯度值得到下一位置的参数近似值,而是通过计算 $\theta - \gamma V_{t-1}$,通过相关参数的大致未来位置,来有效地预知未来。

⑥ Adagrad如下。

前面的一系列优化算法有一个共同的特点,就是对于每一个参数都用相同的学习率进行更新。但是在实际应用中各个参数的重要性肯定是不一样的,因此对于不同的参数要动态地采取不同的学习率,让目标函数更快地收敛。Adagrad是将每一个参数的每一次迭代的梯度取平方累加再开方,用基础学习速率除以这个数,来做学习率的动态更新。

$$G_{i,t} = G_{i,t-1} + \nabla_{\theta_{i,t}} J(\theta) \tag{4-3-1-22}$$

$$\theta := \theta - \frac{\eta}{\sqrt{G_t + \varepsilon}} \nabla_\theta J(\theta) \tag{4-3-1-23}$$

式中,$G_{i,t}$ 表示前 t 步参数 θ_i 梯度的累加。

⑦ AdaDelta如下。

该算法是 Adagrad 的延伸,它倾向于解决 Adagrad 存在的学习率衰减的问题。Adadelta不是累积所有之前的平方梯度,而是将累积之前梯度的窗口限制到某个固定大小。与 Adagrad 不同,此处的梯度和被递归地定义为所有先前平方梯度的衰减平均值。

$$E[g^2]_t = \gamma E[g^2]_{t-1} + (1-\gamma)g_t^2 \tag{4-3-1-24}$$

$$E[\Delta\theta^2]_t = \gamma E[\Delta\theta^2]_{t-1} + (1-\gamma)\Delta\theta_t^2 \tag{4-3-1-25}$$

$$g_t = \nabla_{\theta_t} J(\theta) \tag{4-3-1-26}$$

$$\Delta\theta_t = \frac{RMS[\Delta\theta]_{t-1}}{RMS[g]_t} g_t \tag{4-3-1-27}$$

$$RMS[g]_t = \sqrt{E[g^2]_t + \varepsilon} \tag{4-3-1-28}$$

$$\theta := \theta + \Delta\theta$$

$$\Delta\theta = -\frac{RMS[\Delta\theta]_{t-1}}{RMS[g]_t} \nabla_\theta J(\theta) \tag{4-3-1-29}$$

式中，RMS 表示均方根误差。

⑧ Adam 算法如下。

Adam 算法即自适应时刻估计方法（Adaptive Moment Estimation），能计算每个参数的自适应学习率。这个方法不仅存储了 AdaDelta 先前平方梯度的指数衰减平均值，而且保持了先前梯度 m_t 的指数衰减平均值，这一点与动量类似。

$$m_t = \mu \cdot m_{t-1} + (1 - \mu) \cdot g_t$$
$$n_t = \nu \cdot m_{t-1} + (1 - \nu) \cdot g_t^2$$
$$\hat{m}_t = \frac{m_t}{1 - \mu^t}$$
$$\hat{n}_t = \frac{n_t}{1 - \nu^t} \tag{4-3-1-30}$$
$$\Delta\theta = -\frac{\hat{m}_t}{\sqrt{\hat{n}_t} + \varepsilon} \cdot \eta$$
$$\theta := \theta + \Delta\theta$$
$$\Delta\theta = -\frac{\hat{m}_t}{\sqrt{\hat{n}_t} + \varepsilon} \cdot \eta \tag{4-3-1-31}$$

式中，m_t，n_t 分别为梯度的一阶矩估计和二阶矩估计，$\hat{m}_t$，$\hat{n}_t$ 是对 m_t，n_t 的校正，而 $\dfrac{\hat{m}_t}{\sqrt{\hat{n}_t} + \varepsilon}$ 对学习速率 η 具有动态约束作用。

5) 迭代次数（epochs）

迭代次数是指整个训练集输入到网络进行训练的次数。当测试错误率和训练错误率相差较小时，可认为当前迭代次数合适；当测试错误率先变小后变大时则说明迭代次数过大了，需要减小迭代次数，否则容易出现过拟合。

6) 批次大小（batch size）

在模型训练中批次大小或者说批量，是指一次输入供模型计算的数据量。批次大小能取的最大值是样本总数 N，此时是全批次学习（Full batch learning）；能取的最小值是 1，即每次只训练一个样本，即在线学习（Online Learning）。当我们分批学习时，使用全部训练数据完成一次网络权重更新即称为完成了一次迭代（epoch）。

分批次训练网络的思想有两个作用，一是更好地处理非凸的损失函数，非凸的情况下，全样本就算工程上算得动，也会卡在局部最优上，"批"表示了全样本的部分抽样实现，相当于人为引入修正梯度上的采样噪声，使得搜索最优值的可能性变大；二是合理利用内存容量。

（4）卷积神经网络的训练

卷积神经网络的训练过程和传统神经网络类似，包括前向传播、反向传播、权值更新 3 个部分。其中反向传播因为层类型不同，与传统神经网络存在一些差别，须对卷积层和池化层分开做运算处理。

在开始训练前，所有的权重都应该用一些不同的小随机数进行初始化。"小随机数"用来保证网络不会因权值过大而进入饱和状态，从而导致训练失败；"不同"用来保证网络可以正常地学习。实际上，如果用相同的数去初始化权矩阵，则网络无能力学习。

1) 第一阶段,前向传播阶段

从训练样本集中取出一个样本(X,Y),将地震属性 X 输入网络;地震属性经过逐层变换后传到输出层,得到储层参数预测值。

① 卷积层:将上层所得特征图与具有特征学习能力的卷积核卷积,加偏置后再经过激活函数,得到卷积层前向传播输出结果。

$$a_j^{(l)} = f\left(\sum_{i \in M_j} a_i^{(l-1)} * k_{ij}^{(l)} + b_j^{(l)}\right) \tag{4-3-1-32}$$

式中,l 为网络层数,$a_j^{(l)}$ 为第 l 层的第 j 个特征图,$k_{ij}^{(l)}$ 为卷积核,$b_j^{(l)}$ 为卷积层偏置,$f(\cdot)$ 为激活函数。当 $l=1$ 时,$a_j^{(l)} = x_j^{(i)}$,$x_j^{(i)}$ 表示第 i 个样本的第 j 个属性。

② 池化层:对不同位置的特征进行统计的一种方法,该层由卷积层经过池化加偏置再经过激活函数得到。常用方法有平均池化、最大池化、最小池化、随机池化。

$$x_j^{(l)} = f(w_j^{(l)} \text{down}(a_j^{(l-1)}) + b_j^{(l)}) \tag{4-3-1-33}$$

式中,$w_j^{(l)}$ 为池化层权重;$\text{down}(.)$ 为下采样函数,为池化操作;$b_j^{(l)}$ 为池化层偏置。

2) 第二阶段,反向传播阶段

① 定义平方损失函数:

$$J(W,b;x^{(i)},y^{(i)}) = \frac{1}{2} \sum_{i=1}^{n} \sum_{j=1}^{m} (\hat{y}_j^{(i)} - y_j^{(i)})^2 \tag{4-3-1-34}$$

式中,$\hat{y}$ 为输出值,y 为真实值,n 为样本个数,m 为属性个数。

② 卷积层:当第 l 层为卷积层,第 $l+1$ 层为池化层,求出第 l 层中某神经元的敏感度,通过对损失函数 J 求偏导,计算权重梯度和偏置梯度。

$$\delta_j^{(l)} = \frac{\partial J}{\partial x_j^{(l)}} = w_j^{(l+1)}(f'(x_j^{(l)}) \cdot up(\delta_j^{(l+1)})) \tag{4-3-1-35}$$

$$\frac{\partial J}{\partial k_{ij}^{(l)}} = \sum_{M,N} \delta_j^{(l)} p_j^{(l-1)}$$
$$\frac{\partial J}{\partial b_j} = \sum_{M,N} \delta_j^{(l)} \tag{4-3-1-36}$$

其中,$up(.)$ 为上采样函数,为池化操作;$\delta_j^{(l)}$ 为第 l 层中第 j 个神经元的敏感度;J 为损失函数。

③ 池化层:当第 l 层为池化层,第 $l+1$ 层为卷积层,第 l 层中某神经元的敏感度如下。

$$\delta_j^l = \frac{\partial J}{\partial x_j^l} = conv(\delta_j^{(l+1)}, k_j^{(l+1)})°f'(x_j^{(l)}) \tag{4-3-1-37}$$

同卷积层,计算权重梯度和偏置梯度。

3) 第三阶段,权重更新

$$w_j^l := w_j^l - \eta \frac{\partial}{\partial w_j^l} J(w,b)$$
$$b_j^l := b_j^l - \eta \frac{\partial}{\partial b_j^l} J(w,b) \tag{4-3-1-38}$$

式中,η 为学习速率,l 为迭代次数。

通过对网络参数不断的更新,以及人为的网络超参数的调整,使得用于量化储层参数真实值与预测值之间差异的损失函数值逐渐变小收敛,至此判定网络训练完成。将训练好后的网络模型用于远井区的地震属性数据即可实现对远井区砂体厚度的预测。

1.3.2 砂体厚度预测模型

（1）砂体叠置模型砂体厚度预测

砂体叠置模型的岩性剖面及地震剖面如图 4-3-2-1（a）、图 4-3-2-1（b）所示。图 4-3-2-1（a）中，红色表示砂体，蓝色为泥岩背景。图 4-3-2-1（c）所示为由地质模型求得的单点砂体厚度，单位为 m。该模型的最大砂体厚度为 10 m，整体的厚度值偏低，主要集中在 4 m 以下。

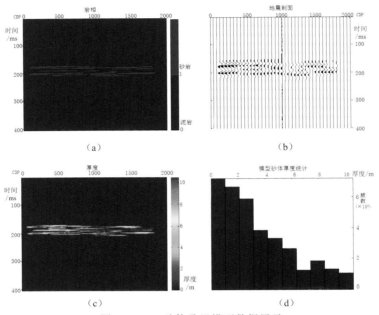

图 4-3-2-1 砂体叠置模型数据展示

从砂体叠置模型的合成地震数据中提取多种地震属性，对应地震数据中每个采样点，得到形如 $\boldsymbol{x}=[x_1,x_2,\cdots,x_k]^T$，$\boldsymbol{x}\in\Re^k$ 的属性向量，k 为提取的属性个数。在建立数据样本之前先采用频繁模式树对训练数据进行属性维度上的去相关、去冗余处理，最终得到优化后属性向量为 $\boldsymbol{x}=[x_1,x_2,\cdots,x_m]^T$，$\boldsymbol{x}\in\Re^m$，$m<k$，优选所得的敏感地震属性如表 4-3-2-1 所示，共 16 种。图 4-3-2-2 展示了部分敏感属性的剖面。用厚度数据对优选后的地震属性向量进行标定，得到形如 $(\boldsymbol{X},\boldsymbol{Y})$ 的向量对。其中，$\boldsymbol{X}$ 对应地震属性向量，$\boldsymbol{Y}$ 对应由地质模型求得的时间域厚度。真实砂体厚度与对应的 16 种敏感属性的单道展示如图 4-3-2-3 所示。

为了验证方法的可行性，从经厚度标定的地震属性数据中随机抽取多道，每道 401 个采样点，构成训练样本。对训练样本中的砂体厚度进行统计（图 4-3-2-4）。从图中可知，训练样本中的大部分厚度值集中在零值附近，2 m 以上的厚度值较少，数据分布稀疏。

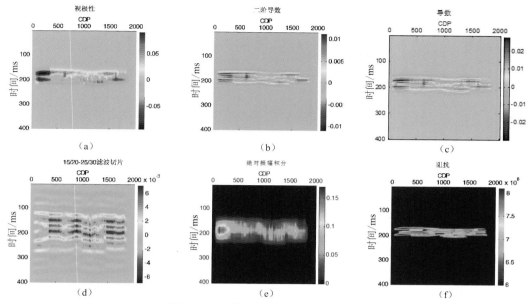

图 4-3-2-2 优选地震属性剖面(部分)

表 4-3-2-1 优选属性列表

属性英文名	属性中文名
Average Frequency	平均频率
Apparent Polarity	视极性
Amplitude Weighted Frequency	振幅加权频率
Derivative	导数
Dominate Frequency	主频
Filter 5/10-15/20	5/10-15/20 滤波切片
Filter 15/20-25/30	15/20-25/30 滤波切片
Filter 45/50-55/60	45/50-55/60 滤波切片
Integrate	积分
Integrated Absolute Amplitude	绝对振幅积分
Instantaneous Frequency	瞬时频率
Instantaneous Phase	瞬时相位
Second Derivative	二阶导数
Second Derivative Instantaneous Amplitude	瞬时振幅的二阶导数
Time	时间
Impedance	波阻抗

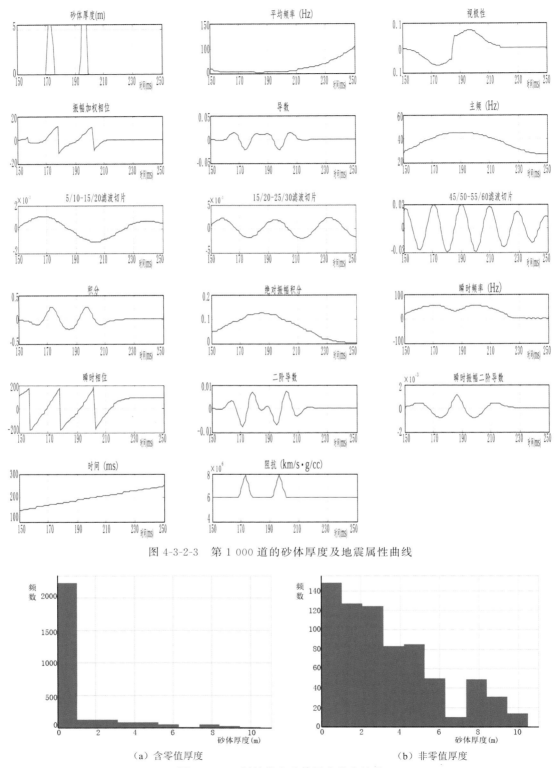

图 4-3-2-3　第 1 000 道的砂体厚度及地震属性曲线

（a）含零值厚度　　　　　　　（b）非零值厚度

图 4-3-2-4　训练样本砂体厚度分布情况

根据训练样本量的大小建立卷积神经网络模型（图 4-3-2-5），该模型包含 3 个卷积层

（Conv2D），各层卷积核个数为32、64、32，以及1个全连接层（Dense），层内神经元个数为100。因网络做的是回归预测，输出层的神经元个数为1。该网络的待更新权值有20 041个，因为训练样本有限，为了防止网络模型过拟合，在以上4个神经层之后各添加了一个dropout处理层，使每层神经元按40%的概率实现随机丢弃，以在尽可能不降低模型非线性拟合能力的情况下防止模型的学习能力弱化为记忆能力。

```
Layer (type)                 Output Shape              Param #
=================================================================
conv2d_1 (Conv2D)            (None, 3, 3, 32)          160
_____
dropout_1 (Dropout)          (None, 3, 3, 32)          0
_____
conv2d_2 (Conv2D)            (None, 2, 2, 64)          8256
_____
dropout_2 (Dropout)          (None, 2, 2, 64)          0
_____
conv2d_3 (Conv2D)            (None, 1, 1, 32)          8224
_____
dropout_3 (Dropout)          (None, 1, 1, 32)          0
_____
flatten_1 (Flatten)          (None, 32)                0
_____
dense_1 (Dense)              (None, 100)               3300
_____
dropout_4 (Dropout)          (None, 100)               0
_____
dense_2 (Dense)              (None, 1)                 101
=================================================================
Total params: 20,041
Trainable params: 20,041
Non-trainable params: 0
```

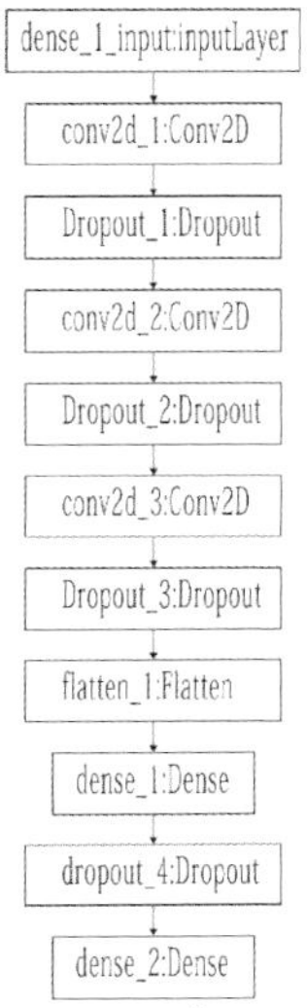

dense_1_input:inputLayer
conv2d_1:Conv2D
Dropout_1:Dropout
conv2d_2:Conv2D
Dropout_2:Dropout
conv2d_3:Conv2D
Dropout_3:Dropout
flatten_1:Flatten
dense_1:Dense
dropout_4:Dropout
dense_2:Dense

图 4-3-2-5　卷积神经网络参数分布（左）及网络结构（右）示意图

通过多次迭代及人为对模型超参数的调整，选择其中最优的卷积神经网络模型对砂体叠置模型数据进行砂体厚度预测，预测结果如图 4-3-2-6、图 4-3-2-7 所示。图 4-3-2-6（a）为真实砂体厚度剖面，图 4-3-2-6（b）为预测所得砂体厚度。其中，竖线表示抽取训练样本的井位，粉色竖线处的真实砂体厚度和预测砂体厚度的对比图如图 4-3-2-7 所示。从图 4-3-2-7（a）中可以看出，以红线所示的实际砂体厚度受地震数据采样率的影响，曲线相对尖锐，而预测砂体厚度曲线则相对平缓。预测模型在对 1 m 左右的极薄砂体进行预测时出现预测效果较差的情况。另外在砂体叠置复杂，薄层交替出现的位置，预测砂体厚度曲线与实际砂体厚度曲线存在微量的时间偏差。总体而言，卷积神经网络对训练数据实现了很好的拟合。图 4-3-2-7（b）为未参与训练道处的真实砂体厚度与预测砂体厚度对比图。红线为真实砂体厚度，蓝线为预测砂体厚度。从图中可知，卷积神经网络对未知数据也能实现很好的预测。

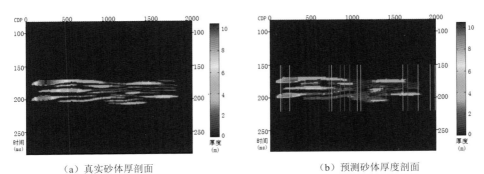

（a）真实砂体厚剖面　　　　　　　　　　　（b）预测砂体厚度剖面

图 4-3-2-6　真实砂体厚度与预测砂体厚度剖面对比图

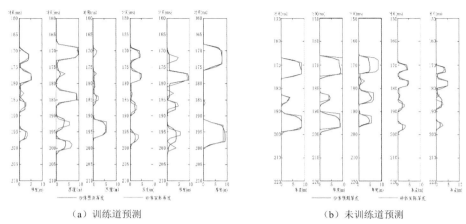

（a）训练道预测　　　　　　　　　　　　　（b）未训练道预测

图 4-3-2-7　砂体预测对比图

（2）剖面砂体模型砂体厚度预测

该模型由对实际地震数据做反演得到的波阻抗后建模所得，图 4-3-2-8（a）中红色指示砂体所在位置，由模型得到的合成地震剖面如图 4-3-2-8（b）所示，经模型岩相数据求得砂体的时间厚度如图 4-3-2-8（c）所示。对厚度数据做统计分析可知，该模型的砂体厚度普遍偏低，大部分砂体厚度集中在 2 m 以下，仅有部分采样点（不到总采样点的 1/3）处的厚度大于 5 m，厚度最大值约为 10 m，如图 4-3-2-8（d）所示。

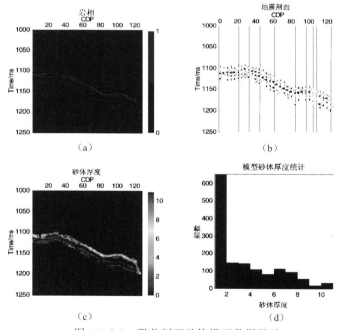

图 4-3-2-8　联井剖面砂体模型数据展示

先做地震属性提取，对提取的所有地震属性做相关处理及频繁模式树优选，得到表4-3-2-2所示的 16 种优选属性。部分优选属性剖面展示如图 4-3-2-9 所示。

表 4-3-2-2 优选属性列表

属性英文名	属性中文名
Impedance	阻抗
Seismic Data	地震数据
Average Frequency	平均频率
Amplitude Weighted Cosine Phase	振幅加权相位余弦
Amplitude Weighted Frequency	振幅加权频率
Amplitude Weighted Phase	振幅加权相位
Cosine Instantaneous Phase	瞬时余弦相位
Derivative Instantaneous Amplitude	瞬时振幅导数
Filter 5/10-15/20	5/10-15/20 滤波切片
Filter25/30-35/40	25/30-35/40 滤波切片
Filter35/40-45/50	35/40-45/50 滤波切片
Filter45/50-55/60	45/50-55/60 滤波切片
Filter55/60-65/70	55/60-65/70 滤波切片
Integrate	积分
Instantaneous Frequency	瞬时频率
Instantaneous Phase	瞬时相位

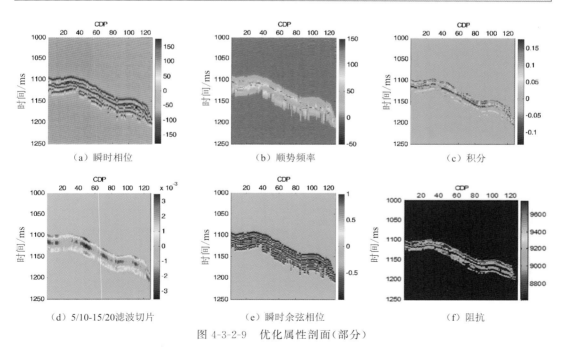

（a）瞬时相位   （b）顺势频率   （c）积分

（d）5/10-15/20滤波切片   （e）瞬时余弦相位   （f）阻抗

图 4-3-2-9 优化属性剖面（部分）

对应采样点将优选地震属性构成属性向量，用厚度数据对其进行标定，再从总数据中随机抽取多道数据作为训练数据，用于卷积神经网络砂体厚度预测模型的训练。单道的砂体厚度与地震属性曲线如图 4-3-2-10 所示。其中，横坐标为时间（ms），纵坐标为幅值。

样本数据中的砂体厚度分布情况如图 4-3-2-11 所示。图 4-3-2-11 为砂体厚度统计,该数据特点和砂体叠置模型的数据特点一致,训练样本中存在高比例的零值厚度。

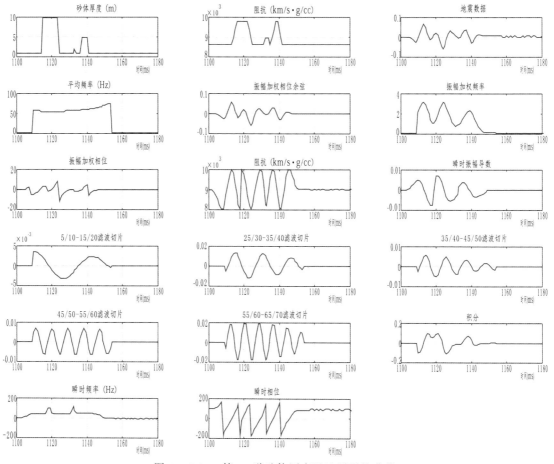

图 4-3-2-10　第 50 道砂体厚度及地震属性曲线

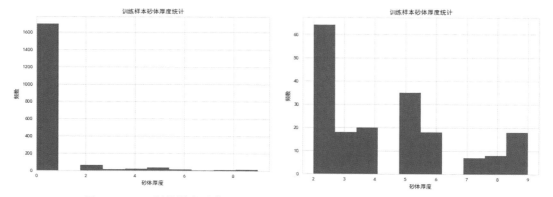

图 4-3-2-11　训练样本砂体厚度分布情况(左:含零值厚度,右:非零值厚度)

建立的卷积神经网络模型如图 4-3-2-12 所示。该模型包含 3 个卷积层(Conv2D),各层卷积核个数为 32、64、32;1 个全连接层(Dense);神经元个数为 50。该网络的待更新权值有 18 341 个。同样每层神经元之后都添加了一个 dropout 处理层,以防止网络过拟合。

```
Layer (type)                Output Shape            Param #
=================================================================
conv2d_1 (Conv2D)           (None, 3, 3, 32)        160
dropout_1 (Dropout)         (None, 3, 3, 32)        0
conv2d_2 (Conv2D)           (None, 2, 2, 64)        8256
dropout_2 (Dropout)         (None, 2, 2, 64)        0
conv2d_3 (Conv2D)           (None, 1, 1, 32)        8224
dropout_3 (Dropout)         (None, 1, 1, 32)        0
flatten_1 (Flatten)         (None, 32)              0
dense_1 (Dense)             (None, 50)              1650
dropout_4 (Dropout)         (None, 50)              0
dense_2 (Dense)             (None, 1)               51
=================================================================
Total params: 18,341
Trainable params: 18,341
Non-trainable params: 0
```

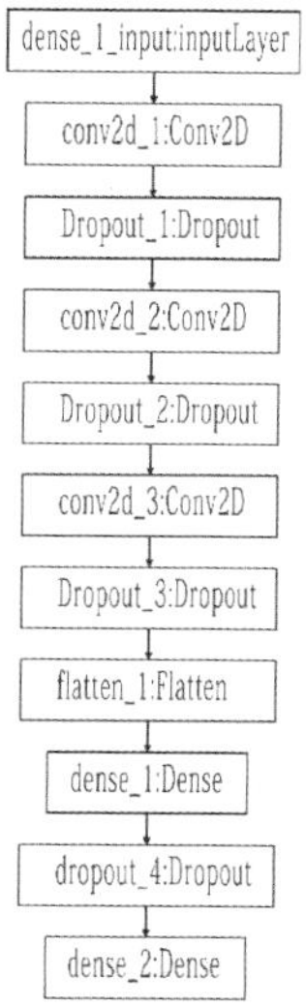

图 4-3-2-12　卷积神经网络参数分布(左)及网络结构(右)示意图

　　经过反复的模型训练,选择最优的模型用于连井剖面砂体模型数据的砂体厚度预测,预测结果如图 4-3-2-13 所示(竖线为随机抽取训练样本的井位)。两者的砂体分布情况大致逼近,并且在训练井位密集处预测准确度更高。图 4-3-2-14 中粉色竖线指示单道厚度。可以看出,建立的卷积神经网络模型对已知数据和未知数据都具有很好的拟合能力,因此两种情况下的预测砂体厚度都能较好地逼近真实砂体厚度。

4.3.3　基于深度学习的砂体厚度预测

　　用砂体厚度数据标定沿目的层上下延拓各 20 ms、80 ms 的井旁层间地震道属性井,建立训练样本。结合训练数据特点并多次人为调试网络结构及网络超参数,最终确定如图 4-3-3-1 所示的网络模型。将频繁模式树属性优选处的地震属性做归一化等预处理后输入卷积神经网络,以井数据中砂体厚度作预测标定,通过反复的迭代学习后,选择训练误差最低的模型用于工区内远井区砂体厚度预测,所得预测结果如图 4-3-3-2、图 4-3-3-3、图 4-3-3-4 所示。从连井剖面上可以看出,砂体预测结果与井位处的砂体厚度情况十分吻合。平均预测精度为 80% 以上,目的层上浅蓝色的厚度高值区为断层异常,黑色圆圈所圈部分为厚度较高的砂体的分布范围,该预测结果与邻井砂体厚度较为吻合。

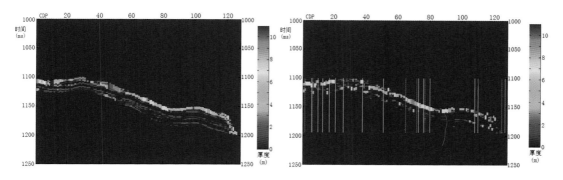

图 4-3-2-13　真实砂体厚度(左)与预测砂体厚度(右)剖面对比图

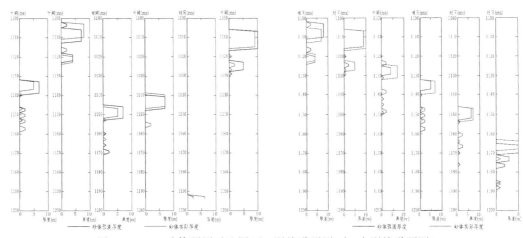

图 4-3-2-14　砂体预测对比图(左:训练道预测,右:未训练道预测)

Layer (type)	Output Shape	Param #
conv2d_1 (Conv2D)	(None, 3, 3, 64)	320
dropout_1 (Dropout)	(None, 3, 3, 64)	0
conv2d_2 (Conv2D)	(None, 2, 2, 32)	8224
dropout_2 (Dropout)	(None, 2, 2, 32)	0
flatten_1 (Flatten)	(None, 128)	0
dense_1 (Dense)	(None, 100)	12900
dropout_3 (Dropout)	(None, 100)	0
dense_2 (Dense)	(None, 1)	101

Total params: 21,545
Trainable params: 21,545
Non-trainable params: 0

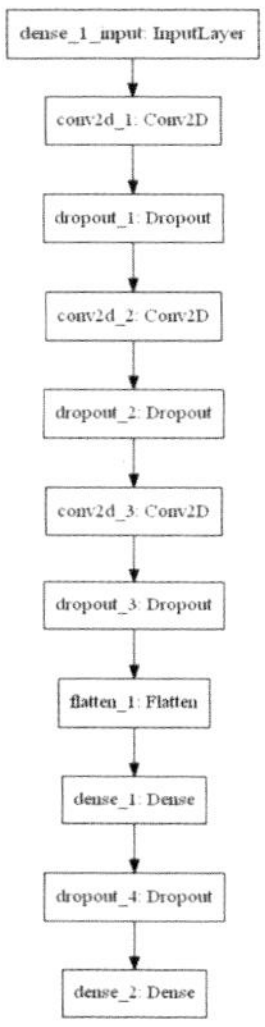

图 4-3-3-1　卷积神经网络参数分布(左)及网络结构(右)示意图

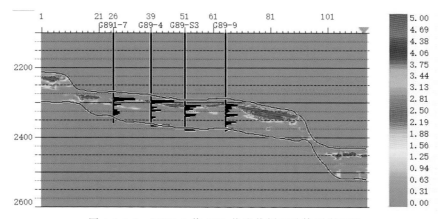

图 4-3-3-2　G891-7 井-G89 井连井剖面砂体厚度预测

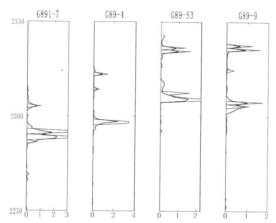

图 4-3-3-3　井位处砂体厚度预测结果与厚度曲线对比图（红色为厚度曲线，蓝色为预测结果）

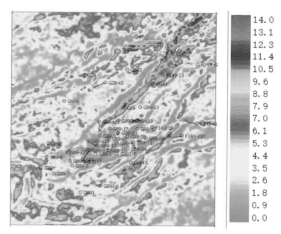

图 4-3-3-4　G89 井区目标层位砂体厚度预测剖面

　　基于卷积神经网络的储层参数预测方法，以地震属性为网络输入，以井数据信息为标定，借助优化算法更新网络参数，利用地震数据与储层地质状况的相关性实现由地震数据到储层参数的非线性映射。该方法具有较强的数据挖掘和非线性映射能力，非常适用于地质结构复杂情况下的储层参数预测。在实际应用中砂体预测结果与井位处的砂体厚度情况比较吻合，平均预测精度为 80% 以上。

　　基于卷积神经网络的储层砂体厚度预测属于数据驱动型的智能解释方法，该类方法强烈依赖训练数据，数据的质量以及数量是保证预测结果可靠性和准确性的基础。

第5章
致密浊积岩储层地震预测技术 >>>

为了解决灰质成分的影响,精细识别灰质发育区浊积岩储层,不少学者做出了很多努力。于正军系统阐述了灰质背景下东营凹陷浊积岩体的空间展布与地质沉积特征,并仔细分析了与之对应的储层地震响应特征,客观指出了浊积岩储层的成藏规律;谭星宇等人指出由于浊积岩的区域岩性构成和波阻抗特征十分复杂,常规属性和声波阻抗反演技术难以解决储层识别和量化预测问题;蔡伟祥等人发现利用稀疏脉冲反演技术可分辨大的砂层组,但对薄层砂岩分辨能力差;王惠勇等人针对浊积岩油气藏的特点,认为利用频率衰减属性组合岩性随机反演技术对浊积岩优质储层的识别较为有效,但识别精度仍需提高;印兴耀指出去除灰质对储层影响,需要从岩石物理出发,以叠前地震资料为基础,通过联合多元拟合方法和 Connolly 弹性阻抗方程建立统计性岩石物理模型;王振涛等人针对东营地区应用佐普里兹方程近似式进行叠前反演误差大的问题,开展了叠前高精度反演方法测试,形成了精确偏导计算的叠前反演方法;李爱山等通过试算分析发现,灰质浊积岩储层预测应根据实际工区资料推导出合理的近似弹性阻抗方程。

致密浊积岩储层地震预测主要是储层预测的去灰技术,从岩石物理出发,以叠前和叠后地震反演为基础,探索适合于灰质背景下浊积岩识别方法。由于浊积岩储层受灰质干扰严重,常规的叠后反演精度低,开展叠前、叠后联合研究一定程度上有利于去除灰质背景的干扰。利用研究区开发井网密集、井点信息丰富的特点,开展基于测井约束的多弹性参数反演测试,有利于解决储层预测去灰质影响问题,建立浊积岩储层岩性识别模式,提高致密油藏储层预测精度。针对目标区存在的主要问题,开展了正演模拟、叠后地震反演和叠前弹性多参数反演,为实现岩性识别及储层预测,制定了如下研究思路和技术流程(图 5-0-1)。

5.1　灰质背景下浊积岩的岩石物理建模

岩石是由固体的岩石骨架和流动的孔隙流体组成的复合体,其速度的影响因素具有复杂性和多样性。岩性特征是多结构、多元素的综合体,不同的岩性特征表现为不同的地球物理特征,这表明利用地球物理特征能够进行储层预测。同时,储层性质对岩石物理参数的影响也是多解的,不同的岩性可能表现为相似的地球物理特征,因此有必要开展岩石物理分析,尤其是在岩性复杂区需要开展岩石物理分析,优选出灰质发育区浊积岩储层敏感识别因子。在此基础上,通过地震正演模拟明确孔隙度、含水饱和度、吸收等参数与叠前、叠后地震响应的关系,细化灰质发育区浊积岩有效储集体特征,建立致密浊积岩储层发育模式及地震响应特征模型的对应关系,为后续储层预测奠定岩石物理基础。

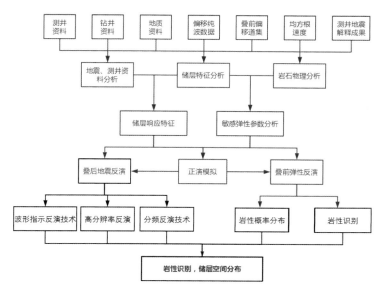

图 5-0-1 致密浊积岩储层地震预测技术流程

5.1.1 有效储层敏感因子优选及地震响应特征模型构建

（1）测井资料预处理

由于仪器刻度的不精确性,以及测井数据采集时所用的测井系列差异,受此影响有必要对数据进行标准化处理,以减小或消除仪器刻度的不精确所造成的影响。提供标准统一、相对关系明确的测井标准化数据,为后续的叠前、叠后反演及研究提供高质量的测井曲线。

首先对测井资料开展全面的质量检查和控制,主要包括对关键井的自然伽马、中子、声波和密度曲线进行单井校正处理,然后开展多井一致性检查和标准化处理工作。通过曲线基线校正与标准化处理,为后续储层测井曲线特征对比建立统一标准。

1）曲线基线校正

受测量环境的影响,反映岩性信息的主要测井曲线（如 SP 和 GR 曲线）一般都存在基线漂移的现象。校正的主要方法是:首先,选取稳定的大套泥岩作为标准层,统计各井泥岩井段曲线的基线值;其次,选取靠近泥岩基线中心的井作为标准井,统计各井的基线漂移量;最后,对各井原始曲线减去各自基线漂移量完成对该曲线的基线校正。

图 5-1-1-1 为 T71 井的自然电位曲线在进行泥岩基线校正前后的对比示意图,通过泥岩基线校正,泥岩自然电位趋于稳定,自然电位为 0。自然电位曲线在经过泥岩基线校正前后对比图,为后续的储层测井曲线对比分析建立了统一的标准。

2）井眼环境校正

通常情况下,声波测井都要受到井孔环境（如井壁垮塌、泥浆浸泡等）和探测深度等方面的影响而存在误差,同一口井的不同层段、不同井的同一层段误差大小也不相同。这种误差在声波与密度测井曲线中尤为明显,因此有必要进行环境校正分析。对于这种情况,首先是通过测井曲线与井径曲线的交会分析,确定需要校正的曲线段,然后采用多元线性回归与岩石物理建模的方法进行井眼校正。

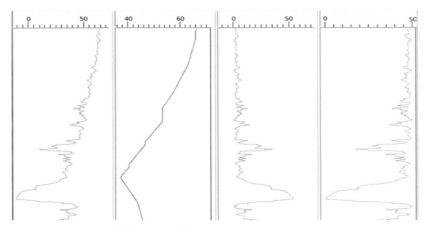

图 5-1-1-1   T71 井自然电位曲线泥岩基线校正前（左）后（右）对比示意图

3）测井曲线标准化

测井曲线标准化处理的难点是标准井的选择和对多井间系统误差的校正。多井曲线标准化的目的是消除不同仪器系列、不同测井时间对多井测井曲线造成的系统误差和随机误差。针对砂泥岩为主的浊积岩采用模式匹配的方法，基于同一套地层多井的相同类型曲线进行校正处理。其方法是选择一定沉积厚度的岩性相似的稳定层段，根据概型匹配原则进行校正。多井标准化校正后的曲线很好地满足了单井地质特征在横向上的变化规律，并且在不同岩性间的响应差异也完整地保留。具体来说，在工区的曲线累计直方图上，由于整个工区在该目的层段中所沉积的砂岩和泥岩物源相同，沉积环境和时间相近且性质相似，因此在直方图上的分布概型相似，由此可以对各种不同的井曲线相应调整，实现多井曲线标准化处理。针对 T71 工区 20 口井的纵波速度、密度等关键曲线进行了多井标准化处理。图 5-1-1-2 分别为声波曲线、密度曲线一致性处理前后的特征分布对比图，利用声波时差和密度曲线的一致性处理统计的校正量。图 5-1-1-3 为 T721 井、T766 井在校正前后的声波和密度曲线对比图。通过测井资料标准化处理，波阻抗分布一致性得到明显改善，为精细地震叠前反演提供良好的基础。

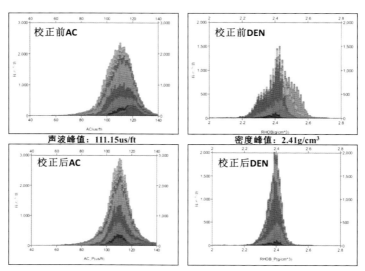

图 5-1-1-2   测井曲线标准化前（上）后（下）声波（左）、密度（右）直方图

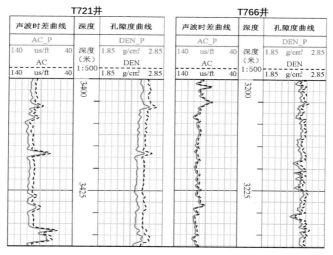

图 5-1-1-3 测井曲线标准化前后声波、密度曲线对比图(标准化前-黑,标准化后-红)

（2）有效储层敏感因子优选

叠前反演的目的是从叠前地震道集数据体提取相关的叠前弹性属性体,并依此用于储层或流体的识别与预测,因此需要在反演之前明确研究区目标层段的储层敏感因子。为此,可在岩石物理建模的基础上,从单井测井响应特征分析出发,评价储层在各种类型弹性属性上的敏感性,优选和验证研究区的有效储层敏感因子。

图 5-1-1-4 为纵波速度-泊松比(基于岩石建模估算)交会图。由图可知,较纯砂岩具有相对较高纵波速度、相对较低泊松比。岩石物理分析表明:叠后纵波阻抗和密度很难区分浊积岩储层和灰质泥岩及泥岩;而借助叠前横波信息,一定程度上可以提高浊积岩储层的识别效果。灰质背景浊积岩纵波阻抗与泊松比交会能提高浊积岩储层识别效果,因此开展叠前弹性反演是必要且可行的。

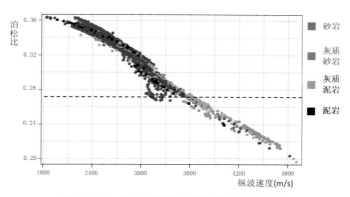

图 5-1-1-4 T725 井纵波速度-泊松比交会图

剪切模量、泊松比、纵横波速度以及横波速度都能一定程度指示并区分储层和非储层,可以作为目标层段的储层敏感因子。为了进一步降低储层预测的多解性,提高储层预测的精度,开展多弹性参数岩性综合分析是解决多解性和提高预测精度的重要途径和手段。

5.1.2 地震响应特征分析与模型构建

（1）弹性波有限差分数值模拟原理

二维各向同性介质中的弹性波一阶速度应力方程为：

$$\begin{cases} \dfrac{\partial \sigma_{xx}}{\partial t} = (\lambda + 2\mu)\dfrac{\partial v_x}{\partial x} + \lambda\dfrac{\partial v_z}{\partial z} \\[2mm] \dfrac{\partial \sigma_{zz}}{\partial t} = (\lambda + 2\mu)\dfrac{\partial v_z}{\partial z} + \lambda\dfrac{\partial v_x}{\partial x} \\[2mm] \dfrac{\partial \sigma_{zx}}{\partial t} = \mu\left(\dfrac{\partial v_x}{\partial z} + \dfrac{\partial v_z}{\partial x}\right) \end{cases} \quad \begin{cases} \dfrac{\partial v_x}{\partial t} = \dfrac{1}{\rho}\left(\dfrac{\partial \sigma_{xx}}{\partial x} + \dfrac{\partial \sigma_{zx}}{\partial z} + f_x\right) \\[2mm] \dfrac{\partial v_z}{\partial t} = \dfrac{1}{\rho}\left(\dfrac{\partial \sigma_{xz}}{\partial x} + \dfrac{\partial \sigma_{zz}}{\partial z} + f_z\right) \end{cases} \quad (5\text{-}1\text{-}2\text{-}1)$$

式中，v_x 和 v_z 分别是质点振动速度的水平分量和垂直分量，σ_{xx}、σ_{xz}、σ_{zz} 为应力分量，λ 和 μ 分别为介质的拉梅系数，ρ 为介质密度，x 和 z 分别为空间坐标的两个方向，t 为时间。

交错网格有限差分格式为：

$$\begin{cases} \sigma_{xx}^{n+\frac{1}{2}}(i,k) = \sigma_{xx}^{n-\frac{1}{2}}(i,k) + \Delta t \times [\lambda(i,k) + 2\times\mu(i,k)] \\[1mm] \qquad \times L_x^-\left[v_x^n(i+\frac{1}{2},k)\right] + \Delta t \times \lambda(i,k) \times L_z^-\left[v_z^n(i,k+\frac{1}{2})\right] \\[3mm] \sigma_{zz}^{n+\frac{1}{2}}(i,k) = \sigma_{zz}^{n-\frac{1}{2}}(i,k) + \Delta t \times [\lambda(i,k) + 2\times\mu(i,k)] \\[1mm] \qquad \times L_z^-\left[v_z^n(i,k+\frac{1}{2})\right] + \Delta t \times \lambda(i,k) \times L_x^-\left[v_x^n(i+\frac{1}{2},k)\right] \\[3mm] \sigma_{xz}^{n+\frac{1}{2}}(i+\frac{1}{2},k+\frac{1}{2}) = \sigma_{xz}^{n-\frac{1}{2}}(i+\frac{1}{2},k+\frac{1}{2}) + \Delta t \times \mu(i+\frac{1}{2},k+\frac{1}{2}) \\[1mm] \qquad \times \left\{L_z^+\left[v_x^n(i+\frac{1}{2},k)\right] + L_x^+\left[v_z^n(i,k+\frac{1}{2})\right]\right\} \end{cases} \quad (5\text{-}1\text{-}2\text{-}2)$$

$$\begin{cases} v_x^n(i+\frac{1}{2},k) = v_x^{n-1}(i+\frac{1}{2},k) + r(i+\frac{1}{2},k) \\[1mm] \qquad \times \Delta t \times \left\{L_x^+[\sigma_{xx}^{n-\frac{1}{2}}(i,k)] + L_z^-\left[\sigma_{xz}^{n-\frac{1}{2}}(i+\frac{1}{2},k+\frac{1}{2})\right]\right\} \\[3mm] v_z^n(i,k+\frac{1}{2}) = v_z^{n-1}(i,k+\frac{1}{2}) + r(i,k+\frac{1}{2}) \\[1mm] \qquad \times \Delta t \times \left\{L_x^-\left[\sigma_{xz}^{n-\frac{1}{2}}(i+\frac{1}{2},k+\frac{1}{2})\right] + L_z^+[\sigma_{zz}^{n-\frac{1}{2}}(i,k)]\right\} \end{cases} \quad (5\text{-}1\text{-}2\text{-}3)$$

式中，Δx、Δz 为空间步长，Δt 为时间步长，i、j 为空间离散点，n 为时间离散点，r 为密度的倒数，a_m 为差分系数，空间差分算子为：

$$L_x^+[f(i)] = \frac{1}{\Delta x}\sum_{m=1}^{M} a_m [f(i+m) - f(i-m+1)]$$

$$\quad (5\text{-}1\text{-}2\text{-}4)$$

$$L_x^-[f(i)] = \frac{1}{\Delta x}\sum_{m=1}^{M} a_m [f(i+m-1) - f(i-m)]$$

差分格式的稳定条件为：

$$\Delta t \cdot max\left(\sqrt{\frac{\lambda+2\mu}{\rho}}\right)\sqrt{\frac{1}{\Delta x^2} + \frac{1}{\Delta z^2}} \leqslant \frac{1}{\sum\limits_{m=1}^{M}|a_m|} \quad (5\text{-}1\text{-}2\text{-}5)$$

频散的稳定条件为：

$$\Delta x \leqslant \frac{V_{min}}{10 \times f}, \Delta z \leqslant \frac{V_{min}}{10 \times f} \tag{5-1-2-6}$$

式中，V_{min} 为介质横波速度的最小值，f 为震源的主频。

本书计算在时间上2阶、空间上10阶差分，模型周围使用无分裂式的完全匹配层吸收边界条件。采用集中力源，震源加载在 V_z 上，震源使用主频25赫兹的雷克子波，波形和频谱如图5-1-2-1所示。模型背景地层为泥岩，目的层为砂岩或灰质泥岩或含砂岩的灰质泥岩或灰质泥岩和砂岩薄互层，介质的弹性参数如表5-1-2-1所示。

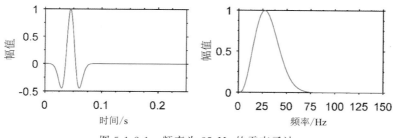

图 5-1-2-1　频率为 25 Hz 的雷克子波

表 5-1-2-1　介质的弹性参数

岩　性	纵波速度/(m/s)	横波速度/(m/s)	密度/(kg/m³)	纵波波长/m	横波波长/m
砂岩	3 800	2 300	2 500	152	92
泥岩	2 900	1 500	2 270	116	60
灰质泥岩	3 400	1 800	2 400	136	72

为对比分析薄层的地震响应特征，共设计四种地质模型，分别为砂岩/灰质泥岩模型、砂岩-灰质泥岩薄互层模型、灰质背景的砂体模型、典型井连井地质模型。

（2）砂岩/灰质泥岩模型

1）不同厚度砂岩模型

模型目的层为砂岩（图5-1-2-2），深度为3 000 m，厚度分别取5 m、10 m、20 m、30 m、40 m、50 m、60 m、80 m。模型总深度为4 000 m，横向总长度为4 500 m，中间地表放炮。取差分的空间横向步长为5 m、纵向步长为1 m，保证目的层的厚度为5 m时层内有5个计算网格节点。时间步长为0.179 ms，总采样时间为5.5 s。

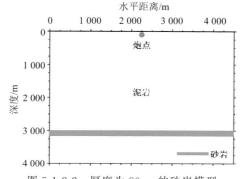

图 5-1-2-2　厚度为 80 m 的砂岩模型

图 5-1-2-3 是地层厚度为 80 m 的砂岩模型,在 1.43 s、1.65 s、2.53 s 时刻的波场快照,左边为水平分量 V_x,右边为垂直分量 V_z。可以看到,纵波、横波在界面上发生反射和透射,产生转换波;水平分量中反射横波幅度较大,垂直分量中反射纵波分量幅度较大。

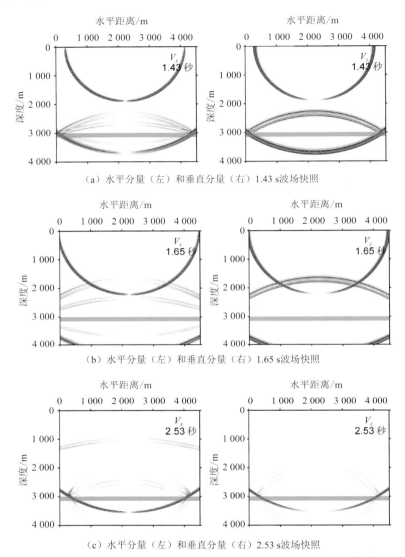

（a）水平分量（左）和垂直分量（右）1.43 s波场快照

（b）水平分量（左）和垂直分量（右）1.65 s波场快照

（c）水平分量（左）和垂直分量（右）2.53 s波场快照

图 5-1-2-3　厚度为 80 m 砂岩模型在 1.43 s、1.65 s、2.53 s 时刻的波场快照

图 5-1-2-4 是厚度为 80 m、60 m、50 m、40 m、30 m、20 m、10 m、5 m 模型的共炮道集。可以看到,接收的直达 P 波、直达 S 波、反射 PP 波、反射 PS 波、反射 SS 波、水平分量中反射横波幅度明显,垂直分量中反射纵波分量幅度明显。

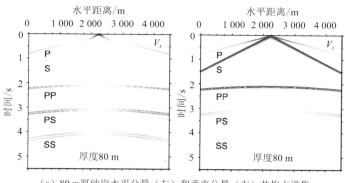

（a）80 m厚砂岩水平分量（左）和垂直分量（右）共炮点道集

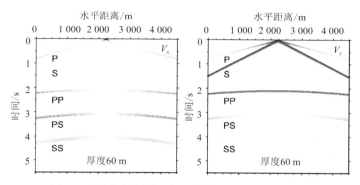

（b）60 m厚砂岩水平分量（左）和垂直分量（右）共炮点道集）

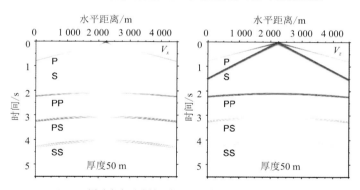

（c）50 m厚砂岩水平分量（左）和垂直分量（右）共炮点道集

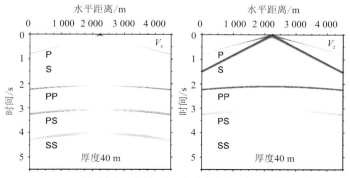

（d）40 m厚砂岩水平分量（左）和垂直分量（右）共炮点道集

图 5-1-2-4　不同厚度砂岩模型的共炮点道集

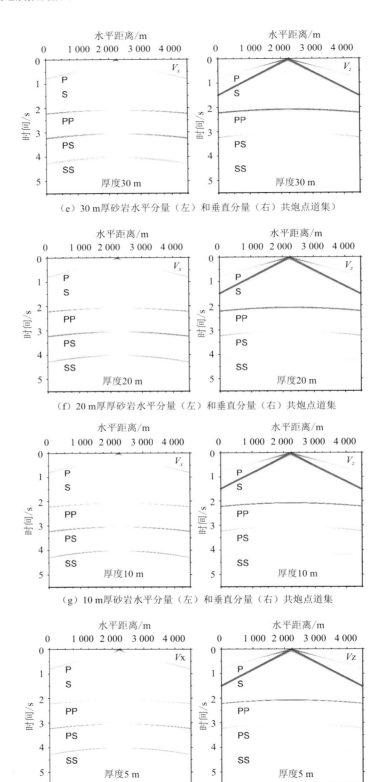

（e）30 m厚砂岩水平分量（左）和垂直分量（右）共炮点道集）

（f）20 m厚厚砂岩水平分量（左）和垂直分量（右）共炮点道集

（g）10 m厚砂岩水平分量（左）和垂直分量（右）共炮点道集

（h）5 m厚砂岩水平分量（左）和垂直分量（右）共炮点道集

续图 5-1-2-4　不同厚度砂岩模型的共炮点道集

从图 5-1-2-5～5-1-2-7 振幅变化关系可以看出以下几点。

① 砂层厚度为 80 m 时,存在上下界面的两个反射波(反射 PS 波速度低,更明显),前一个反射波与首波相位相反,后一个反射波与首波相位一致。

② 反射 PP 波的分辨率为 50 m,反射 PS 波的分辨率为 40 m。

③ 砂层厚度为 30 m 时,反射 PP 波的正振幅最大;砂层厚度小于 30 m 时,正振幅随地层厚度增加而增大;层厚度大于 30 m 时,正振幅随地层厚度增加而减小,超过 50 m 后,正振幅趋于稳定。

④ 砂层厚度为 20 m 时的反射 PS 波的正振幅最大;层厚度小于 20 m 时,层厚度越薄,正振幅越小;层厚度大于 20 m 时,正振幅开始变小,超过 40 m 后,正振幅变化不大。

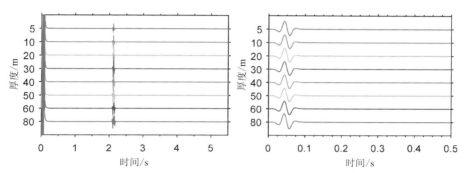

图 5-1-2-5 不同厚度砂岩模型的自激自收道集(放大 200 倍)和首波(未放大)

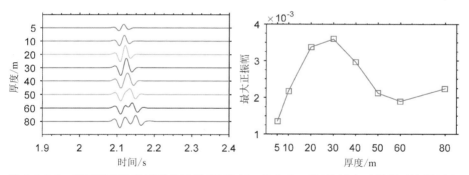

图 5-1-2-6 不同厚度砂岩模型的反射 PP 波(左,放大 200 倍)和最大正振幅对比图(右)

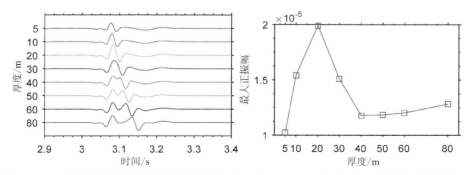

图 5-1-2-7 不同厚度砂岩模型的反射 PS 波(左,放大 40 000 倍)和最大正振幅对比图(右)

2) 不同厚度的灰质泥岩模型

将砂岩地层替换为灰质泥岩地层,模型其他参数不变。取差分的空间横向步长为 5 m、纵向步长为 1 m,保证层厚度为 5 m 时层内有 5 个计算网格节点。时间步长为

0.179 ms,总采样时间为 5.5 s。

根据不同厚度灰质泥岩模型的 PP 波和最大正振幅对比图(图 5-1-2-8)和反射 PS 波和最大正振幅对比图(图 5-1-2-9)来看,振幅具有以下变化规律。

① 层厚度为 20 m 时的反射 PP 波和反射 PS 波的正振幅最大。

② 层厚度小于 20 m 时,层厚度越薄,正振幅越小。

③ 层厚度大于 20 m 时,正振幅开始变小;超过 40 m 后,正振幅变化不大。

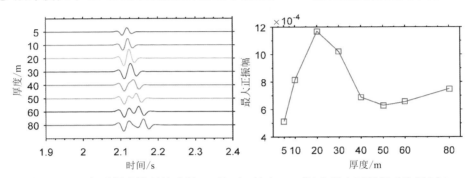

图 5-1-2-8　灰质泥岩模型的反射 PP 波(左,放大 600 倍)和最大正振幅对比图(右)

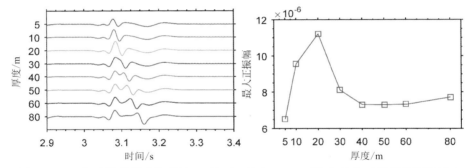

图 5-1-2-9　灰质泥岩模型的反射 PS 波(左,放大 60 000 倍)和最大正振幅对比图(右)

(3) 砂岩-灰质泥岩薄互层模型

设计模型目的层为砂岩-灰质泥岩薄互层(图 5-1-2-10),深度为 3 000 m,由 4 个小层组成,从上至下分别是砂岩、灰质泥岩、砂岩、灰质泥岩,薄互层的总厚度分别为 5 m、10 m、20 m、30 m、40 m、50 m、60 m、80 m,如图 5-1-2-10 所示。模型总深度为 4 000 m,横向总长度为 4 500 m,中间地表放炮。计算了灰质占 25%、50%、75% 的不同厚度薄互层模型若薄互层的总厚度为 5 m,当灰质占 25% 时,小层的灰质泥岩厚度为 0.625 m,小层的砂岩厚度为 1.875 m;当灰质占 50% 时,

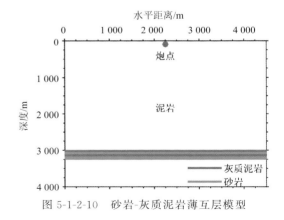

图 5-1-2-10　砂岩-灰质泥岩薄互层模型

小层的灰质泥岩厚度为 1.25 m,小层的砂岩厚度为 1.25 m;当灰质占 75% 时,小层的灰质泥岩厚度为 1.875 m,小层的砂岩厚度为 0.625 m。

当薄互层的总厚度为 5 m,灰质分别占 25% 和 75% 时,取差分的空间横向步长为 5 m、

纵向步长为 0.125 m,保证小层厚度为 0.625 m 时小层内有 5 个计算网格节点,时间步长为 0.022 8 ms,总采样时间为 5.5 s。灰质占 50% 时,取差分的空间横向步长为 5 m、纵向步长为 0.25 m,保证薄互层的小层厚度为 1.25 m 时小层内有 5 个计算网格节点,时间步长为 0.045 7 ms,总采样时间为 5.5 s。

从砂岩-灰质泥岩薄互层的 PP 波(图 5-1-2-11)、PS 波(图 5-1-2-12)分别与最大正振幅对比来看可以得到以下几点。

① 4 个小层反射波合在一起,无法分辨小层。

② 层厚度小于 20 m 时,层厚度越薄,正振幅越小。

③ 层厚度大于 20 m 时,正振幅开始变小;超过 40 m 后,正振幅开始变大。

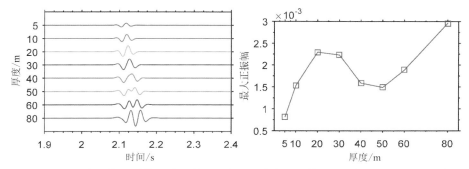

图 5-1-2-11　砂泥薄互层模型的反射 PP 波(左,放大 200 倍)和最大正振幅对比图(右)

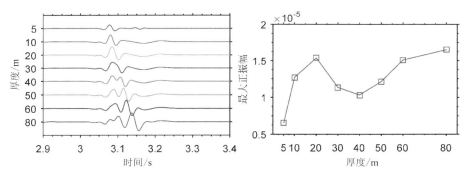

图 5-1-2-12　砂泥薄互层模型的反射 PS 波(左,放大 40 000 倍)和最大正振幅对比图(右)

改变模型灰质泥岩灰质含量(图 5-1-2-13、图 5-1-2-14)具有以下特征。

① 厚度小于 50 m 时,薄互层的反射波振幅强于纯灰质泥岩层的反射波振幅,纯砂岩层的反射波振幅强于薄互层的反射波振幅,基本上体现了三种岩性与泥岩波阻抗的差异。

② 厚度小于 50 m,灰质含量越高,反射 PP 波的振幅越小;厚度在 10~30 m 范围内,灰质含量越高,反射 PS 波的振幅越小。

③ 厚度为 5 m 时,薄互层的反射波振幅与纯灰质泥岩层的反射波振幅更接近。

④ 厚度大于 50 m 时,厚度达到半波长后,纯砂岩层和纯灰质泥岩层的反射波振幅变化不大,薄互层的小层厚度未达到半波长。

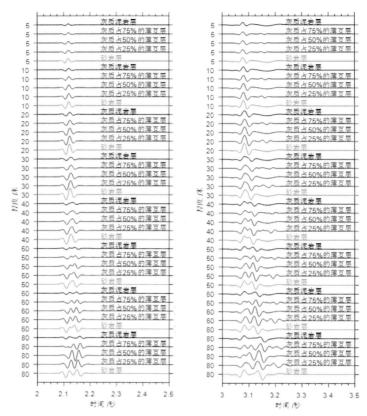

图 5-1-2-13　不同灰质含量的反射 PP 波（左，放大 200 倍）和反射 PS 波（右，放大 40 000 倍）

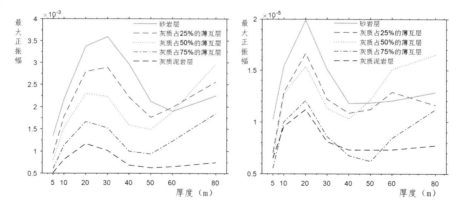

图 5-1-2-14　不同灰质含量的反射 PP 波（左）和反射 PS 波（右）的最大正振幅对比图

（4）灰质背景下砂体模型

设计模型目的层深度为 3 000 m，灰质泥岩层厚度为 30 m，其中砂体的长度为 200 m，厚度从左至右分别为 20 m、10 m、5 m、20 m、10 m、5 m，灰质泥岩层中砂体距离层上界面 5 m，模型如图 5-1-2-15 所示。模型总深度为 4 000 m，总长度为 4 500 m。炮间距为 25 m，总共 180 炮。取差分的空间横向步长为 5 m、纵向步长为 1 m，时间步长为 0.179 ms，总采样时间为 5.5 s。

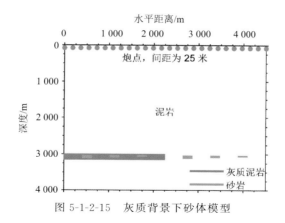

图 5-1-2-15 灰质背景下砂体模型

图 5-1-2-16 为炮点在水平方向 1 125 m、1.43 s 时刻的波场快照,炮点在从左至右的第一个砂体的正上方。可以看到以下几点。

① P 波经过界面后反射和透射,水平分量 V_x 中横波能量强,垂直分量 V_z 中纵波能量强。

② 砂体的反射 P 波和灰质泥岩层的反射 P 波叠加在一起,能量强于灰质泥岩层的反射 P 波。

③ P 波经过砂体时,砂体的两侧产生绕射纵波和绕射横波。

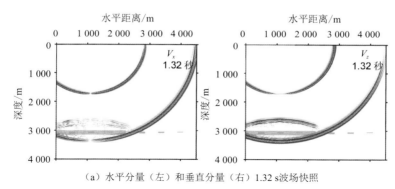

(a)水平分量(左)和垂直分量(右)1.32 s 波场快照

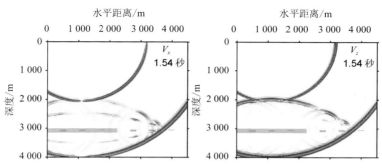

(b)水平分量(左)和垂直分量(右)1.54 s 波场快照

图 5-1-2-16 不同时刻的波场快照(炮点在水平方向 1 125 m)

图 5-1-2-17 为垂直分量的自激自收道集,其中变密度图道间距为 25 m,填充波形图为了方便查看,抽稀成道间距 50 m。可以看到以下几点。

① 2 个砂体的反射波都是抛物线型,抛物线的顶部就是砂体的水平中心。

② 含砂体的灰质泥岩层的反射波同相轴是水平、连续的,不在灰质泥岩层中三个砂体的反射波同相轴是起伏的、仅是三个抛物线。

③ 不含砂体的灰质泥岩层的反射波振幅小于含砂体的灰质泥岩层的反射波振幅;砂体越厚,反射波振幅越强。

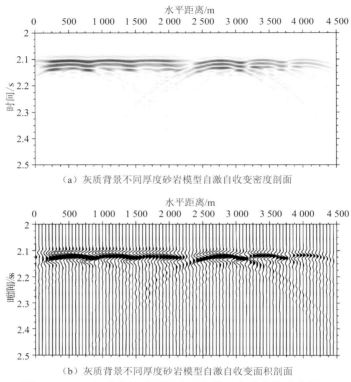

（a）灰质背景不同厚度砂岩模型自激自收变密度剖面

（b）灰质背景不同厚度砂岩模型自激自收变面积剖面

图 5-1-2-17　灰质背景不同厚度砂岩模型自激自收道集剖面

（5）典型井连井地质模型

利用典型井建立连井地质模型,模型总长度为 4 500 m,总计算深度为 4 000 m。背景为泥岩,其纵波速度为 2 900 m/s,横波速度为 1 520 m/s,密度为 2 250 kg/m³。从左到右分布着 5 个地质体(图 5-1-2-18),各地质体的模型参数如表 5-1-2-2 所示。

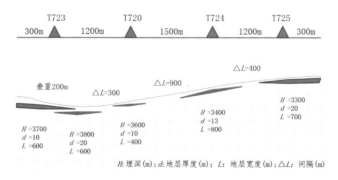

图 5-1-2-18　典型井连井地质模型

表 5-1-2-2 地质模型参数表

地质体	岩性	深度/m	厚度/m	宽度/m	纵波速度/(m/s)	横波速度/(m/s)	密度/(kg/m³)
Ⅰ	灰质泥岩	3 700	10	600	3 400	1 800	2 400
Ⅱ	砂岩	3 800	20	600	4 000	2 300	2 450
Ⅲ	砂岩	3 600	10	400	3 900	2 300	2 450
Ⅳ	砂岩	3 400	13	800	3 800	2 300	2 500
Ⅴ	灰质泥岩	3 300	20	700	3 400	1 800	2 400

数值模拟取炮间距为 25 m,总共 180 炮。取差分的空间横向步长为 5 m,纵向步长为 1 m,时间步长为 0.175 ms,总采样时间为 5.5 s。

图 5-1-2-19 为炮点在水平方向 1 500 m、1.43 s 时刻的波场快照,炮点在从左至右的第一个砂体的正上方。从波动方程数值模拟地震响应可以看到以下几点。

① PP 波经过目的层会产生反射 PP 波和反射 PS 波,PP 波传播快。

② 在砂岩体(Ⅱ地质体)与灰质泥岩(Ⅰ地质体)叠置部位,反射波的波长更长,能量更大;五个地质体单元横向分布。

③ 不同深度和厚度灰质泥岩振幅变化不大,砂岩反射波振幅强弱随地层厚度变化明显。

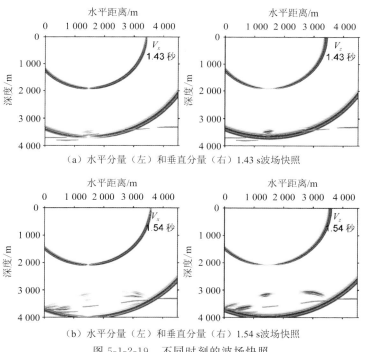

(a)水平分量(左)和垂直分量(右)1.43 s波场快照

(b)水平分量(左)和垂直分量(右)1.54 s波场快照

图 5-1-2-19 不同时刻的波场快照

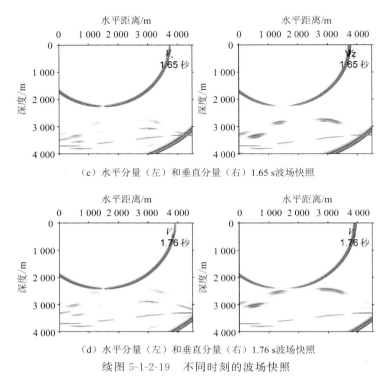

（c）水平分量（左）和垂直分量（右）1.65 s 波场快照

（d）水平分量（左）和垂直分量（右）1.76 s波场快照

续图 5-1-2-19　不同时刻的波场快照

从图 5-1-2-20 和图 5-1-2-21 可以看出：在灰质泥岩（Ⅰ地质体）与砂岩体（Ⅱ地质体）叠置部位，Ⅱ砂体反射波上方相邻灰质泥岩层影响，纵波同相轴宽度明显增加；不同深度和厚度的灰质泥岩振幅变化不大，砂岩反射波振幅随地层厚度增加而增大。

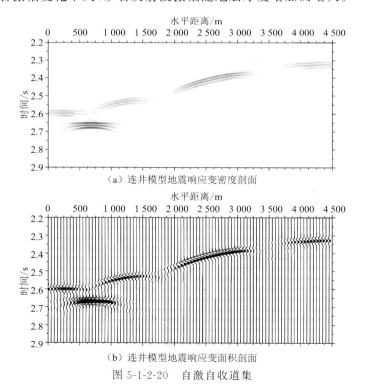

（a）连井模型地震响应变密度剖面

（b）连井模型地震响应变面积剖面

图 5-1-2-20　自激自收道集

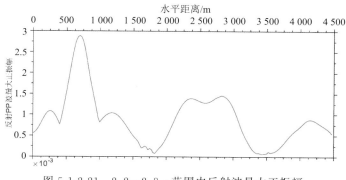

图 5-1-2-21 2.2～2.8 s 范围内反射波最大正振幅

（6）浊积岩地震响应特征

① 较厚泥岩-灰质泥岩：T725 井 3 315～3 395 m 层段，岩性以较厚灰质泥岩和灰质泥岩-泥岩互层为主，反射波振幅较强，在地震剖面上同相轴连续性较好（图 5-1-2-22）。

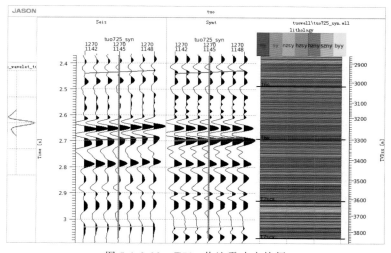

图 5-1-2-22 T725 井地震响应特征

② 薄层浊积岩：T724 井 3 470～3 476 m 层段，发育薄浊积岩储层，反射波振幅较强，地震剖面上与 T725 地震反射特征相似，但是地震剖面上连续性较差（图 5-1-2-23）。

③ 厚层浊积岩：T719 井 3 525～3 572 m 发育岩性为较厚的浊积岩储层，地震剖面上表现为强振幅，但是横向连续性较差（图 5-1-2-24）。

④ 薄互层砂岩：T718 井 3 498～3 585 m 层段岩性为薄层砂岩和砂岩-泥岩-灰质泥岩-砂质泥岩薄互层，反射波振幅较弱，但是地震剖面上连续性中等（图 5-1-2-25）。

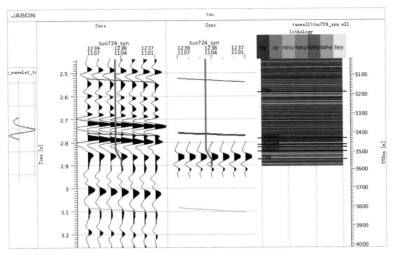

图 5-1-2-23　T724 井地震响应特征

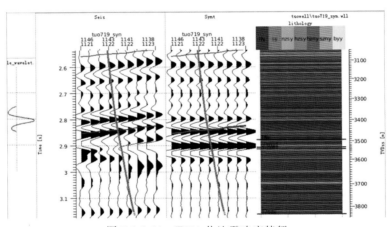

图 5-1-2-24　T719 井地震响应特征

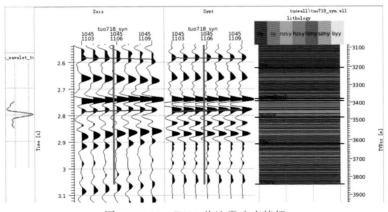

图 5-1-2-25　T718 井地震响应特征

　　整体来看,浊积岩地震反射波振幅随浊积岩砂体厚度增加而增大,灰质泥岩背景下的砂体反射波同相轴连续性较好,非灰质背景下同相轴连续性明显变差。

5.2　基于敏感岩性因子的叠前反演

常规地震反演技术以褶积模型理论为指导,原则上只能反演波阻抗,一定程度上解决了油气勘探开发中的储层预测和描述、储层非均质性以及含油气性问题,但是主要针对储集层和围岩波阻抗具有明显差异的情况才有效。因此为了取得灰质背景下浊积岩储层预测技术的突破,需要充分发挥地震弹性波携带的丰富的弹性信息,在减少储层预测多解性的同时,提高地震反演的精度,对叠前弹性反演方法进行深入分析,以达到灰质背景下浊积岩储层预测的目的。

5.2.1　基于储层敏感因子(F、S)的新 AVO 近似公式

为了有效地分离岩石骨架的固体与流体效应的模量表征信息,从 Aki-Richard 反射系数近似公式出发,基于 Biot-Gassmann 理论进一步推导了包含烃类指示因子 F 和岩性指示因子 S 的新 AVO 近似公式。其推导过程如下:

$$R_{pp} = (1 + \tan^2\theta)\frac{\Delta V_p}{2V_p} - \frac{8\sin^2\theta}{\gamma^2}\frac{\Delta V_s}{2V_s} + \left(1 - 4\frac{1}{\gamma^2}\sin^2\theta\right)\frac{\Delta\rho}{2\rho} \tag{5-2-1-1}$$

式中,ρ 表示上下介质平均密度,V_p 表示纵波速度,V_s 表示横波速度,θ 表示纵波入射角,$\gamma = \dfrac{V_p}{V_s}$ 为纵横波速度比。

根据 Aki-Richard 近似公式(5-2-1-1),两边同乘以 $V_P^2\rho$,变形可得:

$$R_{pp}(\theta)V_p^2\rho = (1 + \tan^2\theta)\frac{\Delta V_p V_p\rho}{2} - 4\sin^2\theta\Delta V_s\rho + \frac{\Delta\rho V_p^2}{2} - 2\sin^2\theta V_s^2\Delta\rho$$

$$\tag{5-2-1-2}$$

根据 Biot-Gassmann 的流体观点:对于饱和流体的岩石来说,它是由干燥岩石和孔隙中的流体两部分组成(图 5-2-1-1)。

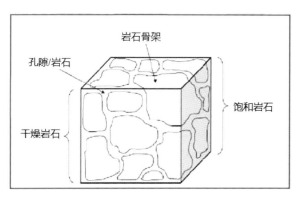

图 5-2-1-1　Biot-Gassmann 岩石模型

基于这样的观点,纵波的波阻抗应该是这两者共同作用的结果:

$$Z_{p,sat}^2 = \rho_{sat}\left(K_{dry} + \frac{4}{3}\mu_{dry} + \beta^2 M\right) \tag{5-2-1-3}$$

$$Z_{s,sat}^2 = \rho_{sat}\mu_{dry}$$

基于 Gassmann 观点的岩石流体属性,定义岩性指示因子 S 和流体指示因子 F。岩性指示因子 S:

$$S = K_{\mathrm{dry}} + \frac{4}{3}\mu_{\mathrm{dry}} = \lambda_{\mathrm{dry}} + 2\mu_{\mathrm{dry}} \tag{5-2-1-4}$$

流体指示因子 F：

$$F = \beta^2 M \tag{5-2-1-5}$$

式中，F 是流体岩石混合项，其值等于 $\beta^2 M$，可作为一项敏感的烃类指示因子参数储层流体识别。S 是干燥骨架项，它既可写做 $K_{\mathrm{dry}} + \frac{4}{3}\mu_{\mathrm{dry}}$，也可以写成 $\lambda_{\mathrm{dry}} + 2\mu$ 的形式。由于其主要表征的是岩性方面的信息，因此可将其作为储层岩性的判识参数。

将式（5-2-1-4）、式（5-2-1-5）代入式（5-2-1-3）可以得到如下形式：

$$\begin{aligned}\rho_{\mathrm{sat}}{'}S &= \gamma^2 Z_{S,\mathrm{sat}}^2 \\ \rho_{\mathrm{sat}}F &= Z_{P,\mathrm{sat}}^2 - \gamma^2 Z_{S,\mathrm{sat}}^2\end{aligned} \tag{5-2-1-6}$$

定义烃类指示因子 F：

$$F = V_p^2\rho - \gamma_{\mathrm{dry}}^2 V_S^2\rho \tag{5-2-1-7}$$

岩性指示因子 S 定义为：

$$S = \gamma_{\mathrm{dry}}^2 V_S^2\rho \tag{5-2-1-8}$$

式（5-2-1-7）两边取微分得到：

$$\Delta F = 2V_P\rho\Delta V_P - \gamma_{\mathrm{dry}}^2 V_S\rho\Delta V_S + (V_P^2 - \gamma_{\mathrm{dry}}^2 V_S^2)\Delta\rho \tag{5-2-1-9}$$

即

$$2\Delta V_S V_S\rho + V_S^2\Delta\rho = \frac{1}{\gamma_{\mathrm{dry}}^2}(2\Delta V_P V_P\rho + V_P^2\Delta\rho - \Delta F)$$

将上式代入（5-2-1-2）式，可以得到：

$$R_{pp}(\theta)V_p^2\rho = \sec^2\theta\frac{\Delta V_p V_p\rho}{2} + \frac{\Delta\rho V_p^2}{2} - \frac{2}{\gamma_{\mathrm{dry}}^2}\sin^2\theta(2\Delta V_p V_p\rho + V_p^2\Delta\rho - \Delta F)$$

$$\tag{5-2-1-10}$$

化简之后可得：

$$R_{pp}(\theta)V_p^2\rho = \frac{2}{\gamma_{\mathrm{dry}}^2}\sin^2\theta\Delta F + \left(\frac{\sec^2\theta}{2} - \frac{4}{\gamma_{\mathrm{dry}}^2}\sin^2\theta\right)\Delta V_p V_p\rho + \left(\frac{1}{2} - \frac{2}{\gamma_{\mathrm{dry}}^2}\sin^2\theta\right)V_p^2\Delta\rho$$

$$\tag{5-2-1-11}$$

因为，$V_p^2\rho = F + S$，两边求导变形得：

$$V_p\rho\Delta V_p = \frac{1}{2}(\Delta F + \Delta S - V_p^2\Delta\rho)$$

将上式代入（5-2-1-11）式，方程两边同除以 $V_P^2\rho$，可以得到：

$$R_{PP}(\theta) = \frac{\sec^2\theta}{4}\frac{\Delta F}{V_P^2\rho} + \left(\frac{\sec^2\theta}{4} - \frac{2}{\gamma_{\mathrm{dry}}^2}\sin^2\theta\right)\frac{\Delta S}{V_P^2\rho} + \left(\frac{1}{2} - \frac{\sec^2\theta}{4}\right)\frac{\Delta\rho}{\rho} \tag{5-2-1-12}$$

由于：

$$\frac{F}{V_P^2\rho} = \frac{V_P^2\rho - \gamma_{\mathrm{dry}}^2 V_S^2\rho}{V_P^2\rho} = 1 - \frac{\gamma_{\mathrm{dry}}^2}{\gamma_{\mathrm{sat}}^2}$$

所以：

$$\frac{1}{V_P^2\rho} = \frac{1 - \gamma_{\mathrm{dry}}^2/\gamma_{\mathrm{sat}}^2}{F}$$

又因为：

$$\frac{S}{V_P^2\rho} = \frac{\gamma_{\mathrm{dry}}^2 V_S^2\rho}{V_P^2\rho} = \frac{\gamma_{\mathrm{dry}}^2}{\gamma_{\mathrm{sat}}^2}$$

所以：

$$\frac{1}{V_P^2\rho} = \frac{\gamma_{\mathrm{dry}}^2}{S\gamma_{\mathrm{sat}}^2}$$

因此,(5-2-1-12)式可以进一步化为:

$$R_{\text{PP}}(\theta) = \left[\left(\frac{1}{4} - \frac{\gamma_{\text{dry}}^2}{4\gamma_{\text{sat}}^2}\right)\sec^2\theta\right]\frac{\Delta F}{F} + \left(\frac{\gamma_{\text{dry}}^2}{4\gamma_{\text{sat}}^2}\sec^2\theta - \frac{2}{\gamma_{\text{dry}}^2}\sin^2\theta\right)\frac{\Delta S}{S} + \left(\frac{1}{2} - \frac{\sec^2\theta}{4}\right)\frac{\Delta\rho}{\rho}$$

$$(5\text{-}2\text{-}1\text{-}13)$$

叠前弹性阻抗(EI)是一个不可测量的物理属性,它的获取只能通过计算得到。虽然有很多计算 EI 的方法,但是基本准则一样,即 EI[或角度反射系数 $R(\theta)$]是从弹性参数 V_{P}、V_{S} 和 ρ 计算得到。

Connolly 在 Aki-Richards 方程的基础上对 EI 做了推导,提出如下弹性阻抗方程:

$$EI = V_{\text{P}}^{(1+\tan^2\theta)}V_{\text{S}}^{-8K\sin^2\theta}\rho^{(1-4K\sin^2\theta)}$$ (5-2-1-14)

式中,V_{P} 是纵波速度,V_{S} 是横波速度,ρ 是密度,θ 是入射角度,K 表示 $V_{\text{S}}^2/V_{\text{P}}^2$,一般假设 $K \approx 1/2$。

借鉴 Connolly 的思想,以新推导的反射系数近似式(5-2-1-13)为近似,推导由烃类和岩性指示因子表示的新弹性阻抗方程。

在此,用弹性阻抗形式表示反射系数,即:

$$R(\theta) \approx \frac{1}{2}\frac{\Delta EI}{EI} \approx \frac{1}{2}\Delta\ln(EI)$$ (5-2-1-15)

其中,EI 表示新的弹性阻抗。将上式代入新的反射系数近似公式,得到:

$$\frac{1}{2}\Delta\ln(EI) = \left[\left(\frac{1}{4} - \frac{\gamma_{\text{dry}}^2}{4\gamma_{\text{sat}}^2}\right)\sec^2\theta\right]\frac{\Delta F}{F} + \left(\frac{\gamma_{\text{dry}}^2}{4\gamma_{\text{sat}}^2}\sec^2\theta - \frac{2}{\gamma_{\text{dry}}^2}\sin^2\theta\right)\frac{\Delta S}{S} + \left(\frac{1}{2} - \frac{\sec^2\theta}{4}\right)\frac{\Delta\rho}{\rho}$$

$$(5\text{-}2\text{-}1\text{-}16)$$

令 $k_{\text{sat}} = \gamma_{\text{sat}}^2$,$k_{\text{dry}} = \gamma_{\text{dry}}^2$,上式经过变形得到:

$$\Delta\ln(EI) = \left[\left(\frac{1}{2} - \frac{K_{\text{dry}}}{2\gamma_{\text{sat}}^2}\right)\sec^2\theta\right]\frac{\Delta F}{F} + \left(\frac{K_{\text{dry}}}{2K_{\text{sat}}}\sec^2\theta - \frac{4}{K_{\text{dry}}}\sin^2\theta\right)\frac{\Delta S}{S} + \left(1 - \frac{\sec^2\theta}{2}\right)\frac{\Delta\rho}{\rho}$$

$$(5\text{-}2\text{-}1\text{-}17)$$

将相对变化用对数形式表示,上式表示成:

$$\Delta\ln(EI) = \left[\left(\frac{1}{2} - \frac{K_{\text{dry}}}{2\gamma_{\text{sat}}^2}\right)\sec^2\theta\right]\Delta\ln(F) + \left(\frac{K_{\text{dry}}}{2K_{\text{sat}}}\sec^2\theta - \frac{4}{K_{\text{dry}}}\sin^2\theta\right)\Delta\ln(S)$$
$$+ \left(1 - \frac{\sec^2\theta}{2}\right)\Delta\ln(\rho)$$

$$(5\text{-}2\text{-}1\text{-}18)$$

两边取积分并将其指数化,以此消掉等式两边的微分项和对数项得到:

$$EI(\theta) = F^{a(\theta)}S^{b(\theta)}\rho^{c(\theta)}$$ (5-2-1-19)

其中:

$$a = \left(\frac{1}{2} - \frac{k_{\text{dry}}}{2k_{\text{sat}}}\right)\sec^2\theta ;$$

$$b = \frac{k_{\text{dry}}}{2k_{\text{sat}}}\sec^2\theta - \frac{4}{k_{\text{sat}}}\sin^2\theta ;$$

$$c = 1 - \frac{\sec^2\theta}{2}$$

新的弹性阻抗公式存在求取的数值量纲随角度变化很大的问题。这样不方便进行不同角度的新 EI 数值比较,并且在实现反演的过程中需要先转换量纲,使实际工作变得不必要的烦琐。为此,需对新推导的弹性阻抗公式[式(5-2-1-19)]进行标准化处理,消除量纲尺度随入射角变化的问题。通过引入四个参考常数,即 A_0,F_0,S_0 和 ρ_0,可以得到标准化形式,有:

$$EI(\theta) = A_0 \left(\frac{F}{F_0}\right)^{a(\theta)} \left(\frac{S}{S_0}\right)^{b(\theta)} \left(\frac{\rho}{\rho_0}\right)^{c(\theta)} \tag{5-2-1-20}$$

F_0,S_0 和 ρ_0 分别定义为 F,S 和 ρ 的平均值,通过 A_0 的标定,可以使函数变得更加稳定,并且弹性阻抗的量纲与声阻抗一样,A_0 的表达式如下:

$$A_0 = F_0^{\frac{1}{4}} S_0^{\frac{1}{4}} \rho_0^{\frac{1}{2}} k_{\mathrm{sat}}^{\frac{1}{4}} \left(1/(k_{\mathrm{sat}}/k_{\mathrm{dry}} - 1) + 1\right)^{\frac{1}{4}} \tag{5-2-1-21}$$

5.2.2 灰质背景浊积岩横波预测

由于浊积岩地层岩性复杂、非均质性强,导致传统的岩石物理建模方法无法准确预测地层的弹性参数。为此,在文中提出了灰质背景浊积岩储层的岩石物理建模方法,该方法是在传统的 Xu-White 砂泥岩模型基础上,将 K-T(Kuster-Toksoz)模型与微分等效截至模型 DEM(Differential Effective Medium)充分结合起来,能有效解决砂泥岩与碳酸盐岩混合成岩的岩性耦合问题,实现灰质背景浊积岩地层弹性参数的精细预测。

灰质背景浊积岩储层的岩石物理建模采取了以 Xu-White 模型为基础,首先将岩石骨架岩性简化为石英、干黏土和方解石,岩石的总孔隙度假定只由砂岩粒间孔隙和黏土粒间孔隙(饱和束缚水)组成;然后,通过利用 K-T 模型计算砂泥岩组分的干岩石弹性模量;进而利用 DEM 模型将砂岩、泥岩干岩模量与灰质背景组分耦合,计算灰质背景浊积岩的干岩石模量;利用 Wood 方程和 Gassmann 方程计算饱和岩石的物理参数;最后,将预测的纵、横波速度与实测曲线进行对比分析,通过误差对比迭代分析,确定最佳的岩石骨架矿石的弹性参数及纵横波速度参数,以实现对灰质背景浊积岩地层的精细岩石物理建模(图5-2-2-1)。

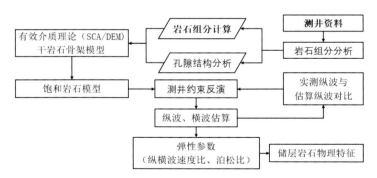

图 5-2-2-1 灰质背景浊积岩演示物理建模流程图

第一步,利用 Voigt-Reuss-Hill 平均模型和矿物的体积含量,计算石英、干黏土的等效基质弹性模量。其简化方程如下:

$$M_V = M_s \cdot V_s + M_c \cdot V_c \tag{5-2-2-1}$$

$$\frac{1}{M_R} = \frac{V_s}{M_s} + \frac{V_c}{M_c} \tag{5-2-2-2}$$

式中,V_s 和 V_c 分别为石英、干黏土矿物的体积百分含量;M_s 和 M_c 分别为石英、干黏土矿物的弹性模量;M_V 为 Voigt 计算的混合矿物骨架的弹性模量上限值,M_R 为 Reuss 计算的混合矿物骨架的弹性模量下限值。

$$M = \frac{M_V + M_R}{2} \tag{5-2-2-3}$$

式中，M 为 Voigt-Reuss-Hill 弹性模量平均值（K_m 或 μ_m）。

第二步，利用 K-T 模型计算以石英、干黏土为骨架的干岩石体积模量（基于经典的 Xu-White 模型）K_d。其简化方程如下：

$$K_d = K_m (1 - \phi)^p \tag{5-2-2-4}$$

$$\mu_d = \mu_m (1 - \phi)^q \tag{5-2-2-5}$$

式中，$p = \frac{1}{3} \sum_{l=S,C} v_l T_{iijj}(\alpha_l)$，$q = \frac{1}{5} \sum_{l=S,C} v_l F(\alpha_l)$，$F\alpha = T_{iijj}\alpha - \frac{T_{ijij}(\alpha)}{3}$，$K_d$ 和 μ_d 是孔隙度为 ϕ 时不考虑灰质背景时的干岩石骨架弹性模量，K_m 和 μ_m 分别是不考虑灰质背景时岩石体积模量和剪切模量的 Voigt-Reuss-Hill 平均值，α_s 和 α_c 分别为砂岩孔隙和黏土孔隙的纵横波速度，p 和 q 是关于孔隙纵横波速度 α 的一组函数。

第三步，将第二步计算的结果作为第 1 岩石组分，方解石作为第 2 岩石组分，并利用 DEM 模型计算灰质背景浊积岩的干岩石弹性模量 K_d。其 DEM 模型简化方程如下：

$$\frac{K_{\text{dry}}}{G_{\text{dry}}} = \frac{K_m}{G_m} \frac{(1 - \phi)^a}{1 + \frac{b}{a}\frac{K_m}{G_m} - \frac{b}{a}\frac{K_m}{G_m}(1 - \phi)^a} \tag{5-2-2-6}$$

式中，K_d 和 μ_d 是灰质背景浊积岩在孔隙度为 ϕ 时的干岩石骨架体积模量和剪切模量；K_m 和 μ_m 为在第二步计算得到的 K_d 和 μ_d 在加入方解石后的 Voigt-Reuss-Hill 等效基质弹性模量；α 为 DEM 阻尼系数，与孔隙纵横波速度有关。

第四步，利用 Wood 方程将孔隙流体进行混合，计算混合流体的体积模量 K_f。其简化方程如下：

$$\frac{1}{K_f} = \frac{S_o}{K_o} + \frac{S_g}{K_g} + \frac{S_w}{K_w} \tag{5-2-2-7}$$

式中，K_o、K_g 和 K_w 分别是油、气和水的体积模量；S_o、S_g 和 S_w 分别是油、气和水的饱和度，且满足：$S_o + S_g + S_w = 1$。

第五步，利用 Gassmann 方程计算饱和流体的灰质浊积岩弹性模量，其简化方程如下：

$$K = K_{\text{dry}} + \frac{\left(1 - \frac{K_{\text{dry}}}{K_m}\right)^2}{\frac{\phi}{K_f} + \frac{1 - \phi}{K_m} + \frac{K_{\text{dry}}}{K_m^2}} \tag{5-2-2-8}$$

$$\mu = \mu_{\text{dry}}$$

式中，K 和 μ 分别是饱含流体岩石的体积模量和剪切模量；K_f 是孔隙流体的体积模量；K_m 和 G_m 为在第二步计算得到的 K_d 和 μ_d，其中 K_d 为加入方解石后的 Voigt-Reuss-Hill 等效基质弹性模量。

第六步，利用岩石物理公式计算饱和流体的灰质浊积岩的纵波速度、横波速度和密度。其简化方程如下：

$$V_p = \sqrt{\frac{K + \frac{4}{3}\mu}{\rho}} \tag{5-2-2-9}$$

$$V_s = \sqrt{\frac{\mu}{\rho}} \tag{5-2-2-10}$$

式中，K 和 μ 分别是饱含流体岩石的体积模量和剪切模量（第六步的计算结果），ρ 为岩石体积密度。

第七步，砂岩、泥岩和方解石的基质模量及纵横波速度是模型中的关键参数，在不同区和深度段取值差异较大，且其参数不宜直接求取。为此，采取了误差对比迭代分析的方法，对骨架参数进行修正，消除岩石物理建模过程中的不确定性，获取最佳的岩石骨架参数。

通过实钻井对比来看，预测结果较好（图 5-2-2-2），能够较真实反映横波速度信息和变化规律，纵横波速度与实测纵横波速度较吻合，证明了横波预测模型的合理性。

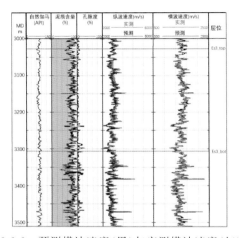

图 5-2-2-2　预测横波速度（黑）与实测横波速度（红）对比

5.2.3　灰质发育区浊积岩叠前敏感弹性参数优选

（1）叠前弹性参数

叠前弹性参数计算是储层敏感因子优选的基础，其目的是将浊积岩储层与非储层岩性区分开，特别是地震反射特征和阻抗特征非常相似的含灰质岩性。因此选择的叠前敏感弹性参数对浊积岩储层应表现出明显的差异（最好是一个正值和一个负值，或是差异较大的两个正值）。

理想弹性介质两种弹性波（P 波、S 波）的传播速度可表示为：

$$V_{\mathrm{P}} = \sqrt{\frac{\lambda + 2\mu}{\rho}} = \sqrt{\frac{K + \frac{4}{3}\mu}{\rho}} \tag{5-2-3-1}$$

$$V_{\mathrm{S}} = \sqrt{\frac{\mu}{\rho}} \tag{5-2-3-2}$$

式中，ρ 为介质密度，K 为体积模量，λ、μ 为拉梅常数。

地下不存在完全均匀的岩石，带有孔隙的岩石是否可被看成各向同性的均质岩石，关键在于观测岩石的手段。如果地震波的波长远大于岩石中非均质体，即孔隙尺寸，那么就可以把带有孔隙的岩石看作一个整体均匀介质进行分析，即地球物理勘探中常用的手段"有效弹性参数方法"。

由纵波速度（V_{P}）、横波速度（V_{S}）、密度（ρ）三参数可组合得到多种其他的岩性识别因子。通过纵横波速度及密度三参数的不同组合得到多组岩性属性识别因子，对这些因子进行岩性敏感性分析,获得对目的层段储层较敏感的参数进行储层预测。常见的岩性因子主要包括以下几类弹性参数。

① 纵、横波阻抗(Z_P、Z_S)如下。

阻抗即为速度与密度的乘积,是计算反射系数的基础,与振幅有直接关系,把岩石两个方面特征组合形成一个更能综合表现岩石特征的参数,其表达式为:

$$Z_P = \rho \cdot V_P \tag{5-2-3-3}$$

$$Z_S = \rho \cdot V_S \tag{5-2-3-4}$$

② 纵、横波速度比(γ):

$$\gamma = \frac{V_P}{V_S} \tag{5-2-3-5}$$

③ 泊松比(σ)如下。

将岩石轴向应变(E_{xx})与纵向应变(E_{zz})之比定义为岩石的泊松比,即

$$\sigma = -\frac{E_{xx}}{E_{zz}} \tag{5-2-3-6}$$

式中,负号的含义为两个应变的方向相反,三参数与泊松比之间的关系可表达:

$$\sigma = \frac{(V_S/V_S)^2 - 2}{2[(V_P/V_S)^2 - 1]} \tag{5-2-3-7}$$

④ 体积模量(K)体积模量 K 用于描述体应力与被施加力的物体体积变化量之间关系可表示为:

$$P = K\frac{\Delta V}{V} \tag{5-2-3-8}$$

式中,P 为体应力,$\frac{\Delta V}{V}$ 代表物体体积相对变化量。

三参数与体积模量(K)的关系式如下:

$$K = \rho\left(V_P^2 - \frac{4}{3}V_S^2\right) \tag{5-2-3-9}$$

⑤ 剪切模量(μ)用于描述剪切应力与剪切应变之间关系,与三参数关系为:

$$\mu = \rho V_s^2 \tag{5-2-3-10}$$

⑥ 杨氏模量(E)为在纵向应力作用下所产生的纵向应变量,其物理含义是物体抗拉伸能力的度量。它与三参数关系为:

$$E = \rho\frac{3V_p^2 - 4V_s^2}{(V_p/V_s)^2 - 1} \tag{5-2-3-11}$$

⑦ 拉梅常数(λ)为方便研究而定义的一个变量,无明确的物理含义。它与其他弹性参数关系:

$$\lambda = K - \frac{2}{3}\mu \tag{5-2-3-12}$$

与三参数关系为:

$$\lambda = \rho(V_P^2 - 2V_S^2) \tag{5-2-3-13}$$

⑧ 拉梅参数与密度组合因子($\lambda\rho$、$\mu\rho$)如下。

Goodway 等(1997)提出了基于 λ,μ,ρ 为参数 AVO 近似公式形式,与其他弹性参数关系:

$$\begin{cases} Z_S^2 = (\rho V_S)^2 = \mu\rho \\ Z_P^2 = (\rho V_P)^2 = (\lambda + 2\mu)\rho \end{cases} \tag{5-2-3-14}$$

由式(5-2-3-14)可推出 $\lambda\rho$ 识别因子：

$$\lambda\rho = Z_p^2 - 2Z_s^2 \tag{5-2-3-15}$$

⑨ 优化组合($\lambda\rho$、$\mu\rho$)识别因子：把岩性指示因子 $\mu\rho$ 与流体识别因子 $\lambda\rho$ 二者结合起来组合形成新的流体识别因子——优化组合流体识别因子(OCFIF)。

$$\text{OCFIF} = \lambda\rho \cdot \mu\rho \tag{5-2-3-16}$$

⑩ 基于 Biot-Gassmann 理论的指示因子如下。

根据 Biot-Gassmann 的流体观点,对于饱和流体的岩石来说,它是由干燥岩石和孔隙中的流体两个部分组成。基于这样的观点,纵波的波阻抗应该是这两者共同作用的结果。

$$Z_{P,\text{sat}}^2 = \rho_{\text{sat}}\left(K_{\text{dry}} + \frac{4}{3}\mu_{\text{dry}} + \beta^2 M\right)$$

$$Z_{S,\text{sat}}^2 = \rho_{\text{sat}}\mu_{\text{dry}}$$

基于 Biot-Gassmann 假设定义如下。

岩性指示因子 S：$S = K_{\text{dry}} + \dfrac{4}{3}\mu_{\text{dry}} = \lambda_{\text{dry}} + 2\mu_{\text{dry}}$

流体指示因子 F：$F = \beta^2 M$

进一步变形得到弹性三参数表示的流体指示因子 F 及岩性指示因子 S：

烃类指示因子 F：

$$F = V_P^2\rho - \gamma_{\text{dry}}^2 V_S^2\rho \tag{5-2-3-17}$$

岩性指示因子 S：

$$S = \gamma_{\text{dry}}^2 V_S^2\rho \tag{5-2-3-18}$$

式中,F 是流体岩石混合项,其值等于 $\beta^2 M$,可作为一项敏感的烃类指示因子参数进行储层流体识别；S 是干燥骨架项,既可写做 $K_{\text{dry}} + \dfrac{4}{3}\mu$,也可以写成 $\lambda_{\text{dry}} + 2\mu$,主要表征的是岩性方面的信息,可将其作为储层岩性的判识参数。

（2）叠前敏感因子的定量评价与优选

① 基于能量反射比的敏感因子。

通过测井统计得出砂岩、泥岩和灰质泥岩的岩石物理参数,其三参数值如表 5-2-3-1 所示。通过不同岩石物理参数组合,引入反射强度的概念,利用公式 5-2-3-19 计算了 14 种不同流体因子的识别能力 R 值,结果如表 5-2-3-2 所示。

表 5-2-3-1 砂岩、泥岩和灰质泥岩弹性参数表

岩性	纵波速度/(m/s)	横波速度/(m/s)	密度/(g/cm³)
砂岩	3 800	2 300	2.50
泥岩	2 900	1 500	2.27
灰质泥岩	3 400	1 800	2.40

表 5-2-3-2　砂岩和泥岩、灰质泥岩的 14 种岩性识别因子

弹性因子	砂岩	泥岩	砂岩-泥岩识别因子	灰质泥岩	砂岩-灰质泥岩识别因子
Murho	3.31E+13	1.16E+13	4.81E−01	2.08E+13	2.28×10^{-1}
mu	1.32E+10	5.11E+09	4.43E−01	8.66E+09	2.08×10^{-1}
E	3.20E+10	1.35E+10	4.08E−01	2.21E+10	1.84×10^{-1}
K	3.61E+10	1.91E+10	3.08E−01	2.77E+10	1.31×10^{-1}
σ	2.11E−01	3.17E−01	2.01E−01	2.73E−01	1.28×10^{-1}
Z_s	5.75E+06	3.41E+06	2.56E−01	4.56E+06	1.15×10^{-1}
$Lambrho$	5.72E+13	3.17E+13	2.86E−01	4.58E+13	1.11×10^{-1}
V_s	2.30E+03	1.50E+03	2.11E−01	1.90E+03	9.52×10^{-2}
$Lamb$	2.29E+10	1.40E+10	2.41E−01	1.91E+10	9.05×10^{-2}
S	7.23E+09	5.11E+09	1.72E−01	6.14E+09	8.10×10^{-2}
Z_P	9.50E+06	6.58E+06	1.81E−01	8.16E+06	7.59×10^{-2}
V_P	3.80E+03	2.90E+03	1.34E−01	3.40E+03	5.56×10^{-2}
V_pV_s	1.65E+00	1.93E+00	7.84E−02	1.79	3.99×10^{-2}
rho	2.50×10^3	2.27E+03	4.82E−02	2.40×10^3	2.04×10^{-2}

$$R = \frac{X_2 - X_1}{X_2 + X_1}$$
(5-2-3-19)

式中，X_2、X_1 分别代表砂岩和泥岩（或者灰质泥岩）的弹性参数，R 代表不同岩性的弹性模量反射强度。R 值越大，代表弹性差异越明显，意味着弹性参数对岩性差异越敏感；R 值越小，代表弹性差异越小，意味着弹性参数岩性差异越模糊，不适于岩性预测。

② 叠前敏感因子优选

通过砂岩-泥岩和砂岩-灰质泥岩的不同弹性参数岩性识别能力直方图（图 5-2-3-1，图 5-2-3-2）可以看出，对岩性较为敏感的弹性因子依次为 Lambrho、Lamb、K、纵波阻抗、V_p/V_s pois 等弹性参数、Murho（剪切相抗）、Lanbrho（拉梅阻抗）和 σ 泊松比，用于灰质背景下浊积岩的识别和划分效果较好。

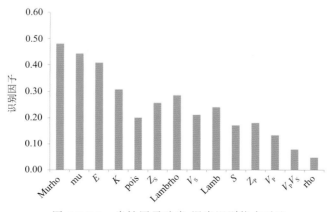

图 5-2-3-1　岩性因子砂岩-泥岩识别能力对比

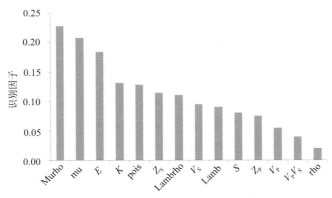

图 5-2-3-2   岩性因子砂岩-灰质泥岩识别能力对比

5.2.4   测井约束叠前多参数反演

根据测井约束叠前地震反演基本方法和原理,开展叠前地震反演参数和反演方法研究,具体包括以下几方面内容。

（1）精细储层标定

地震-地质层位标定是地震反演和解释的基础,它有两个作用:第一,建立钻井地质层位与地震反射同相轴的对应关系,这是建立正确的初始波阻抗模型的前提;第二,建立地质信息与地震信息的联系,这是进行地震精细构造解释和储层横向预测的依据。地震-地质层位标定是通过合成记录与井旁地震道的对比,准确找出二者之间的波组对应关系,以井旁地震记录时间厚度为标准,对测井资料进行拉伸压缩,从而改善合成记录与井旁地震道的匹配关系,精确标定储层在地震反射剖面上的位置。因此,合成记录的校正过程只是测井测量系统与地震测量系统之间的整体差异,测井曲线的基本特征没有改变。

通过制作合成地震记录和井旁实际地震道对比(图 5-2-4-1),其地震波形反射特征清晰。地震层位 T6x 对应沙三段底界面反射,其上部为沙三段下部地层,以泥岩-灰质泥岩薄互层为主,地震反射振幅较弱,连续性好。其下部为沙四上纯上亚段地层,顶部以灰质泥岩为主,对应强振幅特征,连续性好;底部砂质泥岩和砂岩增多,地震反射振幅较强,连续性较好,与模型正演反射特征一致。

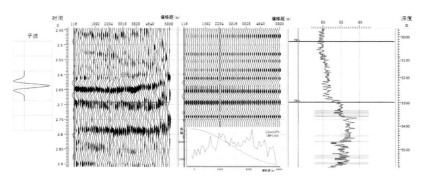

图 5-2-4-1   Tuo725 井合成角度道集与储层精细标定

（2）叠前道集分析

叠前偏移距道集或者角度叠加道集是开展叠前地震反演的数据基础,其资料品质的好坏直接影响地震反演的效果和分辨率。主要目的层为沙三下亚段和沙四上纯上亚段,对应地震层位 T6x 界面上下各 150 ms 范围储层。

从过 T725 井 CIP 道集(叠前共反射点道集,图 5-2-4-2)、近中远 CIP 道集[图 5-2-4-3(a)]、近中远角度道集[图 5-2-4-3(b)]来看,研究目的层段偏移距范围约为 116～5 800 m,入射角范围为 1°～43°,达到了开展叠前地震反演的道集资料要求。

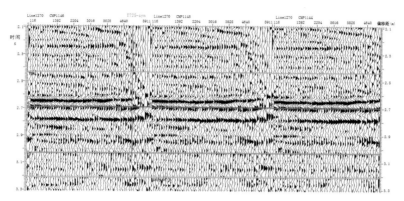

图 5-2-4-2 过 T725 井 CIP 道集

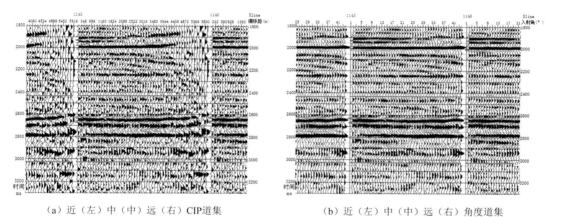

(a)近(左)中(中)远(右)CIP道集   (b)近(左)中(中)远(右)角度道集

图 5-2-4-3 过 T725 叠前 CIP 道集和分角度道集

从正演角度道集 AVO 特征来看(图 5-2-4-1),在 2.788 s 大套砂岩处砂岩顶面具有振幅随偏移距增大而减小的 AVO 特征;但近偏移距能量较弱,砂岩反射波振幅随入射角增加而增大,表现为 Ⅰ 类 AVO 特征。

(3)地震子波提取

地震子波提取的主要目的在于得到与地震数据相匹配的地震子波。目前比较实用有效的方法是多道地震统计法,即在保证实际地震数据振幅谱和相位谱一致的条件下,采用多道记录自相关统计的方法从实际地震数据中提取。子波振幅谱信息来自实际地震记录,地震子波相位主要通过合成记录对比分析以及地震数据极性来确定。在地震子波提取时要注意以下几个关键因素:选取地震反射特征比较稳定的地震道,以保证地震子波的稳定性;针对反演的主要目的层,时窗设定在主要目的层附近,保证子波的主频和目的层附近地震资料主频一致;进行多相位的扫描试验,确定最佳的相位角度;针对叠前角度道集,分别提取满足不同角度道集振幅和相位特征的分角度道集子波。

在叠前角道集分析基础上,结合地震道振幅谱和从相位谱的特点,通过调整子波和时窗长度,得到与井旁地震道频谱特征匹配的地震子波,图 5-2-4-4 可以看出小角度情况下子波带宽相对较宽,大角度子波带宽相对较小,与实际情况一致,为叠前同时反演提供可靠的子波信息和准确的时深关系。

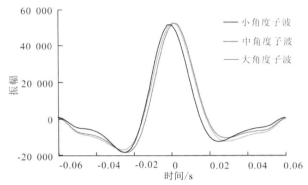

图 5-2-4-4　不同角度道集地震子波对比

（4）测井约束叠前反演

测井约束地震反演实质上是地震-测井联合反演,其结果的低、高频信息来源于测井资料,构造特征及中段频率取决于地震数据,开展测井约束反演可以充分发挥测井纵向分辨率的优势,突破传统地震分辨率的局限。

在薄储层地质条件下,由于地震频带宽度的限制,基于普通地震分辨率的直接反演方法,其精度和分辨率不能满足油田勘探开发的要求。测井约束地震反演技术以测井资料丰富的高频信息和完整的低频成分补充地震有限带宽的不足,用已知地质信息和测井资料作为约束条件,推算出高分辨率的地层岩性数据,为储层预测和精细描述提供可靠的依据。经过测井约束反演后的资料具有以下优势。

① 横向上外推可靠,利用综合录井曲线与反演剖面进行对比,二者吻合很好。

② 横向上储层反映直观,在约束反演地震剖面上,井与井之间的砂体连通变化情况一目了然。

③ 纵向上剖面分辨率高,测井约束反演能够精细标定浊积岩和砂砾岩体的发育位置,落实储层发育程度,反演结果总体上反映了储层空间分布特征,反演剖面不仅能清晰反映地震资料能够分辨的储层,一些地震资料无法分辨的储层,在反演结果中也得到很好的表现,如砂体横向尖灭点在反演剖面中清晰可辨。

1）反演参数选择

测井约束地震资料反演处理是"解释—反演—再解释—再反演"的迭代过程,在迭代过程中除了精选约束井外,必须优选两个处理参数。

① 波阻抗最大变化率:如波阻抗最大变化率太小,地震占的比例太小,井约束条件过强,容易引起假象;如波阻抗最大变化率太大,地震占的比例太大,井约束条件过小,则失去约束反演的意义。经反复调试分析,T71 区波阻抗最大变化率选用 25%。

② 平均块:平均块过大,方波化严重,分辨率降低;平均块过小,处理工作量又会成倍增加。综合考虑以上因素选用 1 ms 采样。

2）三维可视化地质建模

精细地质建模是储层预测的保障。传统地质建模方法一般采用插值的方法解决层位问题,忽略了层位与断层间的相互关系。研究区断层复杂,层位解释不均匀和层位波动起伏大的特点,甚至局部出现严重串层现象。利用三维可视化技术,开展复杂地质建模(图5-2-4-5),从模型上可以看出,控制主要目的层段(沙三下亚段和沙四段)的地震反射层位(T6s—沙三下亚段顶;T6x—沙三下亚段底,沙四段顶;T7—沙四段底界)与断层接触关系清晰,避免了常规地层建模过程中出现的层位与断层交叉混搭的现象。地质建模更好地反映了地层的空间变化规律,同时与井上的分层信息更加匹配,提高了井-震信息的一致性,为高精度地震反演提供了可靠保障。

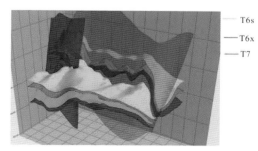

图 5-2-4-5　精细三维地质建模

3)测井约束多参数叠前反演

多解性是地球物理反演方法的固有特性,提高地震反演精度是解决薄互层问题的关键。多参数的叠前反演和评价可以有效降低多解性,测井约束反演可以充分发挥测井纵向分辨率高的优势,突破传统地震分辨率的局限,且其精度随井数量的增加而提高。

在叠前地震角度道集资料分析和测井资料精细处理基础上,利用三维可视化精细构造建模的方法,通过等时面的内插外推方法建立初始波阻抗,在此基础上开展叠前反演参数研究和叠前同时反演。叠前同时反演得到的纵波阻抗剖面,通过叠前反演结果与井上阻抗信息对比,其一致性较好,说明反演结果可靠。

在测井资料编辑校正、地震子波提取精细储层标定和精细构造模型建立基础上,利用测井约束的井震联合反演方法,得到具有良好分辨能力、符合地质规律的叠前多参数反演结果。测井约束叠前同时反演过程中,可以获得弹性参数纵波速度 V_P、横波速度 V_S、密度 ρ 及泊松比 σ(图 5-2-4-6),结合相应公式[式(5-2-3-3)~(5-2-3-18)]进一步反演敏感弹性参数。

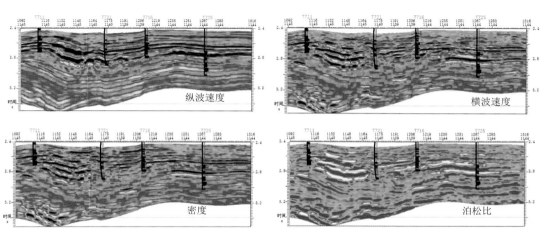

图 5-2-4-6　T711-T725 连井叠前反演弹性参数剖面

　　根据上文弹性参数敏感分析,剪切阻抗 Murho、拉梅阻抗 Lambrho 和泊松比 σ 是最为敏感的三个弹性参数。T725 井沙三段下段为灰质泥岩,剪切阻抗为低值、拉梅阻抗为低值、泊松比为高值;T724 井沙三段下亚段为浊积砂岩,剪切阻抗为高值、拉梅阻抗为高值、泊松比为低值,与测井综合岩性解释结果和岩石物理分析结果一致。在细节刻画方面:首先,剪切阻抗和拉梅阻抗虽然对砂岩边界刻画较为合理,但对灰质背景的泥岩刻画还存在多解性。如图 5-2-4-7(a)、图 5-2-4-7(b)所示砂岩边界刻画较为合理,横向连续性好,井震吻合情况良好,但 T725 井、T723 井表明灰质泥岩区分效果不明显,局部存在多解性问题。其次泊松比受储层物性和充注流体影响,砂体展布刻画存在误差。如图 5-2-4-7(c)所示泊松比对砂岩边界刻画也较为合理,井震吻合情况良好,同时对灰质背景的泥岩区分明显;但由于受到物性和流体的影响相对较大,砂体横向展布相对不连续。

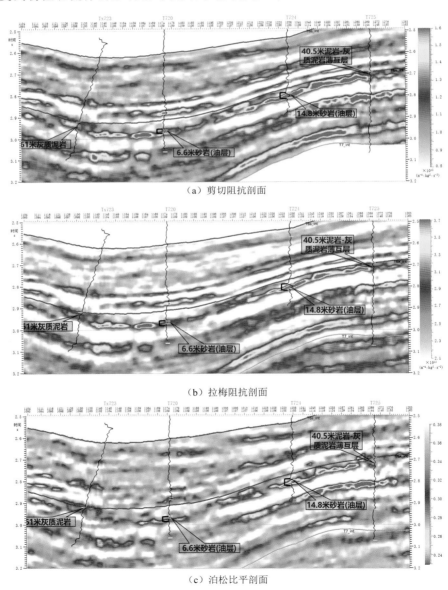

（a）剪切阻抗剖面

（b）拉梅阻抗剖面

（c）泊松比平剖面

图 5-2-4-7　T720-T725 连井三敏感弹性参数剖面

　　从平面上看,三类敏感参数均能够较好预测浊积砂体空间展布(图 5-2-4-8),空间展布规律受灰质泥岩背景影响,砂体空间预测呈零星状分布,刻画具有多解性,不能精确刻画砂体展布,在单参数分析基础上需进一步开展,多参数融合,以达到降低灰质泥岩影响,减少单参数预测多解性。

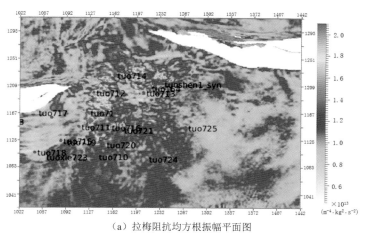

（a）拉梅阻抗均方根振幅平面图

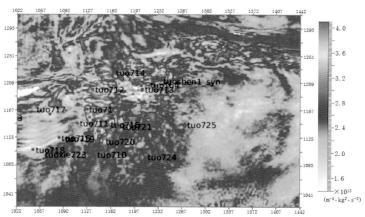

（b）剪切阻抗均方根振幅平面图

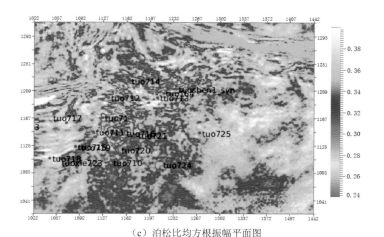

（c）泊松比均方根振幅平面图

图 5-2-4-8　三敏感弹性参数均方根振幅平面图

5.3　灰质背景下浊积岩识别与预测

传统储层预测方法主要是通过地震属性特征或者地震反演得到的特定弹性参数来预测储层的空间分布情况。这类方法最大的问题就是多解性严重，特别是针对复杂岩性情况下的储层预测，效果不甚理想。多参数信息融合就是利用多种弹性参数进行综合分析，是降低多解性的重要手段。因此，基于岩石物理分析成果，应用数理统计方法进行数学表达，贝叶斯判识、多参数融合反演等多种方法均可以进行多参数融合砂体预测，从而提高储层预测精度。

5.3.1　贝叶斯判别

贝叶斯判别是统计模型决策中的一个基本方法，是在不完全已知所有情况下，对部分未知的状态用主观概率估计，然后用贝叶斯公式对发生概率进行修正，最后再利用期望值和修正概率做出最优决策。

根据研究区主要发育浊积砂岩储层，并且砂岩仅有含水砂岩和含油砂岩两类地质情况。引入状态条件概率密度函数进行说明。假定 z 表示单变量或多元输入，其输入可以是测井曲线的样点值或地震叠前属性样点值。令 $c_j(j=1,2,\cdots,N)$，表示 N 个不同的状态和分类组。仅考虑砂岩和泥岩两类情况，用 c_1（砂岩）和 c_2（泥岩）表示。此时的概率密度函数可以称之为状态条件概率密度，即指定了储层某一状态后的概率密度。依据贝叶斯公式可知：

$$P(c_j|x)=\frac{P(x,c_j)}{P(x)}=\frac{P(x|c_j)P(c_j)}{P(x)} \tag{5-3-1-1}$$

式中，$P(c_j|x)$ 是输入为 x、状态为 c_j 的后验概率，$P(x,c_j)$ 是 x 和 c_j 的联合概率，$P(x|c_j)$ 是状态为 c_j 时 x 条件概率，$P(c_j)$ 是状态为 c_j 的先验概率，$P(x)$ 是输入变量的边缘或无条件概率密度函数。

贝叶斯公式把一个特定组的先验概率 $P(c_j)$ 转换为已知一个观测 x 时的后验概率。在这个公式中，先验概率是未知的，是对一种状态出现的期望。可以通过分析测井数据，确定目的层各状态出现的先验概率。

利用贝叶斯理论开展岩性划分测试（图 5-3-1-1 和 5-3-1-2），大套的砂岩能够有效识别，薄层薄互层识别能力依然有限。如 T720 井的薄砂层有一定的响应，但是 T725 井薄互层泥岩-灰质泥岩的响应特征与砂岩的响应特征区分度较低。

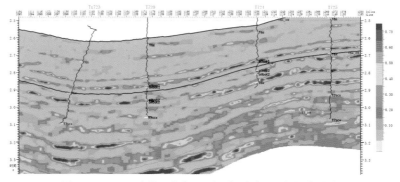

图 5-3-1-1　三岩性（砂岩、泥岩、灰质岩）砂岩概率分布

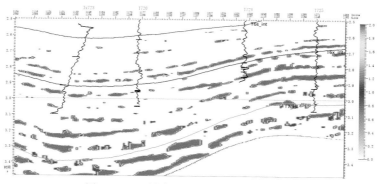

图 5-3-1-2　最大砂岩概率密度解释结果

以上结果总体说明了基于贝叶斯岩性概率反演能够在一定程度上反映岩性,但是该方法的本质是依据多参数交会分析来对储层的岩性进行预测,其受到参数多解性的影响较为明显,导致反演结果的灰效果不明显,薄层及薄互层识别能力也不高。

5.3.2　多参数信息融合

多参数信息融合基本思想为 RGB 三原色信息融合原理。利用三原色信息融合技术,将对灰质浊积岩最为敏感的三个弹性参数(拉梅阻抗、体积模量和纵波阻抗)进行砂体信息融合处理,从而得到较好反映浊积砂体空间分布的岩性信息融合体。

(1) RGB 三原色融合原理

原色是指不能通过其他颜色的混合调配而得到的"基本色"。以不同比例将原色混合,可以产生出其他的新颜色。以数学的向量空间来解释色彩系统,则原色在空间内可作为一组基底向量,并且能组合出一个"色彩空间"。肉眼所能感知的色彩空间通常由三种基本色所组成,称为"三原色"。一般来说叠加型的三原色是红色、绿色、蓝色;

RGB 色彩模式是工业界的一种颜色标准,通过对红(R)、绿(G)、蓝(B)三个颜色通道的变化以及它们相互之间的叠加来得到各式各样的颜色,这个标准几乎包括了人类视力所能感知的所有颜色,是目前运用最广的颜色系统之一。RGB 是从颜色发光的原理来设计定的,通俗点说它的颜色混合方式就好像有红、绿、蓝三盏灯,当它们的光相互叠合的时候,色彩相混,而亮度却等于两者亮度之总和,越混合亮度越高,即加法混合。有色光可被无色光冲淡并变亮。如蓝色光与白光相遇,结果是产生更加明亮的浅蓝色光。红、绿、蓝三盏灯的叠加情况,中心三色最亮的叠加区为白色,加法混合的特点:越叠加越明亮。红、绿、蓝三个颜色通道每种色各分为 255 阶亮度,在 0 时"灯"最弱——是关掉的,而在 255 时"灯"最亮。当三色数值相同时为无色彩的灰度色,而三色都为 255 时为最亮的白色,都为 0 时为黑色。

RGB 颜色称为加成色,因为通过将 R、G、B 添加在一起(即所有光线反射回眼睛)可产生白色。加成色用于照明光、电视和计算机显示器。例如,显示器通过红色、绿色和蓝色荧光粉发射光线产生颜色。绝大多数可视光谱都可表示为红、绿、蓝三色光在不同比例和强度上的混合。这些颜色若发生重叠,则产生青、洋红和黄。

(2) 多参数信息融合

将这种 RGB 融合方式用在属性融合上,可以突出共性,弱化差异,有效利用地震属性信息。相对于地质体而言,弹性参数值对应颜色属性大小(图 5-3-1-3),在 RGB 模式融合后色彩数据体上地质体就会以近白色特征很清晰的呈现出来,与围岩具有明显的差别。

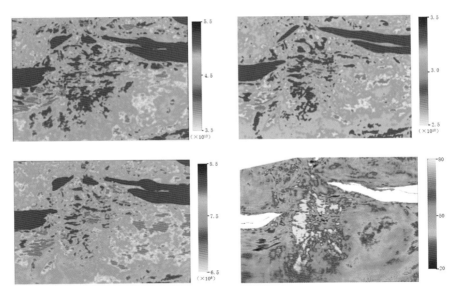

图 5-3-1-3　最大砂岩概率密度解释结果 多弹性参数岩性信息对比图

为更好地提取岩性信息融合体砂岩储层信息,提出砂岩信息指数 Fuse:

$$Fuse = C_1 A_1 + C_2 A_2 + C_3 A_3 \qquad (5\text{-}3\text{-}1\text{-}1)$$

式中,C_1,C_2,C_3 分别对应 Murho、Lambrho 和 POIS 的岩性信息指数,A_i 为归一化的弹性参数。

$$C_i = \frac{R_i}{\sum_{j=1}^{3} R_j}, i, j = 1, 2, 3; \qquad (5\text{-}3\text{-}1\text{-}2)$$

式中,R_i 为弹性参数 A_i 的岩性敏感因子。

砂岩信息指数可以很好地同孔隙度匹配,吻合程度远远好于单参数与孔隙度的相关关系(图5-3-1-4)。拉梅阻抗、剪切阻抗和泊松比与孔隙度之间存在一定相关关系,但各自

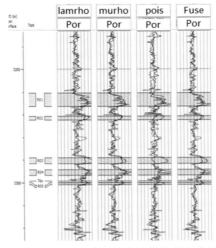

图 5-3-1-4　T725 井孔隙度与岩性信息融合曲线对比图

仍存在一定误差和不匹配问题,信息融合曲线 Fuse 与孔隙度曲线匹配程度较单属性而言

有很大提升。

通过岩性敏感因子 R 分析表明(表5-3-1-1),岩性信息融合体对砂岩-泥岩的分辨能力达到0.61,砂岩-灰质泥岩的分辨能力达到0.408,与之前的岩性敏感因子有大幅提高,充分说明岩性信息融合体Fuse的岩性识别能力得到大幅增强,可以用岩性信息融合体开展储层识别。

表5-3-1-1 不同参数岩性敏感性对比表

序号	砂岩	泥岩	R	灰质泥岩	R
Murho	3.31E+13	1.16E+13	4.81E-01	2.08E+13	2.28E-01
pois	2.11E-01	3.17E-01	2.01E-01	2.73E-01	1.28E-01
Lambrho	5.72E+13	3.17E+13	2.86E-01	4.58E+13	1.11E-01
Fuse	1.23E+00	2.92E-01	0.616	5.17E-01	0.408

砂岩信息指数连井剖面上(图5-3-1-5),T723井及T725井的非砂岩段均显示为低值,T720井及T724井的砂岩储层段的Fuse属性均显示为高值,可以很好地表征储层横向发育情况。

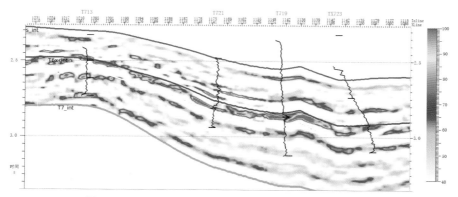

图5-3-1-5 T713-T723连井浊积岩信息指数(Fuse)剖面

(3)应用效果

在实际岩性融合体的岩性解释过程中,为了量化浊积岩储层评价标准,根据井段岩性统计,确定以下标准:当Fuse>85,定义为优质储层,岩性厚度大于5米;当80<Fuse<74,定义为薄储层或者薄互层,单砂体厚度小于5m;当Fuse<74,定义为泥岩;当单砂体厚度小于2m,岩性融合体无法识别。从图5-3-1-6可以看出,浊积岩信息指数Fuse平面分布边界刻画清楚,与测井岩性综合解释结果一致,充分体现了浊积岩信息指数Fuse在灰质背景下识别浊积岩方法的正确性和可行性。

将其进一步同钻井砂体厚度相关,预测平面砂体发育展布情况。函数拟合曲线代表目的层段浊积砂岩的层速度。利用预测的时间厚度转换成钻井厚度(图5-3-1-7),砂体主要发育中部以及东南部,实钻情况吻合较好,符合沉积规律。其预测厚度与实际地震厚度进行对比分析(图5-3-1-8),验证浊积砂岩预测精度较高,浊积岩信息融合指数预测砂岩厚度与实际钻井厚度吻合较好,相对误差基本控制在8%以内。

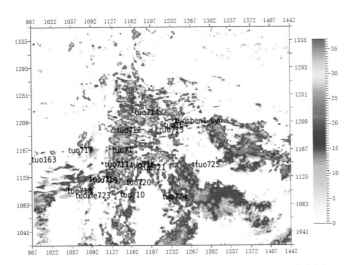

图 5-3-1-6　浊积岩信息指数 Fuse 均方根振幅平面分布图

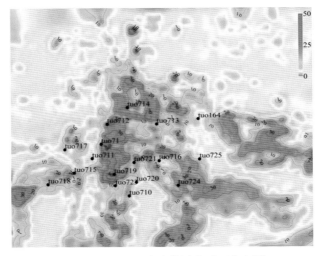

图 5-3-1-7　浊积岩砂体厚度平面分布图

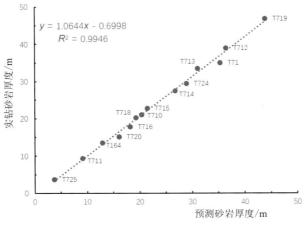

图 5-3-1-8　预测厚度误差交会图

表 5-3-1-2 预测厚度误差分析统计表

井名	砂层数量	实测总厚度/m	预测厚度/m	误差百分比/%
T164	9	13.5	12.85	4.83
T71	14	35	35.32	0.93
T710	10	21	20.34	3.14
T711	9	9.3	9.10	2.13
T712	13	38.9	36.39	6.44
T713	12	33.5	31.04	7.33
T714	10	27.5	26.76	2.68
T715	9	22.7	21.41	5.68
T716	10	17.8	18.20	2.25
T718	16	20.2	19.27	4.60
T719	8	46.7	43.89	6.02
T720	10	15.1	16.06	6.35
T724	16	29.4	28.90	1.69
T725	4	3.7	3.75	1.37

通过浊积岩岩性信息融合,浊积岩识别能力得到明显提高。岩性敏感因子 R 对 Fuse 进行敏感性定量评价,其砂岩-泥岩的能量反射系数 R 达到 0.61,砂岩-灰质泥岩的能量反射系数 R 达到 0.408,较之前的单参数岩性识别能力得到明显改善。这充分说明利用岩性信息融合指数 Fuse 进行岩性识别的可行性和有效性。

5.4 灰质背景下薄互层浊积岩识别应用

东营凹陷洼陷带浊积岩储层埋深一般 >3 000 m,单层厚度一般 2～5 m,累加厚度 5～15 m,单个砂体面积多 <1 km²,一般在常规地震剖面上表现为弱或空白反射特征,或者由于围岩含"灰质",灰质泥岩、灰质砂岩等厚度百分含量一般为 5%～45%,导致储层发育段呈强振幅地震反射特征。当前浊积岩勘探开发的主要对象"个体小、厚度薄、横变快、含灰质"的特征致使该类储层预测难度非常大,是制约致密浊积岩勘探开发的最主要因素之一。

薄层或薄互层砂岩测井曲线特征多表现为齿状或齿化钟形,岩性和厚度横向变化大,薄层厚度大多处于常规地震勘探分辨率($\lambda/4$)之下,因此该类岩性组合常表现为中弱甚至空白反射。灰质泥岩、灰质砂岩夹砂岩组合在测井曲线上多表现为箱形或钟形,由于"灰质"具有比较高的地震波传播速度,易形成强的波阻抗界面,且灰地比越大,振幅越强,因此该类岩性组合的地震反射特征多表现为连续性较好的强振幅反射。总之,受限于调谐效应或"灰质"的强屏蔽作用,无论是薄互层砂泥岩组合还是"灰质"与砂岩组合在常规地震资料上的识别精度都较低。

基于以上浊积岩叠前去灰技术下的多参数信息融合浊积岩储层预测研究下,针对不同洼陷带浊积岩发育特征及地震资料的品质情况,建立了适用不同区带的浊积岩识别技术。

5.4.1 叠后反演在薄互层浊积岩预测中的应用

牛庄洼陷位于东营洼陷中部,北邻东营凹陷中央隆起带,南接东营凹陷南斜坡,面积约 600 km²。其新生界自上而下发育第四系平原组,上第三系明化镇组、馆陶组,下第三系东营组和沙河街组,其中沙河街组自上而下可划分为沙一、沙二、沙三和沙四四个层段。其中,沙三段又可分为上、中、下三个亚段。沙三中亚段沉积时期,东营凹陷构造运动强烈,湖盆深陷扩张,同时碎屑物质供应充足,沿东营凹陷长轴方向发育的进积型东营复合三角洲达到鼎盛时期,并在三角洲前缘半深湖-深湖相发育滑塌浊积砂体。储集岩性以粉砂岩和细砂岩为主,围岩多为泥岩或油泥岩,见灰质泥岩或灰质砂岩。常见岩性组合为厚层泥岩夹砂岩、砂泥岩薄互层、灰质泥岩夹砂岩、灰质砂岩与砂岩互层等。

随着勘探开发进程不断推进,目前主要的勘探对象为复杂隐蔽储层,具有单层厚度 2~5 m,累加厚度 5~15 m;围岩含"灰质",目的层段灰质泥岩、灰质砂岩等厚度百分含量为 5%~35%;平面分布零散,纵向多期叠置,横向相变快等特征。储层描述主要存在三个难点。

① 牛庄沙三中亚段地震资料主频约为 30 Hz,有效频宽 10~50 Hz,能够分辨最大厚度为 25 m,薄互层砂体厚度超出了地震资料分辨率范围。

② 砂体厚度薄,横向变化快,现有地震资料无法精细刻画储层尖灭点。

③ 砂岩和围岩灰质成分的波阻抗差异小,常规波阻抗反演无法实现高精度预测。

(1) 地震波形指示反演

1) 基本原理

通常叠后反演基于层状初始模型,忽略了地震波形横向变化因素。地震波形是地下地质的综合响应,与沉积环境相关,它不仅反映了垂向岩性组合的调谐样式,横向变化还体现了储层空间结构变化。利用地震波形的横向变化代替传统的变差函数表征储层空间结构变化,更符合沉积地质规律。波形反演技术充分考虑地震波形变化代表的地质意义,挖掘相似波形和对应的测井曲线中蕴含的共性信息,采用"地震波形指示马尔科夫链蒙特卡洛随机模拟"算法,进行地震先验有限样点模拟。在筛选统计样本得到有效样本过程中,需要综合考虑地震波形相似性和空间距离两个主要因素,在保证样本结构特征一致的基础上,对所有井相关性进行统计,优选相关性高、空间距离近的井作为有效样本建立初始模型,对高频成分进行无偏最优估计,保证反演结果在空间上体现地震相的约束,平面上更符合沉积规律。

波形指示反演技术流程如图 5-4-1-1 所示,主要包括以下三个关键步骤。

① 利用待判别道地震波形和已知井地震波形进行相关性分析,优选空间距离近、相关性高的井作为有效样本,建立初始模型,并统计其纵波阻抗作为先验信息。

② 将初始模型与地震波阻抗进行匹配滤波,计算得到似然函数。

③ 在贝叶斯理论框架下,联合似然函数和先验概率率得到后验概率分布,对其采样作为目标函数。不断扰动模型参数,使目标函数最大时的解作为有效的随机实现,取多次有效实现的均值作为期望值输出。

2) 岩性敏感曲线重构

储层与其围岩声波特征差异性是测井约束地震反演方法应用的先决条件。研究发现牛庄洼陷沙三中亚段灰质泥岩的速度处于砂岩和泥岩之间,声波阻抗对砂岩、泥岩和灰质泥岩区分效果一般,无法用波阻抗反演进行储层精细预测。而自然电位曲线对于岩性的区分效果较好,通过数学算法将自然电位曲线和声波曲线进行重构得到拟声波曲线,进而得到拟声波波阻抗数据。该数据仍为波阻抗量纲,井与地震的对应关系不变,但砂岩的敏感性得到明显提高(图 5-4-1-2),保证了反演的精度。重构后的拟声波曲线,地震频带内的中低频部分为声波曲线,高于地震频带的数据取自于自然电位曲线。牛庄洼陷沙三中亚段的地震资料的有效频宽为 10～50 Hz,因此 50 Hz 以下的低频成分取自于声波时差曲线,高于 50 Hz 的部分取自自然电位曲线。

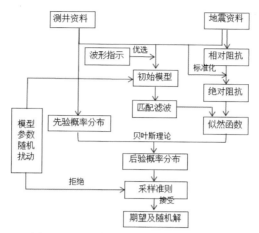

图 5-4-1-1　波形指示反演基本流程图

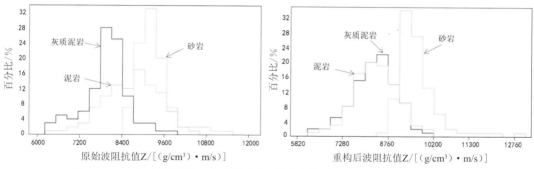

图 5-4-1-2　牛庄洼陷沙三中亚段砂岩、泥岩和灰质泥岩声波阻抗概率分布图

(2)反演关键参数确定

1)有效样本数

"有效样本数"主要表征地震波形空间变化对储层的影响程度。该参数设置的方法为:参照已知井统计的结果,在目的层段内,在所有参与井的井旁道中寻找与当前道波形最相似的 N 道,然后将其依距离不同而赋予不同的权重,距离越近权重越大。"有效样本数"较大表明沉积环境较稳定,储层横向变化不大,反之说明横向变化快、非均质性强。结合牛庄洼陷沙三中亚段的资料特征和统计结果,当有效样本数为 5 时,相关性基本达到最大,反演质量趋于稳定。

2)最佳截止频率

波形指示反演的低频部分主要受地震频带的影响,高频成分则主要来自随机模拟,频率越高,随机性越强,因此需要设定合适的最高频率来控制反演结果确定性。在反演过程中通常根据目的层砂体厚度和反演结果确定性分析来确定最佳截止频率参数,保证反演具有足够分辨率和稳定性。牛庄洼陷沙三中亚段浊积岩储层累积厚度一般为 5～15 m,单层最小厚度 2 m,结合反演过程质量监控,设置最佳截止频率为 200 Hz。

（3）精度对比分析

1）常规波阻抗反演对比

采用稀疏脉冲反演和波形指示反演方法对沙三中亚段浊积岩储层进行了预测,两种方法反演结果如图 5-4-1-3 所示。低阻抗值代表围岩,高阻抗值代表砂岩,两种反演结果整体趋势一致,均能揭示砂体整体展布特征,但稀疏脉冲反演砂体横向分布与地震反射轴的横向展布范围基本一致,纵向分辨率较低,无法精细刻画储层变化点,对砂岩、泥岩或灰质泥岩阻抗值相近的井反演效果更差,无法实现薄层精细刻画。波形指示反演结果具有更高的横向和纵向分辨率,反演剖面中波阻抗变化与井间砂体变化规律一致,波阻抗变化点反映了砂体的尖灭点,符合井间油水关系。

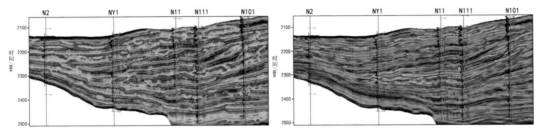

5-4-1-3 常规波阻抗反演（左）与地震波形指示反演（右）剖面图

2）钻井吻合率

为了进一步检验储层预测的效果,统计了反演结果与实钻井吻合率。首先提取井点位置的波阻抗反演结果,根据数据体的门槛值,由波阻抗反演曲线建立井点位置的砂泥岩解释结论;然后在一定的时窗范围内,将新生成的解释结论与实钻井数据进行对比,检验吻合率。统计研究区目的层段 5 m 以上砂岩有 260 套,反演结果吻合的有 230 套,符合率为 88.5%;2~5 m 砂体共有 615 套,反演结果吻合的有 495 套,吻合符合率 80.5%。整体预测精度较高,为研究区薄层浊积岩勘探开发提供了有力的数据支撑。

（4）效果分析

1）平面展布

牛庄洼陷沙三中亚段时期,湖平面的变化缺乏相对稳定的阶段,一般划分为一个 T-R 层序,进一步细分为六个准层序组,对应六期三角洲砂体。第一期沉积时期,研究区接受来自梁家楼水下扇物源沉积,呈现混源特征;第二—第六期次砂体主要为东营三角洲物源,期次自上而下砂体呈现自西向东退积特征;至第四期沉积时期,三角洲沉积主体进一步向东退积,研究工区主要为浊积岩沉积。沙三中亚段中 4-中 1 砂组反演平面图（图 5-4-1-4）清晰地刻画出了砂体自东向西推进演化的过程,并且对于三角洲前缘和浊积砂体边界,以及浊积砂体间边界刻画较清楚,平面储层预测结果与实钻井吻合率达 85%。

2）钻探效果

针对 N106 区块反演效果做重点分析,前期基于地震相分析和常规波阻抗反演的勘探部署,多口滚动探井钻空或钻遇水层。分析认为,主要原因是原始地震资料分辨率低,小于 10 m 的砂体在地震剖面上多表现为弱或空白反射,常规"相面法"地震描述砂体横向变化点不准确,波阻抗反演亦无法精确刻画井间储层变化关系。通过开展波形指示反演研究,储层纵向和横向分辨率得到明显提升,砂体响应特征更加明显,尤其对于>5 m 储层刻画效果突出,井间砂体变化符合该地区沉积规律及油水关系（图 5-4-1-5）。后续根据反演结果综合认识,部署完钻的 N106-2 井钻遇多套储层,解释油层 12 m/3 层,试采获工业油流。

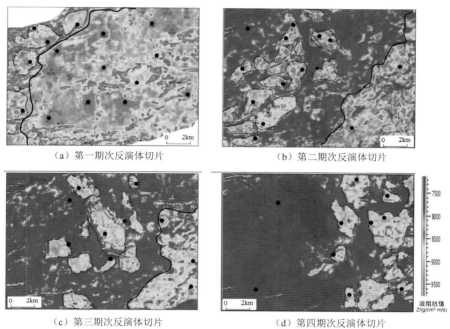

（a）第一期次反演体切片 　　　　　　（b）第二期次反演体切片

（c）第三期次反演体切片 　　　　　　（d）第四期次反演体切片

图 5-4-1-4　牛庄洼陷西部沙三中亚段反演体切片

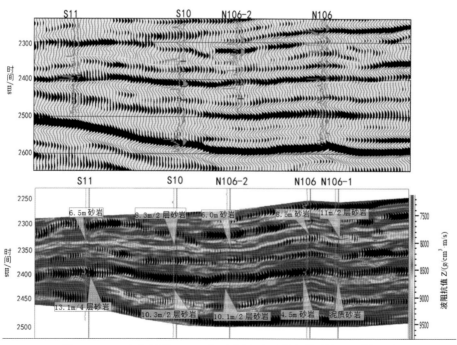

图 5-4-1-5　牛庄洼陷 N106 井区地震（上）及波形反演（下）剖面图

　　通过综合应用波形指示反演结果,针对牛庄地区 S10、N106 和 H122 等热点开发区块设计了 4 个开发井网,部署了 20 口滚动探井或开发井,目前完钻 H125-x39、H125-x40、W4-x25、W4-x26 和 N106-3 等 10 口井,均钻遇油层,其中 H125-x39、H125-x40 和 W4-x25

等 8 口井投产后全部获得工业油流,预计新建产能 4×10^4 t。

综上所述,在薄互层浊积岩区通过敏感曲线重构利用波形指示反演可以有效解决薄互层砂体地震难分辨、灰质泥岩背景下砂岩难识别两大浊积岩勘探难题,高精度反演成果为研究区薄层浊积岩勘探开发提供了有力的数据支撑。

① 波形指示反演是在传统地质统计学基础上发展出的一种新的波阻抗反演方法,它利用地震波形横向变化代替变差函数表征储层空间结构变化,更好地体现了"相控"思想,有效提高了井间薄互层预测能力,特别适用于高勘探区薄互层储层刻画。

② 基于敏感曲线重构的波形反演技术,有效压制了牛庄地区沙三中亚段灰质成分对砂岩响应的干扰作用,反演结果清楚刻画了储层平面沉积演化规律,实现了灰质发育区薄互层储层的精确刻画,N106 区块厚度>5 m 砂体预测与实钻井吻合率达 88.4%,2~5 m 砂体预测吻合率为 80.5%。

5.4.2 叠前叠后联合反演在薄层预测中的应用

东营凹陷董集洼陷沙三中亚段 6 砂组的常规测井数据交会分析发现,砂岩和泥质砂岩、泥岩具有较为明显的区分度,砂岩具有高波阻抗值的特征,但砂岩与灰质泥岩纵波阻抗区分度不明显。叠前弹性参数交会分析发现,砂岩储层比泥岩、灰质砂岩和灰质泥岩具有更高的拉梅常数和更低的泊松比(图 5-4-2-1)。

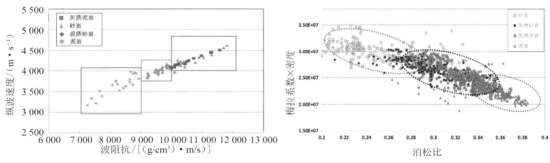

图 5-4-2-1 董集洼陷 Y925 井沙三中亚段 6 砂组岩石物理参数交会图

(1)地震资料分辨率提高技术

1)基于谐波拓频的分辨率提高技术

拓频处理技术最关键的一个问题是地震资料分辨率提高后,难以辨别真假同相轴。在不产生假同相轴的前提下,把分辨率提高到超越常规反褶积的程度,对地震资料综合解释应用意义重大。谐波拓频技术在小波域实现,其中母小波选择频域能量比较集中且通频带较窄的 Morlet 小波,保证变换不失真。拓频以主轴频率的小波为基准,按倍频程向高频端延拓,按半倍频程向低频端延拓,得到延拓谐波。高频端延拓时,振幅用每个谐波振幅替换超谐波振幅;低频端延拓时,振幅用每个谐波振幅替换次谐波振幅,得到频谱延拓后的小波域数据。最后将主谐波和延拓谐波从小波域变换到时间域,并进行重建,保证了地震分辨得到较大提高,但信噪比没有被降低,极大降低了产生假同相轴的可能性。

董集洼陷 Y925 井沙三中亚段 6 砂组 1 小层钻遇 9.5 m 砂岩与泥岩组合,2 小层钻遇 14.8 m/3 层砂岩、灰质泥岩组合,Y92 井 2 小层钻遇灰质泥岩。受到储层薄、围岩强屏蔽等因素影响,在原始地震剖面上,Y925 井 1 小层表现为弱-空白反射特征,2 小层表现为连续强反射特征。谐波拓频处理后,地震资料主频提高了 10 Hz,频宽由 0~50 Hz 拓宽到

0～75 Hz,薄层信号得到加强,强屏蔽作用被削弱。Y925 井 1 小层表现为中等强度反射,相位变化点清晰,2 小层地震反射能量变弱,且表现为复波特征(图 5-4-2-2),与钻井情况吻合,为研究区砂体追踪提供了可靠依据。

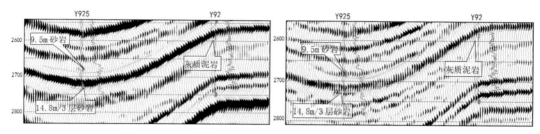

图 5-4-2-2　谐波拓频处理前(左)后(右)地震剖面对比图

2) 子波分解与重构技术

一般情况下,具有相同岩性或含油气性的地层,其地球物理响应特征是类似的。因此在储层预测研究中,只要将提取出的相近地震分量重新构建,就能突出有效反射。子波分解与重构技术将输入的地震数据体中所给定的数据段,分解成不同能量的子波分量,选取有效子波,重构出新的地震道,突出了储层或流体的反射。

对董集洼陷原始地震数据体进行子波分解与重构,去除了与灰质成分相关的子波分量,突出了砂体的反射。处理前后地震剖面对比效果显示,子波分解重构之后,沙三中 6 砂组灰质成分对砂岩的屏蔽作用被削弱,更多细节突出,砂体反射变化点更清晰(图 5-4-2-3)。

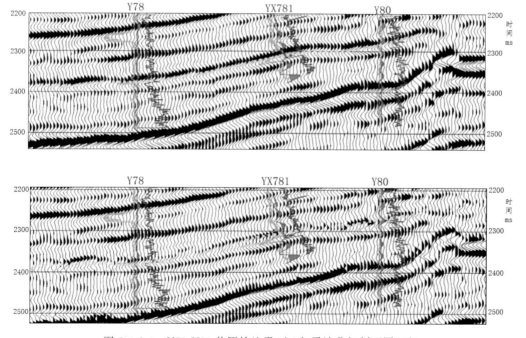

图 5-4-2-3　Y78-Y80 井原始地震(上)与子波分解剖面图(下)

(2) 幅频比的地震属性刻画

董集洼陷沙三中亚段浊积砂岩具有高振幅、低频率特征,泥岩为低振幅、高频率,而灰质泥岩具有高振幅、高频率特征。因此,利用振幅/频率属性在一定程度上能够突出砂岩反射,压制灰质泥岩和泥岩影响,达到刻画浊积砂岩储层目的。统计董集洼陷沙三中亚段6砂组储层预测吻合率为78%(图5-4-2-4),其中去除灰质的精度为74.3%,不吻合的井主要为厚层灰质砂岩或白云岩与砂岩组合。因为振幅/频率属性融合方法往往受研究区的地质情况及地震资料限制,对白云岩与砂岩的岩性组合所形成的强振幅反射预测效果不理想。

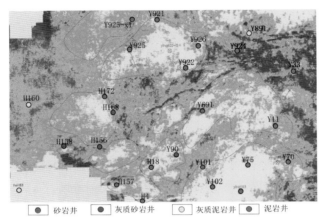

图 5-4-2-4   董集洼陷沙三中 6 砂组幅频比属性图

(3)叠前反演去灰技术

叠前地震资料保留了地震反射振幅随偏移距或入射角度改变而变化的特征,提供更多能够反映储层横向变化的地球物理参数,对于研究复杂储层空间分布,开展储层精细描述具有重要意义。叠前反演应用过程主要处理好两个关键技术环节:横波估算和敏感参数优选。前文已论述复杂岩性环境下横波估算方法,以及在此基础上求取的拉梅系数×密度参数能够区分复杂岩性。应用叠前反演技术获得拉梅系数×密度参数达到了区分砂岩和灰质成分,刻画砂体纵、横向边界的目的。

董集洼陷 S121 井上下两套目的层分别钻遇灰质砂岩和灰质泥岩,在常规地震剖面上,S121 井与其他钻遇砂岩井同样表现为连续强振幅反射,砂体尖灭点难以追踪识别。通过叠前拉梅系数×密度反演,灰质成分基本被有效剔除,储层响应特征更明显,砂岩尖灭点清晰(图5-4-2-5)。统计表明,叠前技术去灰精度为78.2%,不吻合井主要为发育厚层灰质砂岩或砂岩与灰质阻抗值相近。

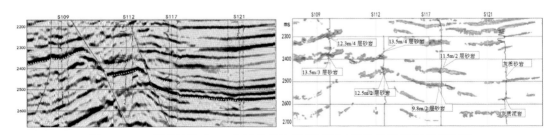

图 5-4-2-5   董集洼陷 S109 井区常规地震剖面(上)及叠前反演剖面(下)图

为了进一步提高去灰精度,在古地貌特征、沉积规律和成藏认识基础上,利用叠后反演、叠后属性和叠前反演结果综合分析,得到董集洼陷沙三中亚段 6 砂组灰质发育区有利储层展布特征(图5-4-2-6),浊积岩预测规律与该地区沉积规律相符,砂岩多发育在靠近物源区的斜坡地带,以及断层下降盘或局部洼地,研究区中、西部水体变深的台地为"灰质"发育区。叠后、叠前联合储层预测技术在董集洼陷去除灰质吻合率为84%,去灰精度比叠后属性提高了近10%,比叠前反演提高了近6%。

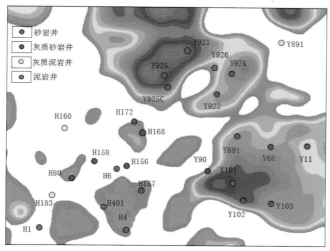

图 5-4-2-6　董集洼陷沙三中6砂组浊积岩有利储层预测图

综上应用,针对东营凹陷"个体小(单砂体面积<1 km²)、厚度薄(单层厚度2~5 m,累加厚度5~15 m)、含灰质(灰地比5%~45%)"的浊积岩储层,主要取得了如下认识。

① 谐波拓频、多属性融合、地震波形指示反演等技术系列可以解决薄(互)层地震反射弱、难以有效追踪、纵横向尖灭点难以刻画的难题。谐波拓频技术在保证信噪比基本不变、不产生假同相轴前提下提高地震分辨率,基本能够识别追踪>10 m储层。多属性融合技术提高了薄砂体属性预测吻合率,能够刻画薄砂体平面展布规律。基于敏感曲线重构的地震波形指示反演技术预测结果更符合地质规律和井间油水关系,实现了精细刻画常规地震资料无法追踪的薄互层砂体。其中,5 m以上砂岩,反演吻合率为88.5%;2~5 m砂体,反演吻合率为80.2%。该技术系列既解决了薄层在原始地震资料上难追踪的问题,又解决了薄互层砂体平面和剖面展布特征刻画不清的难题。

② 叠后、叠前综合应用去灰技术系列可以在地质规律认识指导下,利用叠后反演、叠后属性和叠前反演结果综合刻画灰质发育区浊积岩有利储层平面展布规律。该方法在董集洼陷去除灰质吻合率为84%,去灰精度比叠后属性提高了近10%,比叠前反演提高了近6%。

第6章
致密储层裂缝地震定量描述方法 >>>

　　裂缝型储层是指储集油气的空间和渗滤通道是裂缝,或者以孔隙为主要储集空间而裂缝为渗滤通道的储集层。随着油气勘探和开发的不断深入,裂缝型油气储层已成为当今油气勘探的重要领域,是世界石油储量和产量的重要组成部分。许多国家和地区在致密砂岩、泥岩、火成岩和碳酸盐岩中发现了具有工业价值的裂缝型油气藏。裂缝油气藏也是我国含油气盆地中一种重要的油气藏类型,已探明地质储量占目前探明油气资源总量的1/3以上。裂缝油气藏的勘探和开发,在我国石油工业中的地位越来越重要。

　　致密油藏裂缝型储层中的裂缝是主要的储集体及输导体,多期次、多方向的高角度裂缝将各种储集空间有机地连接在一起,构成复杂的储集体系,是致密油藏富集高产的储集基础。作为一种比较复杂的油气藏类型,裂缝型油气藏勘探的关键是认识和分析裂缝发育带的分布规律,揭示地下油气的富集程度。裂缝油气藏的岩相横向变化大,储集空间类型和渗流物理特征复杂、裂缝的形状及大小变化大、充填物性质和类型多样、储集空间分布规律不清等诸多因素,都给裂缝油气藏的勘探和开发带来了很大难度。致密油藏裂缝发育程度影响致密油储层的物性、油水关系、压裂效果等,其预测对于油藏开发具有现实的意义。但是致密油藏裂缝的定量描述一直是地震预测的难点,致密砂岩裂缝储层有非均质性、多样性强等特点,导致裂缝储层地震预测多解性严重,如何采用多学科、多方法和多参数以及地震叠前和叠后资料联合对裂缝进行综合智能预测,提高裂缝地震储层预测可靠性,进而提高勘探开发的成功率,成为亟待解决的问题。

　　针对致密砂岩埋藏深、分布广、多样性强等特征,综合利用叠后地震多属性分析技术和叠前宽方位裂缝参数反演技术,采用智能优化方法对叠后地震属性进行优选,并基于叠前 AVOAz 贝叶斯反演技术获得的裂缝参数与叠后地震属性进行融合,建立致密油藏储层裂缝地震定量描述方法及技术参数(图 6-0-1),对致密油藏开发方案设计具有重要意义。

6.1　叠后多属性融合的裂缝储层定量预测

　　随着地震属性种类越来越多,如何从大量地震属性中挖掘具有价值的信息对于地球物理解释具有重要意义。由于在不同地区、不同层位,对储层预测敏感的(或有效的、最有代表性的)地震属性是不完全相同的。即使在同一地区,不同层位,对所解决问题的敏感地震属性也是有差异的。很多实际例子证明,地震属性的多少与储层预测的质量与精度并不是成线性关系的,有时还会使得最终的预测结果变得更差。因此,我们对理论模型分析地震属性的有效性保留相互间较独立的、比较敏感的地震属性之后,还要必要对保留下

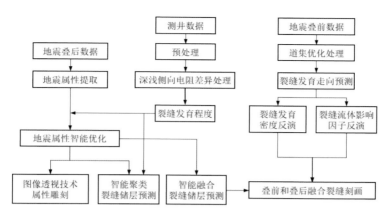

图 6-0-1　致密油藏裂缝储层地震叠前叠后联合定量表征技术路线图

来的地震属性进行优化;同时,属性优化也是储层及含油气预测中的关键步骤之一,直接影响着储层及含油气性预测的结果。自 20 世纪 70 年代初亮点技术的应用时就已开始了对地震属性的优选或有效性分析。P. G. Mathieu 发现通过肉眼观察的方法是极其有限的,于是提出了"判别分析"来决定在辨别过程中哪个变量最有效。Khattri and Gir(1976)、Khattri(1979)等考虑沉积序列模式,对道分类使用的变量用传统和多维分析(柱状图、判别因子分析)方法来实现。

随着数学理论不断引入地球物理领域,相应的统计学方法、多元判别分析及聚类分析得到了广泛应用,并在实际生产中发挥了很大作用。Bois 在模式识别的基础上,发展了有先验信息的方法和无先验信息的方法,应用聚类分析技术进行地震属性优化。Hagen 用主分量分析压缩用来描述每一道的参数数目,然后用基于聚类算法的主分量分析去组合得到的和孔隙度区域有关的新的参数。Sinvhal 和 Khattri(1983),Sinvhal(1984)等考虑沉积序列模式,对要进行道分类使用的变量采用传统和多维分析(柱状图、判别因子分析)方法来实现。Conticini 对连续性、瞬时频率和分析信号模量等这些地震属性进行了常规的统计分析来选择有效属性。Jean Dumay 等在研究碳酸盐储层中横向变化时,发现选择参数需要考虑包含在地震道中的所有信息,不仅要计算大量的参数,还要选择其中哪些变量才有效,于是使用了两类多维分析——即聚类分析技术和因子分析技术优化地震属性。

随着计算机技术的进一步发展,地震属性参数的有效性分析得到了广泛的发展与应用。Stanulonis、Tran 以及 Brac 等通过地震属性与储层关系的线性回归来获取储层特性。Frederique Fournier 等建立规范的地震变量与储层特性之间的多变量回归统计模型,建立起储层特性与地震属性的统计学关系。国内学者陈遵德等提出了基于 RS 理论的地震数据油气预测属性优化方法,该方法是一种有效的实用方法。雷茂盛首先确定各种地震属性与对应地层含油气产状之间的关系,只保留那些对油气较敏感的参数。在此基础上,利用工区内探井的样本,建立井旁地震参数值与对应储层油气产状值关系图。然后求二者的相关系数,对比参数与油气产状相关系数值的相对大小即可知其对油气的敏感程度。由此优选出最终的参数用于横向油气预测。倪逸等在对出现假相关概率的因素进行分析的基础上,从以下三方面作地震属性参数的优选:基于相关分析选取彼此独立的地震属性;基于样本优选地震属性与细化输出类别;基于统计分析优选典型样本,使实际预测结果更趋合理。姜岩等通过分析地震属性特征与地质特征的相关性对地震参数进行优选。

　　秦月霜等分别用相关分析方法、关联度分析方法以及判别分析方法对井孔处的储层参数与多种地震属性参数的相关性进行评价,选出相关程度较好的地震属性参数,经综合考虑后优选出最终的参数。陈军等针对敏感属性参数选取,首先对储层段的地震属性进行普查,同时把预测区内过样本井根据储层特性进行分类,考察各属性参数对于该储层特性变化的敏感性。最后在选取敏感参数时,还要遵循以下三个原则:要尽量选择有物理意义的属性,这有利于建立储层物性与地震属性的关系,而抽象的属性所表现的敏感性有可能只是一种偶然现象;避免使用呈周期性变化的数据求和来确定地震属性;在统计分析时反映相同物理意义的属性(如振幅绝对值求和与均方根振幅)不能同时出现在一个敏感属性集中。曹辉讨论了通过属性的综合标定、先验模型的约束以及改进属性算法等手段,可以在一定程度上对地震属性进行优化,减少地震属性应用的不确定性。刘文岭等认为地震属性优选应采用以下的基本准则和工作程序:根据研究对象或所解问题,结合由理论模型分析与实际经验所建立的基于储层特征的地震属性分类表及地震、地质学家对具体工作区的经验,对地震属性进行初选;根据实际工区地质特征建立的地震地质模型对初选地震属性进一步分析和筛选;计算井旁道地震属性,利用交会图等方法,了解所提取属性的总体异常特征分布规律,对与储层特征有明显对应关系的属性进行必要的预处理,形成初选地震属性集;运用先进的数学方法对初选地震属性集进行优选,达到最优特征组合,衡量“最优”的标准是在满足上述属性选择基本准则的基础上使检验样本分类误差最小,即达到有效分类;如不能达到有效分类,重复以上各步。他首先利用地震正演分析得出该区储层特征的大体认识,然后依据判别分析地震属性的贡献大小选择有效性属性,并指出精细的地震属性提取与有效性分析是高精度的地震储层含油气性预测的前提,期望引起人们对地震属性的高度重视。胡中平对提取的地震参数进行相关,然后根据其特征向量消除或削弱某些地震属性参数的影响,达到优化储层参数的目的。具体做法是,用地震属性形成特征向量,再将各属性参数值投影到第一主分量,接近第一主分量的属性参数将得以保留,而有偏差的将得到不同程度的削弱。Dorrington 等针对测井参数预测中,属性的选择一直是在属性特征的先验信息、一个或两个属性值与有用的测井特征的交会图的基础上得出的。而今天计算成百种的地震属性是很容易的,属性的手工选择是耗时的并且不可能对测井特征的预测选择出最佳的组合,而统计或神经网络预测技术可用于选择这些属性的线性组合或属性体。因此,可先用线性模式识别的方法对地震进行最优化,再利用非线性算法对优化的地震属性进行再选择。Hart 等通过将地震正演和已知地质信息联合使用做出孔隙度的预测,进一步了解沉积体系和工区的生产性质。通过地震正演得到地质和地震数据之间的联系组合出三种地震属性的优选方法。第一步是可视化地检查由它们导出的属性体及在层位图上寻找空间相关的、地质上连续的趋势。一些属性在层位上展示了在图像中或垂直截面上的空间的相关趋势,这些趋势看起来和井数据中的孔隙度区域相关,而其他部分则显示了空间不相关的趋势。第二步是在井位置处的每一个属性值和孔隙度之间的指示器标志上生成交会图并计算相关因子。这些训练可以分离那些和孔隙度有最好的独立关系的属性。大多数在属性和孔隙度之间没有展示相关或很少相关。第三步是从地震正演结果中提取复数道属性,然后与三维地震数据体中得到的属性比较。由此选出频率和反射强度是有合理的物理基础。然后用多次回归分析建立孔隙度与选择属性变量的函数方程进行目标区的孔隙度预测。

　　地震属性优化包括基于先进数学理论基础上的地震属性有效性分析和基于正演基础

上的地震属性有效性分析。基于先进数学理论基础上的地震属性有效性分析,是在提取属性之后,综合利用各种先进的数学方法进行属性的优化,如基于 K-L 变换的地震属性优化方法、基于搜索算法的地震属性优化方法、基于遗传算法的地震属性优化方法、基于神经网络的地震属性优化方法、基于遗传算法和神经网络结合的地震属性优化方法等。基于正演基础上的地震属性有效性分析或属性优选,是在已知的地质模型基础上,用选定的数值模拟得到合成地震记录,从合成地震记录上提取地震属性,用统计学原理或其他的各种数学手段对提取的属性进行分析,结合模型,依次优选出有效的地震属性。这种地震属性优化方法的基础是充分考虑地质模型的复杂性及其各种地震模型都存在着相关的内在联系。由于不同地区的岩石物性不同,同一地区不同时代的岩石物性也有变化,这就决定了它们的地震反射特征不同。含有油气的储层类型很多,它们的厚度及上下围岩组合不同,地震反射特征也不同。所以,要从钻井、测井、地质、试采等实际资料出发进行大量的数据统计,并紧密结合正演,找出适合实际靶区储层的物性特征及与地震属性之间的变化规律,选取对储层预测有效的属性参数,建立储层识别标志。这种地震属性优化方法是储层预测的必然趋势和最佳选择。

6.1.1 有效储层敏感因子优选及地震响应特征模型构建

通常地震属性优选是根据地震属性与储层属性相关拟合程度来初步选择储层,地质内涵比较明显并与储层关系密切的地震属性。在此基础上,基于地震属性降维与地震属性优选技术,优化地震属性及其计算参数。属性降维方法是将原有的地震属性进行特征压缩,但我们并不知道压缩后的具体属性种类;属性选择是根据目标函数选取各种地震属性中的最佳组合,通过这两种方法的结合来达到地震属性优化。

(1)地震属性优选顺序搜索算法

地震属性优选的顺序搜索算法可分为单独最优属性组合法、顺序前进法(SFS)、顺序后退法(SBS)、增 l 减 r 法。

1)单独最优属性组合法。

假定总的属性个数为 D,最简单的方法是计算各属性单独使用时的目标函数值并加以排队,取前 d 个作为选择结果,目标函数 J 可写成如下形式:

$$J(x) = \sum_{i=1}^{d} j(x_i) \tag{6-1-1-1}$$

或

$$J(x) = \prod_{i=1}^{d} J(x_i) \tag{6-1-1-2}$$

式中,$J(x_i)$ 是只用地震单一属性 x_i 进行储层预测的结果。

这种方法才能选出一组最优的属性来。其中一种可能是在两类都是正态分布的情况下,当各属性统计相互独立时,用 Mahalanobis 距离作为目标函数,就可以满足上述要求。

2)顺序前进法(SFS)

这是最简单的自下而上的搜索方法,每次从未入选的属性中选择一个属性,使得它与已入选的属性组合在一起时所得目标函数 J 值为最大,直到属性数增加到 d 为止。主要缺点是一旦某个属性已选,即使因为后加入的属性使它变为多余,也无法剔除。

3)顺序后退法(SBS)

这是一种自上而下的方法,从全体属性开始每次剔除一个,所剔除的属性应使保留的属性组合的目标函数 J 值最大。例如,设已剔除了 k 个属性,剩下的属性组合为 $\overline{X_k}$,将 $\overline{X_k}$ 中的各属性 x_i 按下述 J 值大小排队,$j=1,2,\cdots,D-k$。

若 $J(\overline{X_k}-x_1)\geqslant J(\overline{X_k}-x_2)\geqslant\cdots\geqslant J(\overline{X_k}-x_{D-k})$,则 $\overline{X_{k+1}}=\overline{X_k}-x_1$。

和顺序前进法比较,顺序后退法有两个特点。

① 在计算过程中可以估计每去掉一个属性所造成目标函数值的降低。

② 由于顺序后退法的计算是在高维空间进行的,所以计算量比顺序前进法要大。

4)增 l 减 r 法

为避免前面方法的属性一旦被选入(或剔除)就不能再剔除(或选入)的缺点,可在选择过程中加入局部回溯过程。例如在第 k 步可先用 SFS 法逐个加入属性到 $k+l$,再用 SBS 法逐个剔去 r 个属性,把这样一种算法叫增 l 减 r 法($l-r$ 法)。具体步骤如下:

步骤 1,用 SFS 法在未入选属性组合 $\overline{X_D}-X_k$ 中逐个选入属性 l 个,形成新属性组合 X_{k+l},置 $k=k+l$,$X_k=X_{k+l}$;

步骤 2,用 SBS 法从 X_k 中逐个剔除 r 个最差的属性,形成新属性组合 X_{k-r},置 $k=k-r$。若 $k=d$,则终止算法,否则,置 $X_k=X_{k-l}$,转向第一步。

6.1.2　基于搜索算法和 BP 网络模式识别结合的智能属性优化

搜索算法就是要从 D 个不同的地震属性中选取 d 个贡献较大的地震属性,是从 C_D^d 个组合方案中选取一个目标函数最小对应的地震属性组合作为被优选对象。而全连接多隐含层 BP 网络模式识别算法就是要从训练集 S 中淘汰 d 个不同的地震属性,用余下的地震属性构成一个新的样本集 S',并将 S' 逐个输入到 BP 网络得到输出函数,则也是从 C_D^d 个组合方案中选取一个目标函数最小对应的地震属性组合作为被优选对象,另一部分作为淘汰对象。

通过用训练集训练 BP 网络,将 S 中各样本逐个输入到 BP 网络,得到的输出函数记为 $Y(X_i)$;再基于搜索算法从 S 中各样本的 D 个地震属性中选取 d 个不同的地震属性组成新的样本集 S';将 S' 逐个输入到 BP 网络,得到的输出函数记为 $Y'(X'_i)$,基于 $Y(X_i)$ 与 $Y'(X'_i)$ 之间的总误差最小来优选地震属性。

设类别已知(共有 L 类)的 N 个样本组成训练集,$S=(X_1,X_2,\cdots,X_N)$,第 i 类样本数为 N_i,且有

$$N=\sum_{i=1}^{L}N_i \tag{6-1-2-1}$$

每个样本由 D 个地震属性组成,即

$$X_i=[x_1^i,x_2^i,\cdots,x_D^i]^T \tag{6-1-2-2}$$

用训练集训练 BP 网络(网络节点间的连接权值),将 S 再次逐个输入到 BP 网络,得到的输出函数记为 $Y(X_i)(i=1,2,\cdots,N)$。再采用搜索算法从 S 中各样本的 D 个地震属性中选取 d 个不同的地震属性组成新的样本集 S',并将 S' 逐个输入到 BP 网络,得到的输出函数记为 $Y'(X'_i)(i=1,2,\cdots,N)$,则 $Y(X_i)$ 与 $Y'(X'_i)$ 之间的总误差(目标函数)可定义为:

$$E=\frac{1}{n}\sum_{i=1}^{n}(Y(X_i)-Y'(X'_i))^2 \tag{6-1-2-3}$$

或

$$E = \frac{1}{n} \sum_{i=1}^{n} |Y(X_i) - Y'(X_i')| \qquad (6\text{-}1\text{-}2\text{-}4)$$

将搜索算法与 BP 网络模式识别结合起来进行地震属性优化,首先要选择目标函数,可选为上式 E 的表达式作为目标函数。由搜索算法知,要从 D 个不同的地震属性中选取 d 个地震属性,就是从 C_D^d 个组合方案中选取一个目标函数最小对应的地震属性组合作为被优选对象。

同理,如果要从训练集 S 中淘汰 d 个不同的地震属性,用余下的地震属性构成一个新的样本集 S',并将 S' 逐个输入到 BP 网络得到输出函数,则也是从 C_D^d 个组合方案中选取一个目标函数最小对应的地震属性组合作为被优选对象。另一部分作为淘汰对象,整体如图 6-1-2-1 所示。

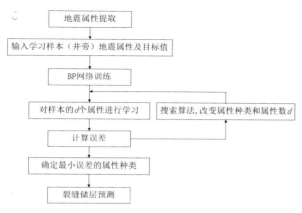

图 6-1-2-1　地震属性智能优化技术流程

开展裂缝地震属性优选,需要已知工区内每口井目的层的裂缝发育程度,从而实现在井约束下的裂缝发育地震属性优选。工区成像测井资料少,根据前人研究结果,利用测井资料进行目的层裂缝发育程度的表征。前人研究结果表明,电阻率测井所提供的信息能更好地反映裂缝发育程度。其中,双侧向测井对裂缝有较好的响应,利用其正负差异关系可以快速、可靠地判断裂缝的张开度和延伸长度,从而确定裂缝的有效性。一般高角度裂缝(大于 70°)、垂直裂缝发育层段,出现深侧向电阻率大于浅侧向电阻率的正差异现象,且差异的幅度越大,裂缝张开度越大,裂缝有效性也就越好;反之,低角度裂缝(小于 40°)一般显示为负差异现象。表 6-1-2-1 列出了工区目的层深浅侧向电阻率测井差异值,可以看出,目的层沙三段深浅侧向电阻率测井差异绝对值较高的有 Y173 井、L681、Y179、Y189 和 Y185;目的层沙四段深浅侧向电阻率测井差异绝对值较高的有 Y173 井、Y193 和 Y189。

表 6-1-2-1　Y176 井区深浅侧向电阻率测井差异值

井号	t6 层双侧向电阻率差/Ω	t7 层双侧向电阻率差/Ω
L681	−2.038	0.374
Y17	0.778	0.462
Y 173	2.58	1.134

续表

井号	t6 层双侧向电阻率差/Ω	t7 层双侧向电阻率差/Ω
Y 176	−0.567	0.290
Y178	−0.745	0.387
Y179	1.918	0.313
Y184	−0.353	0.418
Y185	1.023	0.437
Y189	1.275	0.772
Y193	0.434	−0.139

对目标层尽可能提取多种地震属性,包括弧长、平均能量、平均绝对振幅、瞬时频率、瞬时相位、平均波峰振幅、平均反射强度、幅频比、有效带宽、能量半衰时、峰态振幅、绝对最大振幅、最大波峰振幅、最大正曲率、反射强度、平均振幅、最大负曲率、频谱峰值、均方根振幅、振幅走偏、能量半衰时斜率、瞬时频率斜率、反射强度斜率、总绝对振幅、总振幅、总能量、幅频比、相干体等 28 种地震属性。

首先采用相关系数统计量分析地震属性之间的相关性,求出的各个属性间的相关系数,从中选取相对独立的 14 种地震属性;然后提取工区各井井旁地震道的地震属性,并提取对应该井深浅侧向电阻率测井差异值作为地震属性优选的目标评价依据。

基于前述搜索算法与 BP 神经网络识别模式相结合的地震属性优选方法分别优选 4～9 种属性时的最好地震属性。表 6-1-2-2 为工区目的层基于智能优化的地震裂缝属性列表。图 6-1-2-2 和图 6-1-2-3 分别是沙三下亚段、沙四上亚段优选的四种地震属性平面图。

表 6-1-2-2　目的层基于智能优化的地震裂缝属性列表

最优属性个数	优选的地震属性
4	平均瞬时频率、平均振幅、反射强度斜率、相干体
5	平均瞬时频率、平均振幅、能量半衰时斜率、反射强度斜率、相干体
6	平均振幅、反射强度斜率、相干体、最大负曲率、最大正曲率、幅频比
7	平均绝对振幅、平均振幅、反射强度斜率、相干体、最大负曲率、最大正曲率、幅频比
8	平均能量、平均振幅、能量半衰时斜率、反射强度斜率、相干体、最大负曲率、最大正曲率、幅频比
9	平均能量、平均绝对振幅、平均振幅、能量半衰时能量、反射强度斜率、相干体、最大负曲率、最大正曲率、幅频比

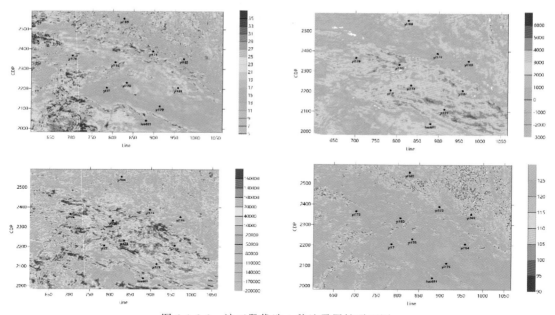

图 6-1-2-2 沙三段优选 4 种地震属性平面图
左上平均瞬时频率,右上平均振幅,左下反射强度斜率,右下相干

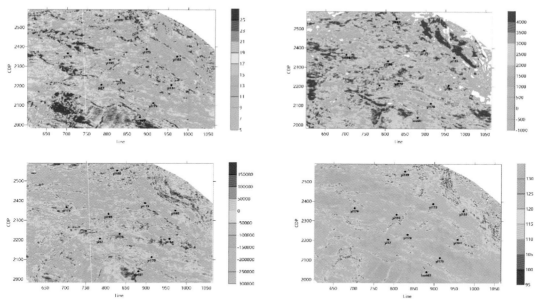

图 6-1-2-3 沙四段段优选 4 种地震属性平面图
左上平均瞬时频率,右上平均振幅,左下反射强度斜率,右下相干属性

6.1.3 井约束的地震多属性智能聚类预测

具有相同或相似性质的属性参数往往反映的是同一地质特征的地震响应。而在储层预测中,如果不加分类而使用属性参数,往往会造成信息的重复使用或一些信息的缺失,地震多属性聚类分析方法,可以实现地震多属性与储层信息的结合,使特定的聚类区能可靠地反映储层发育程度分布。常规聚类分析方法对初始选取的聚类中心点非常敏感,可能存在不同的随机初始聚类中心点得到不同的聚类结果问题。

（1）聚类分析以及聚类方法优选

1）k-means 聚类方法

k-means 是最著名的聚类算法，其简洁和效率使得它成为所有聚类算法中使用最广泛的一种。它是一种迭代求解的聚类分析算法。其步骤是随机选取 k 个对象作为初始的聚类中心；然后计算每个对象与各个初始的聚类中心之间的距离，把每个对象分配给距离它最近的聚类中心。图 6-1-3-1 显示了一组数据采用 k-means 方法进行聚类过程的形象描述。图 6-1-3-1(a) 表达了初始的数据集，假设 $k=2$；在图 6-1-3-1(b) 中，算法随机选择了两个 k 类所对应的类别的聚类中心，即图中的红色聚类中心和蓝色聚类中心，然后分别计算样本中所有点到这两个聚类中心的距离，并标记每个样本的类别为和该样本距离最小的聚类中心的类别，如图 6-1-3-1(c) 所示。经过计算样本和红色聚类中心和蓝色聚类中心的距离，得到了所有样本点的第一轮迭代后的类别。然后利用当前标记为红色和蓝色的点分别计算其所属类别新的聚类中心[图 6-1-3-1(d)]，可以看到新的红色聚类中心和蓝色聚类中心的位置已经发生了变动。图 6-1-3-1(e) 和图 6-1-3-1(f) 分别重复图 6-1-3-1(c) 和图 6-1-3-1(d) 的过程，即将所有点的类别标记为距离最近的聚类中心的类别并求新的聚类中心，最终可以得到的两个类别如图 6-1-3-1(f) 所示。如此多次运行图 6-1-3-1(c) 和图 6-1-3-1(d) 所示的步骤，最终得到比较优的类别。这个过程将不断重复直到满足某个终止条件。终止条件可以是以下任何一个。

① 没有（或最小数目）对象被重新分配给不同的聚类。

② 没有（或最小数目）聚类中心再发生变化。

③ 误差平方和局部最小。

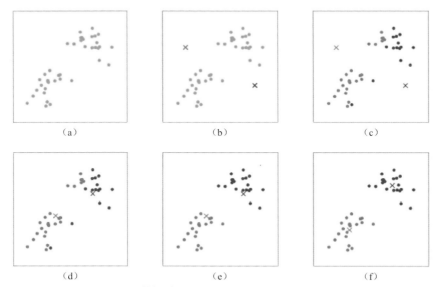

图 6-1-3-1　一组数据采用 k-means 算法进行聚类过程的形象描述

k-means 聚类算法作为一种十分简单实用的聚类算法，主要优点如下。

① 原理比较简单，实现容易，收敛速度快。

② 聚类效果较优。

③ 算法的可解释度比较强。

④ 主要需要调整的参数仅仅是簇数 k。

但 k-means 算法对初始选取的聚类中心点非常敏感,不同的随机初始聚类中心点得到的聚类结果完全不同。当初始聚类中心是随机地进行初始化的时候,k-means 聚类的每次运行将会产生不同的聚类结果。而且随机地选择初始聚类中心可能很糟糕,因此该算法可能只能得到局部的最优解,而无法得到全局的最优解。图 6-1-3-2 展示了 k-means 聚类的一次典型的由糟糕的初始聚类中心导致的聚类错误问题。图 6-1-3-2(a)为算法的第一次迭代。从图中可以看到在 $k=3$ 的一次聚类中,由于初始聚类中心的选取不理想,明显为上中-左下-右下三类的数据集中,在通过 4 次迭代后得到图 6-1-3-2(d)所示的聚类结果。显然该结果陷入了局部的最优解,其得到的聚类结果不是全局最优的。

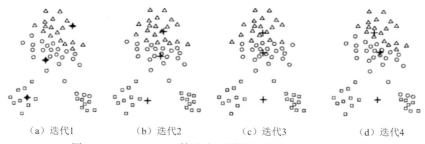

（a）迭代1   （b）迭代2   （c）迭代3   （d）迭代4

图 6-1-3-2　k-means 算法由于糟糕初始化导致问题示意图

为了解决 k-means 聚类算法对初始聚类中心点非常敏感这个问题,使用量子行为粒子群优化算法(QPSO)对 k-means 聚类中聚类中心的更新算法进行了优化。

2）粒子群优化算法

粒子群算法(Particle Swarm Optimization,PSO),是 1995 年由美国的 James Kennedy 和 Russell Eberhart 提出的。PSO 算法是从生物种群行为特性中得到启发并有效地用于求解复杂优化问题的一种算法。在 PSO 系统中,每个优化问题的潜在解都可以想象成搜索空间上的一个点,称之为"粒子"(particle);而所有的粒子都有一个被目标函数决定的适应值(fitness value),即目标函数值。每个粒子在搜索空间中以一定的速度飞行,这个速度根据它本身的飞行经验和其他粒子的飞行经验来动态调整。通常粒子将追随当前的最好粒子,并经逐代搜索,最终得到最优解。在每一代中,粒子将跟踪两个最好位置,一是粒子本身迄今找到的最好位置,称为个体最好(Personal Best Position,简称 pbest)位置。另一个为整个粒子群迄今为止找到的最好位置,称为全局最好位置(Global Best Position,简称 gbest)。

假设 D 维空间中有 N 个粒子,粒子 i 的位置为 $x_i=(x_{i1},x_{i2},\cdots,x_{iD})$,适应度函数为 f,x_i 位置处的适应值为 $f(x_i)$,粒子 i 的速度为 $v_i=(v_{i1},v_{i2},\cdots,v_{iD})$,粒子 i 的个体经历过的最好位置为 $p_{besti}=(p_{i1},p_{i2},\cdots,p_{iD})$,种群所经历过的最好位置为 $g_{best}=(g_1,g_2,\cdots,g_D)$。通常,在第 $d(1\leqslant d\leqslant D)$ 维的位置变化范围限定在 $[X_{min.d},X_{max.d}]$ 内,速度变化范围限定在 $[-V_{max.d},V_{max.d}]$ 内,这样在迭代中若 v_{id}、x_{id} 超出了边界值,则该维的速度或位置就会被限制为该维的最大速度或边界位置。

粒子 i 的第 d 维速度更新公式为:

$$v_{id}^k=\omega v_{id}^{k-1}+c_1r_1(p_{id}-x_{id}^{k-1})+c_2r_2(g_d-x_{id}^{k-1}) \tag{6-1-3-1}$$

式中,上标 k、$k-1$ 表示迭代次数;v_{id}^k、v_{id}^{k-1} 分别表示第 k 次、$k-1$ 次迭代中粒子 i 飞行速度矢量的第 d 维分量;x_{id}^{k-1} 表示第 $k-1$ 次迭代中粒子 i 位置矢量的第 d 维分量;p_{id}、g_d

分别表示 p_{besti}、g_{best} 的第 d 维分量；r_1、r_2 为两个随机函数,取值范围为 0～1,以增加搜索随机性；ω 为惯性因子,$c1$、$c2$ 为学习因子,均表示权重。

粒子速度更新公式包含三部分:第一部分 ωv_{id}^{k-1} 为前次迭代中粒子自身的速度；第二部分 $c_1 r_1(p_{id}-x_{id}^{k-1})$ 为自我认知部分,表示粒子本身的思考,可理解为粒子 i 当前位置与自己最好位置之间的距离；第三部分 $c_2 r_2(g_d-x_{id}^{k-1})$ 为社会经验部分,表示粒子间的信息共享与合作,可理解为粒子 i 当前位置与群体最好位置之间的距离。粒子 i 的第 d 维位置更新公式为:

$$x_{id}^{k} = x_{id}^{k-1} + v_{id}^{k-1} \tag{6-1-3-2}$$

式中,x_{id}^k 表示第 k 次迭代中粒子 i 位置矢量的第 d 维分量。

PSO 算法具体执行过程如图 6-1-3-3 所示。

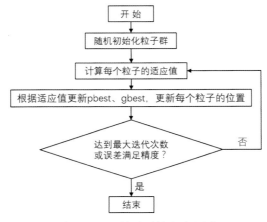

图 6-1-3-3　粒子群算法流程图

步骤 1,随机初始化粒子群位置。每个粒子随机给定位置。

步骤 2,计算每个粒子的适应值。适应值即目标函数的值,通常为适应值越小越好。

步骤 3,根据适应值更新 pbest、gbest。每个适应值与自身粒子 pbest 比较,若小于当前 pbest,则更新为新的 pbest。再与 gbest 做比较,若小于当前 gbest,则更新为新的 gbest。

步骤 4,根据式(6-1-3-1)、式(6-1-3-2)更新粒子速度和位置。根据粒子群更新公式,利用当前 pbest 和 gbest 更新每个粒子的速度和位置。

步骤 5,判断算法是否达到最大迭代次数,或者最佳适应度值的增量是否小于某个给定的阈值,如果满足条件则算法停止,此时的全局最佳位置即为所求的最优解,否则返回步骤 2 继续进行迭代。

除了前面所描述的优点外,PSO 算法本身也存在着局限性。

① 它已经被 Van de Bergh 证明不是一个全局收敛算法。即在 PSO 算法中,当迭代次数趋于无穷大时,算法不能以概率 1 收敛于全局最优解。从直观上看,这是由于粒子聚集性将粒子的搜索范围限制在有限的区域,因此它不允许粒子出现在远离粒子群的位置,即使这个位置可能会好于种群当前最好位置。

② PSO 算法是模拟鸟类的群体行为而设计的,其演化方程是一组简单的速度和位置(代表决策变量)状态方程,这种模型的随机性和群体智能性比较低,粒子间共享的信息只

有全局(或邻域)最优位置,这使得粒子间的协同搜索能力并不强。

③ PSO 算法中粒子的速度有一个上限值,该上限值一方面使得粒子能够聚集而避免发散,从而使算法收敛,而另一方面却限制了粒子的搜索空间,使算法不能有效地跳出局部最优解。速度上限值设置过大,会降低算法的收敛速度,设置太小会加快粒子群的收敛速度,降低算法的全局搜索能力。因此,PSO 算法的搜索性能很大程度上依赖于粒子群速度的上限值,算法的鲁棒性就降低了。

（3）量子行为粒子群优化算法

量子行为粒子群优化(Quantum-behaved Particle Swarm Optimization,QPSO)算法是一种针对粒子群优化算法缺陷进行改进的算法。该算法的进化方程与 PSO 算法完全不同,没有速度向量,并且是完全随机的迭代方程。它克服了 PSO 算法的很多缺陷,是一个新颖的群体智能优化算法。该算法将量子空间中粒子由于态叠加性而具有的随机性引入到了粒子位置的更新方程中。并引入"平均最好位置"概念,大大提高了粒子群的协同工作能力,从而增强了算法的全局搜索能力。

James Kennedy 和 Russell Eberhart 在著作 *Swarm Intelligence* 中论述道:"随机性的程度决定了智能的高低。"因此在他们发明的 PSO 算法中,随机因子被引入进化方程来体现鸟类等动物群体的智能性。这种随机的轨道搜索模型只能用来模拟低智能的动物群体,不能描述人类的群体智能行为。人类的智能行为与量子空间中粒子的行为很相似,量子系统由于态叠加性而具有很强的不确定性,而人类思维也具有不确定性,用量子模型描述人类思维和智能是合乎逻辑的。关键问题是如何建立一个有效的量子模型。

研究表明,聚集性是群体智能最基本的特点。所谓聚集性就是群体中个体的差异是有限的,不可能趋向无穷大。聚集性是由群体中的个体具有相互学习的特点决定的,个体的学习有以下特点。

① 追随性。即个体总是倾向于学习群体中最优的知识。这种性质使个体的差异减小。

② 记忆性。即个体在学习过程中,受到自身经验知识的约束,使个体差异增加。由于这两个特性,个体在学习过程中同时受到群体最优知识和本身经验知识的影响,通过学习获得一种介于群体最好和个体经验之间的知识。具有这两种性质的学习可使个体间差异,从总体来讲是减少的,群体多样性降低。

③ 创造性。创造性使个体远离现有知识,使个体的差异扩大,群体多样性增加。聚集性是趋同和趋异两种趋势共同作用的结果,但趋同的趋势更大,否则就没有聚集性了。从算法的角度分析,追随性和记忆性的共同作用代表局部搜索能力,创造性代表全局搜索能力。

在考虑建立量子行为粒子群算法的模型时,决策变量用同样粒子的当前位置表示,用向量表示,代表个体的当前思维状态;粒子经验中搜索到的具有最好适应值(目标函数值)的位置代表个体经验知识(即 pbest),即当前群体中具有最好适应值的粒子位置代表群体最好知识(即 gbest)。聚集性在力学中,用粒子的束缚态来描述。产生束缚态的原因是在粒子运动的中心存在某种吸引势场。为此可以建立一个量子化的吸引势场来束缚粒子个体以使群体具有聚集态。处于量子束缚态的粒子可以以一定的概率密度出现在空间任何点,它只要求当粒子与中心的距离趋向无穷时,概率密度趋近 0。因此量子模型的随机性更大,关键问题就是确定如何建立以及采用何种形式的势能场。

量子行为粒子群算法与普通粒子群算法的最大区别,就在于粒子更新位置公式的不同。在量子空间中,粒子的速度和位置是不能同时确定的,粒子在以 p 点为中心的一维 δ 势阱中运动,其位置由以下随机方程确定,即

$$X = p \pm \frac{L}{2} \ln(1/u) \qquad (6\text{-}1\text{-}3\text{-}3)$$

式中,L 为 δ 势阱的特征长度,u 为区间$(0,1)$上的均匀分布的随机数,p 为吸引子。

根据对算法粒子收敛性的分析,使算法收敛必须保证单个粒子的位置收敛到点 p,使粒子的位置随时间变化,并且能够收敛,上式中的特征长度 L 必须随时间变化,即 $L = L(t)$。可以很直观地看到,当时间 t 趋于无穷时,只要 $L(t) \to 0$,粒子的位置就能收敛到 p 点。

为了实现算法的迭代收敛,在算法中引入平均最好位置(mbest),记为 $C(t)$。它定义为所有粒子个体最好位置的平均,即

$$C(t) = (C_1(t), C_2(t), \cdots, C_n(t)) = \frac{1}{M} \sum_{i=1}^{M} P_i(t) \qquad (6\text{-}1\text{-}3\text{-}4)$$

于是,$L_{i,j}(t)$ 可以通过以下公式来评价:

$$L_{i,j}(t) = 2\alpha |C_j(t) - X_{i,j}(t)| \qquad (6\text{-}1\text{-}3\text{-}5)$$

设搜索空间为 D 维,群体中第 i 个粒子的位置为 $X_i = (x_{i1}, x_{i2}, \cdots, x_{iD})$,经过的最佳位置为 $P_i = (P_{i1}, P_{i2}, \cdots, P_{iD})$,群体经历过的最佳位置为 $G_j = (G_1, G_2, \cdots, G_D)$,于是粒子的位置更新公式为:

$$p_{i,j}(t) = \varphi_j(t) \cdot P_{i,j}(t) + [1 - \varphi_j(t)] \cdot G_j(t) \qquad \varphi_j(t) \sim U(0,1) \qquad (6\text{-}1\text{-}3\text{-}6)$$

$$X_{i,j}(t+1) = p_{i,j}(t) \pm \alpha \cdot |C_j(t) - X_{i,j}(t)| \cdot \ln[1/u_{i,j}(t)] \qquad u_{i,j} \sim U(0,1) \qquad (6\text{-}1\text{-}3\text{-}7)$$

式中,α 为称为扩张-收缩因子,它是算法除群体规模和迭代次数以外唯一的参数。

QPSO 算法中,单个粒子的收敛性是受收缩-扩张系数 α 的取值影响的。通过证明可以得到单个粒子收敛到 p_i 的充分必要条件是 $\alpha < 1.728$,而粒子位置的有界性是 QPSO 算法收敛到全局最优解的充要条件。

QPSO 算法具体执行过程如图 6-1-3-4 所示。

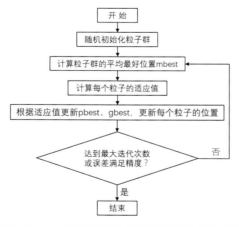

图 6-1-3-4　量子行为粒子群优化算法的流程图

步骤 1,初始化粒子群中粒子的位置。

步骤2，根据公式(6-1-3-4)计算粒子群的平均最好位置 mbest。

步骤3，计算每个粒子的适应值。

步骤4，根据适应值更新 pbest、gbest。每个适应值与自身粒子 pbest 比较，若小于当前 pbest，则更新为新的 pbest。再与 gbest 做比较，若小于当前 gbest，则更新为新的 gbest。

步骤5，根据式(6-1-3-6)和式(6-1-3-7)更新粒子的位置。根据量子行为粒子群更新公式，利用当前 pbest、gbest 和 $C(t)$ 更新每个粒子的位置。

步骤6，判断算法是否达到最大迭代次数，或者最佳适应度值的增量是否小于某个给定的阈值，如果满足条件则算法停止，此时的全局最佳位置即为所求的最优解，否则返回步骤2继续进行迭代。

QPSO 算法相对于 PSO 算法主要有以下优势。

① PSO 算法采用简单的速度—位移模型，而 QPSO 算法采用更为简单仅有位移的模型。

② PSO 算法已经被 Van de Bergh 证明不是一个全局收敛算法；而对于 QPSO 算法，量子系统的粒子在测量之前没有既定的规程，是以一定的概率分布出现在任何位置，从而达到全局搜索。

③ QPSO 算法中引入了平均最好位置来评价 L 的值，这样使粒子间存在等待效应，大大提高了粒子群的协同工作能力，从而增强了算法的全局搜索能力。

④ PSO 算法的控制参数相对 GA 较少且易控制，但 QPSO 算法的控制参数较 PSO 算法更少。

（4）量子行为粒子群聚类算法

量子行为粒子群聚类算法（KQPSO）是将量子行为粒子群优化算法与 k-means 聚类算法进行结合，对 k-means 算法中聚类中心的更新进行优化的一种聚类算法，聚类流程如图 6-1-3-5 所示。

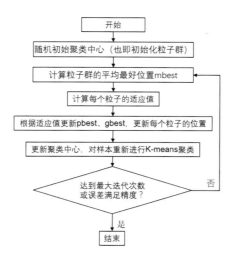

图 6-1-3-5　量子行为粒子群聚类流程

步骤1，初始化粒子群中粒子的位置。即给定每个粒子随机的"位置"，在本算法中也即每种类别的初始聚类中心。

步骤 2,根据式(6-1-3-4)计算粒子群的平均最好位置 mbest。

步骤 3,计算每个粒子的适应值。

步骤 4,根据适应值更新 pbest、gbest。每个适应值与自身粒子 pbest 比较,若小于当前 pbest,则更新为新的 pbest。再与 gbest 做比较,若小于当前 gbest,则更新为新的 gbest。

步骤 5,根据式(6-1-3-6)、式(6-1-3-7)更新粒子的位置。根据量子行为粒子群更新公式,利用当前 pbest、gbest 和 $C(t)$ 更新每个粒子的位置。

步骤 6,根据粒子新位置对样本重新进行聚类。每个粒子位置的更新也就是每个粒子所代表的聚类中心的更新,即使用新的聚类中心对样本重新进行聚类。

步骤 7,判断算法是否达到最大迭代次数,或者最佳适应度值的增量是否小于某个给定的阈值,如果满足条件则算法停止,此时的全局最佳位置即为所求的最优解,否则返回步骤 2 继续进行迭代。

下面以地震相干属性与地震最正曲率属性为例采用 KQPSO 方法进行聚类(图 6-1-3-6)。假设 $k=2$。第一次迭代中,算法随机选择了两个类别所对应的类别的聚类中心,即图中的红色聚类中心和蓝色聚类中心,可以看到在初始聚类中心距离很近。第二次迭代可以看到 KQPSO 算法在第二次迭代时就实现了迅速的收敛。对比第三、第四次迭代结果可以看到算法已经得到了最佳的聚类结果。通过量子行为粒子群聚类算法的聚类过程可以看到,初始聚类中心的随机选取对该算法不存在影响,并且算法的收敛速度非常快。

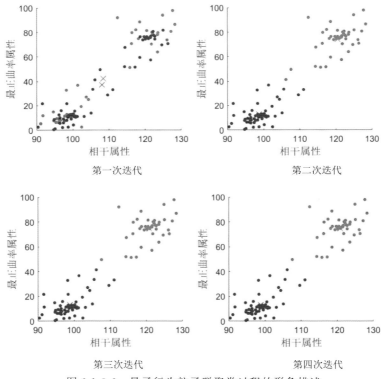

图 6-1-3-6 量子行为粒子群聚类过程的形象描述

(5)聚类算法优选

通过三条规则来比较量子行为粒子群优化的聚类算法(KQPSO)、传统粒子群优化的聚类算法(KPSO)以及 k-means 聚类算法的性能优劣。

① 算法聚类最后的适应度误差。

② 聚类内部的距离,即一个聚类中数据向量之间的距离。

③ 聚类之间的距离,即不同聚类的中心向量之间的距离。

每个聚类算法的目标是缩小聚类的适应度误差,将聚类内部的距离减到最小,将聚类之间的距离增到最大。为了比较三种聚类方法的性能实验中用到了三个数据集,分别为。

① Iris Plants Database 数据集含有 150 个数据向量,分成 3 类,每个数据向量有 4 个属性。

② Wine 数据集含有 178 个数据向量,分成 3 类,每个数据向量有 13 个属性。

③ Breast-cancer 数据集含有 663 个数据向量,分成两类,每个数据向量有 9 个属性。

每种算法的迭代次数为 1 000,运行 30 次得到结果,如表 6-1-3-1 所示。

表 6-1-3-1 聚类算法聚类性能比较

数据集	聚类算法	适应度误差	聚类内部的距离	聚类之间的距离
Iris	k-means	0.650	3.392	0.913
	KPSO	0.634	3.302	0.856
	KQPSO	0.530	3.385	0.879
Wine	k-means	1.421	4.385	1.135
	KPSO	1.179	4.260	2.615
	KQPSO	1.085	4.239	2.717
Breast-cancer	k-means	2.015	6.490	1.756
	KPSO	1.968	6.325	3.357
	KQPSO	1.632	6.217	3.513

在三个不同的数据集中使用 k-means 算法,KPSO 算法和 KQPSO 算法分别进行聚类,得到的结果均为量子行为粒子群聚类算法(KQPSO)性能更好。量子行为粒子群聚类算法得到的适应度误差在三个数据集中均为三种算法中最小的;聚类内部的距离仅在 Iris 数据集中略大于 KPSO 算法,其余数据集中均为最小;聚类之间的距离在三个数据集中均为三种算法中最小的。

使用量子行为粒子群优化算法对 k-means 聚类中聚类中心更新算法进行优化,不仅克服了传统粒子群优化算法所存在的无法稳定全局收敛的缺点,还可以有效地解决 k-means 聚类算法对初始聚类中心选定的高度敏感性问题,是一种高效且稳定的全局收敛聚类算法。

(2)多属性智能聚类裂缝储层预测

1)裂缝发育程度分类

传统的聚类为无监督聚类,即不需要使用有"标签"的数据来进行学习,但同时也无法对聚类结果进行准确的分类结果描述。因此,为了得到与工区内测井数据匹配度更高的聚类结果,需要对聚类结果施加井约束,即希望将聚类结果与井分类结果相匹配,从而采用地震多属性聚类实现由井往外推进行裂缝储层空间预测。

量子行为粒子群聚类拥有稳定的全局收敛特性,所得到的聚类结果主要由参与聚类的地震属性所决定。所以,要得到与井分类相匹配的聚类结果,可以循环使用不同的地震属性组合来进行聚类分析,并将每次的聚类结果与井人工分类结果进行对比,输出匹配度高的聚类结果,从而实现在井约束下的裂缝发育程度的地震属性聚类。

为此,首先对工区内钻井裂缝发育程度进行人工分类。选用了 6.1.2 节阐述的表征裂缝发育程度的"深浅侧向电阻率测井差值",结合如图 6-1-3-7 所示的工区内钻遇裂缝储层、含油气分布及井位分布等资料综合进行分析,将 10 口井分为 3 类,表 6-1-3-2 列出了工区目的层深浅侧向电阻率测井差值及分类。

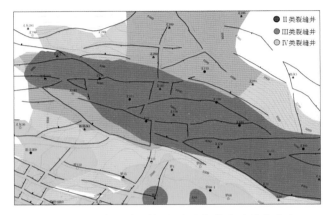

图 6-1-3-7　钻遇裂缝储层、含油气分布及井位分布

表 6-1-3-2　裂缝发育分类

井号	沙三下亚段双侧向电阻率差/Ω	沙四上亚段双侧向电阻率差/Ω	人工分类
Y17	0.778	0.462	IV
Y179	1.918	0.313	IV
Y193	0.434	−0.139	IV
Y176	−0.567	0.29	III
Y184	−0.353	0.418	III
L681	−2.038	0.374	III
Y178	−0.745	0.387	III
Y173	2.58	1.134	II
Y185	1.023	0.437	II
Y189	1.275	0.772	II

2)井约束下的多属性裂缝储层智能分类预测

使用量子行为粒子群聚类算法,对基于搜索算法与 BP 神经网络识别模式相结合算法优选出的 8 种地震属性进行聚类分析。为了更好地使用井资料对聚类结果进行约束,实现在井约束下进行聚类分析,循环从 8 种地震属性中分别随机选出 6 种不同地震属性的组合进行聚类分析,并将井位聚类结果与井人工分类结果进行对比,输出符合度高的聚类结果。通过井约束建立地震属性与裂缝储层发育程度之间的模式聚类关系,提高致密油藏裂缝储层预测的可靠性。

沙三下亚段通过 6.1.2 节的属性优选体系得到平均能量、平均振幅、能量半衰时斜率、反射强度斜率、相干体、最大负曲率、最大正曲率、幅频比8种属性,循环从8种地震属性中分别随机选出6种不同地震属性的组合进行聚类分析,并将井位聚类结果与井人工分类结果进行对比,选出得到采用平均能量、能量半衰时斜率、反射强度斜率、相干体、最大负曲率和幅频比6种地震属性的聚类结果符合度最高(图6-1-3-8)。

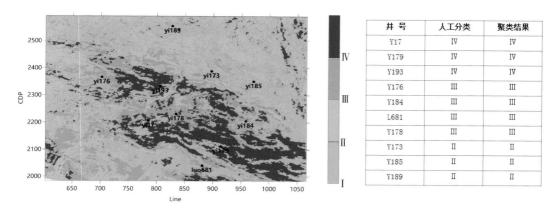

井 号	人工分类	聚类结果
Y17	IV	IV
Y179	IV	IV
Y193	IV	IV
Y176	III	III
Y184	III	III
L681	III	III
Y178	III	III
Y173	II	II
Y185	II	II
Y189	II	II

图6-1-3-8 沙三下亚段地震属性智能聚类裂缝储层预测(左)和结果分析(右)

在沙三下亚段,聚类结果显示在井Y17到井Y179区域内裂缝发育聚集,并且在井Y176到井Y184有连续的裂缝发育显示。总体呈现两条西北-东南方向的大型连续断裂带分布,并且在该区域目前已有多口井获得高产工业油气流。

同样,通过属性优选沙四上亚段得到平均能量、平均振幅、能量半衰时斜率、反射强度斜率、相干体、最大负曲率、最大正曲率、幅频比8种属性,循环从8种地震属性中分别随机选出6种不同地震属性的组合进行聚类分析,并将井位聚类结果与井人工分类结果进行对比,选出得到采用平均能量、平均振幅、能量半衰时斜率、反射强度斜率、相干体和幅频比6种地震属性的聚类结果符合度最高(图6-1-3-9)。

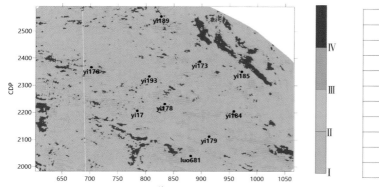

井 号	人工分类	聚类结果
Y17	IV	IV
Y179	IV	IV
Y193	IV	IV
Y176	III	III
Y184	III	II
L681	III	III
Y178	III	III
Y173	II	II
Y185	II	II
Y189	II	II

图6-1-3-9 沙三四上亚段地震属性智能聚类裂缝储层预测(左)和结果分析(右)

在沙四上亚段中,由于在东北角处存在一定的数据异常,导致IV类数据较少。但仍然可以看到聚类结果在井Y17到井Y179以及井Y176到井Y184区域内存在较为明显的西北-东南走向条带状裂缝发育。并且在L681井西侧以及Y176西南侧有较为明显的裂缝发育显示。

可见,基于量子行为粒子群聚类算法应用于地震多属性聚类方法开展裂缝储层预测具有较好的效果。量子行为粒子群优化算法是一种针对粒子群优化算法缺陷进行改进的算法。该算法的进化方程是完全随机的迭代方程,是一个新颖的群体智能优化算法,该算法将量子空间中粒子由于态叠加性而具有的随机性引入到了粒子位置的更新方程中,并引入"平均最好位置"概念,大大提高了粒子群的协同工作能力,从而增强了算法的全局搜索能力。而基于井约束的地震多属性量子行为粒子群智能聚类分析储层预测具有稳定的全局收敛特性,通过循环使用不同的地震属性组合来进行聚类分析,并将每次的聚类结果与井人工分类结果进行对比,能够得到匹配度高的聚类结果,从而实现在井约束下的裂缝发育程度的地震属性聚类。

6.2 叠前 AVOAz 技术的裂缝多参数反演

受地层上覆载荷的压实作用,水平或低角度裂缝较少存在,裂缝型油气储层中主要发育中、高角度或近乎垂直的裂缝。垂直定向排列的裂缝造成了岩石性质的方位各向异性。利用叠前地震数据的方位各向异性数据反演裂缝走向和裂缝密度,从而预测裂缝储层的发育程度以及各类裂缝参数。

6.2.1 叠前 AVOAz 反演

(1) 叠前 AVAz 技术裂缝走向反演

在由垂直定向排列裂缝形成的方位各向异性介质中,固定入射角或偏移距的 P 波振幅响应与炮检方向和裂缝对称轴方向之间夹角的关系是一个周期为 2φ 的函数:

$$F(\varphi) = A + B\cos[2(\varphi - \varphi_0)]$$

$$A = \frac{1}{2}\frac{\Delta Z}{\bar{Z}} + \frac{1}{2}\left[\frac{\Delta\alpha}{\bar{\alpha}} - 4\left(\frac{\bar{\beta}}{\bar{\alpha}}\right)^2\frac{\Delta G}{\bar{G}}\right]\sin^2\theta + \frac{1}{4}\left[\delta^{(V)} + 8\left(\frac{\bar{\beta}}{\bar{\alpha}}\right)^2\gamma\right]\sin^2\theta \quad (6\text{-}2\text{-}1\text{-}1)$$

$$B = \frac{1}{4}\left[\delta^{(V)} + 8\left(\frac{\bar{\beta}}{\bar{\alpha}}\right)^2\gamma\right]\sin^2\theta$$

式中,A 是与偏移距有关的均匀介质反射振幅,方位各向异性系数 B 依赖于偏移距和裂缝性质,能够定性表征裂缝密度或裂缝发育强度的大小;φ 是测线方位;φ_0 是裂缝对称轴的方位。这里存在 A、B 和 φ_0 三个待求裂缝参数。

理论上利用任意 CMP 位置处三个方位测线的观测地震数据能够确定裂缝方位和方位各向异性系数。实际分方位地震数据可能划分了 $N(N>3)$ 个方位角,每个方位角道集又可以根据部分入射角或偏移距叠加得到 M 个入射角道集,因此一共有 MN 个方程组。解这 MN 个方程组便可以得到待求裂缝参数。反射振幅与待求参数之间是非线性关系,最直接的方法是利用非线性最小二乘反演求解,即求解:

$$\begin{cases} Y(A, B, \varphi_0) = \sum_{m=1}^{M}\sum_{n=1}^{N}[F_{mn} - A - B\cos2(\varphi_n - \varphi_0)]^2 \\ \dfrac{\partial}{\partial A}Y(A, B, \varphi_0) = 0 \\ \dfrac{\partial}{\partial B}Y(A, B, \varphi_0) = 0 \\ \dfrac{\partial}{\partial \varphi_0}Y(A, B, \varphi_0) = 0 \end{cases} \quad (6\text{-}2\text{-}1\text{-}2)$$

式中，F_{mn} 是第 n 个方位第 m 个入射角对应的地震数据。

由于不同偏移距（入射角）反射振幅的方位各向异性程度不同，直接用非线性最小二乘反演得到的裂缝参数相当于不同偏移距反射振幅方位各向异性程度的加权平均。

裂缝走向反演利用均匀抽样-最小二乘进行。即将抽样与线性最小二乘方法相结合，基于均匀抽样-线性最小二乘方法的裂缝走向反演方法对方位角数据进行均匀抽样，由于方位角空间有限（0°~180°），经过有限次抽样便能找到最优方位角，假设方位角只能为整数，经过 180 次抽样便能遍历整个方位角模型空间。其步骤及流程如图 6-2-1-1 所示。

① 假设已知裂缝方位角为 φ_0（0°<φ_0<90°），根据式 6-2-1-2 利用线性最小二乘反演方法计算 A 和 B。

② 利用均匀抽样方法，以 δ 为间隔对方位角进行抽样，则抽取的方位角分别为 0，δ，2δ，…，（180−δ）。对于抽取的 $M = 180/\delta$ 个方位角，用第一步的方法计算对应的 A 和 B。

③ 将所有 M 组 A、B 和方位角反演参数当做模型参数进行正演计算，并计算其正演数据与观测数据之间的误差（当作似然函数），选择误差最小的一组解为 A，B 和裂缝方位角的最优解。

④ 如果将长轴方向当作裂缝走向方向，则 A 与 B 符号相反时，$\varphi_0 = \varphi_0 + 90°$；如果短轴是裂缝走向方向，则 A 与 B 符号相同时，$\varphi_0 = \varphi_0 + 90°$。

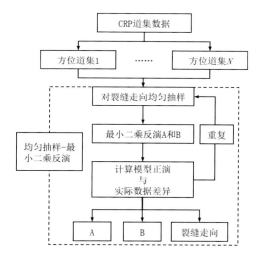

图 6-2-1-1　叠前 AVAz 均匀抽样-最小二乘反演流程

（2）AVOAz 的裂缝密度反演

由于利用式（6-2-1-1）直接对 AVAz 数据进行拟合可以方便地得到裂缝走向，而方位各向异性参数 B 只是一种定性表示裂缝密度的方法，选择合适的裂缝介质岩石物理模型，明确裂缝参数的物理意义，利用叠前 AVOAz（即方位 AVO）数据反演裂缝密度是一种定量裂缝参数反演方法，有利于裂缝发育程度的定量刻画。

裂缝等效介质模型建立了裂缝参数与弹性参数之间的关系，AVOAz 正演则揭示了反射振幅变化与地层弹性参数之间的关系，基于裂缝等效介质模型进行 AVOAz 正演和反演能够建立裂缝储层参数与地震数据之间的关系。定向排列裂缝的存在导致地下介质呈现各向异性，同时由于上覆载荷的压实作用，裂缝型储层中主要是高角度裂缝，可以将裂缝储层等效为 HTI（具有水平同相轴的横向各向同性）介质，依靠不同方位的叠前地震资料来检测裂缝。最简单、最常用的裂缝等效介质模型是线性滑动模型。线性滑动模型的基础是 Backus 平均,忽略裂缝的形状和结构,把裂缝当作无限薄的柔软平面,或者以线性滑动边界条件表示的弱度平面(图 6-2-1-2)。线性滑动模型中裂缝面是一个位移间断界面,而界面两侧应力保持连续,位移间断和应力之间的线性关系由裂缝面的柔度张量来控制。总体来说,裂缝的存在能够提高介质的柔度,因为在负荷情况下裂缝相对于岩石骨架(或称为岩石基质,即各向同性背景岩石)来说会存在额外应变。

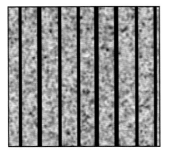
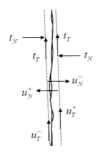

$$[u_N] = u_N^+ - u_N^-$$
$$[u_t] = u_T^+ - u_T^-$$
$$[u_N] = B_N t_N$$
$$[u_T] = B_T t_T$$

B_N 和 B_T 分别是法向和剪切柔量

图 6-2-1-2　线性滑动模型

　　为了便于研究线性滑动模型的弹性性质,Hsu 和 Schoenberg 提出用法向裂隙弱度 Δ_N 和切向裂隙弱度 Δ_T 表征裂缝,其取值范围为 $0\sim1$,裂缝线性滑动模型的刚度矩阵为:

$$C=\begin{bmatrix} (\lambda+2\mu)(1-\Delta_N) & \lambda(1-\Delta_N) & \lambda(1-\Delta_N) & & & \\ \lambda(1-\Delta_N) & (\lambda+2\mu)(1-r^2\Delta_N) & \lambda(1-r\Delta_N) & & & \\ \lambda(1-\Delta_N) & \lambda(1-r\Delta_N) & (\lambda+2\mu)(1-r^2\Delta_N) & & & \\ & & & \mu & & \\ & & & & \mu(1-\Delta_T) & \\ & & & & & \mu(1-\Delta_T) \end{bmatrix}$$

$$(6\text{-}2\text{-}1\text{-}3)$$

式中,$r=\lambda/(\lambda+2\mu)$,λ 和 μ 是岩石骨架的拉梅常数。

　　线性滑动模型是一种特殊的 HTI 介质,其弹性性质只依赖于四个参数,拉梅常数 λ 和 μ,以及法向和切向裂隙弱度 Δ_N 和 Δ_T。切向裂隙弱度代表横波各向异性,是度量横波分裂强度的参数,与裂缝密度成正比。法向裂隙弱度代表纵波各向异性,与裂缝密度成正比,同时也与流体充填状态有关,当裂缝中无流体充填时,法向裂隙弱度达到最大值,当裂缝中饱和流体充填且流体无法流动时,法向裂隙弱度为零。

　　Hudson 模型是基于含扁圆币状(或称扁椭球体状)裂缝的各向同性弹性介质中平均波场的散射理论分析得到的,椭球体的半径为 $a=b\gg c$,椭球体高宽比为 $\alpha=c/a$(图 6-2-1-3)。Hudson 裂缝介质模型假设:裂缝的形状是扁圆币状,高宽比很小;裂缝半径和裂缝间距远小于地震波的波长;裂缝定向稀疏排列,裂缝密度很小;裂缝之间彼此分离,裂缝之间没有流体流动,模拟的是非常高的频率下饱和岩石的属性。

　　Hudson 模型假设各向同性弹性固体介质中嵌入稀疏定向排列的扁圆币状裂缝,裂缝密度 e 和裂缝高宽比 α 之间的关系是:

$$e=\frac{N}{V}a^3=\frac{3\phi}{4\pi\alpha} \tag{6-2-1-4}$$

式中,N/V 是单位体积裂缝的个数,a 是裂缝半径(即椭圆长轴半径),ϕ 是与裂隙有关的孔隙度。

 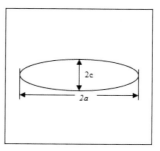

图 6-2-1-3　Hudson 扁圆币状裂缝介质模型

其有效弹性模量可以表示为：

$$C_{ij}^{eff} = C_{ij}^0 + C_{ij}^1 + C_{ij}^2 + O(ea^3) \tag{6-2-1-5}$$

其中：C_{ij}^0 是各向同性背景介质刚度张量，C_{ij}^1 和 C_{ij}^2 分别代表一阶（各裂缝独立作用产生的修正项）和二阶校正量（裂缝相互作用产生的修正项），与裂缝方位、裂缝密度、高宽比和裂缝充填介质的体积与剪切模量有关；$O(ea^3)$ 表示高阶校正量。

Hudson 理论适用于一组或多组平行分布裂缝或裂缝方位随机分布的介质，其限制条件是裂缝密度小于 0.1，高宽比小于 0.3。若裂缝定向排列且裂缝对称轴平行于 x 轴，其一阶等效弹性刚度矩阵为：

$$C^{eff} = C^0 - \frac{e}{\mu} \begin{pmatrix} (\lambda+2\mu)^2 U_{11} & \lambda(\lambda+2\mu)U_{11} & \lambda(\lambda+2\mu)U_{11} & 0 & 0 & 0 \\ \lambda(\lambda+2\mu)U_{11} & \lambda^2 U_{11} & \lambda^2 U_{11} & 0 & 0 & 0 \\ \lambda(\lambda+2\mu)U_{11} & \lambda^2 U_{11} & \lambda^2 U_{11} & 0 & 0 & 0 \\ 0 & 0 & 0 & 0 & 0 & 0 \\ 0 & 0 & 0 & 0 & \mu^2 U_{33} & 0 \\ 0 & 0 & 0 & 0 & 0 & \mu^2 U_{33} \end{pmatrix}$$

$$\tag{6-2-1-6}$$

式中，U_{11} 和 U_{33} 是无量纲常量，与裂缝面的边界条件、充填介质和裂缝之间的连通性有关：

$$U_{11} = \frac{4(\lambda+2\mu)}{3(\lambda+\mu)} \frac{1}{1+K}$$

$$U_{33} = \frac{16(\lambda+2\mu)}{3(3\lambda+4\mu)} \frac{1}{1+M} \tag{6-2-1-7}$$

其中：

$$K = \frac{\left[K_f + \frac{4}{3}\mu_f\right](\lambda+2\mu)}{\pi a \mu(\lambda+\mu)} \tag{6-2-1-8}$$

$$M = \frac{4\mu_f(\lambda+2\mu)}{\pi a \mu(3\lambda+4\mu)}$$

其中，K_f 和 μ_f 代表充填介质的体积和剪切模量；λ 和 μ 是各向同性介质的拉梅常数。

线性滑动模型与 Hudson 扁圆币状裂缝模型对裂缝的描述有很大差别，但在一定程度上又是相互等价的。Schoenberg 和 Douma 指出扁圆币状裂缝介质模型的一阶近似与线性滑动模型具有相同的弹性刚度矩阵形式，且在下述情况下是完全相等的：

$$\Delta_N = \frac{(\lambda + 2\mu)}{\mu} U_{11} e$$

$$\Delta_T = U_{33} e \qquad (6\text{-}2\text{-}1\text{-}9)$$

因此

$$\Delta_N = \frac{(\lambda + 2\mu)}{\mu} \frac{U_{11}}{U_{33}} \Delta_T \qquad (6\text{-}2\text{-}1\text{-}10)$$

设 $g = (V_S/V_P)^2$ 是各向同性岩石骨架 S 波速度 V_S 和 P 波速度 V_P 比值的平方：

$$\Delta_N = \frac{4e}{3g(1-g)\left[1 + \frac{1}{\pi(1-g)}\left(\frac{k_f + 4/3\mu_f}{\mu a}\right)\right]}$$

$$\Delta_T = \frac{16e}{3(3-2g)\left[1 + \frac{4}{\pi(3-2g)}\left(\frac{\mu_f}{\mu a}\right)\right]} \qquad (6\text{-}2\text{-}1\text{-}11)$$

对于干裂缝，$K_f = 0$，$\mu_f = 0$，裂隙弱度可以表示为裂缝密度的函数：

$$\Delta_N = \frac{4e}{3g(1-g)}$$

$$\Delta_T = \frac{16e}{3(3-2g)} \qquad (6\text{-}2\text{-}1\text{-}12)$$

对于完全流体（无黏液体）充填裂缝，$K_f \neq 0$，$\mu_f = 0$，裂隙弱度为：

$$\Delta_N = 0$$

$$\Delta_T = \frac{16e}{3(3-2g)} \qquad (6\text{-}2\text{-}1\text{-}13)$$

Schoenberg 和 Sayers 提出用裂缝法向与剪切柔度比值 K_N/K_T 来表征流体，根据以往的经验，干裂缝的柔度比值接近单位数值，含流体时该比值接近于 0。根据线性滑移模型计算流体因子：

$$FI = \frac{K_N}{K_T} = g\frac{\Delta_N(1 - \Delta_T)}{\Delta_T(1 - \Delta_N)} \qquad (6\text{-}2\text{-}1\text{-}14)$$

为了更直观地表示裂缝中流体的发育程度，这里提出一种流体影响因子：

$$FF = 1 - \frac{\Delta_N}{\Delta_N^{dry}} = 1 - \frac{4g(1-g)\Delta_N}{(3-2g)\Delta_T} \qquad (6\text{-}2\text{-}1\text{-}15)$$

而流体影响因子与流体因子的含义不同。

① 对于干裂缝，流体因子 $FF \approx 1 - \nu/2$，流体影响因子 $FF = 0$，表示流体对裂缝性质的影响最小。此时裂缝对裂缝介质整体刚度影响最大，造成的各向异性最强。

② 对于含气裂缝，$\Delta_N \approx \Delta_N^{dry}$，$FF \approx 0$ 与干裂缝情形相似。

③ 对于饱和流体充填裂缝，$\Delta_N \approx 0$，流体因子很小 $FI \approx 0$，流体影响因子 $FF \approx 1$，表示流体对裂缝性质的影响最大。此时，裂缝对裂缝介质刚度影响最小，造成的各向异性最弱。

根据 Thomsen 各向异性参数与裂隙弱度之间的关系，可以将裂缝等效介质分界面 PP 波反射系数表示成纵波速度、密度和裂隙弱度的函数：

$$R_{PP}(\theta,\varphi) = \frac{1}{2}\frac{\Delta Z}{\overline{Z}} + \frac{1}{2}\left[\frac{\Delta V_P}{\overline{V_P}} - 4g\frac{\Delta G}{\overline{G}}\right]\sin^2\theta + \frac{1}{2}\frac{\Delta V_P}{\overline{V_P}}\sin^2\theta\tan^2\theta$$

$$- (g(1-2g)\cos^2\varphi\sin^2\theta(1+\tan^2\theta) + g^2\cos^4\varphi\sin^2\theta\tan^2\theta)\delta\Delta_N \qquad (6\text{-}2\text{-}1\text{-}16)$$

$$+ g\cos^2\varphi\sin^2\theta(1-\sin^2\varphi\tan^2\theta)\delta\Delta_T$$

式中,δ 代表参数的差,即 $\delta\Delta_N = \Delta_{N2} - \Delta_{N1}$ 和 $\delta\Delta_T = \Delta_{T2} - \Delta_{T1}$ 分别是法向和切向裂隙弱度差。

引入地震子波矩阵 W,平行于裂缝对称轴方向地震记录可以表示为:

$$\begin{bmatrix} S(\theta_1) \\ S(\theta_2) \\ \vdots \\ S(\theta_N) \end{bmatrix} =$$

$$\begin{bmatrix} W(\theta_1)C_P(\theta_1) & W(\theta_1)C_S(\theta_1) & W(\theta_1)C_\rho(\theta_1) & W(\theta_1)C_N(\theta_1) & W(\theta_1)C_T(\theta_1) \\ W(\theta_2)C_P(\theta_2) & W(\theta_2)C_S(\theta_2) & W(\theta_2)C_\rho(\theta_2) & W(\theta_2)C_N(\theta_2) & W(\theta_2)C_T(\theta_2) \\ \vdots & \vdots & \vdots & \vdots & \vdots \\ W(\theta_N)C_P(\theta_N) & W(\theta_N)C_S(\theta_N) & W(\theta_N)C_\rho(\theta_N) & W(\theta_N)C_N(\theta_N) & W(\theta_N)C_T(\theta_N) \end{bmatrix} \begin{bmatrix} R_P \\ R_S \\ R_\rho \\ \delta\Delta N \\ \delta\Delta T \end{bmatrix}$$

$$(6\text{-}2\text{-}1\text{-}17)$$

这里,S 是平行于裂缝对称轴方向合成地震记录数据,是 $NK \times 1$ 维矩阵。$S(\theta_i) = [S(\theta_i,t_1)\quad S(\theta_i,t_2)\quad \cdots\quad S(\theta_i,t_K)]^T$,表示第 i 个入射角的地震数据向量。R_P、R_S、R_ρ、$\delta\Delta N$ 和 $\delta\Delta T$ 都是 $K \times 1$ 维模型参数,例如 $\delta\Delta_N = [\delta\Delta_N(t_1)\quad \delta\Delta_N(t_2)\quad \cdots\quad \delta\Delta_N(t_K)]^T$。

正演算子矩阵中,$W(\theta_i)$ 是入射角为 θ_i 时的子波褶积矩阵,$C_P(\theta_i)$、$C_S(\theta_i)$、$C_\rho(\theta_i)$、$C_N(\theta_i)$ 和 $\theta_T(\theta_i)$ 都是 $K \times K$ 维对角阵,例如:

$$c_N(\theta_i) = \begin{bmatrix} C_N(\theta_i,t_1) & 0 & \cdots & 0 \\ 0 & C_N(\theta_i,t_2) & \cdots & 0 \\ \vdots & \vdots & \ddots & \vdots \\ 0 & 0 & \cdots & C_N(\theta_i,t_K) \end{bmatrix}_{K \times K} \qquad (6\text{-}2\text{-}1\text{-}18)$$

对于 K 层各向异性介质(有 K 个时间采样点),由 N 个入射角角度(偏移距)组成的平行于裂缝对称轴方向的地震记录集各向异性部分可以表示为:

$$d = Gm + n \qquad (6\text{-}2\text{-}1\text{-}19)$$

式中,n 是数据噪声和一些理论误差,m 是由裂隙参数组成的 $2(K+1) \times 1$ 维模型参数向量,d 表示 $NK \times 1$ 维观测数据。

假设地震数据噪声相互独立且满足高斯分布,具有相同的方差 σ_n,数据的似然函数也满足高斯分布:

$$P(d \mid m) = \frac{1}{(2\pi)^{NK/2}|\sigma_n^2|^{1/2}}\exp\left(-\frac{1}{2}\frac{(d-Gm)^T(d-Gm)}{\sigma_n^2}\right) \qquad (6\text{-}2\text{-}1\text{-}20)$$

假设裂缝参数稀疏分布,即满足拉普拉斯分布:

$$P(m) = \frac{1}{2b}\exp\left(-\frac{|m-\mu|}{b}\right) \qquad (6\text{-}2\text{-}1\text{-}21)$$

利用贝叶斯理论的后验概率分布函数

$$P(m \mid d) = P(d \mid m)P(m) \qquad (6\text{-}2\text{-}1\text{-}22)$$

将数据似然函数与模型先验分布结合起来得到后验概率分布,将后验概率最大化,得到目标函数:

$$J(m) = (d - Gm)^{\mathrm{T}}(d - Gm) + \mu R(m) \tag{6-2-1-23}$$

式中,$R(m)$ 是由模型参数先验分布得到的正则化项。

目标函数对模型参数 m 的导数为 0 即可求得目标函数的最小值,得到反演问题的解:

$$m = (G^{\mathrm{T}}G + \mu Q)^{-1}G^{\mathrm{T}}d \tag{6-2-1-24}$$

如果正则化项是模型参数的 L2 范数长度,即 $R(m) = m^{\mathrm{T}}m$,则 $\boldsymbol{Q}$ 是单位矩阵 I,反演问题的解就是阻尼最小二乘解,即最小模型。当 $\boldsymbol{Q}$ 为一阶二次型正则化项和二阶二次型正则化项时

$$\boldsymbol{Q} = \boldsymbol{D}_1 = \begin{bmatrix} 1 & -1 & & & \\ & 1 & -1 & & \\ & & \ddots & \ddots & \\ & & & 1 & -1 \\ & & & 1 & -1 \end{bmatrix} \tag{6-2-1-25}$$

$$\boldsymbol{Q} = \boldsymbol{D}_2 = \begin{bmatrix} 1 & -2 & 1 & & \\ & 1 & -2 & 1 & \\ & & & \ddots & \\ & & 1 & -2 & 1 \end{bmatrix} \tag{6-2-1-26}$$

则反演问题得到的解就是平滑模型和光滑模型。

假设模型参数为拉普拉斯分布,其目标函数(损失函数)为:

$$(d - Gm)^{\mathrm{T}}(d - Gm) + \mu \sum_i |m_i| \tag{6-2-1-27}$$

对模型进行的 L1 范数约束 $\min \sum_i |m_i|$ 即为稀疏约束。

最终,将目标函数写为:

$$J(m) = (d - Gm)^{\mathrm{T}}(d - Gm) + \mu_{sparse} \sum_i |m_i| + \mu_0 \parallel Im \parallel_2^2 + \mu_1 \parallel D_1 m \parallel_2^2 + \mu_2 \parallel D_2 m \parallel_2^2 \tag{6-2-1-28}$$

通过改变上述各约束项前的系数 μ 即可改变对模型的约束条件。

基于 AVOAz 反演的技术原理,实际叠前地震 AVOAz 裂缝参数反演流程见图 6-2-1-4 所示。

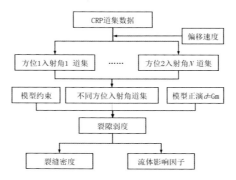

图 6-2-1-4　AVOAz 裂缝参数反演流程

6.2.2　叠前 AVOAz 裂缝参数反演

（1）叠前道集数据处理

地震波在地下传播过程中，随着入射方位的改变，地震波的振幅、频率、旅行时会发生明显变化。尽管国内一些学者针对宽方位数据做了一些研究，如分方位处理，基本原理就是对叠前 CMP 道集进行分方位划分成扇形，然后对扇形方位道集进行速度分析偏移成像，也取得了一定的效果。但这种方法处理起来工作量大，且成像效果差，由于其处理思想仍然沿用以往窄方位处理的思想，对宽方位地震勘探的优势方位和炮检距信息没有进行充分挖掘，因而宽方位采集地震数据优势并没有得到充分体现。

随着宽方位地震数据采集技术的逐渐成熟，OVT（offset vector tile，炮检距矢量片）域地震处理技术也应运而生。OVT 域道集主要具有以下几个特点：OVT 域道集含有炮检距和方位角两类信息；在同一个 OVT 炮检距矢量片中，各地震道的方位角和炮检距大致相同；无论近中远炮检距，OVT 道集能量都具有较好的一致性。因此，OVT 域道集偏移处理后能够保留方位角信息，近中远炮检距能量一致较好，保幅保 AVO 性较好，对于后期提高叠前反演及叠前裂缝预测精度是具有重大意义的。

抽取同一炮线和同一检波线的地震道，组成一个十字排列的道集。OVT 是该十字排列道集中的一个子集系统，其大小是相邻接收线和相邻炮线组成的一个矩形区域，每一个矩形区域就是一个炮检距矢量片，每个 OVT 都是十字排列中炮线的一小部分和检波线的一小部分对应起来所覆盖的一个小区域，这个区域也就是其中对应的一个小矩形区域。炮线和检波线都是固定的一小部分，因此在一个十字排列系统中，每个 OVT 具有限定的方位角和炮检距。每个 OVT 有特定的方位角和特定的炮检距，该区域内所有反射点的方位角和炮检距都大体相同。抽取所有十字排列中炮检距和方位角大致相同的 OVT，就组成了 OVT 道集。可以发现，每个 OVT 道集是整个研究区的单次覆盖数据体，数据相似度高，一致性更好，有利于后期的偏移处理及规则化处理。偏移处理过后能够保留方位角信息，数据能量更均衡，能够更真实地反映 AVO（振幅随偏移距变化）响应，更好地开展叠前反演、裂缝预测等工作。

OVT 域数据处理包含以下关键步骤：OVT 域道集抽取、OVT 域插值规则化处理、计算 OVT 平均炮检距和方位角、OVT 道集偏移、OVG 道集（offset vector gather）等主要步骤。对 OVG 道集按照 CMP 和 OVT 编号进行分选，得到 OVG 螺旋道集。

通过对 OVT 道集进行分析可知，不同位置道集能量差异较大（图 6-2-2-1），西侧数据能量较弱，东侧数据能量较强，相对于南部数据，北部数据覆盖次数大，数据能量强，浅部盖层能量强，深部能量弱，目的层段信噪比不高。

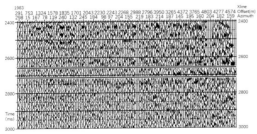
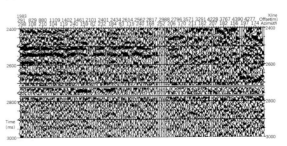

(a) Inline 602-Crossline 1983　　　　　　　　(b) Inline 1000-Crossline 1983

图 6-2-2-1　测试区西部（左上）、东部（右上）及北部（下）不同位置 OVT 道集

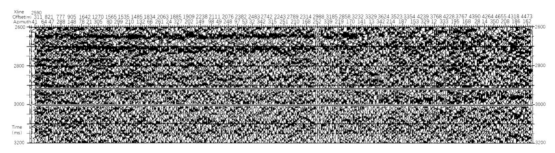

图 6-2-2-1 续图　测试区西部（左上）、东部（右上）及北部（下）不同位置 OVT 道集

　　整体而言，OVT 道集资料信噪比较低，主要目的层内随机噪声严重，有效信号相对较弱，能量分布不均衡。对 OVT 道集进行 Radon 去噪试验，图 6-2-2-2 显示预设噪声与信号的比值 N/S 越大，数据中残留的随机噪声越多，N/S 越小，随机噪声去除越多；随着 N/S 比值的变小，可能会将有效信号当成随机噪声去除掉。为了在信噪比和保留信号各向异性特征两方面做折衷，选择 $N/S=0.3$。

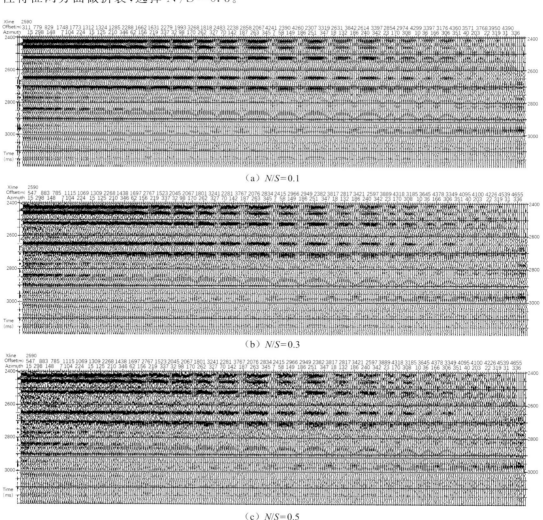

（a）$N/S=0.1$

（b）$N/S=0.3$

（c）$N/S=0.5$

图 6-2-2-2　Radon 变换去噪试验

去噪的要求是既要压制噪声,初步提高同相轴连续性和相似度,又不至于改变原始地震信号随方位角和偏移距改变的规律,以便用于后续裂缝预测工作。图 6-2-2-3 显示 Radon 变换去噪后 OVT 道集随机噪声得到明显抑制,信噪比明显提高。

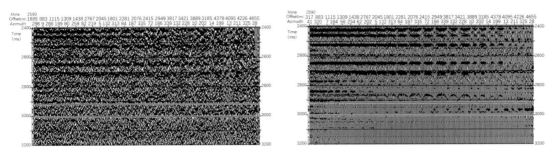

图 6-2-2-3   OVT 螺旋道集去噪前(左)后(右)对比

OVT 道集面元大小为 25 m×12.5 m,处理采样率 2 ms,偏移距范围为 300～6 000 m,覆盖次数为 93～312 次,不同位置覆盖次数分布不均匀。方位角-偏移距变化关系分析图(图 6-2-2-4)显示南北方向炮检距分局均匀,覆盖次数较高,然而横纵比较小(小于 0.5),方位分布不均匀;南北方向最大偏移距达 6 000 m,而东西方向最大偏移距不足 2 500 m,横向(东西方向)远偏移距信息缺失。

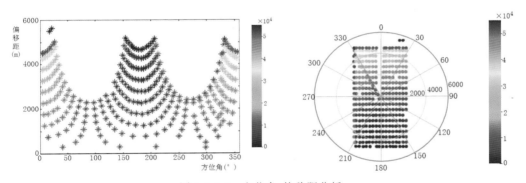

图 6-2-2-4   方位角-偏移距分析

为了进一步提高数据信噪比,加强振幅能量和稳定性,我们通过定义叠加模板,对部分偏移距、部分方位角进行叠加。由于方位角的对称性,将 180°～360°的方位角统一到 0°～180°之间,方位角-偏移距变化关系分析图(图 6-2-2-4)中显示在偏移距 300～2 500 m 之间,0°～180°各个方位都有数据分布。在 2 500 m 以上的偏移距,其方位角主要分布在 0°～50°和 50°～180°之间,在 2 500 m 以下的偏移距中,方位角在 0°～180°之间分布比较均匀。

依据 OVT 道集的展布,考虑对全方位角信息的利用,采用均分方位角和偏移距的方法。近偏移距数据来自于近垂直入射地震波,不能反映裂缝介质的方位各向异性特征,而远偏移距地震道各个方位分布不均匀且数据信噪比低,会造成伪各向异性。因此,对于一个偏移距分方位叠加,选择偏移距范围 1 000～2 500 m,每个面元的覆盖次数平均为 104 次,均分方位角,以保证各个方位角地震数据覆盖次数基本达到一致。同理,也可以分为两个及以上偏移距,方位角和偏移距划分应尽量使每个面元上的覆盖次数大致相等,避免因覆盖次数不均引起的振幅强弱的变化。测试方位角和偏移距划分方案,划分方案如

表 6-2-2-1 和表 6-2-2-2 所示。例如,将方位角划分为 4 个区域,对偏移距为 1 000～2 500 m,方位角为 0°～45°、45°～90°、90°～135°和 135°～180°的 OVT 数据分别进行叠加得到方位角分别为 22.5°、67.5°、112.5°和 157.5°的分方位叠加数据。

表 6-2-2-1　偏移距划分方案

划分方案	划分范围	偏移距中心
1 个偏移距	1 000～2 500 m	1750 m
2 个偏移距	1 000～1 500 m	1 250 m
	1 500～3 000 m	2 250 m
3 个偏移距	1 000～2 000 m	1 500 m
	2 000～3 000 m	2 500 m
	3 000～4 000 m	3 500 m

表 6-2-2-2　方位角划分方案

划分方案	划分范围	方位角中心
4 个方位角	0°～45°、45°～90°、90°～135°、135°～180°	22.5°、67.5°、112.5°、157.5°
5 个方位角	0°～36°、36°～72°、72°～108°、108°～144°、144°～180°	18°、54°、90°、126°、162°
6 个方位角	0°～30°、30°～60°、60°～90°、90°～120°、120°～150°、150°～180°	15°、45°、75°、105°、135°、165°

理论上可以通过改变模板偏移距和方位角的叠加范围实现任意偏移距和方位的地震叠加数据,实际地震数据叠加过程中为了使得不同方位叠加剖面具有近似的信噪比和地震信号能量,需要不同方位扇形内的叠加地震道数相近,即尽量使不同方位叠加次数相同。对于过 Y176 井的 OVT 道集(图 6-2-2-5),限制偏移距范围 1 000～2 500 m,每个面元的覆盖次数为 100 次,按照表 6-2-2-2 的方位划分方案,均分成 4 个方位,每个面元的覆盖次数约为 25 次;均分成 5 个方位,每个面元的覆盖次数约为 20 次;均分成 6 个方位,每个面元的覆盖次数约为 16 次。理论上来说,方位角越多,各向异性反演结果越好;但是划分的方位越多,每个方位的覆盖次数越低,信噪比越低,从而可能不能满足叠前裂缝检测的需要(图 6-2-2-6)。

在保证每个方位每个偏移距有足够覆盖次数的基础上,划分多个偏移距可能提高裂缝各向异性反演的精度,因此,在 0～3 000 m 偏移距范围分别划分 2 个(图 6-2-2-7)和 3 个(图 6-2-2-8)偏移距进行叠加测试。划分 2 个偏移距 4 个方位角,0～1 500 m 偏移距范围内,每个方位的覆盖次数约为 10 次,1 500～3 000 m 偏移距范围内,每个方位的覆盖次数约为 20 次;划分 2 个偏移距 5 个方位角,0～1 500 m 偏移距范围内,每个方位的覆盖次数约为 7 次,1 500～3 000 m 偏移距范围内,每个方位覆盖次数为 10～20 次,不同方位覆盖次数有较大差异;划分 2 个偏移距 6 个方位,不同偏移距和方位角范围内覆盖次数有较大差异,可能因覆盖次数不均引起振幅强弱变化从而影响裂缝各向异性反演结果(图 6-2-2-7)。划分 3 个偏移距,则每个偏移距和方位角面元内的覆盖次数较小,尤其是划分 5 个方位时,在 0～1 000 m 偏移距 72°～108°方位角范围内存在空道(图 6-2-2-8)。

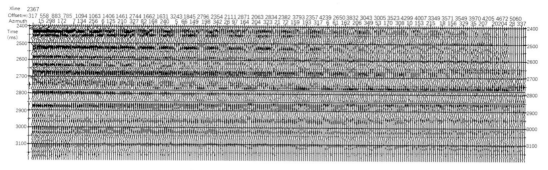

图 6-2-2-5　过 Y176 井 OVT 道集

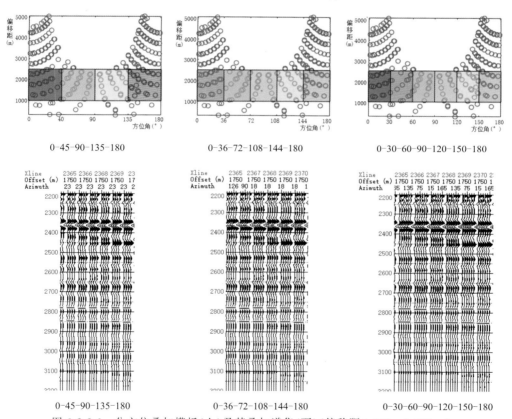

图 6-2-2-6　分方位叠加模板(上)及其叠加道集(下)(偏移距 1 000～2 500 m)

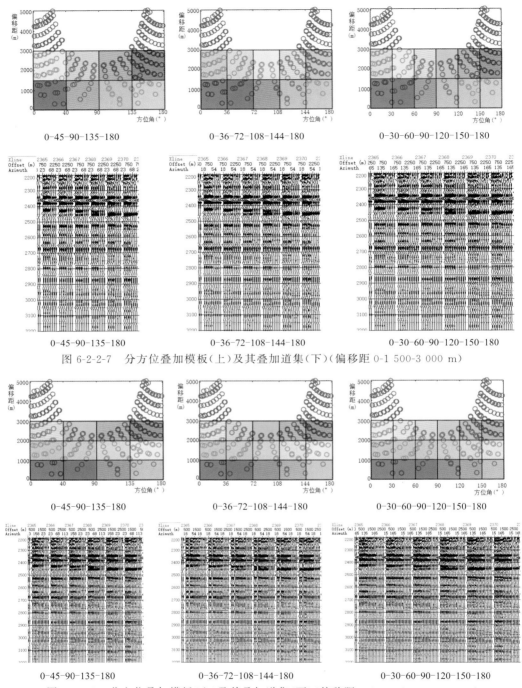

图 6-2-2-7　分方位叠加模板(上)及其叠加道集(下)(偏移距 0-1 500-3 000 m)

图 6-2-2-8　分方位叠加模板(上)及其叠加道集(下)(偏移距 0-1 000-2 000-3 000 m)

　　叠前道集中可能存在方位各向异性时差,以及远偏移距数据仍然存在动校正未校平的残余时差。因此,需要进一步对部分方位-偏移距叠加道集做时差校正。考虑利用滑动时窗,将时窗内的数据与某一标准数据(叠后数据)做相关分析,移动数据从而达到拉伸或者压缩数据时间的目的。在滑动时窗时差校正方法中,需要考虑三个参数:数据分析时窗长度、滑动时窗步长和最大允许时移参数。一般来说,滑动时窗的步长小于数据分析时窗长度,如果滑动时窗的步长大于数据分析时窗,则会跳过某些数据(图 6-2-2-9)。

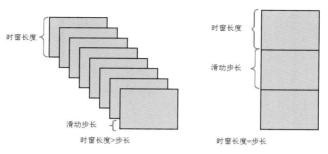

图 6-2-2-9 时差校正滑动时窗参数

以常规偏移叠加数据为参考标准数据对分方位数据进行滑动时窗时差校正,经过对比分析,合适的时窗滑动参数为:时窗 100 ms,滑动步长 2 ms,最大允许移动参数 24 ms。在选用合适的滑动时窗参数进行时差校正之后(图 6-2-2-10),由于方位各向异性和动校正误差引起的时差被校正,同相轴被拉平。同时,OVT 处理流程与常规偏移叠加得到的结果也存在时间差异,经过滑动时差校正,将 OVT 数据与常规偏移叠加数据的时间相统一。在方位各向异性分析和 AVOAz 反演中,利用的是相同反射点的振幅随方位角(和偏移距)的变化,方位各向异性和动校正误差引起的方位时差会影响反演结果的准确性,因此时差校正在裂缝方位各向异性分析与反演中非常重要。

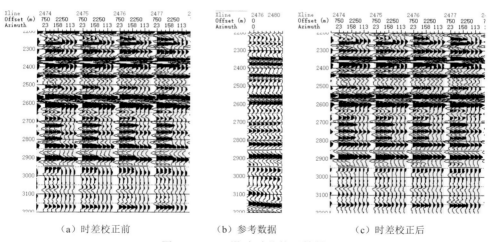

(a) 时差校正前 　　　　(b) 参考数据 　　　　(c) 时差校正后

图 6-2-2-10 滑动时差校正结果

AVOAz 反演是基于 OVT 道集和偏移速度抽取的分方位入射角道集来完成的,分析原始 OVT 道集的质量及确定最大入射角(反射角)非常重要。根据叠前偏移速度体获得 OVT 道集对应的入射角分布(图 6-2-2-11)。虽然目的层 T6 和 T7 界面最大入射角在 50°,但由于不同方位炮检距分布不均,在东西方向最大炮检距仅 2 500 m 左右,在抽取分方位入射角道集应充分考虑最大有效炮检距(2 500 m)对应的入射角作为最大入射角(30°)。图 6-2-2-12 显示了分方位入射角抽取方法,即生成 6°~13°、13°~20° 和 20°~27° 三个分方位入射角道集数据体,其对应的中心入射角分别为 10°、17° 和 24°。

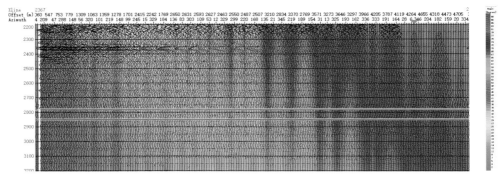

图 6-2-2-11　OVT 道集对应的入射角分布

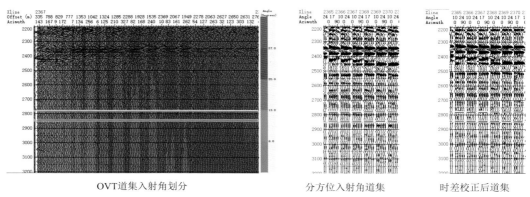

OVT道集入射角划分　　　　　分方位入射角道集　　　　时差校正后道集

图 6-2-2-12　分方位入射角道集抽取方案

（2）裂缝参数反演与裂缝储层预测

基于叠前优化处理后的分方位道集进行 AVAz 反演，选择偏移距范围 1 000～2 500 m 三种方位划分方案，沙三下亚段提取裂缝各向异性强度和裂缝走向来看（图 6-2-2-13）：较少的方位体（4 个方位角）在进行反演时可能因为数据点少降低预测精度；方位体较多（6 个方位角）则数据信噪比降低，可能降低裂缝各向异性预测的可靠性；5 个方位角对裂缝的刻画更为清晰，预测结果更精确。

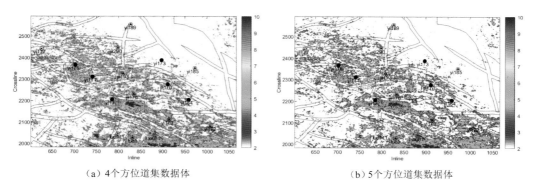

（a）4个方位道集数据体　　　　　　　　　（b）5个方位道集数据体

图 6-2-2-13　裂缝各向异性强度反演结果（1 000～2 500 m 偏移距）

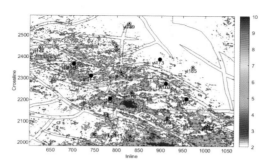

（c）6个方位道集数据体

续图 6-2-2-13 裂缝各向异性强度反演结果（1 000～2 500 m 偏移距）

划分四个方位角,选择 0-1 500-3 000 m 和 0-1 000-2 000-3 000 m 三种偏移距划分方案,则由于不同方位覆盖次数不均引起振幅变化从而造成了伪各向异性异常(图 6-2-2-14),Y17 井西南方的伪各向异性异常。增加到 5 个方位角时,单个偏移距(图 6-2-2-13)道集数据体反演结果相对于 2 个(0-1 500-3 000 m)和 3 个(0-1 000-2 000-3 000)偏移距道集对裂缝的刻画更加清晰(图 6-2-2-15),预测精度更高。

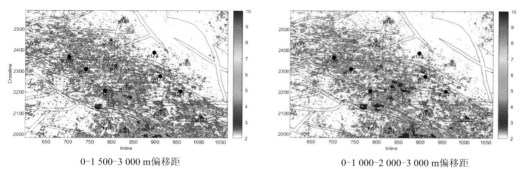

0-1 500-3 000 m偏移距   0-1 000-2 000-3 000 m偏移距

图 6-2-2-14 不同偏移距方案的四个方位角数据体裂缝各向异性强度反演结果对比

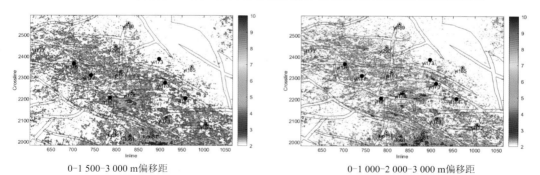

0-1 500-3 000 m偏移距   0-1 000-2 000-3 000 m偏移距

图 6-2-2-15 不同偏移距方案的五个方位角数据体裂缝各向异性强度反演结果对比

在裂缝反演过程中,单偏移距方位划分方案得到的裂缝走向基本一致(图 6-2-2-16 至图 6-2-2-18),裂缝走向以北西西、北东东和近东西向为主,裂缝走向与断裂带的延展方向一致。将裂缝走向预测结果与正交多极子阵列声波各向异性解释成果对比(表 6-2-2-3),三种方位划分方案的预测走向与实测走向吻合率均为 70%。

图 6-2-2-16　裂缝各向异性与走向沿层切片(4 个方位道集)

图 6-2-2-17　裂缝各向异性与走向沿层切片(5 个方位道集)

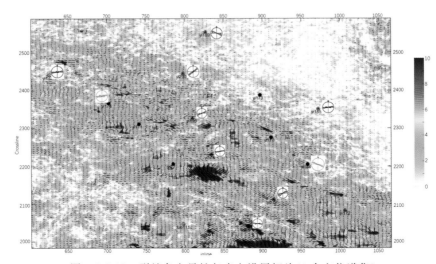

图 6-2-2-18　裂缝各向异性与走向沿层切片(6 个方位道集)

表 6-2-2-3　裂缝走向反演结果与测井各向异性解释成果对比表

井名	测井各向异性	反演预测	是否吻合	吻合率
Y173	北东东-南西西向	北东向	基本吻合	
Y177	北东东-近东西向	北西向	不吻合	
Y176	北西西-近东西向	北北东向	不吻合	
Y290	北东向	北西向	不吻合	
Y193	北西西向	北西西向	吻合	70%
Y178	北西西-近东西向	北西西向	吻合	
Y184	北西向	北西向	基本吻合	
Y179	北东东向	北东东向	吻合	
Y189	北西西向	北北西向	基本吻合	
L681	北西西向	北西西向	吻合	

　　L681 井区、Y176-Y179 井区之间各向异性较强（图 6-2-2-19），为裂缝发育带；裂缝的分布主要受断裂带控制，裂缝的分布与断裂系统的分布一致，裂缝各向异性较大的位置位于断裂带周围和断裂带交汇处。

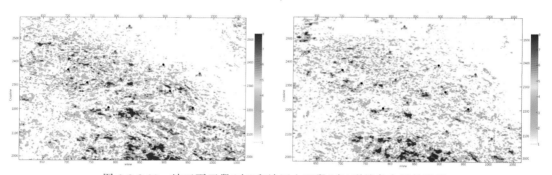

图 6-2-2-19　沙三下亚段（左）和沙四上亚段（右）裂缝各向异性强度

　　通过多次改变不同数据处理参数获取裂缝密度（图 6-2-2-20 到图 6-2-2-23）对比表6-1-2-1，先进行时差校正再进行叠加的反演结果优于先叠加再进行时差校正，利用四个

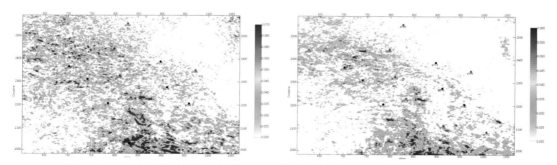

图 6-2-2-20　沙三下亚段（左）和沙四上亚段（右）裂缝密度反演结果（两个方位道集）

方位角道集的裂缝密度反演结果优于利用两个方位角道集的反演结果,对数据进行低频滤波能够一定程度改善反演效果。通过对叠前地震数据先进行时差校正再抽取 4 个方位角道集,裂缝密度反演结果与双侧向电阻率裂缝估计进行对比,沙三下亚段裂缝密度吻合率 78%,沙四上亚段裂缝密度吻合率 67%,综合吻合率 72%。

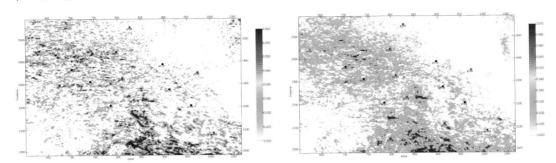

图 6-2-2-21　沙三下亚段(左)和沙四上亚段(右)裂缝密度反演结果(两个方位道集,先时差校正后叠加)

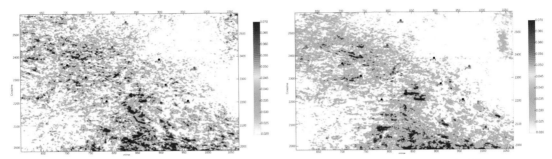

图 6-2-2-22　沙三下亚段(左)和沙四上亚段(右)裂缝密度反演结果(四个方位道集)

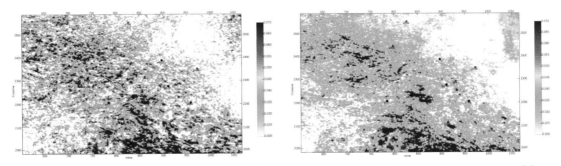

图 6-2-2-23　沙三下亚段(左)和沙四上亚段(右)裂缝密度反演结果(四个方位道集,先时差校正后叠加)

在裂缝发育段,微电极、微电位曲线和双侧向(LLD、LLS)曲线均表现为低值,为高值背景下的低值特征。深浅侧向测井值当裂缝为斜交或水平缝时,表现为"负差异"(RLLS>RLLD);当裂缝为高角度、垂直缝时,表现为"正差异"(RLLD>RLLS);差异的幅度越大,裂缝张开度越大,裂缝有效性也就越好。裂缝越发育,储集空间的渗透性越好,自然电位的异常幅度越大。裂缝在常规测井曲线上具有"两高两低一负"特征,即高声波时差、高中子、低电阻、低密度、自然电位负异常(图 6-2-2-24)。通过过 Y176 井裂缝密度和流体影响因子剖面来看(图 6-2-2-25、图 6-2-2-26),洋红色曲线显示了正交多极子声波阵列测井得到的各向异性参数。裂缝参数反演剖面显示在目的层中间及偏下裂缝和流体较为发育,与声波阵列各向异性异常相吻合,测井解释为裂缝储层(图 6-2-2-24),裂缝参数反演结果显示裂缝储层在横向上呈似层状和团块状分布。

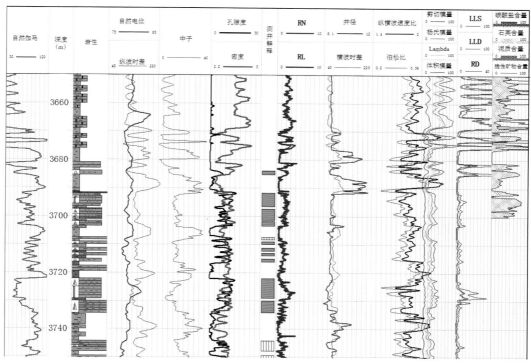

图 6-2-2-24 Y176 井测井曲线及岩石物理参数

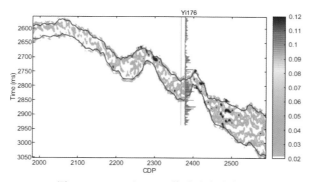

图 6-2-2-25 过 Y176 井裂缝密度剖面

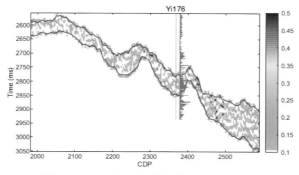

图 6-2-2-26 过 Y176 井流体影响因子剖面

Y17 井在目的层底部附近有小段深浅侧向正差异,可能发育高角度裂缝。但是,裂缝密度反演显示裂缝发育较弱,在偏上位置深浅侧向负差异,显示可能发育低角度裂缝,与裂缝密度反演结果相吻合;在目的层底部上 15 ms 左右显示小段深浅侧向正差异,与裂缝密度反演结果相吻合(图 6-2-2-27)。

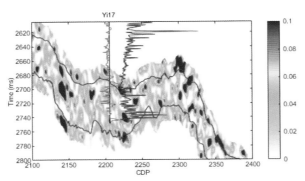

图 6-2-2-27   过 Y17 井裂缝密度剖面

Y173 井在目的层顶及其附近深浅测向差异很小,与较小的裂缝密度反演结果相吻合;在目的层偏下 50 ms 左右有深浅测向正差异和负差异变化,显示可能有少量高倾角裂缝和低倾角裂缝发育,对应的裂缝较为发育。在目的层底部附近,深浅侧向差异较大,既有正差异又有负差异,解释为较强的倾斜裂缝发育;而裂缝密度反演结果显示裂缝发育强度不大,这可能是因为 AVOAz 反演方法本身对小倾角裂缝不敏感造成的(图 6-2-2-28)。

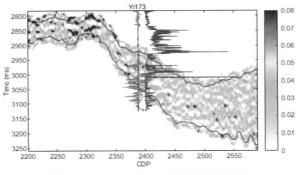

图 6-2-2-28   过 Y173 井裂缝密度剖面

Y177 井交叉偶极声波测井快慢横波各向异性在 T6 层有微小异常,对应 T6 层的中等裂缝密度;T6 层中下部快慢横波各向异性较大的深度位置与较大的裂缝密度反演结果相吻合;裂缝密度显示在 T7 层附近发育有效裂缝,与测井各向异性基本吻合(图 6-2-2-29)。

Y179 井交叉偶极声波测井快慢横波各向异性在目的层顶下 10～20 ms,目的层中间以及目的层下 10 ms 的异常与裂缝密度反演结果相吻合(图 6-2-2-30)。Y184 测井显示在目的层底部附近存在一定程度各向异性,与裂缝密度剖面相吻合(图 6-2-2-31)。Y185 井快慢横波各向异性显示在目的层之间数值较大,但是裂缝密度反演结果显示只在顶部附近微弱发育裂缝,与测井结果不吻合(图 6-2-2-32)。这可能是因为 Y185 井的裂缝走向和倾向较为杂乱,对 AVOAz 效应不明显;可能同样的原因造成了 Y189 井裂缝密度反演结果与测井结果差异较大(图 6-2-2-33)。Y193 井在目的层顶部上 20 ms 发育裂缝,与测井各向异性相吻合(图 6-2-2-34)。

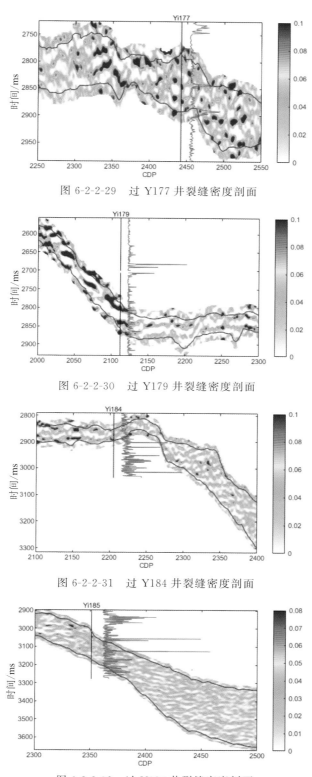

图 6-2-2-29 过 Y177 井裂缝密度剖面

图 6-2-2-30 过 Y179 井裂缝密度剖面

图 6-2-2-31 过 Y184 井裂缝密度剖面

图 6-2-2-32 过 Y185 井裂缝密度剖面

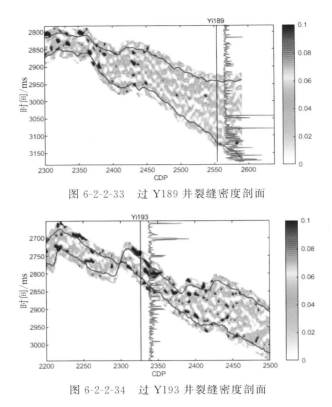

图 6-2-2-33　过 Y189 井裂缝密度剖面

图 6-2-2-34　过 Y193 井裂缝密度剖面

　　对上述 9 口井的过井裂缝密度剖面进行综合分析（表 6-2-2-4），裂缝密度反演结果与常规测井（深浅侧向电阻率）、正交多极子声波阵列各向异性和交叉偶极声波测井快慢横波各向异性进行对比显示裂缝密度反演结果的综合吻合率为 78%。

表 6-2-2-4　裂缝密度反演剖面评价

	沙三上亚段	沙四上亚段	依据	综合吻合率
Y17	不吻合	吻合	LLD-LLS	
Y173	吻合	吻合	LLD-LLS	
Y176	吻合	吻合	正交多极子声波阵列各向异性	
Y177	吻合	吻合	交叉偶极声波测井快慢横波各向异性	
Y179	吻合	吻合	交叉偶极声波测井快慢横波各向异性	
Y184	吻合	吻合	交叉偶极声波测井快慢横波各向异性	
Y185	吻合	不吻合	交叉偶极声波测井快慢横波各向异性	78%
Y189	吻合	不吻合	交叉偶极声波测井快慢横波各向异性	
Y193	吻合	吻合	交叉偶极声波测井快慢横波各向异性	

　　裂缝密度和流体影响因子沿层切片（图 6-2-2-35）显示，裂缝在研究区南部 L681 井区和研究区西北部 Y176-Y179 之间广泛发育，与大断裂带具有一定的相关性。L681 井区在目的层之间及其下 20 ms 均有较高程度的发育；Y176-Y179 井区在目的层裂缝较为发育，在目的层下裂缝发育程度相对较弱，与勘探开发情况相对应；L681 井区和 Y176-Y179 井

区之间裂缝密度较大,为有利油气开发区。

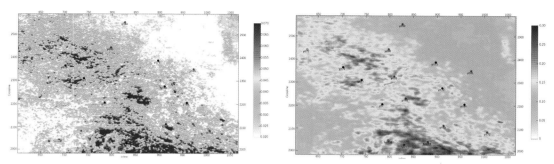

图 6-2-2-35 沙四上亚段裂缝储层预测(裂缝密度,左;流体影响因子,右)

通过反演方法与参数选取,利用均匀抽样-最小二乘 AVAz 反演裂缝走向和裂缝各向异性参数,利用 AVOAz 反演估算裂缝密度,可以实现裂缝参数反演与裂缝储层预测。对叠前地震数据先时差校正再抽取方位角道集相对于先抽取方位角道集再进行时差校正,裂缝预测精度更高。

6.3 基于井约束的地震多属性智能融合进行裂缝储层定量表征及动态刻画

由于裂缝储层多尺度性及空间分布的不均匀性,往往使得地震呈现多类型响应特征及多种异常特征。这种特征不仅表现在同一位置上地震异常信息的多类型叠置上,而且表现在空间域中的相互配置及连接、延伸、跨越关系上。单独的叠后属性预测和叠前反演都有预测的局限性。以测井储层信息为约束,通过 BP 人工神经网络非线性信息融合技术,建立井旁地震道优选出的地震属性与测井储层信息之间的非线性关系,再对远井区地震道优选出的地震属性输入已学习好的神经网络,实现远井区裂缝储层预测,达到基于井约束的地震多属性(叠前,叠后)智能融合进行裂缝储层定量表征的目的。

6.3.1 多属性智能融合方法

(1)基本原理

全连接多隐含层 BP 网络是一种层状结构的前馈神经网络,它由输入层、输出层、一个或多个隐层(简称隐层、或中间层)组成,如图 6-3-1-1 所示。每个节点只与邻层节点相连接,同一层间的节点不相连,一个单隐层 BP 网络可产生任意复杂的判定区,此处 BP 网络使用的激活函数是 Sigmoid 函数,即

$$f(x) = 1/(1 + e^{1-x}) \tag{6-3-1-1}$$

按训练方法分类,BP 网络属于监督学习型。它采用误差反遗传算法,网络通过自学习可以得到其输出与期望输出在一定范围内完全相符的结果,具有很强的自适应、学习能力和容错能力。

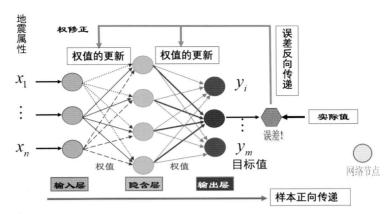

图 6-3-1-1　BP-ANN 逆向传播网络结构图

　　图 6-3-1-2 显示了网络由单个神经元堆叠而成的全连接结构,其中的一个神经元的错误对全局的输出结果影响不大,可以代替复杂耗时的传统算法,特别适合于裂缝储层预测中地震信息与地质信息间复杂非线性映射关系的建立。图中 a_i^l 表示第 l 层的第 i 个神经元的输出, z_i^l 表示第 l 层第 i 个神经元的输入, b_i^l 表示第 l 层第 i 个神经元的偏置, w_{ij}^l 表示第 $l-1$ 层第 j 神经元与第 l 层第 i 神经元的连接权重。

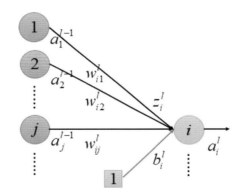

图 6-3-1-2　由单个神经元堆叠而成的全连接结构

　　网络的向量表示为:

$$\boldsymbol{a}^l = [a_1^l, a_2^l, \cdots, a_i^l, \cdots]^T \tag{6-3-1-2}$$

$$\boldsymbol{b}^l = [b_1^l, b_2^l, \cdots, b_i^l, \cdots]^T \tag{6-3-1-3}$$

$$\boldsymbol{z}^l = [z_1^l, z_2^l, \cdots, z_i^l, \cdots]^T \tag{6-3-1-4}$$

$$\boldsymbol{w}^l = \begin{bmatrix} w_{11}^l & w_{12}^l & \cdots \\ w_{21}^l & w_{22}^l & \\ \vdots & & \ddots \end{bmatrix} \tag{6-3-1-5}$$

$$\boldsymbol{z}^l = w^l a^{l-1} + b^l \tag{6-3-1-6}$$

$$\boldsymbol{a}^l = f(z^l) \tag{6-3-1-7}$$

式中, $f(\cdot)$ 为网络中的激活函数。

　　假设井旁道经井数据信息标记后的地震属性样本为 $(X^{(k)}, Y^{(k)})$, $k=1,2\cdots p$,其中 $X^{(k)} = [x_1^{(k)}, x_2^{(k)}, \cdots, x_n^{(k)}]$, $X^{(k)} \in R^n$ 为第 k 个样本输入向量,也即 z^1, $Y^{(k)}$ 为第 k 个地震

属性向量对应的储层参数, n 为地震属性个数。

该方法的实现步骤如下。

① 初始化神经网络的权值和阈值,并设置训练精度。

② 将优化后的裂缝敏感地震属性样本做归一化预处理并输入网络,正向传播得到各神经层的实际输出:

$$z_i^l = f\left(\sum_j w_{ij}^l a_j^{l-1} + b_i^l\right) \tag{6-3-1-8}$$

$$h_{w,b}(X) = z^L \tag{6-3-1-9}$$

③ 定义损失函数(实际需要,可加入正则项):

$$J(w,b) = \frac{1}{p}\sum_{k=1}^{p} J(w,b;X^{(k)},Y^{(k)}) \tag{6-3-1-10}$$

$$= \frac{1}{p}\sum_{k=1}^{p} \frac{1}{2} \parallel h_{w,b}(X^{(k)}) - Y^{(k)} \parallel^2 \tag{6-3-1-11}$$

④ 反向传播计算各神经层的残差 δ,并求解损失函数偏导:

$$\delta_i^L = \frac{\partial}{\partial z_i^L} J(w,b;X,Y) \tag{6-3-1-12}$$

$$= \frac{\partial}{\partial z_i^L} \frac{1}{2} \parallel Y - h_{w,b}(X) \parallel^2 \tag{6-3-1-13}$$

$$= -(Y_i - f(z_i^L)) f'(z_i^L) \tag{6-3-1-14}$$

$$\delta_i^l = \sum_{j=1}^{S_{j+1}} w_{ji}^l \delta_j^{l+1} \cdot f'(z_i^l), \ 1=2,3,\cdots,L-1 \tag{6-3-1-15}$$

式中, L 表示神经元的输出层, s_i 表示第 l 层的神经元个数。

$$\frac{\partial}{\partial w_{ij}^l} J(w,b) = \frac{1}{p}\sum_{k=1}^{p} \frac{\partial}{\partial w_{ij}^l} J(w,b;X^{(k)},Y^{(k)}) \tag{6-3-1-16}$$

$$= \frac{1}{p}\sum_{k=1}^{p}\left[\frac{\partial}{\partial w_i^{l+1}} J(w,b;X^{(k)},Y^{(k)}) \cdot \frac{\partial z_i^{l+1}}{\partial w_i^{l+1}}\right] \tag{6-3-1-17}$$

$$= \frac{1}{p}\sum_{k=1}^{p} \delta_i^{l+1} a_j^l \tag{6-3-1-18}$$

$$\frac{\partial}{\partial b_i^l} J(w,b) = \frac{1}{p}\sum_{k=1}^{p} \frac{\partial}{\partial b_i^l} J(w,b;X^{(k)},Y^{(k)}) \tag{6-3-1-19}$$

$$= \frac{1}{p}\sum_{k=1}^{p}\left[\frac{\partial}{\partial z_i^{l+1}} J(w,b;X^{(k)},Y^{(k)}) \cdot \frac{\partial z_i^{l+1}}{\partial b_i^l}\right] \tag{6-3-1-20}$$

$$= \frac{1}{p}\sum_{k=1}^{p} \delta_i^{l+1} \tag{6-3-1-21}$$

⑤ 修正权值和阈值:

$$w_{ij}^l := w_{ij}^l - \alpha \frac{\partial}{\partial w_{ij}^l} J(w,b) \tag{6-3-1-22}$$

$$b_i^l := b_i^l - \alpha \frac{\partial}{\partial b_i^l} J(w,b) \tag{6-3-1-23}$$

经过多次迭代,修正后的权值和阈值使得损失函数值满足储层预测精度。即认为网络已经充分学习到了地震信息与地质信息之间的映射知识,并将其以网络参数的形式保存。对井区地震数据做于井旁地震道相同的敏感属性提取,将优化后的地震属性输入已学习好的神经网络,实现井区裂缝储层预测,达到基于地震多属性智能融合的高精度裂缝储层预测目的。

(2)应用步骤

地震多属性智能融合是由输入层、隐层和输出层组成多层 BP 神经网络结构,确定网络层数后,裂缝预测分为如下几个步骤。

① 针对待预测区域的地质条件,收集表征裂缝发育程度的测井参数(成像测井解释的裂缝密度等)和地质资料,其测井参数需进行归一化处理。

② 对预测区目的层提取一系列地震属性,然后采用 6.1.1 节基于搜索算法和 BP 网络模式识别结合的地震属性智能优化技术优选与裂缝发育程度密切相关的若干个地震属性,并分别对各类地震属性进行归一化处理。

③ 抽取井旁地震道对应目的层的地震属性以及裂缝发育程度参数,获得 BP 神经网络预测模型的训练样本集。即训练建模选择井旁地震道对应目的层地震属性作为输入层的输入变量,选择井上目的层裂缝发育程度参数为输出层。

④ 根据网络训练情况,调整隐层的神经元数目,修正各层神经元的阈值和权值,实现期望输出与实际输出的误差最小,来构建裂缝储层预测的 BP 神经网络。

⑤ 裂缝发育程度地震预测,利用构建的裂缝储层预测 BP 神经网络模型,基于目的层地震道对应的与裂缝发育程度相关的地震属性,对目的层裂缝发育程度参数进行预测。

6.3.2 多属性智能融合裂缝储层预测

针对 Y176 区带地质情况以及裂缝发育情况(图 6-2-2-24),在沙四上亚段目的层提取了弧长、平均能量、平均绝对振幅、瞬时频率、反射强度斜率、总振幅、幅频比、相干体、裂缝密度等 28 种叠前、叠后地震属性。然后采用 6.1.1 节基于搜索算法和 BP 网络模式识别结合的地震属性智能优化技术优选 6 种、7 种、8 种和 9 种与裂缝储层敏感的最优地震属性,然后分别基于这 4 种优选组合进行裂缝预测结果对比分析,择优选用。

(1)6 种属性组合智能融合预测

基于优选出的平均振幅、反射强度斜率、相干体、最大负曲率、最大正曲率、幅频比 6 种地震属性,采用地震多属性人工神经网络智能融合,预测结果如图 6-3-2-1 所示。目的层裂缝储层预测井上最大绝对误差为 0.068,最大相对误差为 20.863%;10 口井总的绝对误差为 0.320,总的相对误差为 84.429%。结合区域内大型断裂带的发育情况,可以看到

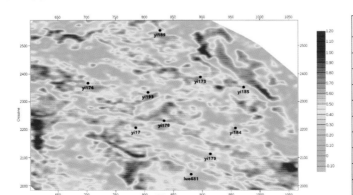

井号	双侧向差/Ω	预测	绝对误差	相对误差/%
L681	0.374	0.397	0.023	6.150
Yi17	0.462	0.53	0.068	14.719
Y173	1.134	1.093	0.041	3.616
Y176	0.290	0.310	0.020	6.897
Y178	0.387	0.372	0.015	3.876
Y179	0.313	0.282	0.031	9.904
Y184	0.418	0.447	0.029	6.938
Y185	0.437	0.469	0.032	7.323
Y189	0.772	0.740	0.032	4.145
Y193	-0.139	-0.11	0.029	20.863

图 6-3-2-1 沙四上亚段 6 属性智能融合裂缝预测(左)及结果比对(右)

裂缝预测结果与断裂发育呈现较高的吻合。预测结果显示,在 Y176 井—Y179 井、Y173 井—Y185 井等区域内有较明显的连续裂缝发育分布,并且在 L681 井西侧及 Y176 井西侧等区域有较为密集的裂缝发育显示。

（2）7 种属性组合智能融合预测

基于优选出的平均绝对振幅、平均振幅、反射强度斜率、相干体、最大负曲率、最大正曲率、幅频比 7 种地震属性预测结果如图 6-3-2-2 所示。目的层裂缝储层预测井上最大绝对误差为 0.064,最大相对误差为 23.741%;10 口井总的绝对误差为 0.337,总的相对误差为 90.076%。预测结果显示,在 Y176 井—Y179 井等区域内有较明显的连续条带状裂缝发育分布,并且在 L681 井西侧及 Y176 井西侧等区域有较为密集的裂缝发育显示,裂缝总体预测发育与聚类分析得到的结果较为相近。

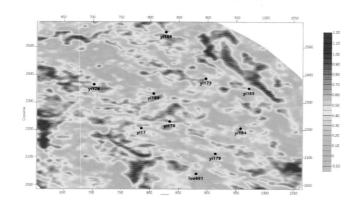

井号	双侧向差/Ω	预测	绝对误差	相对误差/%
L681	0.374	0.41	0.036	9.626
Yi17	0.462	0.526	0.064	13.853
Y173	1.134	1.097	0.037	3.263
Y176	0.290	0.300	0.010	3.448
Y178	0.387	0.406	0.019	4.910
Y179	0.313	0.285	0.028	8.946
Y184	0.418	0.456	0.038	9.091
Y185	0.437	0.476	0.039	8.924
Y189	0.772	0.739	0.033	4.275
Y193	-0.139	-0.106	0.033	23.741

图 6-3-2-2　沙四上亚段 7 属性智能融合裂缝预测（左）及结果比对（右）

（3）8 种属性组合智能融合预测

基于优选出的能量半衰时斜率、平均振幅、反射强度斜率、相干体、最大负曲率、裂缝密度、最大正曲率、幅频比 8 种地震属性预测结果如图 6-3-2-3 所示。目的层裂缝储层预测井上最大绝对误差为 0.063,最大相对误差为 20.863%;10 口井总的绝对误差为 0.317,总的相对误差为 83.355%。预测结果显示,在 Y176 井—Y179 井等区域内有明显的连续条带状裂缝发育分布,并且在 L681 井西侧及 Y176 井西侧等区域有较为密集的裂缝发育显示,裂缝总体预测发育与聚类分析得到的结果较为相近。

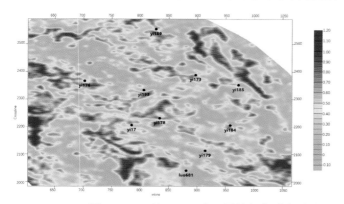

井号	双侧向差/Ω	预测	绝对误差	相对误差/%
L681	0.374	0.396	0.022	5.882
Yi17	0.462	0.525	0.063	13.636
Y173	1.134	1.095	0.039	3.439
Y176	0.290	0.301	0.011	3.793
Y178	0.387	0.396	0.009	2.326
Y179	0.313	0.271	0.042	13.419
Y184	0.418	0.446	0.028	6.699
Y185	0.437	0.477	0.040	9.153
Y189	0.772	0.740	0.032	4.145
Y193	-0.139	-0.110	0.029	20.863

图 6-3-2-3　沙四上亚段 8 属性智能融合裂缝预测（左）及结果比对（右）

（4）9种属性组合智能融合预测

利用优选出的平均绝对振幅、能量半衰时斜率、平均振幅、反射强度斜率、相干体、最大负曲率、裂缝密度、最大正曲率、幅频比9种地震属性预测结果如图6-3-2-4所示。

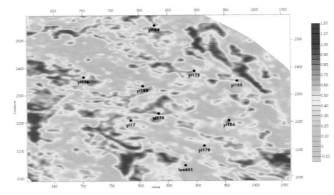

井号	双侧向差/Ω	预测	绝对误差	相对误差/%
L681	0.374	0.411	0.037	9.893
Yi17	0.462	0.522	0.06	12.987
Y173	1.134	1.100	0.034	2.998
Y176	0.290	0.295	0.005	1.724
Y178	0.387	0.411	0.024	6.202
Y179	0.313	0.283	0.030	9.585
Y184	0.418	0.458	0.040	9.569
Y185	0.437	0.481	0.044	10.069
Y189	0.772	0.743	0.029	3.756
Y193	-0.139	-0.097	0.042	30.216

图6-3-2-4   沙四上亚段9属性智能融合裂缝预测（左）及结果比对（右）

目的层裂缝储层预测井上最大绝对误差为0.060，最大相对误差为30.216%；10口井总的绝对误差为0.345，总的相对误差为96.999%。预测结果显示，在Y176井到Y179井等区域内有明显的连续条带状裂缝发育分布，并且在L681井西侧及Y176井西侧等区域有较为密集的裂缝发育显示，裂缝总体预测发育与聚类分析得到的结果较为相近。

（5）预测结果优选

表6-3-2-1列出了目的层不同地震属性个数BP融合裂缝储层预测结果误差对比，可以看出，在使用优选出的8种地震属性（能量半衰时斜率、平均振幅、反射强度斜率、相干体、最大负曲率、裂缝密度、最大正曲率、幅频比）进行神经网络预测时所得到的预测结果总误差、总绝对误差均最小。

表6-3-2-1   沙四上亚段不同地震属性个数预测结果误差对比

属性个数	总绝对误差/Ω	总相对误差/%
6	0.320	84.429
7	0.337	90.076
8	0.317	83.355
9	0.345	96.999

该区块油井均压裂投产，压裂后具有一定的产能。油藏厚度大，油层发育、物性好的井初期投产日产油比较高，而物性较差的井初期投产日产油较低。致密砂岩油藏物性同裂缝密切相关，从裂缝预测结果（图6-3-2-5）来看，在井Y176到井Y179范围内存在裂缝发育显示，该区域目前已有多口井获得高产工业油气流，裂缝发育区开发井初产基本在13 t/d以上，裂缝密度在0.2差值以下初产产能0.2～6 t/d，裂缝预测同钻井初期产能对应效果较好。

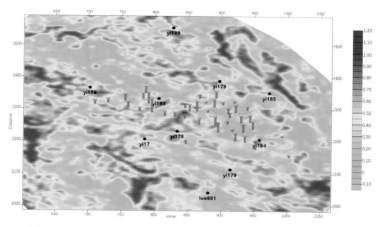

图 6-3-2-5　沙四上亚段裂缝预测与钻井初期产能对比图(t/d)

6.3.3　裂缝储层动态刻画

（1）图像透视技术及色阶融合技术

1）图像透视

在三维空间中进行多属性体融合具有数据量大、体绘制算法计算复杂度高等特点,存在绘制质量和绘制速度两方面的问题。随着计算机硬件技术的飞速发展,新一代的图形显示硬件集成了以 GPU 为核心的可编程顶点着色器和可编程像素着色器。GPU 通用并行计算技术也获得诸多应用领域的广泛关注。采用 RGB 映射和属性加权的两种融合技术和图像透视技术,实现了多属性体融合的三维可视化,保证了多属性体高质量实时动态融合渲染,增加了裂缝储层特征表征能力。

为实现实时动态融合渲染,需要进行高效的体绘制。体绘制也叫体渲染,在体绘制中三维数据体被看作是一个基于三维网格的数据集,位于网格点上的元素叫体素(Voxel)。体绘制中最核心的就是传递函数(Transfer Function)。传递函数将三维数据体中的每个体素值映射为光学属性即颜色与不透明度值,以此来区分三维体数据中不同物质以及不同属性,凸显重要物质的信息。传递函数设定的好坏决定了体绘制的成像质量。传递函数采用光线投射算法。光线投射算法最先由 M. Levoy 提出,是最经典的一种基于图像空间序列的直接体绘制算法。从图像的每一个像素,沿固定方向(通常是视线方向)发射一条光线,光线穿越整个图像序列,并在此过程中,对图像序列采样获取颜色信息,且依据光线吸收模型将颜色值累加,最后得到的颜色值就是渲染图像的颜色。

2）图像色阶融合

随着地震勘探解释技术的发展,描述复杂地质构造时需要多个属性同时解释,互相补充验证。而传统解释软件每次显示单一的地震属性数据体,有一定的局限性,无法从宏观上展示地质变化,属性间的差异表现也不明显。多数据融合的概念始于 20 世纪 70 年代,其理论和方法在 80 年代后开始发展。其基本策略是先对同一层次的信息进行融合,获得较高层次的信息,再汇入对应的数据,融合到更高层次;从频域出发,将低、中、高三个频段的地震属性映射到 RGB 颜色通道,提出基于余弦变换的 RGB 颜色融合技术;对基于视觉显示的多种颜色融合技术进行总结,将这些方法从原理、流程、效果的角度进行对比等。而上述理论的应用多为二维显示方面,有必要将多个地震属性数据体在三维空间中融合显示,使得解释人员更加立体直观地看到各属性之间的相互关系,明确不同属性和不同地质体之间的分界。

多个地震属性体融合三维可视化能立体直观快速地显示地质构造,为解释人员分析地质构造提供了有效方法。当前计算机为 32 位(256×256×256×256)色深的彩色系统,其中红(R)、绿(G)、蓝(B)、不透明度(A)各占一个颜色通道。基于 RGB 映射的融合体绘制基本原理如图 6-3-3-1 所示,设这三个属性体数据分别为 V_1、V_2、V_3,将它们的值利用 R、G、B 三个颜色通道来关联,通过某种变换映射成三种颜色,将体素的值转化成 0~255 的伪颜色值,采用一阶线性变换。对于第 i 个体素,最终的 R、G、B 颜色值分别如式(6-3-2-1)、式(6-3-2-2)、式(6-3-2-3):

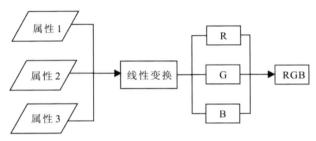

图 6-3-3-1   基于 RGB 映射的融合示意图

$$R_i = \frac{v_{1i} - v_{1min}}{v_{1max} - v_{1min}} \times 255 \qquad (6\text{-}3\text{-}2\text{-}1)$$

$$G_i = \frac{v_{2i} - v_{2min}}{v_{2max} - v_{2min}} \times 255 \qquad (6\text{-}3\text{-}2\text{-}2)$$

$$B_i = \frac{v_{3i} - v_{3min}}{v_{3max} - v_{3min}} \times 255 \qquad (6\text{-}3\text{-}2\text{-}3)$$

式中,v_{1i}、v_{2i}、v_{3i} 是该体素的值,v_{1min}、v_{2min}、v_{3min} 分别对应各属性体数据中的最小值,v_{1max}、v_{2max}、v_{3max} 为最大值。

通过上述公式,各属性的值便统一映射到颜色通道上。加权原为数学统计中的名词,就是赋予各对象或各变量不同的权重(权数)。通过权重来进行多个属性融合,能够凸显重要的属性或者某个属性中的重要部分,对于地震解释是非常重要的。基于属性加权的融合体绘制基本原理就是先把三个属性数据通过传递函数进行各自的颜色和透明度值映射,属性值变换到统一值域(0~255);然后为每个属性设定不同的加权系数,其中各加权系数之和为"1";最后进行加权融合。

(2)基于图像透视技术的属性动态刻画

1)地震属性空间描述

利用地震属性来进行储层参数预测的主要依据:裂缝储层参数的变化会改变储层的波阻抗特征,引起地震波的运动学和动力学特征(统称地震属性,包括振幅特征、相位特征、频率特征、相干性、相似性等等)的变化,从而可以根据地震属性进行裂缝储层参数的预测。地震叠后数据体因其信噪比高而使得优选后的叠后地震属性较好地应用于裂缝储层预测。由于叠后地震资料的分辨率限制,地震属性与裂缝储层参数之间的关系非常复杂,即地震属性与储层参数变化对应关系不是唯一性,使得叠后地震属性预测裂缝储层存在多解性。为解决多解性问题,采用地震多属性人工神经网络智能融合进行裂缝储层预测,虽然降低了裂缝储层预测的多解性,但由于基于地震属性与裂缝储层之间的间接关系实现裂缝储层发育程度的预测,属于半定量预测方法。

　　将与裂缝发育相关或者敏感的单一、多种地震属性利用图像色阶融合技术和图像透视技术,显示不同属性值展现的裂缝发育的空间展布特征可以宏观描述裂缝区带发育情况。同时,基于测井裂缝发育程度和井旁地震属性值,给定属性阈值,采用融合技术和图像透视技术,刻画裂缝发育的空间展布特征。

　　单一相关属性常用于属性发育带的宏观描述等(图 6-3-3-2),相干体低值(黑色)对应断裂及大尺度的裂缝发育带,张量属性体高值(黄色)对应断裂及中等尺度以上的裂缝发育带,曲率体高值(黄色)对应中等及小尺度的裂缝发育带。

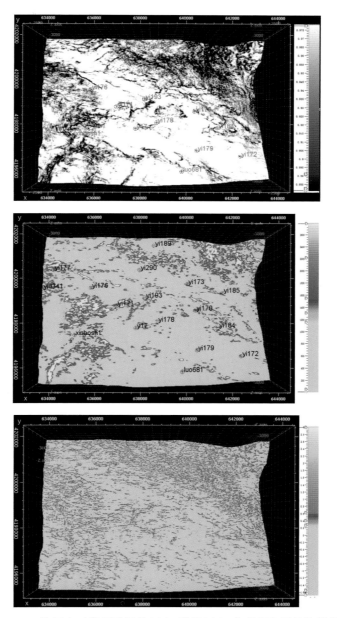

图 6-3-3-2　沙四上亚段相干属性(上)、张量(中)、曲率(下)属性体俯视图

将相干属性、张量属性及曲率体三者色阶融合的,透视度为 40%,可以宏观描述断裂组合特征以及沿断裂发育的裂缝带(图 6-3-3-3)。其中,颜色融合度高值明显展现了工区断裂及沿断裂发育的不同尺度的裂缝带。

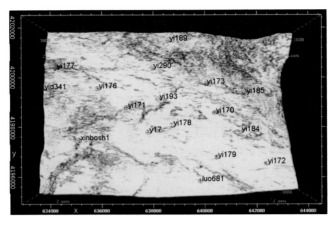

图 6-3-3-3　沙四上亚段相干属性、张量属性及曲率体三者色阶融合俯视图

基于测井裂缝发育程度和井旁地震属性值,给定属性阈值,再采用融合技术和图像透视技术,获得图 6-3-2-4 所示的目的层空间属性雕刻裂缝展布的不同角度俯视图,透视度为 40%,清晰地展示裂缝发育的空间展布特征。

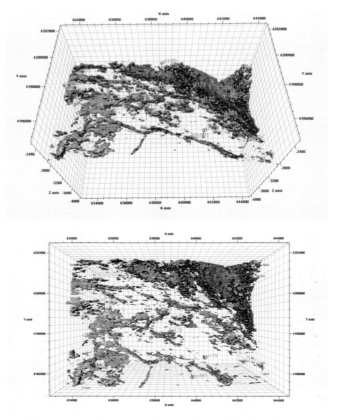

图 6-3-3-4　沙四上亚段裂缝展布的不同角度的俯视图

2）裂缝储层动态刻画

地震波在高陡倾角裂缝储层传播时，其反射振幅不仅随偏移距变化而变化，而且与传播的方位相关，地震反射系数与地层弹性参数、法向和切向裂隙弱度以及入射角和方位角遵循严格的数学关系，从而基于反演方法利用方位 AVO 数据反演法向和切向裂隙弱度计算裂缝密度，是一种定量裂缝参数反演方法，有利于裂缝发育程度的定量刻画，因而一直得到重视和发展。但由于叠前资料的信噪比低，深层反射角比较小，同样存在反演结果的多解性。为了降低裂缝储层预测的风险，利用图像融合技术和图像透视技术，将叠前方位 AVO 数据反演的裂缝参数与叠后地震多属性智能预测得到的裂缝参数进行有机融合，刻画裂缝发育的空间展布特征。

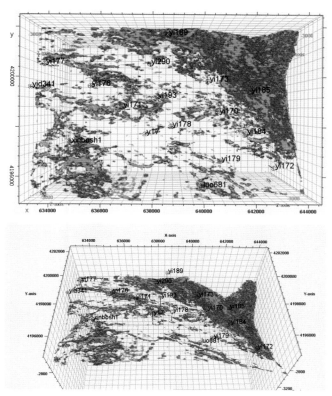

图 6-3-3-5　沙四上亚段叠后属性和叠前裂缝预测结果融合的不同角度的俯视图

(R：叠前流体影响因子；G：叠后多属性预测结果；B：叠前裂缝密度)

通过优选裂缝相关属性智能预测获取裂缝发育带，叠前方位 AVO 数据反演的裂缝密度可以定量表征裂缝发育带的裂缝发育程度，叠前方位 AVO 数据反演的流体影响因子可以表征裂缝发育带裂缝充填情况。将智能预测的裂缝发育条带和叠前反演的裂缝密度、流体因子三者色阶融合，透视度为 40%，图中颜色融合度高值明显展现了 Y176-Y184 井区断裂及沿断裂发育的不同尺度的裂缝带。表 6-3-2-1 列出了叠前和叠后裂缝预测融合结果与双侧向电阻率差成果对比，吻合率达 80%。叠前叠后裂缝预测融合可以直观刻画裂缝发育的空间展布特征，综合叠后叠前预测的优点，降低裂缝储层预测的风险。

表 6-3-2-1   叠前和叠后裂缝预测融合与测井成果对比

井名	双侧向电阻差	叠前和叠后融合	是否吻合	吻合率
L681	−2.038	高	吻合	
Y17	0.778	低	不吻合	
Y173	2.580	高	吻合	
Y176	−0.567	稍低	吻合	
Y178	−0.745	稍低	吻合	
Y179	1.918	高	吻合	80%
Y184	−0.363	稍高	不吻合	
Y185	1.023	高	吻合	
Y189	1.275	高	吻合	
Y193	0.434	低	吻合	

参考文献

[1] 贾承造,邹才能,李建忠,等.中国致密油评价标准、主要类型、基本特征及资源前景[J].石油学报,2012,33(3):343-350.

[2] 林森虎,邹才能,袁选俊,等.美国致密油开发现状及启示[J].岩性油气藏,2011,23(4):25-30,64.

[3] 高阳,王永诗,李孝军,等.基于岩石孔喉结构的致密砂岩分类方法-以济阳坳陷古今系为例[J].油气地质与采收率,2019,26(2):32-41

[4] 田博.渤南洼陷中部断阶带沙四上亚段沉积相特征精细研究[D].青岛:中国石油大学(华东),2014

[5] 朱淼.胜利油田义176块沙四上亚段三、四砂组储层评价[D].荆州:长江大学,2014

[6] 陈胜,欧阳永林,曾庆才,等.匹配追踪子波分解重构技术在气层检测中的应用.岩性油气藏,2014,26(6):111-119.

[7] 邓志文,赵贤正,陈雨红,等.自适应波形多道匹配追踪断层识别技术[J].石油地球物理勘探,2017,52(3):532-537,547.

[8] 顾海燕.利用快速匹配追踪子波分解技术识别强反射下砂岩储层[J].长江大学学报(自然版),2016,13(20):40-44.

[9] WANG Y. Seismic time-frequency spectral decomposition by matching pursuit[J]. Geophysics,2007,72(1):13-20.

[10] 张繁昌,李传辉,印兴耀,等.基于动态匹配子波库的地震数据快速匹配追踪[J].石油地球物理勘探,2010,45(5):667-673.

[11] 刘小龙,刘天佑,王华,等.基于匹配追踪算法的频谱成像技术及其应用[J].石油地球物理勘探,2010,45(6):850-855.

[12] 黄跃,许多,文学康,等.多子波分解与重构中子波的优选[J].石油物探,2013,52(1):17-22.

[13] 张鹏飞,陈世悦,张明军,等.渤海湾盆地沾化凹陷古近系沙二上亚段砂岩储层成岩相研究[J].现代地质,2007,21(增刊):58-62.

[14] 经雅丽.济阳坳陷青东凹陷沙河街组储层特征[J].石油实验地质,2013,35(3):280-284.

[15] 康仁华,刘魁元,赵翠霞,等.济阳坳陷渤南洼陷古近系沙河街组沉积相[J].古地理学报,2002,4(4):19-29.

[16] 孟涛,刘鹏,邱隆伟,等.咸化湖盆深部优质储集层形成机制与分布规律——以渤海湾盆地济阳坳陷渤南洼陷古近系沙河街组四段上亚段为例[J].石油勘探与开发,2017,44(6):896-906.

[17] 蒋立,谭佳,张绪建.同态反褶积的子波稳定性方法研究[J].石油物探,2012,51(3):239-243.

[18] BECK A，TEBOULLE M. A fast iterative shrinkage-thresholding algorithm for linear inverse problems[J]. SIAM Journal on Imaging Sciences,2009,2(1):183-202.

[19] 宋维琪,张宇,吴彩端,等.多道联合压缩感知弱小反射地震信号提取处理方法[J].
地球物理学报,2017,60(8):3238-3245.

[20] 杨露,杨锋,许吉俊.莱州湾凹陷沙河街组地层特征及储盖组合分析[J].化工管
理,2018(13):220-221.

[21] 张健,文艺,吴家洋,等.渤海中部古近系沙河街组有利砾岩类储层特征[J].沉积
与特提斯地质,2018,38(1):89-95.

[22] 宋洪亮,李云鹏,刘宗宾,等.辫状河三角洲前缘亚相储层分布模式分析及应
用——以JX油田东块沙河街组为例[J].油气地质与采收率,2018,25(1):37-42.

[23] 朱建敏,钱赓,王少鹏,等.相带约束复杂薄互沉积储层预测方法与实践——以垦
利10油田沙河街组储层为例[J].西安石油大学学报(自然科学版),2018,33(4):
36-43.

[24] 王延光.地震叠前深度偏移技术进展及应用问题与对策[J].油气地质与采收率,
2017,24(4):1-7.

[25] 李振春.地震偏移成像技术研究现状与发展趋势[J].石油地球物理勘探,2014,49
(1):1-21.

[26] 秦宁,王延光,杨晓东,等.非水平地表高斯束叠前深度偏移及山前带应用实例[J].
石油地球物理勘探,2017,52(1):81-86.

[27] 王延光,匡斌.起伏地表叠前逆时深度偏移与并行实现[J].石油地球物理勘探,
2012,47(2):266-271.

[28] 叶月明,庄锡进,胡冰,等.典型叠前深度偏移方法的速度敏感性分析[J].石油地球
物理勘探,2012,47(4):552-558.

[29] 黄元溢,罗仁泽,王进海,等.几种叠前深度偏移技术效果的对比[J].物探与化探,
2011,35(6):798-802.

[30] 刘素芹,何旭莉,何潮观,等.叠前深度偏移及应用研究[J].西南石油大学学报:自然
科学版,2009,31(4):35-37.

[31] 张钋,李幼铭,刘洪.几类叠前深度偏移方法的研究现状[J].地球物理学进展,2000,
15(2):30-39

[32] 马淑芳,李振春.波动方程叠前深度偏移方法综述[J].勘探地球物理进展,2007,30
(3):153-161.

[33] 陈可洋.地震波逆时偏移方法研究综述[J].勘探地球物理进展,2010,33(3):153-159.

[34] 张宇.从成像到反演:叠前深度偏移的理论、实践与发展[J].石油物探,2018,57(1):
1-22.

[35] 成谷,马在田.地震层析成像反演回顾[J].勘探地球物理进展,2002,25(3):6-12.

[36] 杨午阳,王西文,雍学善,等.地震全波形反演方法研究综述[J].地球物理学进展,
2013,28(2):766-776.

[37] 秦宁,李振春,杨晓东,等.叠前多级优化联合偏移速度建模[J].地球物理学进展,
2013,28(1):320-328.

[38] 路荣亮.基于粒子群算法的高阶累积量地震子波提取[D].青岛:中国海洋大学,
2007.

[39] 路荣亮,张海燕.基于PSO&GA结合算法的地震子波估计[J].微计算机信息(测

控自动化），2007，23(9-1)：293-294，297.

[40]　袁三一，陈小宏. 一种新的地震子波提取与层速度反演方法[J]. 地球物理学进展，2008，23(1)：198-205.

[41]　岳碧波，彭真明，洪余刚，等. 基于粒子群优化算法的叠前角道集子波反演[J]. 地球物理学报，2009，52(12)：3116-3123.

[42]　戴永寿，牛慧，彭星，等. 基于自回归滑动平均模型和粒子群算法的地震子波提取[J]. 中国石油大学学报(自然科学版)，2011，35(3)：47-50，57.

[43]　戴永寿，魏玉琴，张亚南，等. 自适应混沌嵌入式粒子群算法提取地震子波[J]. 石油地球物理勘探，2013，48(6)：896-902.

[44]　魏玉琴. 基于自适应混沌嵌入式粒子群算法的地震子波估计方法研究[D]. 青岛：中国石油大学(华东)，2013.

[45]　WIRATUNGA N，LOTHIAN R，MASSIE S. Unsupervised feature selection for text data[C]//ROTH-BERHOFER T R，G ÖKER M H，GÜVENIR H A. European Conference on Advances in Case-Based Reasoning. Fethiyt，2006：340-354.

[46]　武建华，宋擒豹，沈均毅，等. 基于关联规则的特征选择算法[J]. 模式识别与人工智能，2009，22(2)：256-262.

[47]　WIRATUNGA N，KOYCHEV I，MASSIE S. Feature Selection and Generalisation for Retrieval of Textual Cases[C]//FUNK P，GONZALEZ-CALERO PA. 7th. Advances in Case-Based Reasoning.

[48]　宋余庆，朱玉全，孙志挥，等. 基于 FP-Tree 的最大频繁项目集挖掘及更新算法[J]. 软件学报，2003，14(9)：1586-1592.

[49]　HAN J，PEI J，YIN Y，et al. Mining Frequent Patterns without Candidate Generation：A Frequent-Pattern Tree Approach[J]. Data Mining & Knowledge Discovery，2004，8(1)：53-87.

[50]　SRISUTTHIYAKORN N. Deep-learning Methods for Predicting Permeability from 2D/3D Binary-Segmented Images[C]//SEG. Technical Program Expanded. Dallas，2016：3042-3046.

[51]　LU L，ZHANG G，ZHAO C. Reservoir Thickness Forecasting Based on Deep Belief Networks[C]//GS，SEG. International Geophysical Conference，Qingdao，April. 2017：733-736.

[52]　HUANG L，DONG X，CLEE T E. A Scalable Deep Learning Platform for Identifying Geologic Features from Seismic Attributes[J]. Leading Edge，2017，36(3)：249-256.

[53]　于海朋. 卷积神经网络识别地震相方法研究[D]. 北京：中国石油大学(北京)，2016.

[54]　LIU L，LU R，LI J，et al. Seismic Lithofacies Computation Method Based on Deep Learning[C]//GS，SEG. International Geophysical Conference，Qingdao，2017：649-652.

[55]　曹成寅，郑晓东，李艳东，等. 利用人工蜂群算法进行地震属性聚类分析[J]. 石油地球物理勘探，2015，50(4)：684-690.

[56]　陈波，胡少华，毕建军. 地震属性模式聚类预测储层物性参数[J]. 石油地球物理勘

探，2005，40(2):204-208.

[57] 陈军，陈岩.地震属性分析在储层预测中的应用[J].石油物探，2001，40(3):94-99.

[58] 陈遵德，朱广生.Kohonen网络在油气横向预测中的应用[J].石油物探，1995，34
    (2):53-56.

[59] 陈遵德，朱广生.地震储层预测方法研究进展[J].地球物理学进展，1997，12(4):
    76-84.

[60] 董恩清，高宏亮，李家金.波阻抗约束反演及储层物性参数计算方法[J].测井技
    术，1998，22(5):337-340.

[61] 段友祥，李根田，孙歧峰.卷积神经网络在储层预测中的应用研究[J].通信学报，
    2016，37(z1):1-9.

[62] 高美娟.用于储层参数预测的神经网络模式识别方法研究[D].大庆:大庆石油学
    院，2005.

[63] 黄捍东，纪永祯，张骋，等.地震流体识别方法在四川盆地页岩气"甜点"预测中的
    应用[J].古地理学报，2013，15(5):672-678.

[64] 姜岩，周再林，秦月霜.地震属性分析的神经网络岩性识别技术及应用[J].大庆石
    油地质与开发，2000，19(5):39-41.

[65] 乐友喜，刘雯林.非线性方法在储层参数平面分布预测中的应用[J].中国石油大学
    学报(自然科学版)，2002，26(3):26-29.

[66] 乐友喜.利用模型技术研究地震属性的地质意义[J].物探与化探，2001，25(3):
    191-197.

[67] 刘曾勤，王英民，白广臣，等.甜点及其融合属性在深水储层研究中的应用[J].石
    油地球物理勘探，2010，45(增刊):158-162.

[68] 陆光辉，吴官生，朱玉波，等.地震属性信息预测储层厚度[J].石油地质与工程，
    2003，17(2):10-12.

[69] 司朝年，邬兴威，夏东领，等.致密砂岩油"甜点"预测技术研究——以渭北油田延
    长组长3油层为例[J].地球物理学进展，2015，30(2):664-671.

[70] 王晓阳，桂志先，高刚，等.K-L变换地震属性优化及其在储层预测中的应用[J].
    石油天然气学报，2008，30(3):96-98.

[71] 吴媚，符力耘，李维新.高分辨率非线性储层物性参数反演方法和应用[J].地球物
    理学报，2008，51(2):546-557.

[72] 谢东，王永刚，乐友喜，等.地震属性分析技术在子寅油田开发中的应用[J].石油
    物探，2003，42(1):72-76.

[73] 尹成，王治国，雷小兰，等.地震相约束的多属性储层预测方法研究[J].西南石油
    大学学报(自然科学版)，2010，32(05):173-180.

[74] 印兴耀，崔维，宗兆云，等.基于弹性阻抗的储层物性参数预测方法[J].地球物理
    学报，2014，57(12):4132-4140.

[75] 印兴耀，孔国英，张广智.基于核主成分分析的地震属性优化方法及应用[J].石油
    地球物理勘探，2008，43(2):179-183.

[76] 赵忠泉，贺振华，万晓明，等.基于敏感地震属性波形分类的流体预测研究[J].西
    南石油大学学报(自然科学版)，2016，38(3):75-81.

[77] 朱超,夏志远,王传武,等.致密油储层甜点地震预测[J].吉林大学学报(地球科学版),2015,45(2):602-610.

[78] 朱剑兵,谭明友.基于支持向量机的地震储层参数预测方法初探[J].油气地球物理,2008,6(1):34-37.

[79] 张云银,魏欣伟,谭明友,等.基于压缩感知技术的去除强屏蔽研究及应用[J].岩性油气藏,2019,31(4):85-91.

[80] 张云银,杨泽蓉,孙淑艳,等.临南洼陷三角洲地震岩相解释方法[J].石油与天然气地质,2011,32(3):404-410.

[81] 张云银.郯庐断裂带构造特征及油气分布规律[J].油气地质与采收率.2002,9(6):22-25.

[82] 张云银.济阳坳陷第三系储层预测技术研究[D].青岛:中国海洋大学,2010.

[83] 张云银.郯庐断裂带含油气性研究[J].石油实验地质.2003,25(1):28-32,38.

[84] 张建芝,李谋杰,张云银,等.灰质背景下浊积岩储层地震响应特征及识别方法——以东营凹陷坨71井区为例[J].油气地质与采收率,2019,26(6):70-79

[85] 王惠勇,陈世悦,张云银,等.东营凹陷浊积岩优质储层预测技术[J].石油地球物理勘探,2014,49(4):776-783.

[86] 王惠勇,韩宏伟,张云银,等.东营北带东段胜坨-盐家地区砂砾岩扇体地层产状研究[J].石油物探,2015,54(2):203-209.

[87] 王惠勇,张云银,谭明友.The Exploration Technology on Lithologic Reservoir[J].石油物探,2013,52(增刊):56-64.

[88] NANDA N C.油气储层的地震评价[M].韩宏伟,程远峰,张云银,等,译.青岛:中国石油大学出版社,2019.

[89] 任雄风,刘杨,张军华,等.基于随机森林的浊积岩储层预测方法[J].科学技术与工程,2019,19(25):68～74.

[90] ZHANG B,YANG D,CHENG Y,et al. A Unified Poroviscoelastic Model with Mesoscopic and Microscopic Heterogeneities[J]. Science Buletin,64(17):1205-1292

[91] 王静,张军华,谭明友,等.砂砾岩致密油藏地震预测技术综述[J].特种油气藏,2019,26(1):7-11

[92] 姜蕾,张云银,林中凯.敏感属性融合技术预测深部薄互层砂岩——以临南地区沙三下亚段河道砂体为例[J].新疆石油地质,2019,40(6):725-730

[93] 孙淑艳,朱应科,沈正春.东营凹陷东部浊积岩储层地震识别技术及描述思路[J].油气地球物理,2015,3(2):1-6.

[94] 齐宇,刘震,魏建新,等.基于小波变换的谱分解技术在地震模型解释中的应用[J].新疆石油地质,2010,31(4):417-419.

[95] 孙夕平,李劲松,郑晓东,等.调谐能量增强法在石南21井区薄储集层识别中的应用[J].石油勘探与开发,2007,34(6):711-717.

[96] 夏亚良,魏小东,叶玉峰,等.广义S变换多频解释技术及其在薄层评价中的应用[J].物探与化探,2019,43(1):168-175.

[97] 张军华,刘培金,朱博华,等.滩坝砂储层地震解释存在的问题及对策[J].石油地球

物理勘探,2014,49(1):167-175,305-306.

[98] 何火华,李少华,杜家元,等.利用地质统计学反演进行薄砂体储层预测[J].物探与化探,2011,35(6):804-808.

[99] 段南.叠前地震波形指示反演在薄互储层预测中的应用[J].地球物理学进展,2019,34(2):523-528.

[100] 周游,高刚,桂志先,等.灰质发育背景下识别浊积岩优质储层的技术研究——以东营凹陷董集洼陷为例[J].物探与化探,2017,41(5):899-906.

[101] 顾雯,徐敏,王铎翰,等.地震波形指示反演技术在薄储层预测中的应用——以准噶尔盆地 B 地区薄层砂岩气藏为例[J].天然气地球科学,2016,27(11):2064-2069.

[102] 高君,毕建军,赵海山,等.地震波形指示反演薄储层预测技术及其应用[J].地球物理学进展,2017,32(1):0142-0145.

[103] 杨微.基于波形指示反演的井震结合储层预测方法及应用[J].大庆石油地质与开发,2018,37(3):137-144.

[104] 韩长城,林承焰,任丽华,等.地震波形指示反演在东营凹陷王家岗地区沙四上亚段滩坝砂的应用[J].中国石油大学学报(自然科学版),2017,41(2):60-68.

[105] 杨涛,乐友喜,吴勇.波形指示反演在储层预测中的应用[J].地球物理学进展,2018,33(2):769-776.

[106] 李亚哲,王力宝,郭华军,等.基于地震波形指示反演的砂砾岩储层预测——以中拐—玛南地区上乌尔禾组为例[J].岩性油气藏,2019,31(2):134-142.

[107] 刘淑华,张宗和.储层特征曲线重构反演技术—以冀东油田南堡凹陷为例[J].勘探地球物理进展,2008,3(1):53-58.

[108] 侯明才,田景春,陈洪德,等.东营凹陷牛庄洼陷沙三中段浊积扇特征研究[J].成都理工学院学报,2002,29(5):506-510.

[109] 严进荣,陈东,郭勤涛,等.洼陷中浊积岩沉积特征及油气富集规律研究[J].沉积与特提斯地质,2002,22(3):19-24.

[110] 赵澄林,张善文,袁静,等.胜利油区沉积储层与油气[M].北京:石油工业出版社,1999.

[111] 饶孟余,张遂安,李秀生.牛庄洼陷沙三中亚段浊积岩储层成岩作用及主控因素分析[J].地质找矿论丛,2007,22(1):66-70.

[112] 邱桂强,王居峰,李从先.东营凹陷沙三中东营三角洲地层格架与油气勘探[J].同济大学学报(自然科学版),2001,29(10):1195-1199.

[113] 操应长,姜在兴,夏斌,等.陆相断陷湖盆 T-R 层序的特点及其控制因素:以东营凹陷古近系沙河街组三段层序地层为例[J].地质科学,2004,39(1):111-122.

[114] 周学文,姜在兴,汤望新,等.牛庄洼陷沙三中亚段三角洲—重力流体系沉积特征与模式[J].沉积学报,2018,36(2):376-389.

[115] 李理,桑小彤,陈霞飞.低渗透储层裂缝研究现状及进展[J].地球物理学进展,2017,32(6):2472-2484

[116] XUE J, GU H, CAI C. Model-Based Amplitude Versus Offset and Azimuth Inversion for Estimating Fracture Parameters and Fluid Content [J]. Geophysics,

2017，82(2)：M1-M17.

[117]　WANG T，YUAN S，SHI P，et al. AVAZ Inversion for Fracture Weakness Based on Three-Term Rüger Equation [J]. J Appl Geophys，2019，162：184-193.

[118]　PAN X，ZHANG G. Fracture Detection and Fluid Identification Based on Aniso-tropic Gassmann Equation and Linear-Slip Model [J]. Geophysics，2019，84(1)：R85-R98.

[119]　陈科. 地震数据体绘制及 3D 可视化方法研究[D]. 成都电子科技大学，2018.

[120]　陈伟，陈璟，孙俊，等. 一种量子行为粒子群优化动态聚类算法[J]. 计算机应用研究，2011，28(7)：2432-2435.

[121]　龚屹，桂志先，王鹏，等. 基于地震纹理属性聚类分析的裂缝分布预测[J]. 科学技术与工程，2017，17(30)：167-174.

[122]　韩宏伟，崔红庄，林松辉，等. 东营凹陷北部陡坡带砂砾岩扇体地震地质特征[J]. 特种油气藏，2003(4)：28-30，105.

[123]　韩宏伟. 薄互层地震波形特征研究——以博兴洼陷沙四段滩坝砂为例[J]. 地学前缘，2009，16(3)：349-355.

[124]　李达，隋波，马光克，等. 地震多属性分析技术在含气储层预测中的应用[J]. 海洋地质前沿，2012，28(6)：51-55.

[125]　刘晶，王惠宁，刘晓晶. 地震属性分析技术在储层预测中的应用[J]. 长江大学学报(自科版)，2015，12(2)：32-36＋5.

[126]　史晓辉，马峰，石亚军，等. 利用多属性聚类分析方法预测扎哈泉构造致密油储层[C]//中国石油学会物探专业委员会.中国石油学会 2017 年物探技术研讨会论文集. 保定：石油地球物理勘探编辑部，2017：368-371.

[127]　王昌平. 三维地震数据可视化的研究与实现[D]. 长春：吉林大学，2014.

[128]　王延光，郭树祥，韩宏伟，等. 高精度地震处理解释技术与油气勘探——纪念《油气地球物理》创刊 10 周年[J]. 油气地球物理，2013，11(1)：3-8.

[129]　王颖，李锋. 基于改进透视变换的结构光图像校正[J]. 计算机与数字工程，2019，47(5)：1240-1243，1248.

[130]　于景强，曲志鹏，吴明荣，等. 东营凹陷始新世滩坝砂岩有效储层地震预测[J]. 物探与化探，2014，38(4)：860-864.

[131]　张建伟，雷霖. 基于透视投影的垂直视角投影算法研究[J]. 成都大学学报(自然科学版)，2017，36(1)：47-50.

[132]　张云银，刘海宁，李红梅，等. 应用微地震监测数据估算储层压裂改造体积[J]. 石油地球物理勘探，2017，52(2)：309-314，195.

[133]　周文辉，石敏，朱登明，等. SEGY 格式地震数据的三维可视化[J]. 计算机应用与软件，2019，36(02)：78-84，154.

[134]　汪少勇，黄福喜，宋涛，等. 中国陆相致密油"甜点"富集高产控制因素及勘探意义[J]. 成都理工大学学报(自然科学报)，2019，46(6)：641-650.

[135]　邹欢欢，赵海丽，景文博，，等. 激光照射监测系统可见光和红外图像融合方法[J]. 长春理工大学学报(自然科学版)，2019，42(2)：84-89.

[136]　王洪求，杨午阳，谢春辉，等. 不同地震属性的方位各向异性分析及裂缝预测[J].

石油地球物理勘探，2014，49(5)：925-931.

[137] 陈怀震，印兴耀，高成国，等.基于各向异性岩石物理的缝隙流体因子 AVAZ 反演[J].地球物理学报，2014，57(3)：968-978.

[138] 薛姣，顾汉明，蔡成国，等.基于等效介质模型的裂缝参数 AVOA 反演[J].石油地球物理勘探，2016，51(6)：1171-1179.

[139] 林娟，娄兵，张淑萍，潘龙，等.准噶尔盆地玛湖 1 井区高密度三维 OVT 域裂缝预测的应用[J].石油地球物理勘探，2017，52(增刊 2)：146-152

[140] 潘新朋，张广智，印兴耀.岩石物理驱动的储层裂缝参数与物性参数概率地震反演方法[J].地球物理学报，2018，61(2)：683-96.